"十二五"国家重点图书出版规划项目

材料科学研究与工程技术系列

谱学原理及应用

主 编 王 颖 齐海燕 韩 爽

哈尔滨工业大学出版社

内容提要

本书介绍了常用的一些谱学方法，如紫外光谱、红外和拉曼光谱、氢核磁共振、碳核磁共振、质谱法、分子荧光分析法、X 射线衍射以及电子能谱学等的基本知识、方法原理、仪器组成、方法应用和研究进展等方面的内容。书中对原理的叙述简明易懂，介绍了每类谱学方法的应用，并伴有大量实例，每章后附有思考题。

本书可作为高等院校化学、化工、制药、材料、轻工、环保等各相关专业的教材和教学参考书，也可作为相关领域的科研人员或企事业单位的有关人员的参考书。

图书在版编目(CIP)数据

谱学原理及应用/王颖,齐海燕,韩爽主编. —哈尔滨:哈尔滨工业大学出版社,2015.4

ISBN 978 - 7 - 5603 - 4827 - 8

Ⅰ.①谱…　Ⅱ.①王…②齐…③韩…　Ⅲ.①光谱学-研究

Ⅳ.①O433

中国版本图书馆 CIP 数据核字(2014)第 158024 号

责任编辑		何波玲
出版发行		哈尔滨工业大学出版社
社　　址		哈尔滨市南岗区复华四道街 10 号　邮编 150006
传　　真		0451 - 86414749
网　　址		http://hitpress.hit.edu.cn
印　　刷		哈尔滨市工大节能印刷厂
开　　本		787mm×1092mm　1/16　印张 18.25　字数 422 千字
版　　次		2015 年 4 月第 1 版　2015 年 4 月第 1 次印刷
书　　号		ISBN 978 - 7 - 5603 - 4827 - 8
定　　价		38.00 元

前　言

　　随着科学技术的进步,对物质结构的测定、定性及定量分析、反应机理的研究、结构与物性的研究等诸多任务越来越多地依靠仪器分析来完成。虽然化学分析法还不会完全丧失其应用价值,有时它还是重要的手段,但是目前大部分工作已经是依靠仪器分析,特别是采用各种谱学方法来完成。这些方法的应用大大促进了化学学科的发展,以前无法解决的问题或需要很长时间才能完成的工作现在在较短的时间内就可以较方便地解决。为了解决科研和生产中提出的问题,各种谱学法在不断地完善和创新,在方法、原理、仪器设备以及应用上都在突飞猛进。对一个化学工作者来说,不了解各种谱学法的原理及其应用常常会寸步难行,了解各种结构分析方法的基本原理、特点、适用范围、限度以及如何做出结论等问题是十分必要的。同时,对所从事的化学与相关工作也是必不可少的基本要求。

　　物质的分子结构及其测定结果与其存在形态有关。分子中原子间的成键关系(包括局部结构)和分子的电子状态与能量,在化学结构分析中显得日益重要。日常大量的结构分析工作是结合各种化学分析工作进行的,它们汇集各种结构信息,为化学反应的历程、物种的变化和鉴定、各种理论推测和计算结果,提供观察手段、数据和证据。在现代结构分析中,应用最广泛的主要有振动光谱、电子吸收光谱、磁共振光谱、质谱、电子能谱和 X 射线衍射等方法。

　　学科的发展要求在大学本科的基础课程中尽可能及时反映当代科技发展的成就,因此教学内容和课程结构的改革势在必行。本书融合了有机化学、分析化学和结构化学等基础课程的有关内容,是本科生学习有关谱学知识的基础教材。本书内容上包括分子光谱(如紫外-可见吸收光谱、红外光谱和拉曼光谱)、磁共振谱、质谱、分子荧光光谱、X 射线衍射和电子能谱等测定分子结构、晶体结构以及表面结构的方法,同时系统地讲授它们的基本原理、实验方法及应用。由于涉及的知识面广,在有限的课时不能面面俱到,学生可通过对每章后附有的思考题和习题进行练习,提高自学能力,提高分析问题、解决问题能力。

参加本书编写的有王颖(第 1 章、第 3 章、第 6 章),齐海燕(第 2 章、第 4 章、第 5 章),韩爽(第 7 章、第 8 章、第 9 章),全书由王颖统稿。

本书的编写参考了国内外已出版的相关著作,也参考了一些网上资料,从中受到许多启发和收益,限于篇幅不能一一列举,在此谨对相关作者表示感谢。

由于编者水平有限,疏漏及不当之处在所难免,恳请读者批评指正。

编 者

2014 年 5 月

目　　录

第 1 章　引　言

很早人们就知道，物质的特殊颜色可以用于测定物质的含量，这就是比色分析法的基础。在量子力学诞生以后，人们对于光和物质之间相互作用的认识有了本质的飞跃，光谱技术不仅在定性定量分析上得到了很大发展，同时也演变成了人们了解物质结构信息的主要工具之一。物质对光产生的吸收、发射或散射，其本质是光和物质分子的相互作用，将物质吸收、发射或散射光的强度对频率作图所形成的演变关系，就是分子光谱。根据光辐射的波长范围和作用形式的不同，分子光谱又包括紫外－可见光谱、红外光谱、微波谱、荧光光谱和拉曼光谱等。不同的光谱可提供物质分子内部不同运动的信息，因此可以由分子光谱了解物质的结构。

19 世纪初期的原子学说、原子－分子论和中期提出的原子价学说及化学结构理论、元素周期律，为初期分子结构理论的基础。19 世纪后半叶，在质量作用定律和化学反应动力学的基础上，逐渐形成以定量分析（重量法、容量法）、反应平衡、溶解平衡、颜色反应、降解、合成等为基本手段的经典分析方法——化合物系统鉴定法。用这种经典的分子结构鉴定方法鉴定复杂结构的未知物，有时需要消耗上吨重的原料、以千克计的纯样品，经历漫长时间的探索。

以吗啡（morphine）的结构鉴定为例，自 1803 年从鸦片中离析得到纯品后，许多实验室纷纷开展旨在阐明这个重要化合物的分子结构研究。1881 年，从吗啡的锌粉蒸馏中分离出菲，才刚刚捕捉到有关吗啡分子结构的影子。直到 1925 年，在大量研究工作的基础上，Gulland 和 Robinson 提出吗啡分子的结构式（图 1.1）。如果把 Gates 于 1952～1956 年完成吗啡的全合成算作它的最后结构鉴定的话，前后经历了一个半世纪，所消耗的原料就难以估计了。

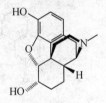

图 1.1　吗啡分子结构式

20 世纪初，Plank 的量子论、Bohr 的氢原子模型以及 Kössel、Lewis 的原子价电子理论等作为初等量子论是微观物质结构理论的雏形。1905 年 Einstein 发表相对论，并提出光具有波动性和粒子性的二重性，波动方程在 Einstein 光的二重性理论的基础上，提出物质（电子）的二重性。1926 年提出的量子力学方程——Schrödinger 方程，建立起描述物质二重性的状态方程，由方程的解，成功地阐明了电子等微观物质的运动状态，并导出能级和能级跃迁选律概念。这些重要的结论和概念是后来广泛应用的光谱学的理论基础。

1927 年 Heitler、London 对氢分子用 Schrödinger 方程作量子力学处理，阐明了氢分子的结构，创立了量子化学，建立分子中共价键的价键方法。1928～1931 年 Mulliken 提出的分子轨道理论（MO），Pauling 的价键理论和杂化轨道理论，以及 Hückel 将 MO 推广到共轭体系而发展的简化分子轨道理论（HMO），将近代以量子化学为基础的原子－分子理论用于讨论多原子分子的结构中，并解决了分子结构的构型和键的离域问题。

20 世纪 50 年代起,Woodward－Hoffman 的轨道对称守恒原理和 Fukui－Hoffman 的前线轨道理论,将分子轨道理论用于化学反应,他们应用量子力学波动方程求解得到的轨道图,形象地解释了复杂的化学反应过程,简捷地阐述了在协同反应中的化学反应方向、产物的立体选择性与轨道对称性的关系,为一些具有复杂结构的分子合成设计提出有益的启示。

近代化学和物理学的发展,不仅为化合物分子结构鉴定奠定了理论基础,同时也为先进的机械工业和电子工业提示了必要的设计思想,使各种光谱仪器得以问世。首先,紫外－可见光谱仪和红外光谱仪进入有机化学实验室,大大加快了分子结构鉴定的步伐。例如,由萝芙木或蛇根草提取出的利血平(reserpine)的分子结构式(图 1.2)与吗啡分

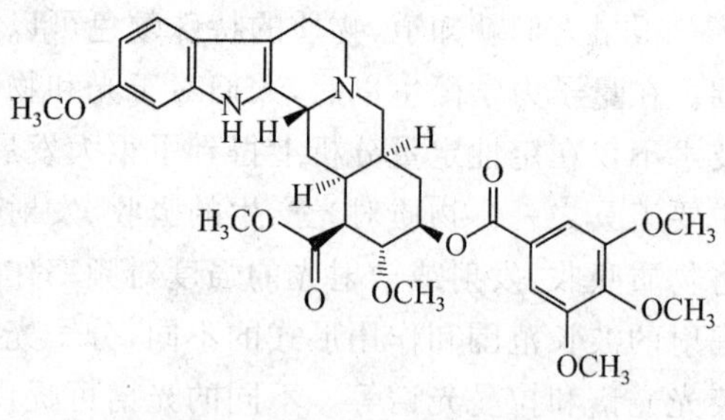

图 1.2 利血平分子结构式

子结构比较更为复杂,自 1952 年离析出纯品后,得到当时可以使用的光谱技术的配合,特别是 Nears 通过紫外光谱解析,检测到利血平分子含有吲哚和没食子酸衍生物两个共轭体系,确定了利血平的主要结构单元,分子结构鉴定工作进行很快。1956 年,Woodward 等人用轨道对称性概念完成全合成,总共花费不到 5 年时间。

又如秦艽甲素结构的推断,这个分子的结构并不复杂,根据几个光谱的数据不难画出为几个可能的吡啶衍生物(图 1.3)。

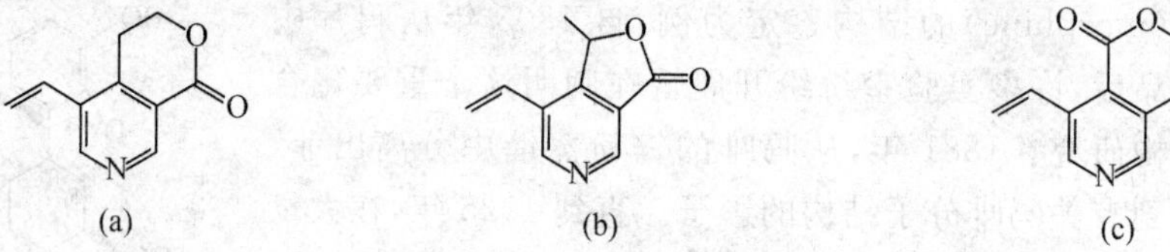

图 1.3 吡啶衍生物

开始时,前苏联学者曾通过化学降解得到 3,4,5－三羧基吡啶。他们还发现,样品用酸性氧化铬氧化时得到了醋酸,因而提出秦艽甲素为含有一个碳甲基的五元内酯的吡啶衍生物(图 1.3(b))。它有一个不对称碳,应当表现旋光性,然而秦艽甲素并没有光活性。两年以后,一位印度化学家用红外光谱发现秦艽甲素的羰基谱带应为六元环内酯的特征,而且重复苏联人的化学实验也没有得到醋酸,说明不含有碳甲基,经合成证明了图 1.3(a)所示结构的存在。不久,核磁共振进一步验证了图 1.3(a)所示结构式的正确性。由于秦艽甲素吡啶环两个 $\alpha-H$ 的化学位移与吡啶 $\alpha-H$ 比较都在较低场,证明它的结构也不是类似物(图 1.3(c)),虽然图 1.3(c)所示结构也具有六元环内酯结构,并且用铬酸氧化时也会产生 3,4,5－三羧基吡啶。

现在分析像秦艽甲素这样比较简单的分子结构,只要手边仪器方便,再做少量化学实验,就可以很快确定。然而在光谱方法尚未普遍应用的年代,对秦艽甲素结构的鉴定却花了几年时间。

随着仪器分析方法不断发展和普遍使用,紫外－可见光谱(UV)、红外光谱(IR)、核

磁共振(NMR)、质谱(MS)、分子荧光光谱(MFS)、拉曼光谱(R)、X 射线衍射(XRD)、电子能谱等各种谱学法相互配合,形成一套新的完善的分析方法,在物质结构鉴定中起到重要作用。

各种谱学法都采用仪器进行物质结构信息的采集和分析,近年来获得迅速发展,得到广泛应用,其特点是:

①分析速度快,适于批量试样的分析。许多仪器配有连续进样装置,采用数字显示和电子计算机技术,可在短时间内分析几十个样品。

②灵敏度高,适于微量成分的测定。

③用途广泛,能适应各种分析要求。除能进行结构分析,还能进行定量分析、微区分析、物相分析、价态分析和剥层分析等。

④样品用量少,仅需毫克级,甚至微克级样品。

⑤分析方法多为非破坏性过程,可直接得到可靠的结构信息。

现在,谱学法已成为一门重要的学科,在材料、化学、化工、医药、生命科学、环保、食品及法医等诸多科研和生产领域得到广泛应用。谱学法主要用于化合物的结构解析和表征、化合物的定性定量分析、反应机理的研究、材料结构与物性的研究、商品的检验等,在许多领域的应用是其他方法无法替代的。其最大应用是化合物和材料的结构分析和表征。

各种谱学法原理不同,其特点和应用侧重点也各不相同。每种谱学法也都有其适用范围和局限性,这是应该注意的问题。各种谱学法之间的数据可以互相补充和验证,但难以用一种方法完全替代另一种方法。在使用时应该根据测定目的、样品性质、组成及样品的量选择合适的方法,在很多情况下都要综合使用多种谱学法才能达到目的。

总之,谱学法的应用很广,并且随着仪器和方法的发展,应用领域会进一步扩展。

第2章 紫外－可见吸收光谱

2.1 紫外－可见吸收光谱简介

紫外－可见吸收光谱(Ultraviolet－Visible Absorption Spectra)是由分子的外层价电子吸收辐射并跃迁到高能级后所产生的吸收光谱,通常被称为电子光谱。紫外－可见吸收光谱是一种广泛地用于无机和有机物质的定性和定量测定的方法。

紫外－可见吸收光谱具有灵敏度高、准确度好、选择性优、操作简便、分析速度快等特点。由于近年来采用了先进的二极管阵列及计算机技术,使仪器的性能得到极大的提高,使紫外－可见吸收光谱法成为常规质量控制和质量分析不可缺少的方法之一。

2.2 紫外－可见吸收光谱法的基本原理

分子吸收紫外－可见光区 200～800 nm 的电磁波,使其电子从基态跃迁到激发态,从而产生的吸收光谱称为紫外－可见吸收光谱 (Ultraviolet-Visible Absorption Spectra),简称紫外光谱(UV－Vis)。

紫外－可见光分为 3 个区域:远紫外区 10～190 nm;紫外区 190～400 nm;可见区 400～800 nm。

远紫外区又称为真空紫外区,由于氧气、氮气、水、二氧化碳对这个区域的紫外光有强烈的吸收,对该区域的光谱研究较少。

一般的紫外光谱仪都包括紫外光(200～400 nm)和可见光(400～800 nm)两部分,因此将紫外光谱称为紫外－可见光谱。

紫外光谱是分子光谱,属于吸收光谱,因紫外光能量可导致分子的价电子由基态跃迁到激发态,因此紫外光谱又称为电子吸收光谱。

2.2.1 基本原理

1. 紫外－可见吸收光谱的形成

紫外－可见光谱与电子跃迁有关,以 A 和 B 两个原子组成的分子为例,其价电子跃迁如图 2.1 所示。

分子甚至是最简单的双原子分子的光谱,要比原子光谱复杂得多。这是由于在分子中,除了电子相对于原子核的运动外,还有组成分子的原子的原子核之间相对位移引起的分子振动和转动。分子中的电子处于相对于核的不同运动状态就有不同的能量,处于不同的振动运动状态也有不同的能量,处于不同的转动运动状态也有不同的能量。量子力学表明这 3 种运动能量都是量子化的,不同运动状态代表不同的能级,即有电子能级、振

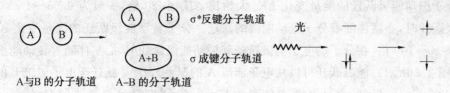

A
B
A
B
σ*反键分子轨道
A+B
σ 成键分子轨道
A与B 的分子轨道
A–B 的分子轨道
光

图 2.1 价电子跃迁示意图

动能级和转动能级。图 2.2 是双原子分子的能级示意图,图中 A,B 表示不同能量的两个电子能级,在每个电子能级中还分布着若干振动能量不同的振动能级,它们的振动量子数 $V=0,1,2,3,\cdots$,而在同一电子能级及同一振动能级中,还分布着若干能量不同的转动能量,它们的转动能量数 $J=0,1,2,3,\cdots$。

V′
J′
B
V″
电子能级
J″
振动能级
能量
转动能级
A

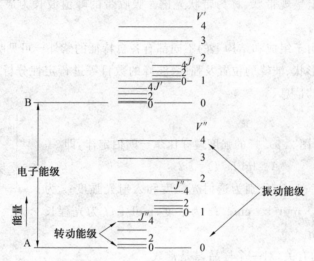

图 2.2 分子中电子能级、振动能级和转动能级示意图

当分子吸收外界的辐射能量时,会发生运动状态的变化,即发生能级的跃迁,其中含电子能级、振动能级和转动能级的跃迁。所以整个分子能量的变化 ΔE 同样包含电子能级的变化 ΔE_e、振动能级的变化 ΔE_v 和转动能级的变化 ΔE_J,即

$$\Delta E=\Delta E_e+\Delta E_v+\Delta E_J$$

当有一频率为 ν,即辐射能量为 $h\nu$(h 为普朗克常数,$h=6.62\times10^{-34}$ J·s)的电磁辐射照射分子时,如果辐射能量 $h\nu$ 恰好等于该分子较高能级与较低能级的能量差时,则有

$$\Delta E=h\nu$$

分子就吸收了该电磁辐射,发生能级的跃迁。若用一连续波的电磁辐射以波长大小顺序分别照射分子,并记录物质分子对辐射吸收程度随辐射波长变化的关系曲线,这就是分子吸收曲线,通常称为分子吸收光谱。

在分子能级跃迁所产生的能量变化 ΔE 中,电子能级跃迁的能量变化 ΔE_e 是最大的,一般为 1～20 eV,它对应的电磁辐射能量主要在紫外—可见光区。因此,用紫外—可见光照射分子时,会发生电子能级的跃迁,对应产生的光谱,称为电子光谱,通常称为紫外—可见吸收光谱。

分子振动能级跃迁的能量变化 ΔE_v 大约比 ΔE_e 小 20 倍，一般为 $0.05\sim1$ eV，在电子能级跃迁时，必然伴随着分子振动能级的跃迁。分子转动能级跃迁的能量变化 ΔE_J 比 ΔE_v 小 $10\sim100$ 倍，在分子的电子能级跃迁和振动能级跃迁时，必然伴随着转动能级的跃迁，如图 2.2 所示。能级跃迁可以从电子能级 A 的 $V=0,J=0$ 跃迁至电子能级 B 的 $V=0,J=1$ 或 $V=1,J=2$，也可以由 A 能级的 $V=1,J=1$ 跃迁到 B 能级的 $V=0,J=2$ 或 $V=2,J=3$，等等，亦即在一个电子能级跃迁中可以包含着许许多多的振动能级和转动能级的跃迁。因为 ΔE_v 比 ΔE_e 小约 20 倍，所以振动能级跃迁所吸收的电磁辐射的波长间距仅为电子跃迁的 $1/20$，而 ΔE_J 又比 ΔE_v 小 $10\sim100$ 倍，所以转动能级跃迁所吸收的电磁辐射的波长间距仅为电子跃迁的 $1/200\sim1/2\,000$，如此小的波长间距，使分子的紫外－可见光谱在宏观上呈现带状，称为带状光谱。吸收带的峰值波长为最大吸收波长，常用 $\lambda_{\max}$ 表示。

各种化合物由于组成和结构上的不同都有各自特征的紫外－可见吸收光谱。因此可以从吸收光谱的形状、波峰的位置及强度、波峰的数目等进行定性分析，为研究物质的内部结构提供重要的信息。

2. 峰的强度

紫外光谱中(图 2.3)，峰的强度遵守比尔－朗伯定律，即

$$A=\lg(I_0/I)=\varepsilon cl$$

式中，A 为吸光度；I,I_0 分别为透射光强度和入射光强度；ε 为摩尔吸光系数，$L\cdot mol^{-1}\cdot cm^{-1}$；$c$ 为浓度，mol/L；l 为光程长即比色皿厚度，cm。

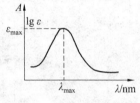

图 2.3　紫外光谱图

ε 与物质结构有关，对一个样品，ε 是常数。

$\lambda_{\max}$ 称为最大吸收波长。$\lambda_{\max}$ 取决于跃迁时能级差，也就是吸收光波的能量大小。能级差大，吸收光波的能量也大，$\lambda_{\max}$ 就小；反之，则 $\lambda_{\max}$ 大。

$\varepsilon_{\max}$ 取决于跃迁概率的大小，跃迁概率大，$\varepsilon_{\max}$ 也大。$\varepsilon_{\max}$ 同时取决于样品的分子结构。

3. 电子跃迁的分类

有机化合物的紫外－可见吸收光谱是由于构成分子的原子外层价电子跃迁所产生的，这些外层电子，有的是形成 σ 键或 π 键的电子，有的是非成键的孤对电子(n 电子)，它们都处在各自的运动轨道上。电子跃迁的分类如图 2.4 所示。

外层价电子 ├ 成键的价电子 ├ σ 键，σ 电子 —— σ 成键轨道，σ^* 反键轨道
│ └ π 键，π 电子 —— π 成键轨道，π^* 反键轨道
└ 非成键的价电子 —— n 电子 —— n 轨道

图 2.4　电子跃迁的分类

处于不同运动轨道的电子，即不同的运动状态，具有不同的能量，电子得到能量后可以从低能量轨道跃迁到高能量轨道。图 2.5 是有机分子的电子跃迁类型。

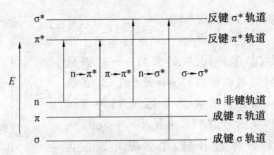

图 2.5　有机分子的电子跃迁类型

当有机化合物吸收了可见光或紫外光,分子中的价电子就要跃迁到激发态,电子跃迁方式有 $\sigma \rightarrow \sigma^*$,$\sigma \rightarrow \pi^*$,$\pi \rightarrow \sigma^*$,$n \rightarrow \sigma^*$,$\pi \rightarrow \pi^*$,$n \rightarrow \pi^*$,其跃迁方式主要有 4 种类型,即 $\sigma \rightarrow \sigma^*$,$n \rightarrow \sigma^*$,$n \rightarrow \pi^*$,$\pi \rightarrow \pi^*$。各种跃迁所需能量大小为:$\sigma \rightarrow \sigma^* > n \rightarrow \sigma^* \geqslant n \rightarrow \pi^* > \pi \rightarrow \pi^*$。

成键电子中,π 电子较 σ 电子具有较高的能级,而反键电子却相反。故在简单分子中的 $n \rightarrow \pi^*$ 跃迁需要的能量最小,吸收峰出现在长波段;$\pi \rightarrow \pi^*$ 跃迁的吸收峰出现在较短波段;而 $\sigma \rightarrow \sigma^*$ 跃迁需要的能量最大,出现在远紫外区。

(1)$\sigma \rightarrow \sigma^*$ 跃迁

$\sigma \rightarrow \sigma^*$ 跃迁是 σ 电子从 σ 成键轨道向 σ^* 反键轨道的跃迁,这是所有存在 σ 键的有机化合物都可以发生的跃迁类型。实现 $\sigma \rightarrow \sigma^*$ 跃迁所需的能量在所有跃迁类型中最大,因而所吸收的辐射的波长最短,处于小于 200 nm 的真空紫外区,如甲烷的 λ_{max} 为 125 nm,乙烷为 135 nm。而且在此波长区域中,O_2 和 H_2O 有吸收,所以目前一般的紫外—可见分光光度法还难以在远紫外区工作。因此,一般不讨论 $\sigma \rightarrow \sigma^*$ 跃迁所产生的吸收带。而由于仅能产生 $\sigma \rightarrow \sigma^*$ 跃迁的物质在 200 nm 以上波长区没有吸收,故它们可以用作紫外—可见分光光度法分析的溶剂,如己烷、庚烷、环己烷等。

(2)$\pi \rightarrow \pi^*$ 跃迁

$\pi \rightarrow \pi^*$ 跃迁是 π 电子从成键 π 轨道向反键 π^* 轨道的跃迁,含有 π 电子基团的不饱和有机化合物都会发生 $\pi \rightarrow \pi^*$ 跃迁,如含有 $\diagdown C = C \diagup$,$-C \equiv C-$ 等的有机化合物。$\pi \rightarrow \pi^*$ 跃迁所需的能量比 $\sigma \rightarrow \sigma^*$ 跃迁小,也一般比 $n \rightarrow \sigma^*$ 跃迁小,所以吸收辐射的波长比较长,一般在 200 nm 附近。此外,$\pi \rightarrow \pi^*$ 还具有以下特点:

①吸收波长一般受组成不饱和键的原子影响不大,如 $HC \equiv CH$ 及 $N \equiv CH$ 的 λ_{max} 都是 175 nm。

②摩尔吸光系数都比较大,通常在 $1 \times 10^4 (L \cdot mol^{-1} \cdot cm^{-1})$ 以上。

③不饱和键数目对吸收波长 λ 和摩尔吸光系数 ε 的影响如下

对于多个双键而非共轭的情况,如果这些双键是相同的,则 λ_{max} 基本不变,而 ε 变大,且一般约以双键增加的数目倍增。

对于共轭情况,由于共轭形成了大 π 键,π 电子进一步离域,π^* 轨道有更大的成键性质,降低了 π^* 轨道的能量,因此使 ΔE 降低,吸收波长向长波的方向移,称为红移,而且共轭体系使分子的吸光截面积加大,即 ε 变大。

通常每增加一个共轭双键，λ_{max}增加 30 nm 左右。环共轭比链共轭的 λ 长。共轭体系的 $\pi \rightarrow \pi^*$ 跃迁所产生的吸收带，称为 K 带。封闭(苯环)共轭体系的 $\pi \rightarrow \pi^*$ 跃迁所产生的吸收有 3 个特征吸收带：180 nm 及 204 nm 的强吸收带，称为 E_1，E_2 带，摩尔吸光系数分别为 6×10^4(L·mol^{-1}·cm^{-1})及 8×10^3(L·mol^{-1}·cm^{-1})；230~270 nm 的弱吸收带称为 B 带，摩尔吸光系数为 200 (L·mol^{-1}·cm^{-1})，B 带经常显示出苯环的精细结构，如图 2.6 所示。

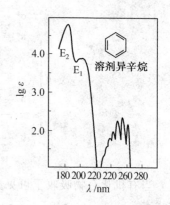

图 2.6　苯的紫外吸收光谱

④溶剂的影响。在 $\pi \rightarrow \pi^*$ 跃迁中，激发态的极性大于基态，因此，当使用极性大的溶剂时，由于溶剂与溶质的相互作用，使基态和激发态的能量都降低，但激发态的能量降低更多，因此 π，π^* 能量差 ΔE 变小，所以吸收波长向长波移动，即发生红移。从非极性到极性溶剂，一般波长红移 $\Delta \lambda$ 为 10~20 nm。

(3)n→σ* 跃迁

n→σ* 跃迁是非键的 n 电子从非键轨道向 σ^* 反键轨道的跃迁，含有杂原子(如 N，O，S，P 和卤素原子)的饱和有机化合物，都含有 n 电子，因此，都会发生这类跃迁。n→σ* 跃迁所要的能量比 σ→σ* 跃迁小，所以吸收的波长会长一些，λ_{max} 可在 200 nm 附近，但大多数化合物仍在小于 200 nm 区域内，λ_{max} 随杂原子的电负性不同而不同，一般电负性越大，n 电子被束缚得越紧，跃迁所需的能量越大，吸收的波长越短，如 CH_3Cl 的 λ_{max} 为 173 nm，CH_3Br 的 λ_{max} 为 204 nm，CH_3I 的 λ_{max} 为 258 nm。n→σ* 跃迁所引起的吸收，摩尔吸光系数一般不大，通常为 100~300 (L·mol^{-1}·cm^{-1})。

(4)n→π* 跃迁

n→π* 跃迁是由 n 电子从非键轨道向 π^* 反键轨道的跃迁，含有不饱和杂原子基团的有机物分子，基团中既有 π 电子，也有 n 电子，可以发生这类跃迁。n→π* 跃迁所需的能量最低，因此吸收辐射的波长最长，一般都在近紫外光区，甚至在可见光区。此外，n→π* 跃迁还具有以下特点：

①λ_{max} 与组成 π 键的原子有关，由于需要由杂原子组成不饱和键，所以 n 电子的跃迁就与杂原子的电负性有关，与 n→σ* 跃迁相同，杂原子的电负性越强，λ_{max} 越小。

②n → π* 跃迁的概率比较小，所以摩尔吸光系数比较小，一般为 10 ~ 100 (L·mol^{-1}·cm^{-1})，比起 π→π* 跃迁小 2~3 个数量级。摩尔吸光系数的显著差别，是区别 π→π* 跃迁和 n→π* 跃迁的方法之一。

③溶剂的影响。由于 n 电子与极性溶剂分子的相互作用更剧烈，发生溶剂化作用，甚至可以形成氢键。所以在极性溶剂中，n 轨道能量的降低比 π^* 更显著。n，π^* 的能量差 ΔE 变大，吸收波长向短波方向移动，即蓝移(注意：与 $\pi \rightarrow \pi^*$ 的跃迁不同)。从非极性到极性溶剂，一般蓝移约为 7 nm。溶剂极性对吸收波长的影响，也是区别 π→π* 跃迁和 n→π* 跃迁的方法之一。图 2.7 是溶剂极性对 n，π，π^* 轨道的能量的影响。

以上 4 种跃迁类型所产生的吸收光谱中,$\pi \rightarrow \pi^*$ 和 $n \rightarrow \pi^*$ 跃迁对分析最有价值,因为它们的吸收波长在近紫外光区及可见光区,便于仪器上的使用及操作,且 $\pi \rightarrow \pi^*$ 跃迁具有很大的摩尔吸光系数,吸收光谱受分子结构的影响较明显,因此在定性、定量分析中很有用。除了上述价电子轨道上的电子跃迁所产生的有机化合物吸收光谱外,还有分子内的电荷转移跃迁。

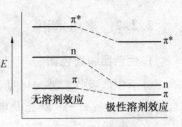

图 2.7　溶剂极性对 n,π,π* 轨道的能量的影响

(5)电荷转移跃迁

某些分子同时具有电子给予体和电子接受体两部分,这种分子在外来辐射的激发下,会强烈地吸收辐射能,使电子从给予体向接受体迁移,称为电荷转移跃迁,所产生的吸收光谱称为电荷转移光谱。电荷转移跃迁实质上是分子内的氧化—还原过程,电子给予部分是一个还原基团,电子接受部分是一个氧化基团,激发态是氧化—还原的产物,是一种双极分子。电荷转移过程可表示为

$$A \text{---} B \xrightarrow{h\nu} A^+ \text{---} B^-$$

某些取代芳烃可以产生电荷转移吸收光谱,如:

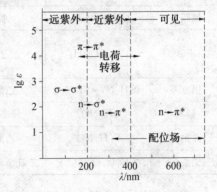

电荷转移吸收光谱的特点是谱带较宽,一般 λ_{max} 较大,吸收较强,摩尔吸光系数通常大于 $10^4 (\text{L} \cdot \text{mol}^{-1} \cdot \text{cm}^{-1})$,在分析上也较有应用价值。图 2.8 为有机物各种电子跃迁吸收光谱的波长分布。

(6)配位体场微扰的 $d \rightarrow d^*$ 跃迁

配位体场吸收谱带指的是过渡金属水合离子或过渡金属离子与显色剂(通常是有机化合物)所形成的络合物在外来辐射作用下获得相应的吸收光谱。

过渡金属离子(中心离子)具有能量相等的 d 轨道,而 H_2O,NH_3 之类的偶极分子或 Cl^-,CN^-

图 2.8　有机物各种电子跃迁吸收光谱的波长分布

这样的阴离子(配位体)按一定的几何形状排列在过渡金属离子周围(配位),使中心离子的 d 轨道分裂为能量不同的能级。

若 d 轨道原来是未充满的,则可以吸收电磁波,电子由低能级的 d 轨道跃迁到高能级的 d^* 轨道而产生吸收谱带。由于配位场引起的 d 轨道能级相差很小,所以这类跃迁吸收能量较小,多出现在可见光区。例如 $Ti(H_2O)_6^{3+}$ 水合离子的配位场跃迁吸收带,$\lambda_{max} = 490 \text{ nm}$。

2.2.2　常用术语

1. 生色团和助色团

分子中能吸收紫外－可见光的结构单元,称为生色团(也称为发色团)。由于有机化合物中,$n \to \pi^*$、$\pi \to \pi^*$ 跃迁及电荷转移跃迁在分析上具有重要作用,所以经常把含有非键轨道和 π 分子轨道能引起 $n \to \pi^*$,$\pi \to \pi^*$ 跃迁的电子体系称为生色团,例如 $\diagdown\text{C}=\text{C}\diagdown$,

$\diagdown\text{C}=\text{O}$, $\diagdown\text{C}=\text{C}-\text{O}-$ 、$-\text{H}=\text{O}$ 等。如果一个化合物的分子含有数个生色团,但它们之间并不发生共轭作用,那么该化合物的吸收光谱将包含有个别生色团原来具有的吸收带,这些吸收带的波长位置及吸收强度互相影响不大;如果多个生色团之间彼此形成共轭体系,那么原来各自生色团的吸收带将消失,而产生新的吸收带,新吸收带的吸收位置处在较长的波长处,且吸收强度显著增大。这一现象称为生色团的共轭效应。表 2.1 为常见生色团的吸收光谱。

表 2.1　常见生色团的吸收光谱

生色团		溶剂	λ/nm	$\varepsilon_{max}/(L \cdot mol^{-1} \cdot cm^{-1})$	跃迁类型
烯	$C_6H_{13}CH=CH_2$	正庚烷	177	13 000	$\pi \to \pi^*$
炔	$C_5H_{11}C\equiv C-CH_3$	正庚烷	178	10 000	$\pi \to \pi^*$
羧基	CH_3COOH	乙醇	204	41	$n \to \pi^*$
酰胺基	CH_3CONH_2	水	214	60	$n \to \pi^*$
羰基	CH_3COCH_3	正己烷	186　280	100　016	$n \to \sigma$ $n \to \pi^*$
偶氮基	$CH_3N=NCH_3$	乙醇	339　665	150 000	$n \to \pi^*$
硝基	CH_3NO_2	异辛酯	280	22	$n \to \pi^*$
亚硝基	C_4H_9NO	乙醚	300　665	100	$n \to \pi^*$
硝酸酯	$C_2H_5ONO_2$	二氧杂环己烷	270	12	$n \to \pi^*$

助色团是一种能使生色团的吸收峰向长波方向位移并增强其吸收强度的官能团,一般是含有未共享电子的杂原子基团,如$-NH_2$,$-OH$,$-NR_2$,$-OR$,$-SH$,$-SR$,$-Cl$,$-Br$ 等。这些基团中的 n 电子能与生色团中的 π 电子相互作用(可能产生 $p-\pi$ 共轭),使 $\pi \to \pi^*$ 跃迁能量降低,跃迁概率变大。

2. 红移和蓝移

由于共轭效应、引入助色团或溶剂效应(极性溶剂对 $\pi \to \pi^*$ 跃迁的效应)使化合物的吸收波长向长波方向移动,称为红移效应,俗称红移。能对生色团起红移效应的基团,称为向红团。有时某些生色团(如 $\diagdown\text{C}=\text{O}$)的碳原子一端引入某取代基或溶剂效应(极性

溶剂对 $n \rightarrow \pi^*$ 跃迁的效应),使化合物的吸收波长向短波方向移动,称为蓝移(或紫移)效

应,俗称蓝移(或紫移),能引起蓝移效应的基团(如—CH_2,—C_2H_5, $-\overset{\overset{\text{O}}{\|}}{C}-CH_3$ 等)称为

向蓝团。

3. 增色效应和减色效应

由于化合物的结构发生某些变化或外界因素的影响,使化合物的吸收强度增大的现象,称为增色效应,而使吸收强度减小的现象,称为减色效应。

4. 谱带分类

在紫外可见吸收光谱中,吸收峰的波带位置称为吸收带,通常分以下 4 种。

(1)R 吸收带

R 吸收带是与双键相连接的杂原子(例如 $C=O$,$C=N$,$S=O$ 等)上未成键电子的孤对电子向 π^* 反键轨道跃迁的结果,可简单表示为 $n \rightarrow \pi^*$。其特点是强度较弱,一般 $\varepsilon < 10^2 (L \cdot mol^{-1} \cdot cm^{-1})$,吸收峰位于 $200 \sim 400$ nm。

(2)K 吸收带

K 吸收带是两个或两个以上双键共轭时,π 电子向 π^* 反键轨道跃迁的结果,可简单表示为 $\pi \rightarrow \pi^*$。其特点是吸收强度较大,通常 $\varepsilon > 10^4 (L \cdot mol^{-1} \cdot cm^{-1})$;跃迁所需能量大,吸收峰通常在 $217 \sim 280$ nm。K 吸收带的波长及强度与共轭体系数目、位置、取代基的种类有关。其波长随共轭体系的加长而向长波方向移动,吸收强度也随之加强。K 吸收带是紫外—可见光谱中应用最多的吸收带,用于判断化合物的共轭结构。

表 2.2 是 R 带和 K 带的比较。

表 2.2　R 带和 K 带的比较

	R 带	K 带
跃迁类型	$n \rightarrow \pi^*$	$\pi \rightarrow \pi^*$
产生谱带的发色团	$p-\pi$ 共轭体系	$\pi-\pi$ 共轭体系
谱带特点	强度弱,$\varepsilon < 100$ $(L \cdot mol^{-1} \cdot cm^{-1})$ $(\lg \varepsilon < 2)$,$\lambda_{max} \geqslant 270$ nm	强度很强,$\varepsilon \geqslant 10\,000$ $(L \cdot mol^{-1} \cdot cm^{-1})$ $(\lg \varepsilon \geqslant 4)$
举例	CH_3CH,$\lambda_{max} = 291$ nm, $\varepsilon = 11$ $(L \cdot mol^{-1} \cdot cm^{-1})$, $CH_2=CH-CHO$, $\lambda_{max} = 315$ nm,$\varepsilon = 14$ $(L \cdot mol^{-1} \cdot cm^{-1})$	$CH_2=CH-CH=CH_2$, $\lambda_{max} = 223$ nm,$\varepsilon = 22\,600$ $(L \cdot mol^{-1} \cdot cm^{-1})$ $CH_2=CH-CH=CH-CH=CH_2$, $\lambda_{max} = 258$ nm,$\varepsilon = 35\,000$ $(L \cdot mol^{-1} \cdot cm^{-1})$

(3)B 吸收带

B 吸收带也是由于芳香族化合物苯环上 3 个双键共轭体系中的 $\pi \rightarrow \pi^*$ 跃迁和苯环的振动相重叠引起的精细结构吸收带,但相对来说,该吸收带强度较弱,吸收峰在 $230 \sim 270$ nm,$\varepsilon \approx 10^2 (L \cdot mol^{-1} \cdot cm^{-1})$。B 吸收带的精细结构常用来判断芳香族化合物,但苯环上有取代基且与苯环共轭或在极性溶剂中测定时,这些精细结构会简单化或消失。

（4）E 吸收带

E 吸收带由芳香族化合物苯环上 3 个双键共轭体系中的 π 电子向 π^* 反键轨道 $\pi \to \pi^*$ 跃迁所产生的，是芳香族化合物的特征吸收。E_1 带出现在 185 nm 处，为强吸收，$\varepsilon > 10^4 (L \cdot mol^{-1} \cdot cm^{-1})$；$E_2$ 带出现在 204 nm 处，为较强吸收，$\varepsilon > 10^3 (L \cdot mol^{-1} \cdot cm^{-1})$。

当苯环上有发色团且与苯环共轭时，E_1 带常与 K 带合并且向长波方向移动，B 吸收带的精细结构简单化，吸收强度增加且向长波方向移动，例如苯乙酮和苯的紫外吸收光谱（图 2.9）。

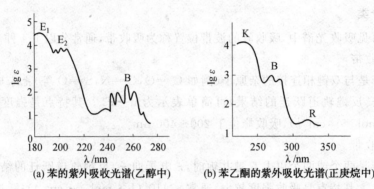

(a) 苯的紫外吸收光谱(乙醇中)　　(b) 苯乙酮的紫外吸收光谱(正庚烷中)

图 2.9　苯乙酮和苯的紫外吸收光谱

以上各吸收带相对的波长位置大小为：$R > B > K$、E_1、E_2，但一般 K 和 E 带常合并成一个吸收带。B 带 ε 值为 $250 \sim 3\ 000 (L \cdot mol^{-1} \cdot cm^{-1})$；E 带 ε 值为 $200 \sim 10\ 000 (L \cdot mol^{-1} \cdot cm^{-1})$；K 带 ε 值 $\geqslant 10\ 000 (L \cdot mol^{-1} \cdot cm^{-1})$；R 带 ε 值 $< 100 (L \cdot mol^{-1} \cdot cm^{-1})$。

表 2.3 是苯的吸收谱带及各种命名符号。表 2.4 为各种电子跃迁和紫外光谱带示例。

表 2.3　苯的吸收谱带及各种命名符号

λ_{max} (ε_{max})	184 nm (47 000 $(L \cdot mol^{-1} \cdot cm^{-1})$)	203 nm (7 400 $(L \cdot mol^{-1} \cdot cm^{-1})$)	254 nm (250 $(L \cdot mol^{-1} \cdot cm^{-1})$)
	E_1	E_2	B
	B	L_a	L_b
	β	P	α
命名符号		E	B
		K	K
	$E_2 u$	$B_1 u$	$B_2 u$
	第二主带	第一主带	副带

表 2.4 各种电子跃迁和紫外光谱带示例

电子结构	化合物	电子跃迁	λ_{max}/nm	$\varepsilon_{max}/(L \cdot mol^{-1} \cdot cm^{-1})$	谱带
σ	乙烷	$\sigma \rightarrow \sigma^*$	135	10 000	—
n	水	$n \rightarrow \sigma^*$	167	7 000	—
	甲醇	$n \rightarrow \sigma^*$	183	500	—
	正己硫醇	$n \rightarrow \sigma^*$	224	126	—
	正碘丁烷	$n \rightarrow \sigma^*$	257	486	—
π	乙烯	$\pi \rightarrow \pi^*$	165	10 000	—
	乙炔	$\pi \rightarrow \pi^*$	173	6 000	—
n 和 π	丙酮	$\pi \rightarrow \pi^*$	约 150	—	—
		$n \rightarrow \sigma^*$	188	1 860	—
		$n \rightarrow \pi^*$	279	15	R
$\pi - \pi$	丁二烯—[1,3]	$\pi \rightarrow \pi^*$	217	21 000	K
	己三烯—[1,3,5]	$\pi \rightarrow \pi^*$	258	35 000	K
$\pi - \pi$ 和 $n - \pi$	丙烯醛	$\pi \rightarrow \pi^*$	210	11 500	K
		$n \rightarrow \pi^*$	315	13.8	R
芳香族 π	苯	芳 $\pi \rightarrow \pi^*$	约 184	47 000	E_1
		芳 $\pi \rightarrow \pi^*$	约 203	7 000	E_2
		芳 $\pi \rightarrow \pi^*$	约 254	230	B
芳香族 $\pi - \pi$	苯乙烯	芳 $\pi \rightarrow \pi^*$	244	12 000	K
		芳 $\pi \rightarrow \pi^*$	282	450	B
芳香族 $\pi - \sigma$(超共轭)	甲苯	芳 $\pi \rightarrow \pi^*$	208	2 460	E_2
		芳 $\pi \rightarrow \pi^*$	262	174	B
芳香族 $\pi - \pi$ 和 $n - \pi$	苯乙酮	芳 $\pi \rightarrow \pi^*$	240	13 000	K
		芳 $\pi \rightarrow \pi^*$	278	1 110	B
		$n \rightarrow \pi^*$	319	50	R
芳香族 $\pi - \pi$(助色团)	苯酚	芳 $\pi \rightarrow \pi^*$	210	6 200	E_2
		芳 $\pi \rightarrow \pi^*$	270	1 450	B

2.2.3 影响紫外—可见吸收光谱的因素

紫外—可见吸收光谱主要取决于分子中价电子的能级跃迁,但分子的内部结构和外部环境都会对紫外—可见吸收光谱产生影响。了解影响紫外—可见吸收光谱的因素,对解析紫外光谱、鉴定分子结构有十分重要的意义。

1. 共轭效应

共轭效应使共轭体系形成大 π 键,结果使各能级间能量差减小,跃迁所需能量减小。因此共轭效应使吸收的波长向长波方向移动,吸收强度也随之加强。

随着共轭体系的加长,吸收峰的波长和吸收强度呈规律地改变。

2. 助色效应

助色效应使助色团的 n 电子与发色团的 π 电子共轭,结果使吸收峰的波长向长波方向移动,吸收强度随之加强。

3. 超共轭效应

超共轭效应是由于烷基的 σ 键与共轭体系的 π 键共轭而引起的,其效应同样使吸收峰向长波方向移动,吸收强度加强,但超共轭效应的影响远远小于共轭效应的影响。

4. 溶剂的影响

溶剂的极性强弱能影响紫外—可见吸收光谱的吸收峰波长、吸收强度及形状。如改变溶剂的极性,会使吸收峰波长发生变化。溶剂对异亚丙基丙酮 $CH_3COCH = C(CH_3)_2$ 紫外—吸收光谱的影响见表 2.5。从表 2.5 可以看出,溶剂极性越大,由 $n \rightarrow \pi^*$ 跃迁所产生的吸收峰向短波方向移动(称为短移或紫移),而 $\pi \rightarrow \pi^*$ 跃迁吸收峰向长波方向移动(称为长移或红移)。

表 2.5　溶剂对异亚丙基丙酮紫外—吸收光谱的影响

溶剂	正己烷	氯仿	甲醇	水
$\pi \rightarrow \pi^*$	230 nm	238 nm	237 nm	243 nm
$n \rightarrow \pi^*$	329 nm	315 nm	309 nm	305 nm

因此,测定紫外—可见光谱时应注明所使用的溶剂,所选用的溶剂应在样品的吸收光谱区内无明显吸收。

2.3　各类化合物的紫外光谱

有机化合物紫外光谱取决于分子的电子结构。电子的跃迁需要吸收的能量与 λ_{max} 相对应,而跃迁的概率与 ε 相对应。

2.3.1　饱和烃及其取代衍生物

饱和烃中只有 σ 键,即只有 σ 电子,因此只能产生 $\sigma \rightarrow \sigma^*$ 跃迁,即从成键 σ 轨道跃迁到反键 σ^* 轨道,需要能量较大,吸收的波长通常在 150 nm 左右的真空紫外光区,超出一般仪器的波长测量范围。饱和烃的取代衍生物一般引入具有未成键 n 电子的杂原子,可以产生 $n \rightarrow \sigma^*$ 跃迁,其能量低于 $\sigma \rightarrow \sigma^*$ 跃迁,所以吸收波长变大,如 CH_4 的吸收波长为 125 nm,而 CH_3Cl、CH_3Br 和 CH_3I 的吸收波长分别红移至 173 nm、204 nm 和 258 nm。随着杂原子原子半径的增加(电负性的降低),吸收波长由远紫外光区移向近紫外光区。

饱和烃及其取代衍生物的紫外吸收光谱在分析上并没有什么实用价值,但由于它们多数在近紫外及可见光区没有吸收,可以作为测定紫外一可见吸收光谱时的溶剂。表2.6为含杂原子饱和烃衍生物的紫外一可见吸收光谱。

表 2.6 含杂原子饱和烃衍生物的紫外一可见吸收光谱

化合物	$\lambda_{max}(\sigma \to \sigma^*)$/mm	$\lambda_{max}(n \to \sigma^*)$/mm
CH_3Cl	164~154	174
CH_3OH	150	183
CH_3NH_2	173	213
CH_3I	210~150	258
$N(CH_3CH_2)_3$		227

2.3.2 不饱和烃及共轭烯烃

不饱和烃中除含有 σ 键外,还含有 π 键,即不仅有 σ 电子,还有 π 电子,因此可以产生 $\sigma \to \sigma^*$ 跃迁和 $\pi \to \pi^*$ 跃迁。其中 $\pi \to \pi^*$ 跃迁所需的能量小于 $\sigma \to \sigma^*$ 跃迁,所以吸收波长较长,一般在近紫外光区,且摩尔吸光系数较大,一般为 $10^4 (L \cdot mol^{-1} \cdot cm^{-1})$ 以上,在分析上较有实用价值。

在不饱和烃中,如果存在共轭体系,则吸收波长明显向长波移动,摩尔吸光系数也增大,共轭体系越大,吸收波长越长,当分子中含有 5 个及以上的共轭双键时,吸收波长可达到可见光区。在共轭体系中,$\pi \to \pi^*$ 跃迁所产生的吸收带,又称为 K 带。表 2.7 是某些共轭多烯体系的吸收光谱数据。

表 2.7 某些共轭多烯体系的吸收光谱数据

化 合 物	溶 剂	λ_{max}/nm	$\varepsilon_{max}/(L \cdot mol^{-1} \cdot cm^{-1})$
1,3一丁二烯	己烷	217	21 000
1,3,5一己三烯	异辛烷	268	43 000
1,3,5,7一辛四烯	环己烷	304	
1,3,5,7,9一癸五烯	异辛烷	334	121 000
1,3,5,7,9,11一十二烷基六烯	异辛烷	364	138 000

2.3.3 羰基化合物

羰基化合物含有 $\diagdown C=O$ 基团,其中有 σ 电子、π 电子及 n 电子,故可以发生 $n \to \sigma^*$ 跃迁、$n \to \pi^*$ 跃迁和 $\pi \to \pi^*$ 跃迁,产生 3 个吸收带,其中 $n \to \pi^*$ 跃迁所产生的吸收带称为 R 带,$n \to \pi^*$ 跃迁所需要的能量较低,吸收波长落在近紫外光区或紫外光区,摩尔吸光系数为 $10 \sim 100 (L \cdot mol^{-1} \cdot cm^{-1})$。醛、酮、羧酸及其衍生物(酯、酰胺、酰卤等)都含有羰基,均属于这类化合物的吸收类型,但要注意如下两个问题。

醛、酮与羧酸及其衍生物，由于结构上的不同，它们 n→π* 跃迁所产生的 R 吸收带，吸收波长有所不同。醛、酮的 n→π* 跃迁吸收带常出现在 270～300 nm 附近，强度低且带略宽。而羧酸及其衍生物（脂、酰胺、酰卤等），由于羧基上的碳原子直接连接在具有未共享 n 电子的助色团，如—OH，—NH$_2$，—X 等，这些基团上的 n 电子与羧基上的 π 电子产生了 n→π 共轭，导致 π，π* 轨道能级的提高，而 π 轨道提高得更多，但是羧基中氧原子上 n 电子不受影响，所以实现 n→π* 跃迁所需的能量变大，吸收波长紫移至 210 nm 左右。而 π→π* 跃迁所需的能量降低，吸收波长红移。

α、β—不饱和醛、酮产生 π—π 共轭，使 π 电子进一步离域，π* 轨道的成键性加大，能量降低，所以 π→π*、n→π* 跃迁所需的能量都降低，吸收波长都发生了红移，分别移至 220～210 nm 和 310～330 nm。表 2.8 是某些 α、β—不饱和醛、酮的吸收光谱数据。

表 2.8　某些 α、β—不饱和醛、酮的吸收光谱数据

化　合　物	取代基	π→π* (K 带)		n→π* (R 带)	
		λ_{max}	ε_{max} /(L·mol^{-1}·cm^{-1})	λ_{max}	ε_{max} /(L·mol^{-1}·cm^{-1})
甲基乙烯基甲酮	无	219	3 600	324	24
2—乙基己—1—烯—3—酮	甲基	221	6 450	320	26
2—乙基己—1—烯—3—酮	单基	218		319	27
亚乙基丙酮	单基	224	9 750	314	38
丙炔醛	无	<210		328	13
巴豆醛	单基	217	15 650	321	19
柠檬酸	双基	238	13 500	324	65
β—环柠檬醛	三基	245	8 310	328	43

2.3.4　苯及其取代衍生物

封闭共轭体系的苯环有 3 个 π→π* 跃迁产生的特征吸收带，即 E$_1$ 带，λ_{max} 为 180 nm，ε_{max} 为 6×10^4（L·mol^{-1}·cm^{-1}）；E$_2$ 带，λ_{max} 为 204 nm，ε_{max} 为 8×10^3（L·mol^{-1}·cm^{-1}）；B 带，λ_{max} 为 254 nm，ε_{max} 为 200（L·mol^{-1}·cm^{-1}）。在气态或非极性溶剂中，B 带有许多由于苯环振动跃迁叠加在电子跃迁上的精细结构。在极性溶剂中，这些精细结构消失，形成一个宽的谱带。

当苯环上引入取代基时，苯的 3 个特征谱带都会发生显著的变化，其中影响较大的是 E$_2$ 带和 B 带。取代基的影响与取代基的种类、多少、位置的关系极大。表 2.9 是苯及某些衍生物的吸收光谱数据。从表 2.9 中可以看出，当苯环上引入—NH$_2$，—OH，—CHO，—NO$_2$ 等基团时，E$_2$、B 带都发生红移，而 B 带的吸收强度都增加。如果引入的基团带有不饱和杂原子时则发生了 n→π* 跃迁的新吸收带。如硝基苯、苯甲醛的 n→π* 跃迁吸收波长分别为 330 nm 和 328 nm。

表 2.9 苯及其某些衍生物的吸收光谱数据

化合物	溶剂	λ_{max}/nm	ε_{max}/(L·mol^{-1}·cm^{-1})	λ_{max}/nm	ε_{max}/(L·mol^{-1}·cm^{-1})	λ_{max}/nm	ε_{max}/(L·mol^{-1}·cm^{-1})	λ_{max}/nm	ε_{max}/(L·mol^{-1}·cm^{-1})
苯	己	184	68 000	204	8 800	254	250	—	—
甲苯	己烷	189	55 000	208	7 900	262	260	—	—
苯酚	水	—	—	211	6 200	270	1 450	—	—
苯胺	水	—	—	230	8 600	280	1 400	—	—
苯甲酸	水	—	—	230	10 000	270	800	—	—
硝基苯	己烷	—	—	252	10 000	280	1 000	330	140
苯甲醛	己烷	—	—	242	14 000	280	1 400	328	55
苯乙烯	己烷	—	—	248	15 000	282	740	—	—

2.3.5 稠环芳烃及杂环化合物

稠环芳烃,如萘、蒽、丁省、菲、䓛等都有大的共轭体系,它们均显示出类似于苯的 3 个吸收带,而与苯本身比较,这 3 个吸收带都发生了红移,且吸收强度也增加。随着苯环数目的增多,吸收波长红移也更多,吸收强度也相应增加更多。表 2.10 是某些稠环芳烃的吸收光谱数据。从表 2.10 中可见,蒽及丁省的吸收波长已延伸到可见光区,而具角形的稠环芳烃菲、䓛在 220 nm 左右波长处出现另一个吸收带。

当苯环中引入杂原子(如 N 原子),则构成了杂环化合物,如吡啶、喹啉、吖啶等,杂环化合物的吸收光谱与其相对应的芳环化合物极为相似,如吡啶与苯相似,喹啉与萘相似等。由于杂环化合物中引入了杂原子,它们具有 n 电子,所以会产生 $n\to\pi^*$ 跃迁的吸收带,如吡啶在非极性溶剂中有 270 nm 的吸收带(摩尔吸光系数为 450 (L·mol^{-1}·cm^{-1}))就属于 $n\to\pi^*$ 跃迁的吸收带。

表 2.10 某些稠环芳烃的吸收光谱数据

化合物	溶剂	$^1C_b(\beta')$带		$^1B(\beta)$带		$^1L_a(\rho)$带		$^1L_b(\alpha)$带	
		λ/nm	ε/(L·mol^{-1}·cm^{-1})	λ/nm	ε/(L·mol^{-1}·cm^{-1})	λ/nm	ε/(L·mol^{-1}·cm^{-1})	λ/nm	ε/(L·mol^{-1}·cm^{-1})
苯	庚烷	—	—	184	60 000	204	8 000	255	200
萘	异辛烷	—	—	221	110 000	275	5 600	311	250
蒽	异辛烷	—	—	251	200 000	376	5 000	遮盖	
丁省	庚烷	—	—	272	180 000	473	12 500	遮盖	—
菲	甲醇	219	18 000	251	90 000	292	20 000	330	350
䓛	95%乙醇	220	37 000	267	160 000	206	15 500	360	1 000

2.3.6　含氮氧键的化合物

含氮氧键的化合物为硝基化合物和亚硝基化合物。亚硝基中的 N 和 O 原子上都有 n 电子,所以有两种 $n \rightarrow \pi^*$ 跃迁产生的吸收带,在 675 nm 波长处有一个 N 原子上 n 电子产生的 $n \rightarrow \pi^*$ 跃迁吸收带,其 ε 为 30 $(L \cdot mol^{-1} \cdot cm^{-1})$;在 300 nm 波长处有一个 O 原子上 n 电子产生的 $n \rightarrow \pi^*$ 跃迁吸收带,其 ε 为 100 $(L \cdot mol^{-1} \cdot cm^{-1})$。硝基中仅有 O 原子有 n 电子,所以仅一个 $n \rightarrow \pi^*$ 跃迁吸收带,吸收波长为 260~280 nm,ε 为 20~40 $(L \cdot mol^{-1} \cdot cm^{-1})$;而在 210 nm 波长处有一个较强吸收带,为 $\pi \rightarrow \pi^*$ 跃迁产生,其 ε 为 5 000 $(L \cdot mol^{-1} \cdot cm^{-1})$左右。

2.3.7　电荷转移吸收光谱

与某些有机物相似,不少无机化合物会在电磁辐射的照射下,发生电荷转移跃迁,产生电荷转移吸收光谱。

一般说来,配合物的金属中心离子(M)具有正电荷中心,是电子接受体,配位体(L)具有负电荷中心,是电子给予体,当化合物接收辐射能量时,一个电子由配位体的电子轨道跃迁至金属离子的电子轨道,表示为

$$M^{n+} - L^{b-} \xrightarrow{h\nu} M^{(n-1)+} - L^{(b-1)-}$$

这种跃迁实质上是配位体与金属离子之间发生分子内的氧化－还原反应。

不少过渡金属离子与含有生色团的试剂反应所生成的配合物及许多水合无机离子,均可发生电荷转移跃迁而产生吸收光谱。如

$$Fe^{3+} OH^- \xrightarrow{h\nu} Fe^{2+} OH$$

$$Fe^{3+} SCN^- \xrightarrow{h\nu} Fe^{2+} SCN$$

此外,一些具有 d^{10} 电子结构的过渡金属元素所形成的卤化物,如 AgBr,PbI_2,HgS 等,也是由于这类电子跃迁而呈现颜色。一些含氧酸根在紫外－可见光区有强烈吸收,也属于电荷转移跃迁。

电荷转移跃迁所需的能量(或吸收辐射线的波长)与电子给予体的给电子能力(即电子亲和力或还原能力)及电子接受体的电子接受能力(或氧化能力)有关。如 SCN^- 的电子亲和力比 Cl^- 小,则它们与 Fe^{3+} 的配合物发生电荷转移跃迁时,$Fe^{3+} SCN^-$ 所需的能量比 $Fe^{3+} Cl^-$ 来得小,吸收的波长较长,呈现在可见光区,而 $Fe^{3+} Cl^-$ 吸收的波长较短,呈现在近紫外光区。

电荷转移跃迁的最大特点是摩尔吸光系数较大,一般 $\varepsilon_{max} > 10^4 (L \cdot mol^{-1} \cdot cm^{-1})$。因此,这类吸收谱带在定量分析上很有实用价值。

2.3.8　配位体场跃迁

配位体场跃迁包括 $d \rightarrow d$ 跃迁和 $f \rightarrow f$ 跃迁。元素周期表中第四、五周期的过渡金属元素中分别含有 3d 和 4d 电子轨道,镧系和锕系元素分别含有 4f 和 5f 电子轨道。在配位

体存在形成配合物时,过渡金属元素 5 个原来能量简并的 d 轨道及镧系和锕系元素 7 个原来能量简并的 f 轨道,分别被分裂成几组能量不等的 d 轨道和 f 轨道。当配合物吸收辐射能后,处于低能轨道的 d 电子或 f 电子可以跃迁至高能轨道。这两类跃迁分别被称为 d→d 跃迁和 f→f 跃迁。由于这两类跃迁必须在配位体的配位场作用下才有可能发生,因此又称为配位场跃迁。

(1)d→d 跃迁

一些 d 电子层尚未充满电子的第一、二过渡金属元素的吸收光谱,主要由 d→d 跃迁产生。在没有外电磁场作用时,过渡金属离子的 5 个 d 电子轨道是简并的,能量是一样的。图 2.10 为 d 轨道电子云密度分布示意图。当配位体按一定的几何方向配位在金属离子周围形成配合物时,过渡金属离子处在配位体形成的负电场中,原来简并的 5 个 d 轨道在负电场作用下,分裂成能量不等的轨道。d 轨道分裂的情况与配位体在金属离子周围配置的情况有关。图 2.11 是配位体不同配置情况时 d 轨道的能级分裂示意图。

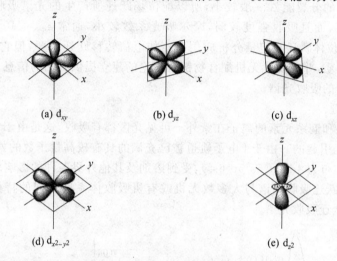

(a) d_{xy} (b) d_{yz} (c) d_{xz}

(d) $d_{x^2-y^2}$ (e) d_{z^2}

图 2.10 d 轨道电子云密度分布示意图

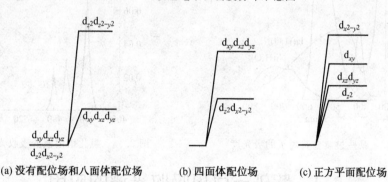

(a) 没有配位场和八面体配位场 (b) 四面体配位场 (c) 正方平面配位场

图 2.11 配位体不同配置情况时 d 轨道的能级分裂示意图

例如$(Ti(H_2O)_6)^{3+}$配合物(水合离子),有 3 个 d 电子,6 个 H_2O 分子以正八面体配置在它的周围,若将 6 个 H_2O 分子放置在 x、y、z 3 个坐标轴的各一端,H_2O 分子偶极的负端转向中心离子 Ti^{3+}。由于偶极子产生的电场对 d 轨道电子的排斥作用,使 d 轨道的能量提高。但是由于 d_{xy}、d_{xz}、d_{yz} 轨道分别在两坐标之间具有最大的电子云密度,而 $d_{x^2-y^2}$ 和 d_{z^2} 轨道分别在 xy 和 z 坐标轴上具有最大电子云密度,所以 $d_{x^2-y^2}$ 和 d_{z^2} 轨道上的电子受到 H_2O 偶极子负电场的排斥作用比 d_{xy}、d_{xz}、d_{yz} 轨道来得强,即 $d_{x^2-y^2}$、d_{z^2} 轨道上的能量比起 d_{xy}、d_{xz}、d_{yz} 轨道高。配位场作用的结果,使 5 个 d 轨道分裂成能量高低不同的两组,两组轨道之间的能量差,称为分裂能 Δ。Δ 值是配位场强度的量度。Δ 值的大小与中心离子的价态及在周期表中的位置有关。一般是中心离子价数越高,Δ 越大,在同族元素的同价态离子中,随着原子序数的增大,Δ 也增加。同时,Δ 值还受配位体的种类及配位数的影响。对于同一种中心离子来说,一些配位体将使 Δ 按以下顺序递减:$CO>CN^->NO_2^->$ 邻二氮菲 $>2,2'-$ 联吡啶 $>NH_3>CH_3CN>CNS^->H_2O>C_2O_4^{2-}>OH^->F^->NO_{3-}>Cl^->S^{2-}>Br^->I^-$。除少数情况例外,可用此配位场强度顺序,预测某一过渡金属离子的各种配合物吸收光谱的相对位置。一般规律是,Δ 值随配位场强度的增加而增加,吸收波长发生紫移。

由于配位体的分裂能 Δ 一般较小,所以配位场跃迁所产生的光谱吸收波长较长,一般位于可见光区,而且吸收强度较弱,摩尔吸光系数较小,通常 $\varepsilon_{max}<10^2$($L \cdot mol^{-1} \cdot cm^{-1}$)。虽然配位体跃迁在定量分析应用上不如电荷转移跃迁重要,但它可用于研究配合物的结构及性质,并为现代无机配合物键合理论的建立提供有用的信息。图 2.12 为某些过渡金属离子的吸收光谱。

(2)f→f 跃迁

大多数镧系和锕系元素的离子在紫外－可见光区都有吸收,这是由于它们的 4f 或 5f 电子的 f→f 跃迁引起的。由于 f 电子轨道被已充满的具有较高量子数的外层轨道所屏蔽(如 Ce 的电子排布为 $4d^{10}4f^25s^25p^66s^2$),受到溶剂及其他外界条件的影响较小,故吸收带较窄,这是 f→f 跃迁吸收光谱与大多数无机或有机吸收体系所不同的特征。图 2.13 为一典型的 f→f 跃迁吸收光谱。

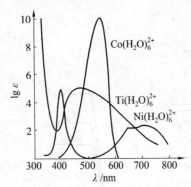

图 2.12 某些过渡金属离子的吸光度

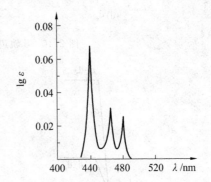

图 2.13 氯化镨溶液的吸收光谱

2.4 紫外－可见吸收光谱的应用

紫外－可见吸收光谱法是一种广泛应用的定量分析方法,也是对物质进行定性分析和结构分析的一种手段,同时还可以测定某些化合物的物理化学参数,例如摩尔质量、配合物的配合比和稳定常数以及酸、碱的离解常数等。

紫外光谱中最有用的是 λ_{max} 和 ε 值。若两个化合物有相同的 λ_{max} 和 ε 值,并且紫外光谱图也一样,它们有一样或类似的共轭体系。

紫外光谱应注意出峰的位置(λ_{max})、峰的强度(ε)和峰的形状。

紫外光谱提供的信息如下:

①某一化合物如果在 200～800 nm 没有吸收带,它就不含共轭链烯、α,β—不饱和醛酮、与苯环连接的发色基团、醛和酮等,另外,很可能不含孤立的双键。

②如果在 200～250 nm 有强吸收带($\varepsilon_{max}=10\,000$ (L·mol^{-1}·cm^{-1})左右),可能是共轭二烯或 α,β—不饱和醛酮。如果在 260 nm、300 nm 或 330 nm 附近有强吸收带,就各有 3、4 或 5 个共轭系。

③如果在 260～300 nm 有中等强度的吸收带(ε 为 200～1 000 L·mol^{-1}·cm^{-1}),就很可能有芳香环。

④如果在 290 nm 附近有弱吸收带(ε 为 20～100 L·mol^{-1}·cm^{-1}),就为酮或醛。

⑤有颜色的化合物,共轭体系比较长,或含硝基、偶氮基、重氮基及亚硝基等化合物、α—二酮、乙二醛及碘仿等化合物,它们虽不含共轭烯链,但也有颜色。

2.4.1 定性分析

紫外—可见分光光度法在无机元素的定性分析应用方面是比较少的,无机元素的定性分析主要用原子发射光谱法或化学分析法。在有机化合物的定性分析鉴定及结构分析方面,由于紫外—可见光谱较为简单,光谱信息少,特征性不强,而且不少简单官能团在近紫外及可见光区没有吸收或吸收很弱,因此,这种方法的应用有较大的局限性,但是它适用于不饱和有机化合物,尤其是共轭体系的鉴定,以此推断未知物的骨架结构。此外,它可配合红外光谱法、核磁共振波谱法和质谱法等常用的结构分析法进行定性鉴定和结构分析,是一种有用的辅助方法。一般定性分析方法有如下两种:

1. 比较吸收光谱曲线法

吸收光谱的形状、吸收峰的数目和位置及相应的摩尔吸光系数是定性分析的光谱依据,而最大吸收波长 λ_{max} 及相应的 ε_{max} 是定性分析的最主要参数。比较法有标准物质比较法和标准谱图比较法两种。

(1)利用标准物质比较

在相同的测量条件下,测定和比较未知物与已知标准物的吸收光谱曲线,如果两者的光谱完全一致,则可以初步认为它们是同一化合物。为了能使分析更准确可靠,要注意如下三点:一是尽量保持光谱的精细结构,为此,应采用与吸收物质作用力小的非极性溶剂,且采用窄的光谱通带;二是吸收光谱采用 lg A 对 λ 作图,这样如果未知物与标准物的浓度不同,则曲线只是沿 lg A 轴平移,而不是像 A～λ 曲线那样以 εb 的比例移动,更便于比较分析;三是往往还需要用其他方法进行证实,如红外光谱等。图 2.14 为 3 种甾体激素的 UV 吸收光谱。

(2)利用标准谱图比较

常用的工具书有:Sadtler Standard Spectra (Ultravioletl) (Heyden, Londou, 1978);Organic Electronic Spectral Data 等。

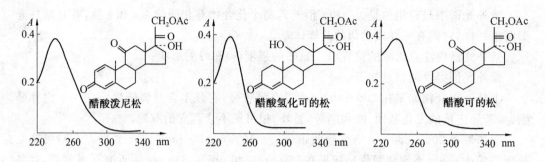

图 2.14　3 种甾体激素的 UV 吸收光谱(10 μg/mL 的甲醇溶液)

2. 计算不饱和有机化合物最大吸收波长的经验规则

计算不饱和有机化合物最大吸收波长的经验规则有伍德沃德(Woodward)规则和斯科特(Scott)规则。

当采用其他物理或化学方法推测未知化合物有几种可能结构后,可用经验规则计算它们最大吸收波长,然后再与实测值进行比较,以确认物质的结构。

(1)伍德沃德规则

伍德沃德规则是计算共轭二烯、多烯烃及共轭烯酮类化合物 $\pi \rightarrow \pi^*$ 跃迁最大吸收波长的经验规则,见表 2.11 和表 2.12。计算时,先从未知物的母体对照表得到一个最大吸收的基数,然后对连接在母体中 π 电子体系(即共轭体系)上的各种取代基以及其他结构因素按表上所列的数值加以修正,得到该化合物的最大吸收波长 λ_{max}。表 2.11 和表 2.12 是几种化合物 λ_{max} 的计算示例。

表 2.11　计算二烯烃或多烯烃 $\pi \rightarrow \pi^*$ 跃迁的最大吸收位置

母体是异环的二烯烃或无环多烯烃类型	λ/nm
(结构式)	基数 214
母体是同环的二烯烃或这种类型的多烯烃 (结构式)	基数 253
(注意:当两种情形的二烯烃体系同时存在时,选择波长较长的为其母体系统,即选用基数为 253 nm)	
增加一个共轭双键	30
环外双键	5
每个烷基取代基	5
每个极性基	
—O—乙酰基	0
—O—R	6
—S—R	30
—Cl,—Br	5
—NR₂	60
溶剂校正值	0

表 2.12　计算不饱和羰基化合物 $\pi \rightarrow \pi^*$ 跃迁的最大吸收位置

$\overset{\delta}{-}\text{C}=\overset{\gamma}{\text{C}}-\overset{\beta}{\text{C}}=\overset{\alpha}{\text{C}}-\text{C}=\text{C}-\underset{\underset{X}{\mid}}{\text{C}}=\text{O}$		λ/nm	$\overset{\delta}{-}\text{C}=\overset{\gamma}{\text{C}}-\overset{\beta}{\text{C}}=\overset{\alpha}{\text{C}}-\text{C}=\text{C}-\underset{\underset{X}{\mid}}{\text{C}}=\text{O}$		λ/nm
α,β—不饱和羰基化合物母体 （无环、六节环或较大的环酮）		215	—OR	β	30
α,β 键在五节环内		−13		γ	17
醛		−6		δ（或更高）	31
当 X 为 HO 或 RO 时		−22	—SR	β	85
每增加一个共轭双键		30	—Cl	α	15
同环二烯化合物		39		β	12
环外双键		5	—Br	α	25
每个取代烷基	α	10		β	30
	β	12	—NR₂	β	95
	γ（或更高）	18	溶剂校正		
每个极性基			乙醇,甲醇		0
—OH	α	35	氯仿		1
	β	30	二氧六环		5
	γ（或更高）	50	乙醚		7
—OAc	α,β,γ,δ 或更高	6	己烷,环己烷		11
—OR	α	35	水		−8

几种双（多）烯化合物的 λ_{max} 计算例子如下：

例 1

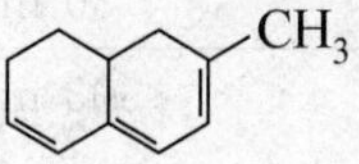

解

基值	217 nm
同环系统	36 nm
烷基取代基(4×5)	20 nm
环外双键	5 nm
共轭系统的延长	30 nm
	308 nm

例 2

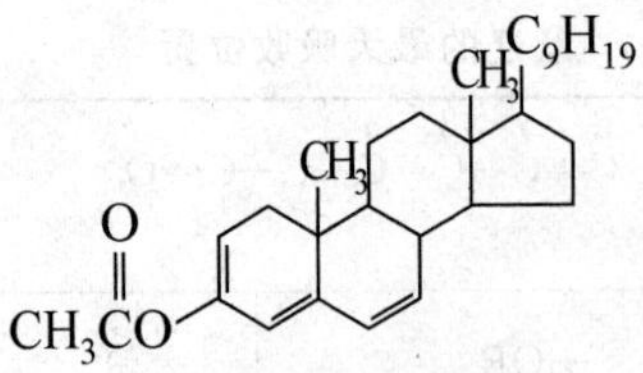

解

基值	217 nm
同环系统	36 nm
烷基取代基(3×5)	15 nm
取代基(OCOCH₃)	0
环外双键	5 nm
共轭系统的延长(1×30)	30 nm
	303 nm

例 3

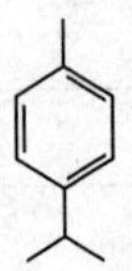

解

基值	217 nm
同环二烯	36 nm
烷基取代基(4×5)	20 nm
环外双键(0)	0
共轭系统的延长(1×30)	30 nm
	303 nm

例 4

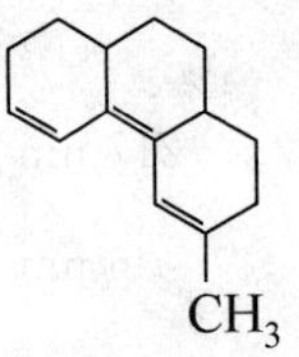

解

基值	217 nm
烷基取代(5×5)	25 nm
共轭系统的延长(1×30)	30 nm
环外双键(2×5)	10 nm
	282 nm

例 5

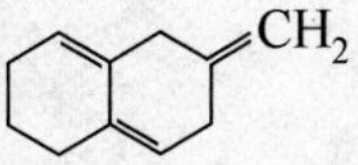

解

基值	217 nm
烷基取代(4×5)	20 nm
环外双键(2×5)	10 nm
共轭系统的延长(0)	0
	247 nm

例 6

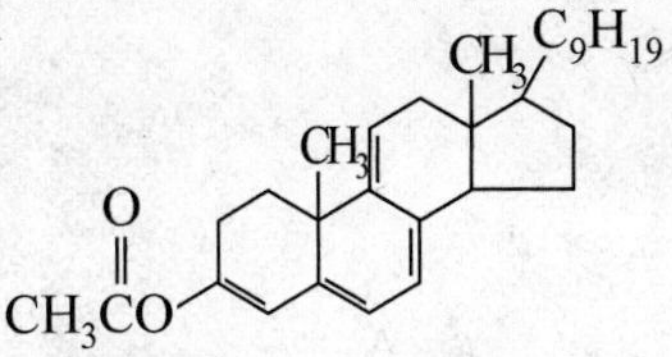

解

基值	217 nm
同环二烯	36 nm
烷基取代(5×5)	25 nm
OR 取代基(酰基)	0
共轭系统的延长(2×30)	60 nm
环外双键(3×5)	15 nm
	353 nm

几种不饱和羰基化合物的 λ_{max} 计算例子如下:

例 7   计算 λ_{max},指出在 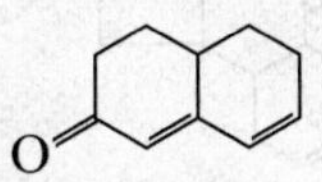 不饱和酮分子中的哪个位置有取代基?

解

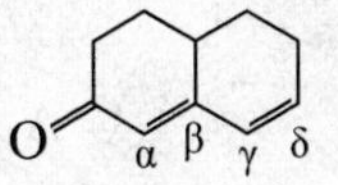

没有取代基的:α,γ
有取代基的:β 和 δ

基值	215 nm
取代基 β(1×12)	12 nm
取代基 δ(1×18)	18 nm
环外双键(1×5)	5 nm
共轭系统的延长(1×30)	30 anm
	280 nm

例 8 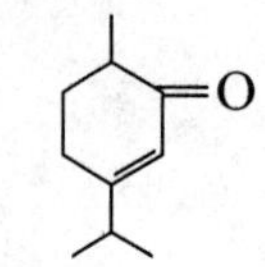

解

基值	215 nm
取代基 β(2×12)	24 nm
	230 nm

例 9 同分异构体 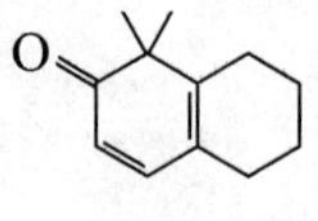 和 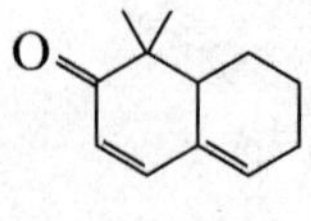

A B

解

	A	B
基值	215 nm	215 nm
取代基 γ	18 nm	18 nm
取代基 δ	18×2 nm	18 nm
同环共轭双键	39 nm	0
环外双键	0	5 nm
共轭系统的延长	30 nm	30 nm
	338 nm	286 nm

例 10 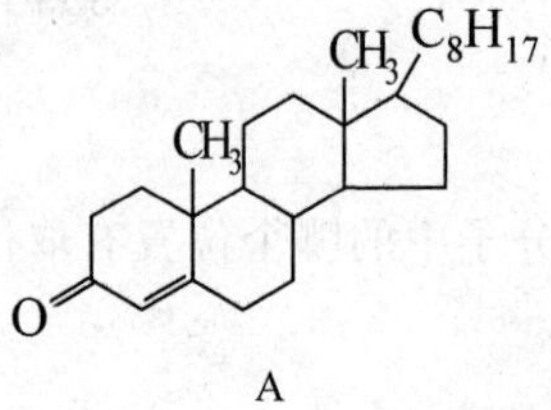 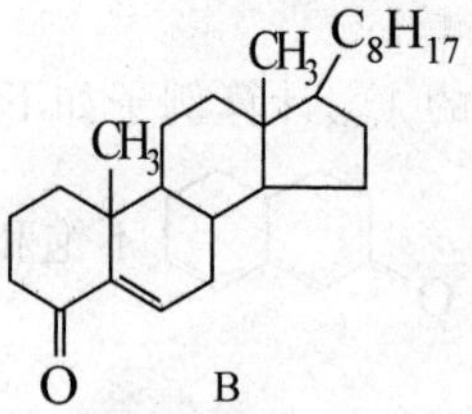

A B

解

	A	B
基值	215 nm	215 nm
取代基 α	0 nm	10 nm
取代基 β	2×12 nm	12 nm
环外双键	5 nm	5 nm
	244 nm	242 nm

例 11

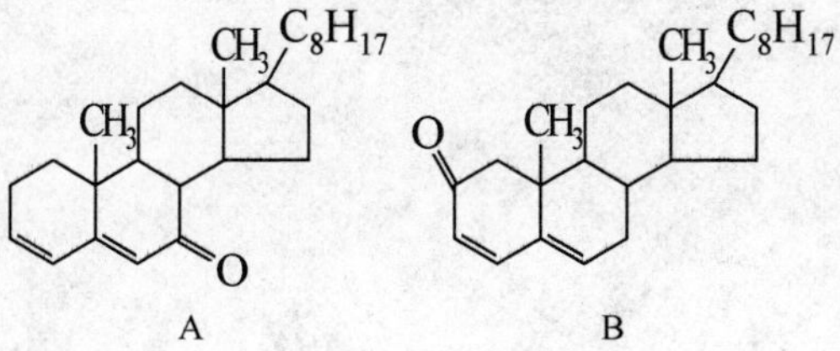

解

	A	B
基值	215 nm	215 nm
取代基 β	12 nm	0 nm
取代基 γ	0 nm	18 nm
取代基 δ	18 nm	18 nm
环外双键	5 nm	5 nm
共轭系统的延长	30 nm	30 nm
	280 nm	286 nm

(2)斯科特规则

斯科特规则是计算芳香族羰基化合物衍生物的最大吸收波长的经验规则,计算方法与伍德沃德规则相同。表 2.13 是 PhCOR 衍生物 E_2 带 λ_{max}^{EtOH} 的计算。

表 2.13 PhCOR 衍生物 E_2 带 λ_{max}^{EtOH} 的计算

PhCOR 发色团母体	λ/nm
R=烷基或环残基(R)	246
R=氢(H)	250
R=羟基或烷氧基(OH 或 OR)	230

表 2.14 是苯环上邻、间、对位被取代基取代的 λ 增值。

表 2.14 苯环上邻、间、对位被取代基取代的 λ 增值($\Delta\lambda/nm$)

取代基	邻位	间位	对位
(R 烷基)	3	3	10
OH,OR	7	7	25
O	11	20	78
Cl	0	0	10
Br	2	2	15
NH_2	13	13	58
NHAc	20	20	45
NR_2	20	20	85

例 12

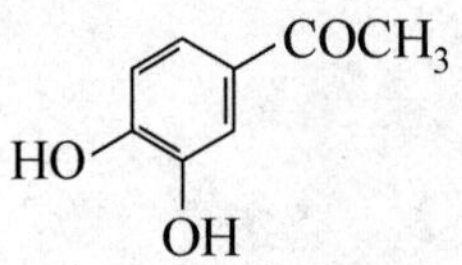

HO—〇—COCH₃
OH

解

母体	246 nm
间位—OH	7 nm
对位—OH	25 nm
计算值	278 nm
实测值	279 nm

例 13

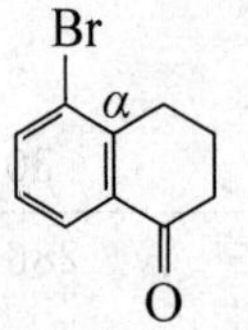

Br
α
O

解

母体	246 nm
邻体环残基(α)	3 nm
间位—Br	2 nm
计算值	251 nm
实测值	248 nm

3. 结构分析

紫外—可见分光光度法可以进行化合物某些基团的判别、共轭体系及构型、构象的判断。

（1）某些特征基团的判别

有机物的不少基团（生色团），如羰基、苯环、硝基、共轭体系等，都有其特征的紫外或可见吸收带，紫外—可见分光光度法在判别这些基团时，有时是十分有用的。如在 270～300 nm 处有弱的吸收带，且随溶剂极性增大而发生蓝移，就是羰基 n→π* 跃迁所产生 R 吸收带的有力证据。在 184 nm 附近有强吸收带（E_1 带），在 204 nm 附近有中强吸收带（E_2 带），在 260 nm 附近有弱吸收带且有精细结构（B 带），是苯环的特征吸收等。可以从有关资料中查找某些基团的特征吸收带。

（2）共轭体系的判断

共轭体系会产生很强的 K 吸收带，通过绘制吸收光谱，可以判断化合物是否存在共轭体系或共轭的程度。如果一化合物在 210 nm 以上无强吸收带，可以认定该化合物不存在共轭体系；若在 215～250 nm 区域有强吸收带，则该化合物可能有 2～3 个双键的共轭体系,如 1—3 丁二烯,λ_{max} 为 217 nm,ε_{max} 为 21 000 (L·mol^{-1}·cm^{-1});若 260～350 nm 区域有很强的吸收带,则可能有 3～5 个双键的共轭体系,如癸五烯有 5 个共轭双键,λ_{max} 为 335 nm,ε_{max} 为 118 000 (L·mol^{-1}·cm^{-1})。

（3）异构体的判断

异构体的判断包括顺反异构及互变异构两种情况的判断。

①顺反异构体的判断。

生色团和助色团处在同一平面上时,才产生最大的共轭效应。由于反式异构体的空间位阻效应小,分子的平面性较好,共轭效应强,因此 λ_{max} 及 ε_{max} 都大于顺式异构体。例如,肉桂酸顺、反式的吸收如图 2.15 所示。

顺式
λ_{max}=280 nm, ε_{max}=13 500 (L·mol^{-1}·cm^{-1})

反式
λ_{max}=295 nm, ε_{max}=27 000 (L·mol^{-1}·cm^{-1})

图 2.15 肉桂酸顺、反式的吸收

同一化学式的多环二烯,可能有两种异构体:一种同环二烯,是顺式异构体;另一种是异环二烯,是反式异构体。一般来说,异环二烯的吸收带强度总是大于同环二烯。

（2）互变异构体的判断

某些有机化合物在溶液中可能有两种以上的互变异构体处于动态平衡中,这种异构体的互变过程常伴随有双键的移动及共轭体系的变化,因此也产生吸收光谱的变化。最常见的是某些含氧化合物的酮式与烯醇式异构体之间的互变。例如,乙酰乙酸乙酯就是酮式和烯醇式两种互变异构体:

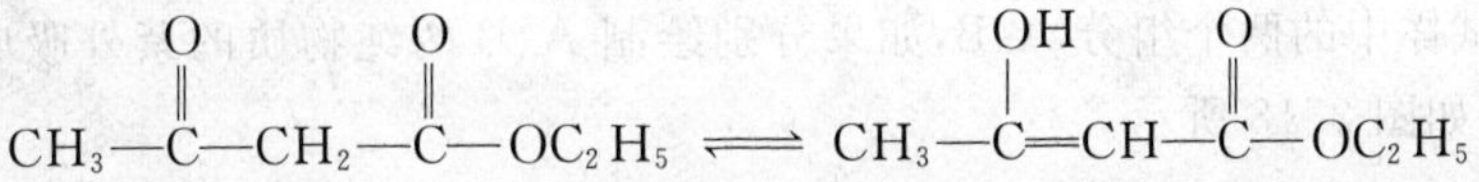

它们的吸收特性不同:酮式异构体在近紫外光区的 λ_{max} 为 272 nm(ε_{max} 为 16 (L·mol^{-1}·cm^{-1})),是 n→π* 跃迁所产生 R 吸收带。烯醇式异构体的 λ_{max} 为 243 nm(ε_{max} 为 16 000 (L·mol^{-1}·cm^{-1})),是 π→π* 跃迁共轭体系的 K 吸收带。两种异构体的互变平衡与溶剂有密切关系。在像水这样的极性溶剂中,由于 C＝O 可能与 H$_2$O 形成氢键而降低能量以达到稳定状态,所以酮式异构体(图 2.16)占优势。

而在像乙烷这样的非极性溶剂中,由于形成分子内的氢键,且形成共轭体系,使能量降低以达到稳定状态,所以烯醇式异构体(图 2.17)比率上升。

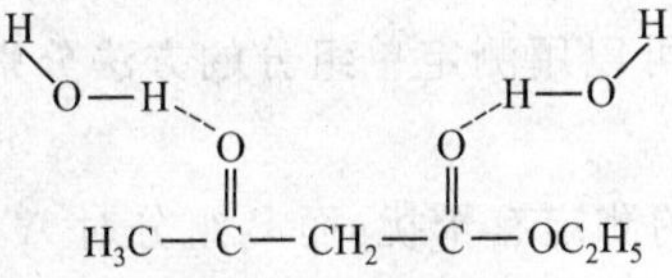

图 2.16 酮式异构体

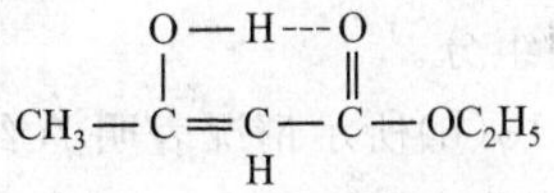

图 2.17 烯醇式异构体

此外,紫外－可见分光光度法还可以判断某些化合物的构象(如取代基是平伏键还是直平键)及旋光异构体等。

2.4.2 定量分析

紫外－可见分光光度法定量分析方法常见的有如下几种:

1. 单组分的定量分析

如果在一个试样中只要测定一种组分,且在选定的测量波长下,试样中其他组分对该组分不干扰,这种单组分的定量分析则较简单,一般分析有标准对照法和标准曲线法两种。

(1)标准对照法

在相同条件下,平行测定试样溶液和某一浓度 C_s(应与试液浓度接近)的标准溶液的吸光度 A_x 和 A_s,则由 C_s 可计算试样溶液中被测物质的浓度 C_x,即

$$A_s = KC_s, A_x = KC_x, C_x = \frac{C_s A_x}{A_s}$$

标准对照法因只使用单个标准,引起误差的偶然因素较多,故结果往往较不可靠。

(2)标准曲线法

标准曲线法是实际分析工作中最常用的一种方法。配制一系列不同浓度的标准溶液,以不含被测组分的空白溶液作参比,测定标准系列溶液的吸光度,绘制吸光度－浓度曲线,称为校正曲线(也称为标准曲线或工作曲线)。在相同条件下测定试样溶液的吸光度,从校正曲线上找出与之对应的未知组分的浓度。

2. 多组分的定量分析

根据吸光度具有加和性的特点,在同一试样中可以同时测定两个或两个以上组分。假设要测定试样中的两个组分 A、B,如果分别绘制 A、B 两纯物质的紫外吸收光谱,可能有 3 种情况,如图 2.18 所示。

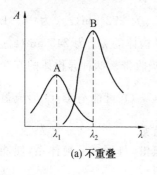 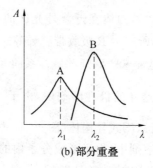 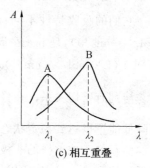

(a) 不重叠　　　　　　(b) 部分重叠　　　　　　(c) 相互重叠

图 2.18　混合物的紫外吸收光谱

①图 2.18(a)所示情况表明两组分互不干扰,可以用测定单组分的方法分别在 λ_1、λ_2 测定 A、B 两组分。

②图 2.18(b)所示情况表明 A 组分对 B 组分的测定有干扰,而 B 组分对 A 组分的测定无干扰,则可以在 λ_1 处单独测量 A 组分,求得 A 组分的浓度 C_A。然后在 λ_2 处测量溶

液的吸光度 $A_{\lambda_2}^{A+B}$ 及 A、B 纯物质的 $\varepsilon_{\lambda_2}^A$ 和 $\varepsilon_{\lambda_2}^B$ 值,根据吸光度的加和性,即得

$$A_{\lambda_2}^{A+B}=A_{\lambda_2}^A+A_{\lambda_2}^B=\varepsilon_{\lambda_2}^A bC_A+\varepsilon_{\lambda_2}^B bC_B$$

则可以求出 C_B。

③图 2.18(c)所示情况表明两组分彼此互相干扰,此时,在 λ_1、λ_2 处分别测定溶液的吸光度 $A_{\lambda_1}^{A+B}$ 及 $A_{\lambda_2}^{A+B}$,而且同时测定 A、B 纯物质的 $\varepsilon_{\lambda_1}^A$、$\varepsilon_{\lambda_1}^B$ 及 $\varepsilon_{\lambda_2}^A$、$\varepsilon_{\lambda_2}^B$,然后列出联立方程,即

$$A_{\lambda_1}^{A+B}=\varepsilon_{\lambda_1}^A bC_A+\varepsilon_{\lambda_1}^B bC_B$$
$$A_{\lambda_2}^{A+B}=\varepsilon_{\lambda_2}^A bC_A+\varepsilon_{\lambda_2}^B bC_B$$

解得 C_A、C_B。

显然,如果有 n 个组分的光谱互相干扰,就必须在 n 个波长处分别测定吸光度的加和值,然后解 n 元一次方程以求出各组分的浓度。应该指出,这将是繁琐的数学处理,且 n 越多,结果的准确性越差。用计算机处理测定结果将使运算更方便。

3. 双波长分光光度法

当试样中两组分的吸收光谱重叠较为严重时,用解联立方程的方法测定两组分的含量可能误差较大,这时可以用双波长分光光度法测定。它可以进行一组分在其他组分干扰下,测定该组分的含量,也可以同时测定两组分的含量。双波长分光光度法定量测定两混合物组分的主要方法有等吸收波长法和系数倍率法两种。

(1)等吸收波长法

试样中含有 A、B 两组分,若要测定 B 组分,A 组分有干扰。采用双波长法进行 B 组分测量时方法如下:为了消除 A 组分的吸收干扰,一般首先选择待测组分 B 的最大吸收波长 λ_2 为测量波长,然后用作图法选择参比波长 λ_1,如图 2.19 所示。

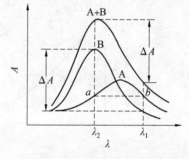

图 2.19 作图法选择 λ_1 和 λ_2

在 λ_2 处作一波长轴的垂直线,交于组分 A 吸收曲线的某一点 a,再从这点作一条平行于波长轴的直线,交于组分 A 吸收曲线的另一点 b,该点所对应的波长为参比波长 λ_1。可见组分 A 在 λ_2 和 λ_1 处是等吸收点,即

$$A_{\lambda_2}^A=A_{\lambda_1}^A$$

由吸光度的加和性可见,混合试样在 λ_2 和 λ_1 处的吸光度可表示为

$$A_{\lambda_2}=A_{\lambda_2}^A+A_{\lambda_2}^B$$
$$A_{\lambda_1}=A_{\lambda_1}^A+A_{\lambda_1}^B$$

双波长分光光度计的输出信号为 ΔA,则

$$\Delta A=A_{\lambda_2}-A_{\lambda_1}=A_{\lambda_2}^B+A_{\lambda_2}^A-A_{\lambda_1}^B-A_{\lambda_1}^A$$

因为

$$A_{\lambda_2}^A=A_{\lambda_1}^A$$

所以

$$\Delta A = A_{\lambda_2}^{B} - A_{\lambda_1}^{B} = (\varepsilon_{\lambda_2}^{B} - \varepsilon_{\lambda_1}^{B})bC_B$$

可见仪器的输出信号 ΔA 与干扰组分 A 无关，它只正比于待测组分 B 的浓度，即消除了 A 的干扰。

（2）系数倍率法

当干扰组分 A 的吸收光谱曲线不呈峰状，仅是陡坡状时，不存在两个波长处的等吸收点时，如图 2.20 所示，在这种情况下，可采用系数倍率法测定 B 组分，并采用双波长分光光度计来完成。选择两个波长 λ_1、λ_2，分别测量 A、B 混合液的吸光度 A_{λ_2}、A_{λ_1}，利用双波长分光光度计中差分函数放大器，把 A_{λ_2}、A_{λ_1} 分别放大 k_1、k_2 倍，获得 λ_2、λ_1 两波长处测得的差示信号 S，即

$$S = k_2 A_{\lambda_2} - k_1 A_{\lambda_1} = k_2 A_{\lambda_2}^{B} + k_2 A_{\lambda_2}^{A} - k_1 A_{\lambda_1}^{B} - k_1 A_{\lambda_1}^{A}$$

调节放大器，选取 λ_2 和 λ_1，使之满足

$$k_2 A_{\lambda_2}^{A} = k_1 A_{\lambda_1}^{A}$$

得到系数倍率 k 为

$$k = \frac{k_2}{k_1} = \frac{A_{\lambda_1}^{A}}{A_{\lambda_2}^{A}}$$

则

$$S = k_2 A_{\lambda_2}^{B} - k_1 A_{\lambda_1}^{B} = (k_2 \varepsilon_{\lambda_2}^{B} - k_1 \varepsilon_{\lambda_1}^{B})bC_B$$

差示信号 S 与待测组分 B 的浓度 C_B 成正比，与干扰组分 A 无关，即消除了 A 的干扰。

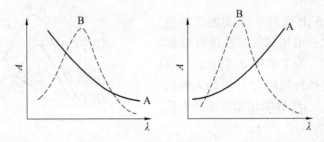

图 2.20　用系数倍率法定量测定

4. 导数分光光度计法

采用不同的实验方法可以获得各种导数光谱曲线，包括双波长法、电子微分法和数值微分法。

将 $A = \ln \dfrac{I_0}{I} = \varepsilon b C$ 对波长 λ 求导，得

$$\frac{dI}{d\lambda} = \exp(-\varepsilon b C)\frac{dI_0}{d\lambda} - I_0 \exp(-\varepsilon b C)bC\frac{d\varepsilon}{d\lambda}$$

在整个波长范围 I_0 内可控制在恒定值，$\dfrac{dI_0}{d\lambda} = 0$，则

$$\frac{dI}{d\lambda} = -IbC\left(\frac{d\varepsilon}{d\lambda}\right)$$

上式表明，第一，导数分光光度法的一阶导数信号与浓度成正比例，不需要通过对数转换

为吸光度；第二，测定灵敏度决定于摩尔吸光系数在特定波长处的变化率$\left(\dfrac{\mathrm{d}\varepsilon}{\mathrm{d}\lambda}\right)$，在吸收曲线的拐点波长处$\left(\dfrac{\mathrm{d}\varepsilon}{\mathrm{d}\lambda}\right)$最大，灵敏度最高，如图2.21所示的0阶和1阶导数光谱。

对于2阶导数光谱

$$\frac{\mathrm{d}^2 I}{\mathrm{d}\lambda^2}=Ib^2C^2\left(\frac{\mathrm{d}\varepsilon}{\mathrm{d}\lambda}\right)-IbC\left(\frac{\mathrm{d}^2\varepsilon}{\mathrm{d}\lambda^2}\right)$$

只有当一阶导数$\dfrac{\mathrm{d}\varepsilon}{\mathrm{d}\lambda}=0$时，二阶导数信号才与浓度成正比例，测定波长选择在吸收峰处，其曲率$\dfrac{\mathrm{d}^2\varepsilon}{\mathrm{d}\lambda^2}$最大，灵敏度就高，如图2.21所示的2阶导数光谱。

对于3阶导数光谱

$$\frac{\mathrm{d}^3 I}{\mathrm{d}\lambda^3}=Ib^3C^3\left(\frac{\mathrm{d}\varepsilon}{\mathrm{d}\lambda}\right)+3Ib^2C^2\left(\frac{\mathrm{d}\varepsilon}{\mathrm{d}\lambda}\right)\left(\frac{\mathrm{d}^2\varepsilon}{\mathrm{d}\lambda^2}\right)-IbC\left(\frac{\mathrm{d}^3\varepsilon}{\mathrm{d}\lambda^3}\right)$$

当一阶导数$\dfrac{\mathrm{d}\varepsilon}{\mathrm{d}\lambda}=0$时，三阶导数信号与浓度成正比例，测定波长在曲率半径小的肩峰处$\dfrac{\mathrm{d}^3\varepsilon}{\mathrm{d}\lambda^3}$最大，可获得高的灵敏度，如图2.21所示的3阶导数光谱。

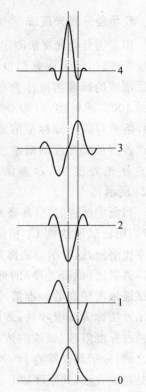

图2.21 吸收光谱曲线及其1～4阶导数光谱图

在一定条件下，导数信号与被测组分的浓度成比例。测量导数光谱曲线的峰值方法有基线法、峰谷法和峰零法，如图2.22所示。

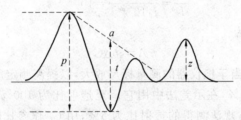

图2.22 作图法测量导数光谱曲线的峰值

基线法又称为切线法，在相邻两峰的极大或极小处画一公切线，再由峰谷引一条平行于纵坐标的直线相交于a点，然后测量距离t的大小。

峰谷法测量相邻两峰的极大和极小之间的距离p，这是较常用的方法。

峰零法测量峰至基线的垂直距离z。该法只适用于导数光谱曲线对称于横坐标的高阶导数光谱。

导数分光光度法对吸收强度随波长的变化非常敏感，灵敏度高，对重叠谱带及平坦谱带的分辨率高，噪声低。导数分光光度法对痕量分析、稀土元素、药物、氨基酸、蛋白质的测定以及废气或空气中污染气体的测定非常有用。

5. 示差分光光度法

用普通分光光度法测定很稀或很浓溶液的吸光度时,测量误差都很大。若用一已知合适浓度的标准溶液作为参比溶液,调节仪器的 100% 透射比点(即 0 吸光度点),测量试样溶液对该已知标准溶液的投射比,则可以改善测量吸光度的精确度,这种方法称为示差分光光度法(示差法)。其原理如图 2.23 所示。

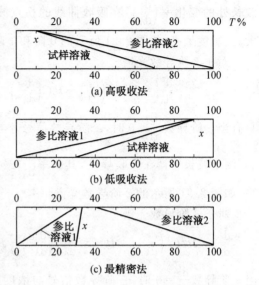

图 2.23 示差分光光度法原理示意图

当测定低透射比(高吸光度)的高浓度试液时,用比试液浓度 C_1 稍低的标准溶液 C_2 作参比溶液,这种示差法称为高吸收法;当测定高透射比(低吸光度)的低浓度试液时,用比试液浓度稍高的标准溶液作参比溶液,这种示差法称为低吸收法;若同时用浓度不同的两种标准溶液(试液的浓度介于两标准溶液之间)分别调仪器的 100% 透射比点及零透射比点,这种示差方法称为最精密法。较常用是高吸收法,其原理如下:

根据吸收定律有

$$I_1 = I_0 10^{-\varepsilon b C_1} , I_2 = I_0 10^{-\varepsilon b C_2}$$

$$\frac{I_1}{I_2} = \frac{I_0 10^{-\varepsilon b C_1}}{I_0 10^{-\varepsilon b C_2}} = 10^{-\varepsilon b \Delta C}$$

即 C_2 作参比测得的 A 为

$$A = \varepsilon b \Delta C$$

示差法实质上是相当于把仪器的测量标尺放大,以提高测定的精确度。如果 C_2 以常规法测得的透射比为 10%,在示差法中用它调至透射比为 100%,意味着标尺扩大了 10 倍。若待测试液 C_1 以常规法测得的透射比为 5%,用 C_2 作参比的示差法测得透射比将是 50%。示差法的最终分析结果准确度比常规法高,这是因为尽管示差法的 ΔC 很小,如果测量误差为 $\mathrm{d}C$,固然 $\dfrac{\mathrm{d}C}{\Delta C}$ 会相当大,但最终分析结果的相对误差为 $\dfrac{\mathrm{d}C}{\Delta C + C_s}$,$C_s$ 是标准参比溶液浓度,C_s 相对很大,所以相对误差仍然很小。

6. 分光光度滴定法

分光光度滴定法是利用被测组分或滴定剂或反应产物在滴定过程中的吸光度的变化来确定滴定终点,并由此计算试液中被测组分含量的方法。

分光光度滴定曲线是在某一给定波长处在滴定过程中所测得的吸光度与已知浓度的滴定剂体积之间的关系曲线,其曲线的形状取决于反应体系中样品组分、滴定剂或产物的吸光程度,如图 2.24 所示。

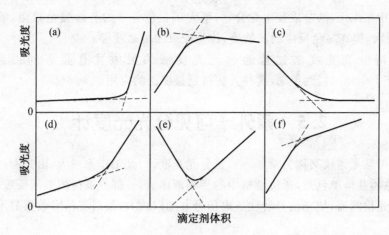

图 2.24 分光光度滴定曲线

图 2.24(a)是用有色滴定剂(其摩尔吸光系数 $\varepsilon_t>0$)滴定含非吸收组分($\varepsilon_s=0$)的试液,生成的产物也无吸收($\varepsilon_p=0$),即 $\varepsilon_t>0,\varepsilon_s=\varepsilon_p=0$;图 2.24(b)是 $\varepsilon_p>0,\varepsilon_s=\varepsilon_t=0$;图 2.24(c)是 $\varepsilon_s>0,\varepsilon_p=\varepsilon_t=0$;图 2.24(d)是 $\varepsilon_s=0,\varepsilon_t>\varepsilon_p>0$;图 2.24(e)是 $\varepsilon_p=0,\varepsilon_s>\varepsilon_t>0$;图 2.24(f)是 $\varepsilon_s=0,\varepsilon_p>\varepsilon_t>0$。

7. 其他分析方法

(1)动力学分光光度法

一般的分光光度法是在溶液中发生的化学反应达到平衡后测量吸光度,然后根据吸收定律算出待测物质的含量。而动力学分光光度法则是利用反应速率与反应物、产物或催化剂的浓度之间的定量关系,通过测量与反应速率成比例关系的吸光度,从而计算待测物质的浓度。根据催化剂的存在与否,动力学分光光度法可分为非催化和催化分光光度法。当利用酶这种特殊的催化剂时,则称为酶催化分光光度法。

由反应速度方程式及吸收定律方程式可以推导出动力学分光光度法的基本关系为

$$A=KC_c$$

式中,K 为常数;C_c 为催化剂的浓度,测定 C_c 的方法常有固定时间法、固定浓度法和斜率法 3 种。

动力学分光光度法的优点是:灵敏度高,选择性好(有时是特效的)、应用范围广(快速、慢速反应,有副反应,高、低浓度均可)。其缺点是:影响因素较多,测量条件不易控制,误差经常较大。

(2)胶束增溶分光光度法

胶束增溶分光光度法是利用表面活性剂的增溶、增敏、增稳、褪色、析相等作用,以提高显色反应的灵敏度、对比度或选择性,改善显色反应条件,并在水相中直接进行光度测量的光度分析法。

表面活性剂(有阳离子型、阴离子型、非离子型之分)在水相或有机相中有生成胶体的倾向,随其浓度的增大,体系由真溶液转变为胶体溶液,形成极细小的胶束,体系的性质随之发生明显的变化。体系由真溶液转变为胶束溶液时,表面活性剂的浓度称为临界胶束浓度。由于形成胶束而使显色产物溶解度变大的现象,称为胶束增溶效应。由于胶束与显色产物的相互作用,结合成胶束化合物,增大了显色分子的有效吸光截面,增强其吸光能力,使 ε 增大,提高显色反应的灵敏度,称为胶束的增敏效应。

胶束增溶分光光度法比普通分光光度法的灵敏度有显著的提高,ε 可达 $10^6 (\text{L} \cdot \text{mol}^{-1} \cdot \text{cm}^{-1})$。近年来,这种方法得到很广泛的应用。

2.5　紫外—可见分光光度计

紫外—可见光谱仪又称为紫外—可见分光光度计,其工作原理为:由光源产生的连续辐射,经单色器获得单色光,通过液槽中的待测液体后,一部分被待测溶液所吸收,未被吸收的光到达光检测器,使光信号转变成电信号并加以放大,最后将信号数据显示或记录下来。

2.5.1　紫外—可见分光光度计的主要组成部分

紫外—可见分光光度计主要由光源、单色器、吸收池、检测器、显示或记录器 5 个部分组成,如图 2.25 所示。

图 2.25　紫外—可见分光光度计结构示意图

1. 光源

光源提供 $180 \sim 1\,000$ nm 波长的连续辐射,常用的有氢灯、氘灯(适用于紫外区 $180 \sim 370$ nm)、钨灯和卤钨灯(适用于可见区 $340 \sim 1\,000$ nm),此外,还有激光光源等。

钨灯和碘钨灯可使用的波长范围为 $340 \sim 2\,500$ nm。这类光源的辐射强度与施加的外加电压有关,在可见光区,辐射的强度与工作电压的 4 次方成正比,光电流也与灯丝电压的 n 次方($n > 1$)成正比。因此,使用时必须严格控制灯丝电压,必要时须配备稳压装置,以保证光源的稳定。

氢灯和氘灯可使用的波长范围为 $160 \sim 375$ nm,由于受石英窗吸收的限制,通常紫外光区波长的有效范围一般为 $200 \sim 375$ nm。灯内氢气压力为 10^2 Pa 时,用稳压电源供电,放电十分稳定,光强度大且恒定。氘灯的灯管内充有氢同位素氘,其光谱分布与氢灯类似,但光强度比同功率的氢灯大 $3 \sim 5$ 倍,是紫外光区应用最广泛的一种光源。

对光源的要求:在仪器操作所需的光谱区域内能够发射连续辐射;应有足够的辐射强度及良好的稳定性;辐射强度随波长的变化应尽可能小;光源的使用寿命长,操作方便。

2. 单色器

单色器是能从光源的复合光中分出单色光的光学装置,其主要功能应该是能够产生光谱纯度高、色散率高且波长在紫外可见光区域内任意可调。单色器的性能直接影响入射光的单色性,从而也影响到测定的灵敏度、选择性及校准曲线的线性关系等。

(1)单色器的组成

单色器由入射狭缝、准光器(透镜或凹面反射镜使入射光变成平行光)、色散元件、聚焦元件和出射狭缝等几个部分组成。其核心部分是色散元件,起分光作用。其他光学元件中狭缝在决定单色器性能上起着重要作用,狭缝宽度过大时,谱带宽度太大,入射光单色性差,狭缝宽度过小时,又会减弱光强。

(2)色散元件的类型

能起分光作用的色散元件主要是棱镜和光栅。

棱镜有玻璃和石英两种材料。它们的色散原理是依据不同波长的光通过棱镜时有不同的折射率而将不同波长的光分开。由于玻璃会吸收紫外光,所以玻璃棱镜只适用于350~3 200 nm 的可见和近红外光区波长范围。石英棱镜适用的波长范围较宽,为185~4 000 nm,即可用于紫外、可见、红外 3 个光谱区域,但主要用于紫外光区。

光栅是利用光的衍射和干涉作用制成的。它可用于紫外、可见和近红外光谱区域,而且在整个波长区域中具有良好的、几乎均匀一致的色散率,且具有适用波长范围宽、分辨本领高、成本低、便于保存和易于制作等优点,所以是目前用得最多的色散元件。其缺点是各级光谱会重叠而产生干扰。

3. 吸收池

吸收池又称为吸收槽,通常用玻璃或石英制成,用来盛放被测溶液,前者适用于可见到近红外区,后者适用于紫外到近红外区。根据测量需要,试样槽可以有不同的形状以及不同光路长度的设计。现代的紫外分光光度计大都具有光度标尺扩张和光度标尺压缩,因此已不需要改变试样槽的光路长度。

4. 检测器

检测器的功能是将吸收谱带的光辐射信号转变成电信号,然后进行放大、变换、伺服控制等。检测器应在测量的光谱范围内具有高的灵敏度;对辐射能量的响应快、线性关系好、线性范围宽;对不同波长的辐射响应性能相同且可靠;有好的稳定性和低的噪音水平等。常用的光电接收器件有硒光电池、光电管和光电倍增管等。现在一般都采用光电倍增管,光电流可放大至 $10^6 \sim 10^7$ 倍。此外,使用积分电路形式的硅光电二极管阵列也已被广泛地用作光谱检测器。

硒光电池敏感光区为 300~800 nm,其中以 500~600 nm 最为灵敏,其特点是产生不必经放大就可直接推动微安表或检流计的光电流。但由于它容易出现"疲劳效应"、寿命较短而只能用于低档的分光光度计中。

光电管在紫外—可见分光光度计上应用很广泛。它以一弯成半圆柱且内表面涂上一层光敏材料的镍片作为阴极,而置于圆柱形中心的一金属丝作为阳极,密封于高真空的玻璃或石英中构成,当光照到阴极的光敏材料时,阴极发射出电子,被阳极收集而产生光电流。其结构如图2.26 所示。

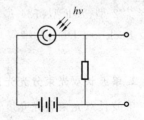

图 2.26 真空光电二极管

随阴极光敏材料不同,灵敏的波长范围也不同,可分为蓝敏和红敏两种光电管。前者是阴极表面上沉积锑和铯,可用于波长范围为 210~

625 nm,后者是阴极表面上沉积银和氧化铯,可用于波长范围为 625～1 000 nm。与光电池比较,光电管具有灵敏度高、光敏范围宽、不易疲劳等优点。

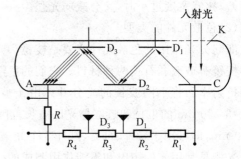

　　光电倍增管实际上是一种加上多级倍增电极的光电管,其结构如图 2.27 所示。外壳由玻璃或石英制成,阴极表面涂上光敏物质,在阴极 C 和阳极 A 之间装有一系列次级电子发射极,即电子倍增极 D_1,D_2,…等。阴极 C 和阳极 A 之间加直流高压(约 1 000 V),当辐射光子撞击阴极时发射光电子,该电子被电场加速并撞击第一倍增极 D_1,撞出更多的二次电子,依此不断进行,像"雪崩"一样,最后阳极收集到的电子数将是阴极

图 2.27　光电倍增管工作原理图
K—窗口;C—光阴极;D_1,D_2,D_3—次电子发射级;
A—阳极;R_1,R_2,R_3,R_4—电阻

发射电子的 10^5～10^6 倍。与光电管不同,光电倍增管的输出电流随外加电压的增加而增加,且极为敏感,这是因为每个倍增极获得的增益取决于加速电压。因此,光电倍增管的外加电压必须严格控制。光电倍增管的暗电流越小,质量越好。光电倍增管灵敏度高,是检测微弱光最常见的光电元件,可以用较窄的单色器狭缝,从而对光谱的精细结构有较好的分辨能力。

5. 显示或记录器

　　显示或记录器的作用是放大信号并以适当的方式指示或记录。常用的信号指示装置有直流检流计、电位调零装置、数字显示及自动记录装置等。现在许多分光光度计配有微处理机,一方面可以对仪器进行控制,另一方面可以进行数据的采集和处理。

2.5.2　紫外及可见光谱仪的类型

1. 单波长单光束分光光度计

　　单波长单光束分光光度计光路示意图如图 2.25 所示,经单色器分光后的一束平行光,轮流通过参比溶液和样品溶液,以进行吸光度的测定。这种简易型分光光度计结构简单,操作方便,维修容易,适用于常规分析。国产 722 型、751 型、724 型、英国 SP500 型以及 Backman DU－8 型等均属于此类光度计。

2. 单波长双光束分光光度计

　　单波长双光束分光光度计其光路示意图如图 2.28 所示。光源发出的光经单色器分光后,经反射镜(M_1)分解为强度相等的两束光,一束通过参比池,另一束通过样品池,光

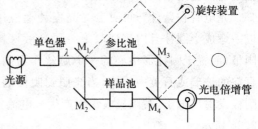

图 2.28　单波长双光束分光光度计光路示意图
M_1,M_2,M_3,M_4—反射镜

度计能自动比较两束光的强度,此比值即为试样的透射比,经对数变换将它转换成吸光度并作为波长的函数记录下来。双光束分光光度计一般都能自动记录吸收光谱曲线。由于两束光同时分别通过参比池和样品池,因而能自动消除光源强度变化所引起的误差。这类仪器有国产 710 型、730 型、740 型等。

3. 双波长双光束分光光度计

双波长双光束分光光度计光路示意图如图 2.29 所示。由同一光源发出的光被分成两束,分别经过两个单色器,得到两束不同波长(λ_1 和 λ_2)的单色光,利用切光器使两束光以一定的频率交替照射同一吸收池,然后经过光电倍增管和电子控制系统,最后由显示器显示出两个波长处的吸光度差值 $\Delta A(\Delta A = A_{\lambda_1} - A_{\lambda_2})$。对于多组分混合物、混浊试样(如生物组织液)分析以及存在背景干扰或共存组分吸收干扰的情况下,利用双波长分光光度法,往往能提高方法的灵敏度和选择性。利用双波长双光束分光光度计,能获得导数光谱。通过光学系统转换,使双波长双光束分光光度计能很方便的转化为单波长工作方式。如果能在 λ_1 和 λ_2 处分别记录吸光度随时间变化的曲线,还能进行化学反应动力学研究。

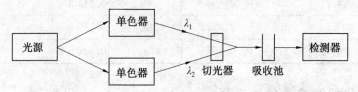

图 2.29 双波长双光束分光光度计光路示意图

4. 多通道分光光度计

多通道分光光度计是利用某些物质的分子吸收 $10 \sim 800$ nm 光谱区的辐射来进行分析测定的方法,这种分子吸收光谱产生于价电子和分子轨道上的电子在电子能级间的跃迁,广泛用于有机和无机物质的定性和定量测定。该方法具有灵敏度高、准确度好、操作简便、分析速度好等特点。其基本光路示意图如图 2.30 所示。

2.5.3 光度计的校正

通常在实验室工作中,验收新仪器或仪器使用过一段时间后都要进行波长校正和吸光度校正。建议采用下述较为简便和实用的方法来进行校正。

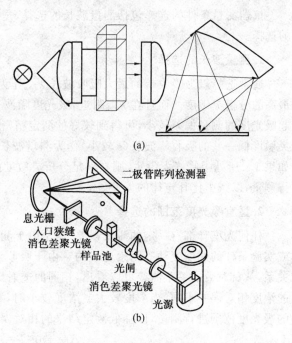

图 2.30 多通道分光光度计光路示意图

镨玻璃或钬玻璃都有若干特征的吸收峰,可用来校正分光光度计的波长标尺,前者用于可见光区,后者则对紫外和可见光区都适用。

可用 K_2CrO_4 标准溶液来校正吸光度标尺。将 0.040 0 g K_2CrO_4 溶解于 1 L 的 0.05 mol·L^{-1}KOH 溶液中,在 1 cm 光程的吸收池中,在 25 ℃时用不同波长测得吸光度值,见表 2.15。

表 2.15 铬酸钾溶液的吸光度

λ/nm	吸光度 A	λ/nm	吸光度 A	λ/nm	吸光度 A	λ/nm	吸光度 A
220	0.455 9	300	0.151 8	380	0.928 1	460	0.017 3
230	0.167 5	310	0.045 8	390	0.684 1	470	0.008 3
240	0.293 3	320	0.062 0	400	0.387 2	480	0.003 5
250	0.496 2	330	0.145 7	410	0.197 2	490	0.000 9
260	0.634 5	340	0.314 3	420	0.126 1	500	0.000 0
270	0.744 2	350	0.552 8	430	0.084 1		
280	0.723 5	360	0.829 7	440	0.535 0		
290	0.429 5	370	0.991 4	450	0.032 5		

2.5.4 仪器测量条件的选择

仪器测量条件的选择包括测量波长的选择、适宜吸光度范围的选择及仪器狭缝宽度的选择。

1. 测量波长的选择

通常选择最强吸收带的最大吸收波长 λ_{max} 作为测量波长,称为最大吸收原则,以获得最高的分析灵敏度。而且在 λ_{max} 附近,吸光度随波长的变化一般较小,波长的稍许偏移引起吸光度的测量偏差较小,可得到较好的测定精密度。但在测量高浓度组分时,宁可选用灵敏度低一些的吸收峰波长(ε 较小)作为测量波长,以保证校正曲线有足够的线性范围。如果 λ_{max} 所处吸收峰太尖锐,则在满足分析灵敏度前提下,可选用灵敏度低一些的波长进行测量,以减少比耳定律的偏差。

2. 适宜吸光度范围的选择

任何光度计都有一定的测量误差,这是由于测量过程中光源的不稳定、读数的不准确或实验条件的偶然变动等因素造成的。由于吸收定律中透射比 T 与浓度 C 是负对数的关系,从负对数的关系曲线可以看出,相同的透射比读数误差在不同的浓度范围中所引起的浓度相对误差不同,当浓度较大或浓度较小时,相对误差都比较大。因此,要选择适宜的吸光度范围进行测量,以降低测定结果的相对误差。根据吸收定律,有

$$A = -\lg T = \varepsilon bc$$

微分后得

$$d\lg T = 0.434\ 3\frac{dT}{T} = -\varepsilon b dC$$

写成有限的小区间为

$$0.434\ 3\frac{\Delta T}{T}=-\varepsilon b\Delta C=\frac{\lg T}{C}\cdot\Delta C$$

即浓度的相对误差为

$$\frac{\Delta C}{C}=\frac{0.434\ 3\Delta T}{T\lg T}$$

要使测定结果的相对误差$\left(\dfrac{\Delta C}{C}\right)$最小,上式对$T$求导应有一极小值,即

$$\frac{\mathrm{d}}{\mathrm{d}T}=\frac{0.434\ 3\Delta T}{T\lg T}=\frac{-0.434\ 3\Delta T(\lg T+0.434\ 3)}{(T\lg T)^2}=0$$

解得

$$\lg T=-0.434, T=36.8\% \text{ 或 } A=0.434$$

表明当吸光度$A=0.434$时,仪器的测量误差最小。这个结果也可以从图 2.31 表示,即图中曲线的最低点。

当A大或小时,误差都变大。在吸光分析中,一般选择A的测量范围为 $0.2\sim0.8$($T\%$为$65\%\sim15\%$),此时如果仪器的透射率读数误差(ΔT)为 1% 时,由此引起的测定结果相对误差$\left(\dfrac{\Delta C}{C}\right)$约为 3%。

在实际工作中,可通过调节待测溶液的浓度或选用适当厚度的吸收池的方法,使测得的吸光度落在所要求的范围内。

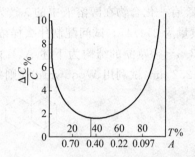

图 2.31 浓度测量的相对误差$\dfrac{\Delta C}{C}$与溶液投射比(T)的关系

3. 仪器狭缝宽度的选择

狭缝的宽度会直接影响到测定的灵敏度和校准曲线的线性范围。狭缝宽度过大时,入射光的单色性降低,校准曲线偏离比耳定律,灵敏度降低;狭缝宽度过窄时,光强变弱,势必要提高仪器的增益,随之而来的是仪器噪声增大,对测量不利。选择狭缝宽度的方法是:测量吸光度随狭缝宽度的变化。狭缝的宽度在一个范围内,吸光度是不变的,当狭缝宽度大到某一程度时,吸光度开始减小。因此,在不减小吸光度时的最大狭缝宽度,即是所预选取的合适的狭缝宽度。

思 考 题

1. 什么叫选择吸收? 它与物质的分子结构有什么关系?
2. 电子跃迁有哪几种类型? 跃迁所需的能量大小顺序如何? 具有什么样结构的化合物产生紫外吸收光谱? 紫外吸收光谱有何特征?
3. Lambert—Beer 定律的物理意义是什么? 为什么说 Beer 定律只适用于单色光? 浓度 C 与吸光度 A 线性关系发生偏离的主要因素有哪些?

4.紫外－可见分光光度计从光路分类有哪几类？各有何特点？

5.简述紫外－可见分光光度计的主要部件、类型及基本性能。

6.简述用紫外－分光光度法定性鉴定未知物方法。

7.为什么最好在 λ_{max} 处测定化合物的含量？

8.以有机化合物的官能团说明各种类型的吸收带，并指出各吸收带在紫外－可见吸收光谱中的大概位置和各吸收带的特征。

9.在下列化合物中，哪一个的摩尔吸光系数最大：

(1)乙烯；(2)1,3,5－己三烯；(3)1,3－J 二烯。

10.下列化合物中哪一个的 λ_{max} 最长：

(1)CH_4；(2)CH_3I；(3)CH_2I_2。

11.二甲醚(CH_3-O-CH_3)的最长吸收波长约为 185 nm，对应的跃迁类型是什么？

12.有一化合物在醇溶液中的 λ_{max} 为 240 nm，其 ε 为 1.7×10^4(L·mol^{-1}·cm^{-1})，摩尔质量为 314.47。试问配制什么样浓度(g/100 mL)测定含量最为合适。

13.α－莎草酮的结构为下述 A、B 两种结构之一，已知 α－莎草酮在酒精溶液中的 λ_{max} 为 252 nm，试利用 Woodword 规则判别它属于哪种结构？

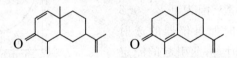

图 2.32

14.共轭二烯在己烷溶剂中 $\lambda_{max}=219$ nm。如果溶剂改用己醇时，λ_{max} 比 219 nm 大还是小？并解释。

15.有一标准 Fe^{3+} 溶液，浓度为 6 μg/mL，其吸光度为 0.304，而试样溶液在同一条件下测得吸光度为 0.510，求试样溶液中 Fe^{3+} 的含量(mg/L)。

16.K_2CrO_4 的碱性溶液在 372 nm 处有最大吸收。已知浓度为 3.00×10^{-5} mol/L 的 K_2CrO_4 碱性溶液，于 1 cm 吸收池中在 372 nm 处测得 $T=71.6\%$。求：

(1)该溶液吸光度；

(2)K_2CrO_4 溶液的 ε_{max}；

(3)当吸收池为 3 cm 时该溶液的 $T\%$($A=0.145$，$\varepsilon_{max}=4\ 833$ (L·mol^{-1}·cm^{-1})，$T=36.73\%$)。

第3章 红外和拉曼光谱法

3.1 概 述

3.1.1 红外吸收光谱

红外光谱又称为分子振动转动光谱,也是一种分子吸收光谱。物质的分子受到频率连续变化的红外光照射时,吸收某些特定频率的红外光,发生分子振动能级和转动能级的跃迁,所产生的吸收光谱称为红外吸收光谱。

1. 红外光

波长 λ 为 $0.75\sim1\,000\ \mu m$ 的光称为红外光(也称为红外线),在红外光谱中经常用波数 $\tilde{\nu}$(有的书中用 σ) 表示,$\tilde{\nu}=\dfrac{1}{\lambda}$,单位为 cm^{-1},所以红外光的波数范围为 $13\,333\sim10\ cm^{-1}$。红外光区又分为近、中、远红外光区,划分如下:

$$\lambda(\mu m) \quad 0.75 \ \underline{近红外} \ 2.5 \ \underline{中红外} \ 25 \ \underline{远红外} \ 1\,000$$
$$\tilde{\nu}(cm^{-1}) \ 13\,333 \qquad 4\,000 \qquad\quad 400 \qquad\qquad 10$$

目前研究较多、较详细的也是应用较多的是中红外区,该区的吸收光谱称为红外吸收光谱。

2. 物质吸收红外光的必要条件

物质的分子要能吸收红外光必须满足如下两个条件:

其一,分子的振动必须能与红外辐射产生耦合作用,为满足这个条件,分子振动时必须伴随瞬时偶极矩的变化。因为只有分子振动时偶极矩作周期性变化,才能产生交变的偶极场,并与其频率相匹配的红外辐射交变电磁场发生耦合作用,分子吸收了红外辐射的能量,从低的振动能级跃迁至高的振动能级,此时振动频率不变,而振幅变大。这样的分子称为具有红外活性,因此说具有红外活性的分子才能吸收红外辐射。

注意:只要分子振动时会发生偶极矩的变化就表明分子具有红外活性,就能吸收红外辐射,而与分子是否具有永久偶极矩无关。因此,那些同核双原子分子(如 N_2,H_2,O_2 等)显示非红外活性。

其二,只有当照射分子的红外辐射光子的能量与分子振动能级跃迁所需的能量相等,实际上也就是红外辐射的频率与分子某一振动方式的频率相同,这样才能实现振动与辐射的耦合,从而使分子吸收红外辐射能量产生振动能级的跃迁。即

$$\Delta E_V = E_{V_2} - E_{V_1} = h\nu$$

式中,E_{V_2},E_{V_1} 分别为高振动能级和低振动能级的能量;ΔE_V 为其能量差;ν 为红外辐射的频率;h 为普朗克(planck)常数。

如果用连续改变频率(波数)的红外光照射某样品,由于样品分子选择吸收了某些波数范围内的红外光,使它们通过样品后减弱,其他波数范围的红外光仍然较强,则由仪器可记录样品的红外吸收光谱。苯酚的红外吸收光谱如图 3.1 所示。

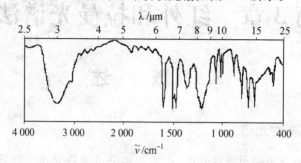

图 3.1　苯酚的红外吸收光谱

3.1.2　红外光谱法的发展概况

红外辐射是 18 世纪末 19 世纪初才被发现的。1800 年,英国物理学家赫谢尔(Herschel)用棱镜使太阳光色散,研究各部分光的热效应,发现在红色光的外侧具有最大的热效应,说明红色光的外侧还有辐射存在,当时把它称为"红外线"或"热线"。这是红外光谱的萌芽阶段。由于当时没有精密仪器可以检测,所以一直没能得到发展。过了近一个世纪,才有了进一步研究并引起注意。

1892 年,朱利叶斯(Julius)用岩盐棱镜及测热辐射计(电阻温度计),测得了 20 多种有机化合物的红外光谱,这是一个具有开拓意义的研究工作,立即引起了人们的注意。1905 年,库柏伦茨(Coblentz)测得了 128 种有机化合物和无机化合物的红外光谱,引起了光谱界的极大轰动。这是红外光谱开拓及发展的阶段。

到了 20 世纪 30 年代,光的二象性、量子力学及科学技术的发展,为红外光谱的理论及技术的发展提供了重要的基础。不少学者对大多数化合物的红外光谱进行理论上研究和归纳、总结,用振动理论进行一系列键长、键力、能级的计算,使红外光谱理论日臻完善和成熟。尽管当时的检测手段还比较简单,仪器仅是单光束的,手动和非商化的,但红外光谱作为光谱学的一个重要分支已为光谱学家和物理、化学家所公认。这个阶段是红外光谱理论及实践逐步完善和成熟的阶段。

20 世纪中期以后,红外光谱在理论上更加完善,而其发展主要表现在仪器及实验技术上的发展:

1947 年,世界上第一台双光束自动记录红外分光光度计在美国投入使用,这是第一代红外光谱的商品化仪器。

20 世纪 60 年代,采用光栅作为单色器,比棱镜单色器有了很大的提高,但它仍是色散型的仪器,分辨率、灵敏度还不够高,扫描速度慢,这是第二代仪器。

20 世纪 70 年代,干涉型的傅里叶变换红外光谱仪及计算机化色散型的仪器的使用,使仪器性能得到极大的提高,这是第三代仪器。

20 世纪 70 年代后期到 80 年代,用可调激光作为红外光源代替单色器,具有更高的分辨本领、更高灵敏度,也扩大了应用范围,这是第四代仪器。现在红外光谱仪还与其他仪器如 GC、HPLC 联用,更扩大了其使用范围。而用计算机存贮及检索光谱,使分析更为方便、快捷。

3.1.3 红外光谱法(IR)的特点

1. 红外光谱法的优点

红外光谱法的优点如下:

①红外光谱法应用很广泛,可以从以下几方面说明:

a. IR 是研究分子振动时伴随有偶极矩变化的有机及无机化合物,所以对象极广,除了单原子分子及同核的双原子分子外,几乎所有的有机物都有红外吸收。

b. 不受样品的某些物理性质如相态(气、液、固相)、熔点、沸点及蒸气压的限制。

c. IR 不仅可以进行物质的结构分析,还可以做定量分析,还可以通过红外光谱计算化合物的键力常数、键长、键角等物理常数。

②IR 提供的信息量大且具有特征性,被誉为"分子指纹",所以在结构分析上很有用,是结构分析的常用手段。

③样品用量少,可回收,属非破坏性分析,分析速度快。

④与其他近代结构分析仪器如质谱、核磁共振等比较,红外光谱仪构造较简单,配套性附属仪器少,价格也较低,更易普及。

2. 红外光谱法的缺点

红外光谱法的缺点如下:

①色散型仪器的分辨率低,灵敏度低,不适于弱辐射的研究。

②不能用于水溶液及含水物质的分析。

③对某些物质不适用:如振动时无偶极矩变化的物质、左右旋光物质的红外光谱相同,不能判别,长链正构烷烃类的红外光谱相近似等。复杂化合物的光谱极复杂,难以作出准确的结构判断,往往需与其他方法配合。

3.2 红外光谱法的基本原理

3.2.1 分子的能级及光谱

在紫外—可见光谱法一章中已经阐述,分子的能级包括有电子能级、振动能级及转动能级,因此也有 3 种光谱。

1. 电子能级及电子光谱

构成分子的原子的外层电子具有一定的运动状态,即具有一定的能量,同一电子的不同状态其能量是量子化的,形成电子能级,电子能级差 ΔE_e 为 $1\sim20$ eV。电子能级跃迁所产生的光谱称为电子光谱(Electron Spectrum),因其能量在紫外—可见光辐射能量范围内,所以电子光谱为紫外—可见光谱。电子能级的跃迁必然伴随着分子振动能级和转动能级的跃迁,所以电子光谱是宽带状光谱。

2. 分子振动能级及振动光谱

构成分子的原子以很小的振幅在其平衡位置上振动,一定的振动状态具有一定的能量,同一振动的不同状态所具有的能量是量子化的,形成振动能级,振动能级差 ΔE_v 为 $0.05 \sim 1$ eV。振动能级的跃迁所产生的光谱称为振动光谱(Vibration Spectrum),因其能量在中红外区辐射能量范围内,所以振动光谱是中红外区光谱,即俗称红外光谱。振动能级的跃迁必然要伴随着转动能级的跃迁,所以振动光谱为窄带状光谱(在气态下,若仪器有较高的分辨率时,可以获得转动光谱的光谱精细结构,振动能级决定吸收带的中心位置,两边有谱线;在液、固态下,分子的碰撞,使转动受到限制,得不到光谱的精细结构)。

3. 分子转动能级及转动光谱

分子的整体绕着通过分子质心的旋转轴转动,一定的转动状态具有一定的能量,不同转动状态所具有的能量是量子化的,形成转动能级,转动能级差 ΔE_r 为 $0.001 \sim 0.05$ eV。转动能级跃迁所产生的光谱称为转动光谱(Rotation Spectrum),其能量所对应的辐射区为远红外区及微波区。气态下的转动光谱为线形光谱,液、固态下的光谱是连续光谱。转动光谱测量较为困难,目前研究的还较少。

3.2.2 分子的振动及振动光谱

1. 双原子分子的振动

(1)谐振子模型

双原子分子是简单的分子,振动形式也很简单,它仅有一种振动形式——伸缩振动即两原子之间距离(键长)的改变。HCl 分子的振动示意图如图 3.2 所示。

双原子分子振动可以近似地看作为简谐振动,把两个质量为 m_1 和 m_2 的原子看作两个刚性小球,连接两原子的化学键设想为无质量的弹簧,弹簧长度 r 就是分子化学键的长度,键力常数看成为弹簧力常数 k,如图 3.3 所示。

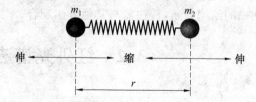

图 3.2 HCl 分子的振动示意图　　　　图 3.3 谐振子振动模型

①经典力学处理。

根据经典力学虎克(Hook)定律,该体系基本振动频率计算公式为

$$\nu = \frac{1}{2\pi}\sqrt{\frac{k}{\mu}} \quad \text{或} \quad \tilde{\nu} = \frac{1}{2\pi c}\sqrt{\frac{k}{\mu}}$$

式中,ν,$\tilde{\nu}$ 分别为振动频率及波数;k 为键力常数(达因/厘米);c 为光速(2.998×10^{10} cm/s);μ 为两原子折合质量,g。

$$\mu = \frac{m_1 m_2}{m_1 + m_2} (m_1 \text{ 和 } m_2 \text{ 分别为两原子的质量})$$

把折合质量与原子的相对原子质量单位之间进行换算,即可得到

$$\tilde{\nu} = 4.118 \sqrt{\frac{k}{A_r'}}$$

式中,A_r' 为折合相对原子质量单位。

$$A_r' = \frac{A_{r(1)} A_{r(2)}}{A_{r(1)} + A_{r(2)}} \quad (A_{r(1)}, A_{r(1)} \text{ 分别为两原子的相对原子质量单位})$$

若 k 取 N/cm 作为单位,则

$$\tilde{\nu} = 1\,302 \sqrt{\frac{k}{A_r'}}$$

上述的振动波数方程式对于双原子分子及多原子分子中受其他因素影响小的化学键来说,计算值与实验值是比较接近的,具有一定的实用意义。从计算式可见,影响伸缩振动频率(波数)的直接因素是构成化学键原子的相对原子质量及化学键的键力常数。键力常数越大,折合相对原子质量越小,化学键的振动频率(波数)越高。例如 C—C,C=C,C≡C 3 种碳碳键的折合相对原子质量相同,而键力常数大小依次为单键<双键<叁键,所以波数也依次增大,$\tilde{\nu}_{C-C}$ 约为 1 430 cm^{-1},$\tilde{\nu}_{C=C}$ 约为 1 670 cm^{-1},$\tilde{\nu}_{C\equiv C}$ 约为 2 220 cm^{-1};又如 C—C,C—N,C—O 3 种键的键力常数相近,而折合相对原子质量大小依次为 C—C<C—N<C—O,所以波数依次减少,$\tilde{\nu}_{C-C}$ 约为 1 430 cm^{-1},$\tilde{\nu}_{C-N}$ 约为 1 330 cm^{-1},$\tilde{\nu}_{C-O}$ 约为 1 280 cm^{-1}。某些化学键的键力常数 k 见表 3.1。

表 3.1 某些化学键的键力常数 k

键	C—C	C=C	C≡C	C—H	O—H	N—H	C=O
$k/(\text{N} \cdot \text{cm}^{-1})$	4.5	9.6	15.6	5.1	7.7	6.4	12.1

经典力学的红外吸收解释:ν 是分子固有的振动频率,振动时若发生偶极距的变化,即产生了波数为 $\tilde{\nu}$ 的交变电磁场,若有一辐射频率同样为 ν 的红外光照射该分子,则分子振动的交变电磁场与红外辐射的交变电磁场发生耦合作用(或称为共振),红外辐射的能量转移到分子上,分子吸收了红外光,ν 不变,而振幅变大,振动能级发生跃迁,产生了红外吸收光谱。

谐振子模型的典型力学处理所得到的谐振子势能(E_k)是连续的,势能与振子所处的坐标取位有关,即

$$E_k = \frac{1}{2} k x^2 \quad (x \text{ 为离开平衡点的距离})$$

这样何以只能选择吸收 ν 的红外光呢? 而是应该吸收多种频率的光,这就是经典力学处理微观粒子所遇到的问题。

②量子力学处理。

量子力学表明分子中的振动能级是量子化的,而不是连续的。从量子力学的波动方程所得到的振动位能解为

$$E_{振} = E_v = \left(v + \frac{1}{2}\right) h\nu$$

式中,v 为振动量子数,取值 0、1、2…;ν 为分子振动的频率,即为

$$\nu = \frac{1}{2\pi}\sqrt{\frac{k}{\mu}}$$

　　根据能级跃迁的光谱选律，$\Delta v = \pm 1$，即振动能级跃迁时，允许的是相邻能级的跃迁，而且主要是从 $v=0$ 跃迁到 $v=1$。所以，跃迁时能级差为

$$\Delta E_v = \Delta v h \nu = h\nu$$

吸收红外辐射光子的能量 $h\nu_a$ 必需等于振动能级差 ΔE_v，则

$$\Delta E_v = h\nu = h\nu_a$$

所以

$$\nu_a = \nu = \frac{1}{2\pi}\sqrt{\frac{k}{\mu}} \quad \text{或} \quad \tilde{\nu}_a = \tilde{\nu} = \frac{1}{2\pi c}\sqrt{\frac{k}{\mu}}$$

式中，ν_a、$\tilde{\nu}_a$ 分别为被吸收红外辐射的频率和波数。可见，量子力学解决了振动能级量子化、吸收红外的频率等于分子振动频率的问题。

　　（2）非谐振模型

　　用谐振子模型处理时遇到一些问题：谐振子位能曲线与非谐振存在差异，如图 3.4 所示。

　　非谐振子模型表明，当分子振动使核间距 r 小于平衡时的核间距 r_e 时，即 $r < r_e$，两原子靠拢时，两原子核之间的库仑斥力与化学键的复原力同向，使分子位能 E_v 随 r 的减少上升得更快些；而当 r 太大时，化学键要断

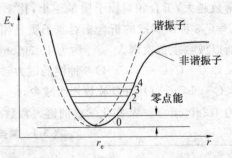

图 3.4　双原子分子位能曲线

裂，发生分子的分解。用谐振子模型的频率计算公式算得的振动频率与实际值总会有一定的偏差，这表明用谐振子模型处理分子的振动尚有不足之处。量子力学的非谐振子模型推出其位能函数为

$$E_v = \left(v + \frac{1}{2}\right)h\nu - \left(v + \frac{1}{2}\right)^2 \chi h\nu - \left(v + \frac{1}{2}\right)^3 \chi' h\nu - \cdots$$

　　χ 称为非谐振子常数，表示非谐振性的大小，r 越大，即振动量子数 v 越大时，χ 越大，所以振动能级差 ΔE_v 随振动量子数 v 的增大而减小，即能级变密，ν 变小。

　　（3）双原子分子的红外吸收光谱

　　双原子分子吸收红外辐射后发生振动能级的跃迁，除了按光谱选律的 $\Delta v = \pm 1$ 跃迁外，量子力学的非谐振子处理还可以取 $\Delta v = \pm 2$，$\Delta v = \pm 3$ 等。即产生的红外吸收有如下几种：

　　①基频：$\Delta v = \pm 1$，且由于在室温下分子处于最低的振动能级，$v = 0$，即为基态，所以跃迁为 $v = 0$ 到 $v = 1$，称为基频。这种跃迁的概率大，所产生的红外吸收强度大，在红外光谱分析中最有价值。

　　②倍频：$\Delta v = \pm 2$ 或 $\Delta v = \pm 3$ 等，振动能级从 $v = 0$ 跃迁到 $v = 2$ 或 $v = 3$ 等。这种跃迁的概率很小，吸收强度弱。

　　③热频：$\Delta v = \pm 2$ 或 $\Delta v = \pm 3$ 等，且从高于 $v = 0$ 的能级跃迁到更高的振动能级，这

种跃迁的概率也很小,吸收强度弱。

2.多原子分子的振动

(1)简正振动

多原子分子由于组成分子的原子数目增多、分子中的化学键或基团及空间结构的不同,其振动比双原子分子要复杂得多。但是,可以把它们的振动分解成许多简单的基本振动,称为简正振动。简正振动具有以下特点:

①振动的运动状态可以用空间自由度(空间三维坐标)来表示,体系中的每一质点(原子)都具有 3 个空间自由度。

②分子的质心在振动过程中保持不变,分子的整体不转动。

③每个原子都在其平衡位置上做简谐振动,其振动频率及位相都相同,即每个原子都在同一瞬间通过其平衡位置,又在同一时间到达最大的振动位移。

④分子中任何一个复杂振动都可以看成这些简正振动的线形组合。

(2)简正振动的基本类型

一般把多原子分子的振动形式分成两大类:伸缩振动和变形振动。

①伸缩振动。化学键两端的原子沿着键轴的方向做来回周期性伸缩振动,振动时键长发生变化,而键角不变,用符号 V 表示。伸缩振动又可以分为对称伸缩振动(用符号 V_s 表示)和非对称伸缩振动(用符号 V_{as} 表示)。

②变形振动(又称为弯曲振动或变角振动)。基团的键角发生周期性变化而键长不发生变化的振动。变形振动又分为面内和面外变形振动两种。面内变形有剪式振动(用符号 δ 表示)和面内摇摆振动(用符号 ρ 表示)两种形式,面外变形有面外摇摆(用符号 ω 表示)和扭曲振动(用符号 τ 表示)两种形式。简正振动的类型如图 3.5 所示。

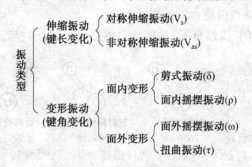

图 3.5 简正振动的类型

伸缩振动的键力常数比变形振动大,伸缩振动能级跃迁所需的能量比变形振动高,所以吸收红外光频率(或波数)高,光谱在高波数区。非对称振动所需的能量比对称振动高,所以吸收红外光的频率(或波数)高。振动类型可以用亚甲基说明,如图 3.6 所示。

(3)基本振动的理论数(简正振动的数目)

简正振动的数目称为振动自由度。每个振动自由度对应于红外光谱上的一个基频吸收带。分子的空间自由度取决于构成分子的原子在空间中的位置。每个原子的空间位置可以用直角坐标中 x,y,z 三维坐标表示,即每个原子有 3 个自由度。显然由 n 个原子组成的分子,在空间中具有 $3n$ 个总自由度,即有 $3n$ 种运动状态,而这 $3n$ 种运动状态包括了

分子的振动自由度、平动自由度和转动自由度,即

$$3n＝振动自由度＋平动自由度＋转动自由度$$

或

$$振动自由度＝3n－平动自由度－转动自由度$$

平动自由度为整体分子的质心沿着 x,y,z 3 个坐标轴的平移运动,有 3 个自由度。

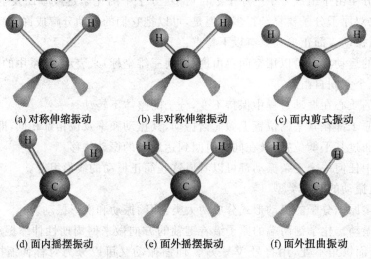

(a) 对称伸缩振动　　　(b) 非对称伸缩振动　　　(c) 面内剪式振动

(d) 面内摇摆振动　　　(e) 面外摇摆振动　　　(f) 面外扭曲振动

图 3.6　亚甲基的振动类型

转动自由度为整体分子绕着 x,y,z 3 个坐标轴的转动运动。对于非线形分子来说,绕 3 个坐标的转动有 3 个自由度。对于直线形分子来说,贯穿所有原子的轴是在其中一个坐标轴上,分子只绕着其他两个坐标轴转动,故只有 2 个转动自由度,所以:

对于非线形分子:振动自由度＝$3n-6$;

对于线形分子:振动自由度＝$3n-5$。

例如,水分子 H_2O(非线性分子)的振动自由度＝$3×3-6=3$。

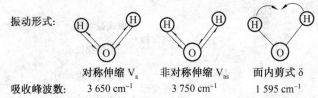

振动形式:

对称伸缩 V_s　　　非对称伸缩 V_{as}　　　面内剪式 δ

吸收峰波数:　　3 650 cm^{-1}　　　3 750 cm^{-1}　　　1 595 cm^{-1}

二氧化碳分子 CO_2(线形分子)的振动自由度＝$3×3-5=4$。

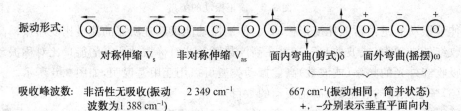

振动形式:

对称伸缩 V_s　　　非对称伸缩 V_{as}　　　面内弯曲(剪式)δ　　面外弯曲(摇摆)ω

吸收峰波数:　非活性无吸收(振动　　2 349 cm^{-1}　　　667 cm^{-1}(振动相同,简并状态)
　　　　　　　波数为1 388 cm^{-1})　　　　　　　　　　　＋,－分别表示垂直平面向内
　　　　　　　　　　　　　　　　　　　　　　　　　　　　　运动,向外运动

(4)多原子分子的红外吸收光谱

基频　　　　　　　$ν=0→ν=1,\tilde{ν}_1,\tilde{ν}_2,\tilde{ν}_3,\cdots$　　　　　　　　　　　强吸收带

泛{倍频：$\nu=0\rightarrow\nu=2,\nu=3,\cdots$，近似于基频的倍数 $2\tilde{\nu}_1,\tilde{\nu}_2,\cdots,3\tilde{\nu}_1,3\tilde{\nu}_2,\cdots$ 弱吸收带

频{组频：基频的和，$\tilde{\nu}_1+\tilde{\nu}_2,\tilde{\nu}_1+\tilde{\nu}_2+\tilde{\nu}_3,2\tilde{\nu}_1+\tilde{\nu}_2,\cdots$ 弱吸收带

谱{差频：基频的差，$\tilde{\nu}_1-\tilde{\nu}_2,2\tilde{\nu}_1-\tilde{\nu}_3,\cdots$ 弱吸收带

带{热频：同双原子分子   弱吸收带

泛频谱带是弱吸收带，在光谱分析中用处不大，但有时在"光谱诊断"时也会起到重要作用，可以通过加大浓度使这些谱带变强而进行分析。

必须明确，多原子分子的红外吸收带有基频和泛频谱带，似乎红外吸收谱带会比振动理论数目多，但实际上一般都比较少，其原因为：

①有些振动是非红外活性的，特别是一些对称性强的分子，往往是振动没有发生偶极矩的变化而无吸收。如 CO_2 的对称伸缩振动，振动波数为 1 388 cm^{-1}，但无吸收。

②有些分子也因对称性等原因，造成两个甚至多个振动形式是相同的，振动频率一样，发生简并现象，只有一个吸收带。如 CO_2 的面内弯曲及面外弯曲振动。

③有的因检测仪器的灵敏度不足或分辨率不高，使某些很弱的吸收带检测不出或振动频率很接近的吸收峰分不开，而成为一个峰。

④有的能量太低，吸收频率落在仪器测量范围之外。

大多数分子是多原子分子，要计算其振动频率（波数）需要很复杂的数学处理过程，但是，实践已证明，多原子分子的每个简正振动是分子中某一个基团或化学键起主导作用，而分子的其他部分起附带作用，也就是说可以把多原子分子进行切割，而把每个振动归属于某一基团或化学键，这样就可以用双原子分子的模式处理多原子分子，用双原子分子计算伸缩振动的频率（波数）公式来计算多原子分子的伸缩振动频率（波数）。

例 3.1 计算碳氢化合物中 C—H 的伸缩振动频率（波数），$k=5$ N/cm。

$$A'_r=\frac{A_{rC}\times A_{rH}}{A_{rC}+A_{rH}}=\frac{12.01\times1.01}{12.01+1.01}=0.932$$

$$\tilde{\nu}_{C-H}=1\ 302\sqrt{\frac{5}{0.932}}\ \text{cm}^{-1}=3\ 016\ \text{cm}^{-1}$$

实验值：—CH$_3$ 的 C—H 的伸缩振动频率（波数）为 2 960 cm^{-1}、2 860 cm^{-1}；

\C=CH$_2$ 中的 C—H 的伸缩振动频率（波数）为 3 030 cm^{-1}。

例 3.2 计算羰基 C=O 的伸缩振动频率（波数），$k=12.1$ N/cm。

$$A'_r=\frac{12.01\times16.00}{12.01+16.00}=6.860$$

$$\tilde{\nu}_{C-O}=1\ 302\sqrt{\frac{12.1}{6.860}}\ \text{cm}^{-1}=1\ 728\ \text{cm}^{-1}$$

实验值：酮中的 C=O 的伸缩振动频率（波数）大约为 1 715 cm^{-1}；醛中的 C=O 的伸缩振动（波数）大约为 1 725 cm^{-1}。

3.2.3 分子的转动

分子转动能级跃迁所需的能量较振动能级跃迁小 100 倍左右，所以转动能级跃迁所吸收的辐射波长更长，处于远红外区和微波区。

要准确计算转动能级及其特征吸收波长（频率）也是很复杂的。对于双原子分子来

说,把它看成是刚性转子的转动。对于双原子分子来说,原子的质心距为 r_0,原子围绕通过分子质心并垂直于化学键的轴旋转,其转动能级依照量子力学方法处理可以得到

$$E_r = \frac{J(J+1)h^2}{8\pi^2 I}$$

式中,J 为转动惯动量子数,取 $0,1,2\cdots$ 正整数;I 为转动惯量(惯性矩),$I = \mu r_0$(μ 为折合质量,r_0 为质心距)。可见,转动能量是量子化的,构成转动能级。跃迁的光谱选律为 $\Delta J = \pm 1$。$J = 0$ 时,$E_{r0} = 0$;$J = 1$ 时,则

$$E_{r1} = \frac{h^2}{4\pi^2 I}$$

$$\Delta E_{r0 \rightarrow 1} = E_{r1} - E_{r0} = \frac{h^2}{4\pi^2 I} = h\nu, \nu = \frac{h}{4\pi^2 I}$$

刚性转子的转动的 I 是一个常数,而实际分子转动是非刚性转动,I 会发生变化,上式只是一种近似算法。

3.2.4 红外吸收峰的强度及其主要影响因素

在红外光谱图上,通常采用百分透射率($T\%$)或吸光度(A)作纵坐标以表示吸收的大小,直观表现出吸收的强弱。而一般用摩尔吸光系数 ε(($L \cdot mol^{-1} \cdot cm^{-1}$))的大小来划分吸收峰的强弱,红外吸收的 ε 较小,一般比紫外—可见吸收小 2~3 数量级,仅几十至几百。按 ε 大小峰强可划分为 5 个算级,见表 3.2。

表 3.2 ε 大小与吸收峰强弱的关系

ε/($L \cdot mol^{-1} \cdot cm^{-1}$)	$\varepsilon > 100$	$100 > \varepsilon > 20$	$20 > \varepsilon > 10$	$10 > \varepsilon > 1$	$1 > \varepsilon$
吸收峰强弱	很强,vs	强,s	中等,m	弱,w	很弱,vw

影响红外吸收强度的因素主要有两方面:振动能级跃迁概率及分子振动时偶极矩变化的大小。

跃迁概率越大,吸收越强。从基态向第一激发态跃迁,即从 $\upsilon = 0$ 跃迁至 $\upsilon = 1$,概率大,因此,基频吸收带一般较强。

振动时偶极矩变化越大,吸收越强。偶极矩变化的大小与分子结构和对称性有关。很显然,化学键两端所连接的原子电负性差别越大,分子的对称性越差,振动时偶极矩的变化就越大,吸收就越强。

一般说来,伸缩振动的吸收强于变形振动,非对称振动的吸收强于对称振动。

3.3 基团频率和特征吸收峰

3.3.1 基团或化学键的特征吸收频率

红外光谱的最大特点是具有特征性,这种特征性与各种类型化学键的特征相联系。不管分子结构多么复杂,都是由许多原子基团组成的,这些原子基团在分子受激发后都会产生特征的振动。大多数有机化合物基本构成元素是 C、H、O、N、S、P、卤素等,而其中最

主要的是 C,H,O,N 4 种元素。因此,可以说大部分有机化合物的红外吸收光谱基本上是由这 4 种元素所形成的原子基团或化学键的振动所贡献的。利用振动方程式只能近似地计算出一些比较简单分子中化学键的伸缩振动频率。而对于大多数化合物的红外光谱与其结构的关系,实际上还是通过对大量标准物质的测试,从实践中总结出一定的官能团总对应有一定的特征吸收。也就是说,大量的实践事实发现,相同的基团或化学键,尽管它们处于不同的分子中,但均有近似相同的振动频率,都会在一个范围不大的频率区域内出现吸收峰。这种振动频率称为基团频率,光谱所处的位置称为特征吸收峰。每个基团或化学键在其特定的红外吸收区域范围内,分子的其他部分对其吸收位置的影响是很小的。因此可以从红外光谱的实际来判断各个基团或化学键的存在,从而确定分子的结构。如酚、醇在 $3\,700\sim3\,200$ cm^{-1} 有吸收峰,就是属于其中 O—H 伸缩振动的特征吸收峰,—CH$_3$ 在 $3\,000\sim2\,800$ cm^{-1} 有吸收峰,是属于 C—H 伸缩振动的特征吸收峰,C≡N 的特征吸收峰为 $2\,250$ cm^{-1},等等。表 3.3 列出了典型有机化合物的重要基团频率。

表 3.3 典型有机化合物的重要基团频率($\tilde{\nu}/$cm^{-1})

化合物	基团	X—H 伸缩振动区	叁键区	双键伸缩振动区	部分单键振动和指纹区
烷烃	—CH$_3$ —CH$_2$— —CH—	ν_{asCH}:$2\,962\pm10$(s) ν_{sCH}:$2\,872\pm10$(s) ν_{asCH}:$2\,962\pm10$(s) ν_{sCH}:$2\,853\pm10$(s) ν_{CH}:$2\,890\pm10$(s)			δ_{asCH}:$1\,450\pm10$(m) δ_{sCH}:$1\,375\pm5$(s) δ_{CH}:$1\,465\pm20$(m) δ_{CH}:~$1\,340$(w)
烯烃	C=C(H,H)	ν_{CH}:$3\,404\sim3\,010$(m)		$\nu_{C=C}$:$1\,695\sim1\,540$(m)	δ_{CH}:$1\,310\sim1\,295$(m) γ_{CH}:$770\sim665$(s)
	C=C(H,H)	ν_{CH}:$3\,404\sim3\,010$(m)		$\nu_{C=C}$:$1\,695\sim1\,540$(w)	γ_{CH}:$970\sim960$(s)
炔烃	—C≡C—H	ν_{CH}:≈$3\,300$(m)	$\nu_{C≡C}$:$2\,270\sim2\,100$(w)		
芳烃	⌬	ν_{CH}:$3\,100\sim3\,000$(变)		泛频:$2\,000\sim1\,667$(w) $\nu_{C=C}$:$1\,650\sim1\,430$(m) 2~4 个峰	δ_{CH}:$1\,250\sim1\,000$(w) γ_{CH}:$910\sim665$ 单取代:$770\sim730$(vs)≈700(s) 邻双取代:$770\sim735$(vs) 间双取代:$810\sim750$(vs) $725\sim680$(m) $900\sim860$(m) 对双取代:$860\sim790$(vs)
醇类	R—OH	ν_{OH}:$3\,700\sim3\,200$(变)			δ_{OH}:$1\,410\sim1\,260$(w) ν_{CO}:$1\,250\sim1\,000$(s) γ_{OH}:$750\sim650$(s)
酚类	Ar—OH	ν_{OH}:$3\,705\sim3\,125$(s)		$\nu_{C=C}$:$1\,650\sim1\,430$(m)	δ_{OH}:$1\,390\sim1\,315$(m) ν_{CO}:$1\,335\sim1\,165$(s)
脂肪醚	R—O—R′				ν_{CO}:$1\,230\sim1\,010$(s)
酮	R—C(=O)—R′			$\nu_{C=O}$:≈$1\,715$(vs)	

续表 3.3

化合物	基团	X—H 伸缩振动区	叁键区	双键伸缩振动区	部分单键振动和指纹区
醛	R—C—H (O)	ν_{CH}:≈2 820,≈2 720 (w)双峰		$\nu_{C=O}$:≈1 715(vs)	
羧酸	R—C—OH (O)	ν_{OH}:3 400～2 500 (m)		$\nu_{C=O}$:1 740～1 690(m)	δ_{OH}:1 450～1 410(w)；ν_{CO}:1 266～1 205(m)
酸酐	—C—O—C— (O,O)			$\nu_{asC=O}$:1 850～1 880(s)；$\nu_{sC=O}$:1 780～1 740(s)	ν_{CO}:1 170～1 050(s)
酯	—C—O—R (O)	泛频 $\nu_{C=O}$:≈3 450 (w)		$\nu_{C=O}$:1 770～1 720(s)	ν_{COC}:1 300～1 000(s)
胺	—NH₂	ν_{NH_2}:3 500～3 300 (m)双峰		δ_{NH}:1 650～1 590(s,m)	ν_{CN}(脂肪):1 220～1 020(m,w)；ν_{CN}(芳香):1 340～1 250(s)
	—NH	ν_{NH}:3 500～3 300 (m)		δ_{NH}:1 650～1 550(vw)	ν_{CN}(脂肪):1 220～1 020(m,w)；ν_{CN}(芳香):1 350～1 280(s)
酰胺	—C—NH₂ (O)	ν_{asNH}:≈3 350(s)；ν_{sNH}:≈3 180(s)		$\nu_{C=O}$:1 680～1 650(s)；δ_{NH}:1 650～1 250(s)	ν_{CN}:1 420～1 400(m)；γ_{NH_2}:750～600(m)
	—C—NHR (O)	ν_{NH}:≈3 270(s)		$\nu_{C=O}$:1 680～1 630(s)；$\delta_{NH}+\gamma_{CN}$:1 750～1 515(m)	$\nu_{CN}+\gamma_{NH}$:1 310～1 200(m)
	—C—NRR' (O)			$\nu_{C=O}$:1 810～1 790(s)	
腈	—C≡N		$\nu_{C≡N}$:2 260～2 240(s)		
硝基	R—NO₂			ν_{asNO_2}:1 565～1 543(s)	ν_{sNO_2}:1 385～1 360(s)；ν_{CN}:920～800(m)
吡啶类		ν_{CH}:≈3 030(w)		$\nu_{C=C}$ 及 $\nu_{C=N}$:1 667～1 430(m)	δ_{CH}:1 175～1 000(w)；γ_{CH}:910～665(s)
嘧啶类		ν_{CH}:≈3 060～3 010 (w)		$\nu_{C=C}$ 及 $\nu_{C=N}$:1 580～1 520(m)	δ_{CH}:1 000～960(w)；γ_{CH}:825～775(m)

3.3.2 红外吸收光谱区域的划分

中红外光谱区一般划分为官能团区和指纹区两个区域,而每个区域又可以分为若干个波段。

1. 官能团区

官能团区(或称基团频率区)波数范围为 4 000～1 300 cm^{-1},又可以分为以下 4 个波段。

①4 000～2 500 cm^{-1} 为含氢基团 x—H(x 为 O,N,C)的伸缩振动区,因为折合质量小,所以波数高,主要有以下 5 种基团吸收:

a.醇、酚中 O—H:3 700～3 200 cm^{-1},无缔合的 O—H 在高 $\tilde{\nu}$ 一侧,峰形尖锐,强度为 s;缔合的 O—H 在低 $\tilde{\nu}$ 一侧,峰形宽钝,强度为 s。

b.羧基中 O—H:3 600～2 500 cm^{-1},无缔合的 O—H 在高 $\tilde{\nu}$ 一侧,峰形尖锐,强度为 s;缔合可延伸至 2 500 cm^{-1},峰非常宽钝,强度为 s。

    c. N—H:3 500～3 300 cm^{-1},伯胺有两个 H,有对称和非对称两个峰,强度为 s 至 m。叔胺无 H,故无吸收峰。

    d. C—H:<3 000 cm^{-1} 为饱和 C:—CH$_3$～2 960 cm^{-1}(ν_{as}),～2 870 cm^{-1}(ν_s),强度为 m 至 s; CH$_2$ ～2 925 cm^{-1}(ν_{as}),～2 850 cm^{-1}(ν_s),强度为 m 至 s; —CH ～ 2 890 cm^{-1},强度为 w。>3 000 cm^{-1} 为不饱和 C: C═CH$_2$(及苯环上 C—H)3 090～ 3 010 cm^{-1},强度为 m;—C≡CH～3 300 cm^{-1},强度为 m。

    e. 醛基中 C—H:～2 820 cm^{-1} 及～2 720 cm^{-1} 两个峰,强度为 m 至 s。

    ② 2 500～2 000 cm^{-1} 为叁键和累积双键伸缩振动吸收峰,主要包括—C≡C—, —C≡N 叁键的伸缩振动及 C═C═C , C═C═O 等累积双键的非对称伸缩振动, 呈现中等强度的吸收。在此波段区中,还有 S—H,Si—H,P—H,B—H 的伸缩振动。

    ③ 2 000～1 500 cm^{-1} 为双键的伸缩振动吸收区,这个波段也是比较重要的区域,主要包括以下几种吸收峰带:

    a. C═O 伸缩振动,出现在 1 960～1 650 cm^{-1},是红外光谱中很特征的且往往是最强的吸收峰,以此很容易判断酮类、醛类、酸类、酯类、酸酐及酰胺、酰卤等含有 C═O 的有机化合物。

    b. C═N,C═C,N═O 的伸缩振动,出现在 1 675～1 500 cm^{-1}。在这个波段区中,单核芳烃的 C═C 骨架振动(呼吸)呈现 2～4 个峰(中等至弱的吸收)的特征吸收峰,通常分为两组,分别出现在 1 600 cm^{-1} 和 1 500 cm^{-1} 左右,在确定是否有芳核的存在时具有重要意义。

    c. 苯的衍生物在 2 000～1 670 cm^{-1} 波段出现 C—H 面外弯曲振动的倍频或组合数, 由于吸收强度太弱,应用价值不如指纹区中的面外变形振动吸收峰,如图 3.7 所示。如在分析中有必要,可加大样品浓度以提高其强度。

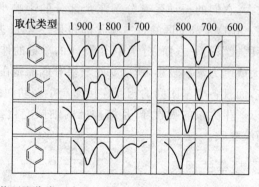

图 3.7 苯环取代类型在 2 000～1 667 cm^{-1} 和 900～600 cm^{-1} 的谱形

    ④ 1 500～1 300 cm^{-1} 为饱和 C—H 变形振动吸收峰区,—CH$_3$ 出现 1 380 cm^{-1} 及 1 450 cm^{-1} 两个峰, CH$_2$ 出现在 1 470 cm^{-1}, —CH 出现在 1 340 cm^{-1}。这些吸收带强度均为 m 至 w。

2. 指纹区

指纹区波数范围为 $1\,300\sim600\ cm^{-1}$。指纹区可以分为以下两个波段：

①$1\,300\sim900\ cm^{-1}$ 这个波段区的光谱信息很丰富，较为主要的有如下几种：

a. 几乎所有不含 H 的单键的伸缩振动，如 C—O，C—N，C—S，C—F，C—P，Si—O，P—O 等，其中 C—O 的伸缩振动在 $1\,300\sim1\,000\ cm^{-1}$，是该区吸收最强的峰，较易识别。

b. 部分含 H 基团的弯曲振动，如 $RCH =\!\!=\!\!CH_2$，端烯基 C—H 弯曲振动为 $990\ cm^{-1}$、$910\ cm^{-1}$ 两个吸收峰；$RCH =\!\!=\!\!CHR$ 反式结构的 C—H 吸收峰为 $970\ cm^{-1}$（顺式为 $690\ cm^{-1}$）等。

c. 某些较重原子的双键伸缩振动，如 C =S，S =O，P =O 等。此外，某些分子的整体骨架振动也在此区产生吸收。

②$900\sim600\ cm^{-1}$ 这个波段中较为有价值的两种特征吸收：

a. 长碳链饱和烃，$+\!CH_2\!+_n$，$n \geq 4$ 时，呈现 $722\ cm^{-1}$ 有一中至强的吸收峰，n 减小时，$\tilde{\nu}$ 变大。

b. 苯环上 C—H 面外变形振动吸收峰的变化，可以判断取代情况，此区域的吸收峰比泛频带 $2\,000\sim1\,670\ cm^{-1}$ 灵敏，因此更具使用价值，如图 3.7 所示。其吸收峰位置为：

无取代的苯：6 个 C—H，$670\sim680\ cm^{-1}$，单吸收带；

单取代苯：5 个 C—H，$690\sim700\ cm^{-1}$，$740\sim750\ cm^{-1}$，两个吸收带；

邻位双取代苯：4 个 C—H，$740\sim750\ cm^{-1}$，单吸收带；

间位双取代苯：3 个 C—H，$690\sim700\ cm^{-1}$，$780\sim800\ cm^{-1}$，两个吸收带；另一个 C—H，$\sim860\ cm^{-1}$，弱带，供参考；

对位双取代苯：2 个 C—H，$800\sim850\ cm^{-1}$，单吸收带。

这些吸收带的强度为中等至强。

官能团区和指纹区的存在是容易理解的。由于含 H 基团的折合质量较小，含双键或含叁键基团的键力常数大，它们的振动受其分子剩余部分的影响小，$\tilde{\nu}$ 较高，易于与分子其他部分的振动相区别。在这个高 $\tilde{\nu}$ 区的每一吸收都和某一含 H 基团或含双键、叁键基团所对应，形成了"官能团区"；另一方面，分子中不含 H 的单键的伸缩振动及各种键的弯曲振动，由于折合质量大或键力常数较小，所以 $\tilde{\nu}$ 处于相对低的范围，它们的 $\tilde{\nu}$ 相差较小，各吸收频率的数目较多，而且各个基团间的相互连接易产生振动间的耦合作用，同时还存在分子的骨架运动，所以产生大量的吸收峰，且结构上的细微变化都会导致光谱的变化，这就形成了化合物的指纹吸收。

3.3.3 影响基团频率的因素

影响基本频率的因素，可分为外部因素和内部因素两个部分。

1. 外部因素

外部因素主要有测量物质的物理状态及溶剂的影响。

（1）测量物质的物理状态

同一物质在不同状态时，由于分子间相互作用力不同，测得的光谱也往往不同。

①气态:分子密度小,分子间的作用力较小,可以发生自由转动,振动光谱上叠加的转动光谱会出现精细构造。光谱谱带的波数相对较高,谱带较矮而宽。

②液态:分子密度较大,分子间的作用较大,分子转动受到阻力,因此转动光谱的精细结构消失,谱带变窄,更为对称,波数较低。有时还会发生缔合,将使光谱变化较大。

③固态:分子间的相互作用较为猛烈,光谱变得复杂,有时还会发生能级的分裂,产生新的谱带。

(2)溶剂效应

溶剂的极性、溶质的浓度对光谱均有影响,尤其是溶剂的极性。在极性溶剂中,极性基团的伸缩振动由于受极性溶剂分子的作用,使键力常数减小,波数降低,而吸收强度增大;对于变形振动,由于基团受到束缚作用,变形所需能量增大,所以波数升高。当溶剂分子与溶质形成氢键时,光谱所受的影响更显著。

此外,测量时的温度也会影响红外吸收峰的形状和数目。

2. 内部因素

内部因素指的是分子中基团间的相互作用对红外吸收的影响,主要有电子效应、氢键的形成、振动的耦合效应、空间效应、费米共振 5 个因素。

(1)电子效应

基本振动的 $\tilde{\nu}$ 与键力常数 k 有关,k 是取决于基团或化学键中电子云的分布,而电子云分布与构成基团或化学键的原子相互作用密切相关。这些作用有诱导效应、共轭效应及中介效应等。

①诱导效应(I 效应)。

由于分子中的取代基具有不同的电负性,通过其静电诱导作用,引起电子云的分布的变化,从而改变了 k,使 $\tilde{\nu}$ 发生位移。以羰基 C=O 为例,其伸缩振动频率 $\tilde{\nu}$ 受诱导效应影响向高波数位移,见表 3.4。

表 3.4 诱导效应对 C=O 伸缩振动频率的影响

化合物	$R-\underset{\delta^+}{\overset{O\,\delta^-}{\underset{\|}{C}}}-R'$	$R-\overset{O}{\underset{\|}{C}}-Cl$	$Cl\leftarrow\overset{O}{\underset{\|}{C}}-Cl$	$R-\overset{O}{\underset{\|}{C}}-F$	$F\leftarrow\overset{O}{\underset{\|}{C}}-F$
$\tilde{\nu}_{C=O}/cm^{-1}$	~1 715	~1 800	~1 828	~1 920	~1 928

②共轭效应(C 效应)。

共轭形成了大 π 键,π 电子的离域性增大,体系中电子云分布平均化,结果使双键的键长略有增加(电子云密度降低),k 减小,吸收峰往低波数方向移动。如表 3.5 中由于 C=O 与苯环的共轭而使 C=O 的 k 减小,振动频率降低。

表 3.5 共轭效应对 C=O 伸缩振动频率的影响

化合物	$R-\overset{O}{\underset{\|}{C}}-R'$	$R-\overset{O}{\underset{\|}{C}}-\bigcirc$	$\bigcirc-\overset{O}{\underset{\|}{C}}-\bigcirc$	$\bigcirc-\overset{O}{\underset{\|}{C}}-CH=CH-R$
$\tilde{\nu}_{C=O}/cm^{-1}$	~1 715	~1 685	~1 665	~1 660

③中介效应(M 效应)。

中介效应也称为共振效应,当含有孤对电子的原子(如 N,O,S 等)与具有多重键的原子相连接时,也可起类似的共轭作用(有时也称为 n−π 共轭),称为中介效应。典型的中介效应是酰胺中氮原子对 C＝O 吸收的影响作用。按照诱导效应分析,引入—NH$_2$,应使 $\tilde{\nu}_{C=O}$ 变大,但实际上使 $\tilde{\nu}_{C=O}$ 减小。这是因为引入 N 原子后,N 原子上的孤对电子与 C＝O 上的 π 电子轨道发生重叠(n−π 共轭),电子云往电负性更大的 O 原子方向移动,使 C＝O 的极性更大,双键性减弱,键长变大,k 降低,所以 $\tilde{\nu}$ 变小(1 680 cm^{-1}左右)。

$$R—\overset{\overset{O}{\|}}{C}—NH_2 \quad\longleftrightarrow\quad R—\overset{\overset{O^-}{|}}{C}=\overset{+}{NH_2}$$

应该注意的是:分子中引入具有 n 电子的电负性原子或基团后同时存在着诱导效应和中介效应,两者影响振动频率移动的方向相反,则振动频率最终移动的方向和程度取决于两种效应的净结果。当 I 效应大于 M 效应时,振动向高波数移动,如酰卤、酯类的 C＝O。当 M 效应大于 I 效应时,振动向低波数方向移动,如酰胺中的 C＝O,见表 3.6。

表 3.6　中介效应对 C＝O 伸缩振动频率的影响

化合物	$R—\overset{\overset{O}{\|}}{C}→OR'$ (I 效应>M 效应)	$R—\overset{\overset{O}{\|}}{C}—R'$	$R—\overset{\overset{O}{\|}}{C}→OR'$ (I 效应<M 效应)
$\tilde{\nu}_{C=O}/\text{cm}^{-1}$	～1 735	～1 715	～1 690

(2)形成氢键的影响

氢键是由质子给予体 x—H 及质子接受体 y—C 之间的作用力而形成的,即 x—H……y—C,导致质子给予体及接受体化学键的键力常数 k 发生变化,因此振动频率也发生变化。

对于伸缩振动来说,由于氢键力的作用,使参与形成氢键的原化学键(即 x—H 及 y—C)的 k 值都减小,所以 $\tilde{\nu}$ 也都降低,而强度变大,峰变宽。以羧酸为例,氢键对其 C＝O 和 O—H 伸缩振动频率的影响见表 3.7。

表 3.7　氢键对羧酸伸缩振动频率的影响

化合物	测量物态	缔合状态	$\tilde{\nu}/\text{cm}^{-1}$
$R—\overset{\overset{O}{\|}}{C}—OH$	气体或非极性溶剂中	单体存在 $R—\overset{\overset{O}{\|}}{C}—OH$	$\tilde{\nu}_{C=O}\approx 1\ 760$
			$\tilde{\nu}_{O—H}=3\ 500\sim3\ 600$
	液、固态	二聚体存在	$\tilde{\nu}_{C=O}\approx 1\ 710$
			$\tilde{\nu}_{O—H}=3\ 200\sim2\ 500$

对于变形振动,由于受到氢键力的束缚作用,弯曲振动所需的能量变大,所以波数 $\tilde{\nu}$ 也升高。

氢键可分为分子内的氢键及分子间的氢键(经常是溶质的缔合或溶质与溶剂分子形成的氢键)两种。分子间氢键对吸收峰的影响比分子内氢键更显著。分子内的氢键不受溶液浓度的影响,分子间的氢键与溶质的浓度及溶剂的性质有关。因此,可以采用改变溶液的浓度测量红外光谱,以判别两个不同的氢键。

图 3.8 表示以 CCl_4 为溶剂,不同浓度乙醇的部分红外光谱。当乙醇浓度小于 0.01 mol/L 时,分子间不形成氢键,只显示出游离的 O—H 的吸收($3\,640\ cm^{-1}$);但随着溶液中乙醇浓度的增加,游离 O—H 的吸收减弱,而二聚体的吸收($3\,515\ cm^{-1}$)和多聚体的吸收($3\,350\ cm^{-1}$)相继出现,并显著增加;当乙醇浓度为 1.0 mol/L 时,主要以多聚体的形式存在。

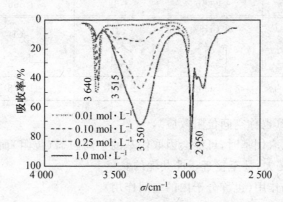

图 3.8　不同浓度乙醇的部分红外光谱

(3)振动的耦合效应

分子中基团或化学键的振动不是孤立的,而是会相互影响的。如果一个分子中有两个基团或化学键的振动频率相等或相近,且与一个公共原子相连接,它们之间就会发生相互作用,一个化学键的振动通过其公共原子导致另一化学键的键长发生变化,产生一种"微扰",从而形成了强烈振动的耦合作用。其结果使原来的振动频率分裂为两个混合的振动频率,一个为对称的混合振动,频率移向低频,另一个为反对称的混合振动,频率移向高频。

典型的振动耦合是酸酐,两个等同的 C═O 通过公共原子 O 发生振动耦合,使 $\tilde{\nu}_{C=O}$ 吸收峰分裂为两个峰,波数分别约为 $1\,760\ cm^{-1}$(对称)和 $1\,820\ cm^{-1}$(反对称)。

$$R-C\overset{O}{\underset{O}{<}}\,\,\,\,\,\,\,\begin{array}{l}R-C\overset{O}{\underset{O}{<}}\\[4pt]R-C\overset{O}{\underset{O}{<}}\end{array}\quad\text{对称耦合},\tilde{\nu}\approx1\,760\ cm^{-1}$$

$$\qquad\qquad\qquad\qquad\qquad\qquad\text{非对称耦合},\tilde{\nu}\approx1\,820\ cm^{-1}$$

(4)空间效应

空间效应是一些空间因素引起的对基团振动频率的影响,如化合物成环、基团引入对分子空间的影响等,主要有环张力效应、空间阻碍作用及分子的偶极场作用等。

①环张力效应(也称键角效应)。

分子形成环时,由于环节数不同,引起环张力不同,因此,同一种化学键的键力常数不同,振动频率就不同。不同环的环张力大小次序为:三节环>四节环>五节环>六节环,则环内键的吸收波数为 $\tilde{\nu}_3 < \tilde{\nu}_4 < \tilde{\nu}_5 < \tilde{\nu}_6$(数字表示环节数),而环外突出键为 $\tilde{\nu}_3 > \tilde{\nu}_4 > \tilde{\nu}_5 > \tilde{\nu}_6$,见表 3.8。

表 3.8　环张力效应对振动频率的影响

化合物	 ⬡	 ⬠	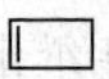 ▭	 △
$\tilde{\nu}_{C=O}/cm^{-1}$	~1 650	~1 623	~1 566	~1 541
化合物	⬡=CH₂	⬠=CH₂	▭=CH₂	△=CH₂
$\tilde{\nu}_{C=C}/cm^{-1}$	~1 650	~1 657	~1 678	~1 781

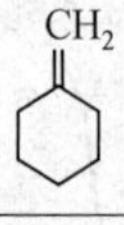

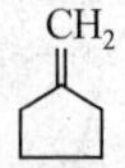

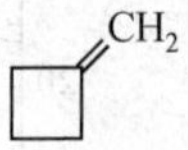

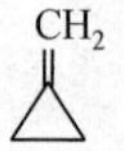

②空间阻碍作用(也称空间位阻效应)。

当共轭体系引入取代基时,可能会因取代基的空间阻碍(位阻)而削弱甚至破坏了共轭效应,使双键的 $\tilde{\nu}$ 变大,甚至接近于非共轭的 $\tilde{\nu}$。

③分子的偶极场作用(也称分子内的空间作用)。

分子引入极性基团时,不是直接通过所连接的化学键起诱导作用,而是在整个分子空间中改变了分子的偶极场,因而对分子中某些基团的振动发生影响。

(5)费米共振

当分子中一个化学键振动的倍频(或组频)与另一个化学键振动的基频接近,且两个化学键相连接时,会发生相互作用,而产生吸收峰的分裂或产生很强的吸收峰,这个现象为费米(Fermi)首先发现,故称为费米共振。如苯甲酰氯 ⬡-COCl , ⬡-C=O　中与 C=O 相连的 C—C 变形振动($\tilde{\nu}_{C-C} \approx 870\ cm^{-1}$)的倍频与 C=O 伸缩振动的基频($\tilde{\nu}_{C=O} \approx 1\ 774\ cm^{-1}$)发生费米共振,因而导致 C=O 吸收峰分裂为两个峰,出现在 1 773 cm^{-1} 及 1 736 cm^{-1}。

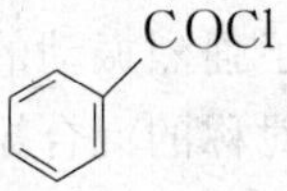

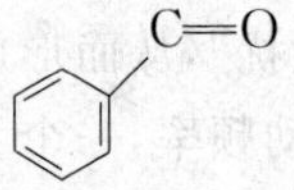

3.4　红外光谱仪

3.4.1　色散型红外光谱仪

色散型红外光谱仪采用双光束,最常见的是以"光学零位平衡"原理设计的。

色散型红外光谱仪原理示意图如图 3.9 所示。光源发出的辐射被分为等强度的两束光,一束通过样品池,一束通过参比池。通过参比池的光束经衰减器(也称光楔或光梳)与通过样品池的光束会合于斩光器(也称切光器)处,使两光束交替进入单色器(现一般用光栅)色散之后,同样交替投射到检测器上进行检测。单色器的转动与光谱仪记录装置谱图图纸横坐标方向相关联。横坐标的位置表明了单色器的某一波长(波数)的位置。若样品对某一波数的红外光有吸收,则两光束的强度便不平衡,参比光路的强度比较大。因此检测器产生一个交变的信号,该信号经放大、整流后负反馈于连接衰减器的同步马达,该马达使光楔更多地遮挡参比光束,使之强度减弱,直至两光束又恢复强度相等,此时交变信号为零,不再有反馈信号。此即"光学零位平衡"原理。移动光楔的马达同步地联动记录装置的记录笔,沿谱图图纸的纵坐标方向移动,因此纵坐标表示样品的吸收程度。单色器转动的全过程就得到一张完整的红外光谱图。

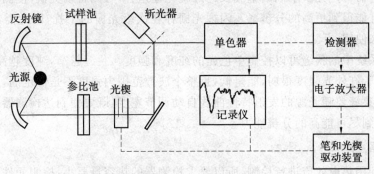

图 3.9 色散型红外光谱仪原理示意图

色散型红外光谱仪的基本组成部件叙述如下:

1. 光源

红外光谱仪中所用的光源通常是一种惰性固体,用电加热使之发射高强度的红外辐射,常用的是硅碳棒和能斯特(nernst)灯。

(1)硅碳棒

硅碳棒由碳化硅烧结而成,两端粗(约 $\phi 7 \times 27$ mm),中间较细(约 $\phi 5 \times 50$ mm),在低电压大电流下工作($4 \sim 5$ A),耗电功率为 $200 \sim 400$ W,工作温度为 $1\,200 \sim 1\,500$ ℃。其优点是:发光面积大,波长范围宽(可低至 200 cm^{-1}),坚固、耐用,使用方便及价格较低;缺点是:电极触头发热需水冷,工作时间长时电阻增大。

(2)能斯特灯

能斯特灯是由稀土氧化物烧结而成的空心棒或实心棒,主要成分为 $ZrO(75\%)$,Y_2O_3,ThO_2,掺入少量 Na_2O,CaO 或 MgO。其直径为 $1 \sim 2$ mm,长度为 $25 \sim 30$ mm,两端绕有 Pt 丝作为导线,功率为 $50 \sim 200$ W,工作温度为 $1\,300 \sim 1\,700$ ℃。其优点是:发光强度大,稳定性好,寿命长,不需水冷;缺点是:机械性能较差,易脆,操作较不方便,价格较贵。

2. 吸收池

红外吸收池要用对红外光透过性好的碱金属、碱土金属的卤化物,如 $NaCl$,KBr,$CsBr$,CaF_2 等或 KRS$-$5($TiI\ 58\%$,$TiBr\ 42\%$)等材料做成窗片。窗片必须注意防湿及损伤。固体试样常与纯 KBr 混匀压片,然后直接测量。

3. 单色器

单色器由几个色散元件、入射和出射狭缝、聚焦和反射用的反射镜(不用透镜,以防色差)组成。

色散元件由棱镜和光栅组成。棱镜主要用于早期仪器中,棱镜由对红外光透射率好的碱金属或碱土金属的卤化物单晶做成,不同材料做成棱镜有不同的使用波长范围,应注意选择。对于红外光,要获得较好分辨本领时可选用 LiF(2~15 μm),CaF$_2$(5~9 μm),NaF(9~15 μm),KBr(15~25 μm)等,棱镜易受损和水腐蚀,要特别注意干燥。

光栅单色器常用几块不同闪耀波长的闪耀光栅组合,可以自动更换,使测定的波数范围更为扩展且能得到更高的分辨率。闪耀光栅存在次级光栅的干扰,因此需与滤光片或棱镜结合起来使用。

单色器系统中的狭缝可以控制单色光的纯度和强度。狭缝越窄,纯度越高,分辨率也越大,但是由于红外光强度很弱,能量低,且整个波数范围内强度不是恒定的,所以在波数扫描过程中,狭缝要随光源的发射特性曲线自动调节宽度,既要使到达检测器的光强近似不变,又要达到尽可能高的分辨能力。

4. 检测器

由于是利用热电效应进行检测,所以要求检测器的热容量要小,检测元件吸收不同能量红外光所产生的信号变化要大,这样灵敏度才会高;光束要集中,受热能的"靶"体积要小,要薄;要减少热能的损失及环境热源的干扰,所以要置于真空中;响应速度要快,响应波长范围要宽。红外检测器主要有以下几种类型:

(1)真空热电偶

真空热电偶是利用不同导体构成回路时的温差电现象,将温差转变为电热差。以一片涂黑的金箔作为红外辐射的接受面,在其一面上焊两种热电势差别大的不同金属、合金或半导体,作为热电偶的热接端,而在冷接端(通常为室温)连接金属导线,密封于高真空(约 7×10^{-7} Pa)腔体内。在腔体上对着涂黑金属接受面的方向上开一小窗,窗口放红外透光材料盐片。

当红外辐射通过盐窗照射到金箔片上时,热接端的温度升高,产生温差电势差,回路中就有电流通过,而且电流大小与红外辐射的强度成正比。

热电偶检测器结构示意图如图 3.10 所示。

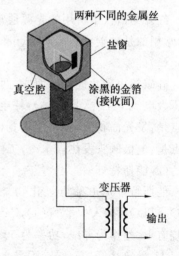

图 3.10　热电偶检测器结构示意图

(2)测热辐射计

把温度电阻系数较大的涂黑金属或半导体薄片作为惠斯登电桥的一臂。当涂黑金属片接受红外辐射时,温度升高,电阻发生变化,电桥失去平衡,桥路上就有信号输出,以此实现对红外辐射强度的检测。由于红外辐射能量很低,信号很弱,所以施加给电桥的电压需要非常稳定,这成为其最大的缺点,因此,现在的仪器已很少使用这种检测器。

（3）高莱池（Golay Cell）

高莱池是一个高灵敏的气胀式检测器（图 3.11），红外辐射通过盐窗照射到气室一端的涂黑金属薄膜上，使气室温度升高，气室中的惰性气体（氙或氩气）膨胀，另一端涂银的软镜膜变形凸出。导致检测器光源经过透镜、线栅照射到软镜膜后反射到达光电倍增管的光量改变。光电管产生的信号与红外照射的强度有关，从而达到检测的目的。

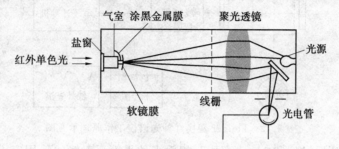

图 3.11　高莱池检测器示意图

（4）热释电检测器

以硫酸三甘酞（NH_2CH_2COOH）$_3$ H_2SO_4（Triglycine Sulfate，简称 TGS）这类热电材料的单晶片为检测元件，其薄片（$10\sim20\ \mu m$）正面镀铬，反面镀金成两电极，连接放大器，一起置于带有盐窗的高真空玻璃容器内。TGS 是铁氧体，在居里点（49 ℃）以下，能产生很大的极化效应，温度升高时，极化度降低，当红外辐射照射到 TGS 薄片上，引起温度的升高，极化度降低，表面电荷减少，相当于"释放"出部分电荷，经放大后进行检测记录。TGS 检测器的特点是响应速度快，噪声影响小，能实现高速扫描，故被用于傅立叶变换红外光谱仪中。目前使用最广泛的材料是氘化了的 TGS（DTGS），居里点温度为 62 ℃，热电系数小于 TGS。

（5）碲镉汞检测器（MCT 检测器）

与上面的热电检测器不同，MCT 检测器是光电检测器。它是由宽频带的半导体碲化镉和半金属化合物碲化汞混合做成的，改变其中各成分的比例，可以获得对测量不同波段的灵敏度各异的各种 MCT 检测器。MCT 元件受红外辐射照射后，导电性能发生变化，从而产生检测信号。这种检测器灵敏度高于 TGS 约 10 倍，响应速度快，适于快速扫描测量和气相色谱－傅立叶变换红外光谱联机检测。MCT 检测器需在液氮温度下工作。

5. 记录系统

红外光谱都由记录仪自动记录谱图。现代仪器都配有计算机，以控制仪器操作、优化谱图中的各种参数，进行谱图的检索等。

3.4.2　傅立叶变换红外光谱仪

傅立叶变换红外光谱仪（FTIR）没有色散元件，主要部件有光源（硅碳棒、高压汞灯等）、麦克尔逊（Mickelson）干涉仪、样品池、检测器（常用 TGS、MCT 检测器）、计算机及记录仪。

FTIR 的核心部分是干涉仪和计算机。干涉仪将光源来的信号以干涉图的形式送往计算机进行快速的 Fourier 变换的数学处理,最后将干涉图还原为通常解析的光谱图。图 3.12 为 Fourier 变换红外光谱仪工作原理示意图。

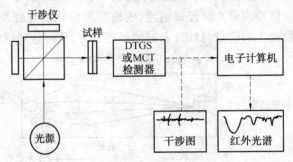

图 3.12 Fourier 变换红外光谱仪工作原理示意图

如图 3.13 所示,M_1 和 M_2 为两块互相垂直的平面反射镜,M_1 固定不动,称为定镜,M_2 可以沿图示的方向做往返微小移动,称为动镜。在 M_1、M_2 之间放置一成 $45°$ 角的半透膜光束分裂器 BS,它能把光源 S 投来的光分为强度相等的两光束 I 和 II。光束 I 和光束 II 分别投射到动镜和定镜,然后又反射回来在检测器 D 汇合。因此检测器上检测到的是两光束的相干光信号(图中每光束都应是一束光线,为了说明才绘成分开的往返光线)。

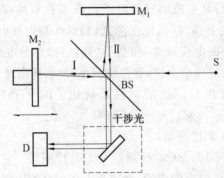

图 3.13 Michelson 干涉仪光学示意及工作原理图
M_1—固定镜;M_2—动镜;S—光源;D—检测器;BS—光束分裂器

当一频率为 ν_1 的单色光进入干涉仪时,若 M_2 处于零位,M_1 和 M_2 到 BS 的距离相等,两束光到达检测器时位相相同,发生相长干涉,强度最大。当动镜 M_2 移动入射光 $\frac{\lambda}{4}$ 的偶数倍,即两束光到达检测器光程差为 $\frac{\lambda}{2}$ 的偶数倍(即波长的整数倍)时,两束光也是同相,强度最大;当动镜 M_2 移动 $\frac{\lambda}{4}$ 的奇数倍,即光程差为 $\frac{\lambda}{2}$ 的奇数倍时,两光束异相,发生相消干涉,强度最小。光程差介于两者之间时,相干光强度也对应介于两者之间。当动镜连续往返移动时,检测器的信号将呈现余弦变化。动镜每移动 $\frac{\lambda}{4}$ 距离时,信号则从最强到最弱周期性地变化一次,如图 3.14(a)所示。图 3.14(b)为另一频率 ν_2 的单色光经干涉仪后的干涉图。

如果两种频率 ν_1, ν_2 的光一起进入干涉仪,则得到两种单色光干涉图的加合图,如图 3.14(c)所示。

当入射光是连续频率的多色光时,得到的是中心极大而向两侧迅速衰减的对称干涉图,如图 3.14(d)所示。这种干涉图是所有各种单色光干涉图的总加合图。

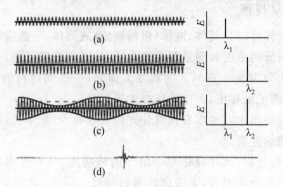

图 3.14　FTIR 光谱干涉图

当多色光通过试样时,由于试样选择吸收了某些波长的光,则干涉图发生了变化,变得极为复杂,如图 3.15(a)所示。这种复杂的干涉图是难以解释的,需要经过计算机进行快速的傅立叶变换,就可得到一般所熟悉透射比随波数变化的普通红外光谱图,如图 3.15(b)所示。

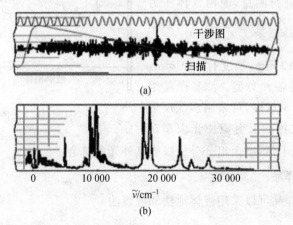

图 3.15　多色光下的 FTIR 干涉图和光谱图

FTIR 光谱仪的特点如下:

①扫描速度快,测量时间短,可在 1 s 至数秒内获得光谱图,比色散型仪器快数百倍。因此适于对快速反应的跟踪,也便于与色谱法的联用。

②灵敏度高,检测限低,可达 $10^{-9} \sim 10^{-12}$ g,因为可以进行多次扫描(n 次),进行信号的叠加,提高了信噪比 $\sqrt{n}$ 倍。

③分辨本领高,波数精度一般可达 0.5 cm^{-1},性能好的仪器可达 0.01 cm^{-1}。

④测量光谱范围宽,波数范围可达 $10 \sim 10^4$ cm^{-1},涵盖了整个红外光区。

⑤测量的精密度、重现性好,可达 0.1%,而杂散光小于 0.01%。

3.5　红外光谱的应用

3.5.1　样品的制备

红外光谱法的试样可以是气体、液体(包括溶液)或固体,一般应符合下列要求:

①试样中被测组分的浓度和测量厚度要合适,使吸收强度适中,一般要求使谱图中大多数吸收峰的透射比为 15%～75%。太稀或太薄时,一些弱峰可能不出现,太浓或太厚时,可能使一些强峰的记录超出,无法确定峰位置。

②试样不能含有游离水。水本身在红外光区有吸收,严重干扰试样的红外光谱,而且水会腐蚀红外吸收池的盐窗。

③对于定性、结构分析,试样应是单一组分的纯物质,一般要求纯度大于 98%,否则会发生各组分光谱的重叠和混合,无法进行谱图解释。因此,对于多组分的试样,应先经过分离纯比(称为样品的精制)或采用 GC—FTIR 方法。

试样的制备分为气体、液体(及溶液)和固体 3 种情况。

1.气体样品

对于气体样品,可将它直接充入已预先抽真空的气体池中进行测量,池内气体压力约为 50 mmHg。红外气体槽体的结构如图 3.16 所示。

池体直径约为 40 mm,长度有 100 mm, 200 mm,500 mm 等各种类型。测量微量组分气体时,为了提高灵敏度,可采用多次反射气体池,利用池内放置的反射镜使光束多次

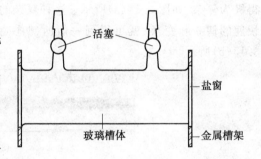

图 3.16　红外气体槽体的结构

反射,可提高光程几十倍,增大组分分子吸收红外光的机会。

2.液体或溶液样品

对液体或溶液样品可以采用液体池法和液膜法。

(1)液体池法

对于沸点低、挥发性较大的液体或吸收很强的固、液体须配成溶液进行测量的试样,可采用液体池法,把液体或溶液注入池中测量。

液体池由两个盐片(NaCl 或 KBr)作为窗板,中间夹一薄层垫片板,形成一个小空间,一个盐片上有一小孔,用注射器注入样品。液体池可分为固定式池(也称为密封池,垫片的厚度固定不变)、可拆装式池(可以拆卸更换不同厚度的垫片)和可变式池(可用微调螺丝连续改变池的厚度,并从池体外的测微器观察池的厚度)3 种。

(2)液膜法

液膜法是定性分析常用的方法,尤其是一些高沸点、黏度大、不易清洗的液体样品更为常用。在两盐片之间滴入 1～2 滴液样,形成液膜,用专门夹具夹放在仪器的光路上测

量。这种方法重现性较差,不宜做定量分析。

将液、固体试样制成溶液进行红外测量,重现性好,光谱的形状、结构清晰,但应注意溶剂的选择。溶剂在所测量的光谱区域中没有吸收,如 CS_2 在 600～1 350 cm^{-1} 常用,CCl_4 在 1 350～4 000 cm^{-1} 常用,$CHCl_3$ 在 900～4 000 cm^{-1} 常用。图 3.17 是某些溶剂在红外光谱区的透明区。溶剂对样品无强烈的溶剂化作用,通常为非极性溶剂。溶剂对窗盐没有腐蚀作用,溶剂对样品应有足够的溶解能力。

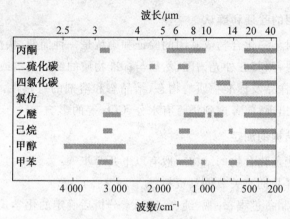

图 3.17　用于红外光谱法的部分常见溶剂的透明区

3. 固体样品

固体样品可以用压片法、调糊法、薄膜法和溶液法 4 种。溶液法上面已介绍过。

(1)压片法

压片法是测定固体试样应用最广泛的方法,对于不溶于有机溶剂或没有合适溶剂的高聚物更为常用。

压片法(也称为压锭剂法)需用专门的模具和油压机,将 1～3 mg 的样品与 100～200 mg KBr 混合,充分磨细、混匀,放入模具,低真空下(2～5 mmHg)用油压机加压(5～10 T/cm²) 5～10 min,得到透光圆形薄片(1～2 mm 厚),在红外灯下烘干,然后置于仪器光路中测量。

用压片法必须注意以下问题:

①压片法一般用 KBr 作为分散剂(也称为稀释剂),主要是因为 KBr 在 400～4 000 cm^{-1} 区域中无吸收,且 KBr 与大多数的有机化合物的折光系数相近,可减少光散射引起的光能损失。此外 KBr 在高压下的可塑性及冷胀现象也利于制成薄片。KBr 的纯度要求较高,不能含有水分。

②为了减少光散射,样品及 KBr 的粒度应小于 2 μm,且颗粒必须均匀分散。

(2)调糊法

将 2～5 mg 样品磨细(粒度小于 2 μm),滴入几滴重烃油(折光系数应与样品相近,研成糊状)涂于盐片上进行测量。调糊剂常用石蜡油,其光谱较简单,但由于其 C—H 吸收带常对样品有影响,则可用全氟烃油代替。

（3）薄膜法

薄膜法主要用于某些高分子聚合物的测定。把样品溶于挥发性强的有机溶剂中，然后滴加于水平的玻璃板上，或直接滴加在盐板上，待有机溶剂挥发后形成薄膜，置于光路中测量。有些高聚物可以热熔后涂制成膜或加热后压制成膜。

3.5.2　红外光谱法的应用

1. 化合物或基团的验证和确认

利用红外光谱对某一化合物或基团的验证和确认是一种简便、快捷的方法，只要选择合适的制备样品方法，测其红外光谱图，然后与标准物质的红外光谱或红外标准谱图对照即可。要注意的是，样品及标准物质的物态、结晶态和溶剂的一致性，以及注意到一些其他因素，如有杂峰的出现，应考虑到是否有水分、CO_2 等的影响。

2. 未知化合物结构的测定

用红外光谱法测定化合物的结构一般有以下几个步骤：

（1）收集、了解样品的有关数据及资料

对样品的来源、制备过程、外观、纯度、经元素分析后确定的化学式以及熔点、沸点、溶解性质等物理性质作较为全面透彻的了解，获得对样品的初步认识或判断。

（2）由化学式计算化合物的不饱和度（或称为不饱和单元）

化合物的不饱和度用 Ω 或 U 表示，计算公式为

$$\Omega = 1 + n_4 + \frac{n_3 - n_1}{2}$$

式中，n_1，n_3 和 n_4 分别为分子中一价（通常为氢及卤素）、三价（通常为氮）和四价（通常为碳）元素的原子数目，二价元素（如氧、硫等）的原子数目与不饱和度无关。不饱和度 Ω 的数值为化合物中双键数与环数之和（叁键的 Ω 为 2）。当 $\Omega = 0$ 时，表明化合物为无环饱和化合物；当 $\Omega = 1$ 时，表明分子有一个双键或一个饱和环；当 $\Omega = 2$ 时，表明分子有两个双键或两个饱和环，或一个双键再加上一个饱和环，或一个叁键；当 $\Omega = 4$ 时，可能有一个苯环，以此类推。

（3）谱图的解析

获得红外光谱图以后，即进行谱图的解析。谱图解析并没有一个确定的程序可循，一般要注意如下问题。

① 谱图解析的一般顺序。

通常先观察官能团区（4 000～1 350 cm^{-1}），可借助于手册或书籍中的基团频率表，对照谱图中基团频率区内的主要吸收带，找到各主要吸收带的基团归属，初步判断化合物中可能含有的基团和不可能含有的基团及分子的类型。然后再查看指纹区（1 350～600 cm^{-1}），进一步确定基团的存在及其连接情况和基团间的相互作用。

② 注意红外光谱的三要素。

红外光谱的三要素是吸收峰的位置、强度和形状。无疑三要素中位置（即吸收峰的波

数)是最为重要的特征,一般以吸收峰的位置判断特征基团,但也需要其他两个要素辅以综合分析,才能得出正确的结论。例如 C═O,其特征是在 1 680～1 780 cm^{-1} 范围内有很强的吸收峰,这个位置是最重要的,若有一样品在此位置上有一吸收峰,但吸收强度弱,就不能判定此化合物含有 C═O,而只能说明此样品中可能含有少量羰基化合物,它以杂质峰出现,或者可能是其他基团的相近吸收峰而非 C═O 吸收峰。峰的形状也能帮助基团的确认。如缔合烃基、缔合胺基的吸收位置与游离状态的吸收位置略有差异,但峰的形状变化很大,游离态的吸收峰较为尖锐,而缔合 O—H 的吸收峰圆滑而钝,缔合胺基会出现分岔。炔的 C—H 吸收峰很尖锐。

③注意观察同一基团或一类化合物的相关吸收峰。

任一基团由于都存在伸缩振动和弯曲振动,因此会在不同的光谱区域中显示出几个相关峰,通过观察相关峰,可以更准确地判断基团的存在情况。例如,—CH$_3$ 在约 2 960 cm^{-1} 和 2 870 cm^{-1} 处有非对称和对称伸缩振动吸收峰,而在约 1 450 cm^{-1} 和 1 370 cm^{-1} 有弯曲振动吸收峰;＼CH$_2$／ 在约 2 920 cm^{-1} 和 2 850 cm^{-1} 处有伸缩振动吸收峰,在约 1 470 cm^{-1} 处有其相关峰,若是长碳链的化合物,在 720 cm^{-1} 处出现吸收峰。

一类化合物也会有相关的吸收峰,如 1 650～1 750 cm^{-1} 的强吸收带 C═O 的特征吸收峰,而各类含 C═O 的化合物各有其相关峰。醛于约 2 820 cm^{-1} 和 2 720 cm^{-1} 处有 C—H 吸收峰;酯于约 1200 cm^{-1} 处有 C—O 吸收峰;酸酐由于振动的耦合,呈现 C═O 的两个分裂峰;羧酸于 3 500～3 600 cm^{-1} 处有非缔合的 O—H 吸收峰或 3 200～2 500 cm^{-1} 的宽缔合吸收峰。酮则无更特殊的相关峰,但有 $\overset{O}{\overset{\|}{C}}$—C—C 的骨架吸收峰,若连接的是烷基则出现在 1 325～1 215 cm^{-1} 处,若连接的是芳环,则出现在 1 325～1 075 cm^{-1} 处。

(4)红外标准谱图的应用

可以通过两种方式利用红外标准谱图进行查对:一种是查阅标准谱图的谱带索引,寻找与样品光谱吸收带相同的标准谱图;另一种是先进行光谱解释,判断样品的可能结构,然后再由化合物分类索引查找标准谱图进行对照核实。红外标准谱图主要有如下几种:萨特勒(Sadtler)标准光谱集、分子光谱文献 DMS 穿孔卡片、API 红外光谱图集、Sigma Fourier 红外光谱图库等。

也可以通过一些网站提供的标准谱图进行查对,包括图谱及测试条件、数据、分子结构式,并可以下载,使用很方便。例如,萨特勒红外光谱图在 www.bio-rad.com/网站也可以查找,共收集了 22.6 万张 IR 谱图,是目前最齐全的 IR 谱库,但要收费。免费网站有:http://riodb01.ibase.aist.go.jp/sdbs/cgi-bin/cre_index.cgi 及 http://webbook.nist.gov/chemistry/等。

(5)谱图解释举例

例 3.3 某化合物的分子式为 C$_8$H$_{14}$,其红外光谱如图 3.18 所示,试进行解释并判断其结构。

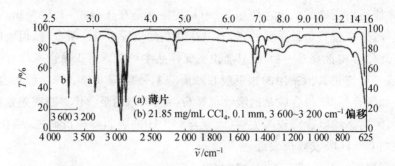

图 3.18 C_8H_{14} 的红外光谱

解   ①求化合物的不饱和度：

$$\Omega = 1 + 8 + \frac{0-14}{2} = 2$$

表明化合物无苯环，可能有两个双键或一个叁键。

②光谱解析。

在 $1\,600 \sim 1\,650\ cm^{-1}$ 处无吸收峰，故无双键，这可能有叁键，是炔类化合物。

在约 $3\,300\ cm^{-1}$ 处有尖锐吸收峰，在约 $2\,100\ cm^{-1}$ 处有吸收峰，证实有炔键及与其连接的 C—H，即 C≡C—H 基。

余下的吸收峰为—CH_3 及 $\diagdown CH_2$ 的伸缩吸收峰及弯曲吸收峰，而 $1\,370\ cm^{-1}$ 峰无分裂，表明无 Me_2CH— 及 Me_3C— 的结构。

在约 $720\ cm^{-1}$ 处有吸收，表明分子中有 $—(CH_2)_{\overline{n}}$，$(n>4)$ 的键状结构。

③推断结构。

综上所述，化合物为 CH_3—$(CH_2)_5$—C≡CH 即辛炔-1。

例 3.4   有一种液态化合物，相对分子质量为 58，它只含有 C、H 和 O 3 种元素，其红外光谱如图 3.19 所示，试推测其结构。

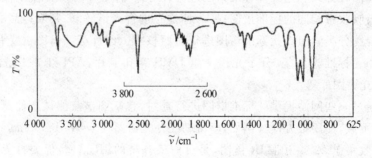

图 3.19   某液态化合物的红外光谱

解   ①各峰的归属见表 3.9。

②说明。首先观察中心位于 $3\,350\ cm^{-1}$ 处的宽带，在稀释 50 倍后就消失了，这说明当浓度较大时存在着分子间的缔合作用；在 $3\,620\ cm^{-1}$ 处的尖峰是羟基的伸缩振动吸收

产生的;在 1 650 cm⁻¹ 处的吸收峰是 C=C 产生的,因其键的极性较弱,因此是一个弱峰;在 995 cm⁻¹ 和 910 cm⁻¹ 处出现吸收峰是典型的 C—H 面外弯曲振动产生的,因此进一步证明有乙烯基。乙烯基和醇基的相对分子质量是 56,相对分子量总共是 58,还剩下 2,说明是伯醇。因此该化合物是丙烯醇,即 $H_2C=CHCH_2—OH$。

表 3.9 某液态化合物的红外吸收峰归属

$\tilde{\nu}/cm^{-1}$	归属	结构单元	相对分子质量
3 620	$\nu_{O—H}$游离		
3 350	$\nu_{O—H}$缔合	—C—O—O	29
1 036	$\nu_{C—O}$醇		
3 100~3 000	$\nu_{C—H}$不饱和的		
1 650	$\nu_{O—H}$游离		
995 910	$\gamma_{C—H}$乙烯型	H、H、C=C、R、H、H	27
3 000~2 800	$\nu_{C—H}$饱和的		2

例 3.5 有一无色液体,其化学式为 C_8H_8O,红外光谱如图 3.20 所示,试推测其结构。

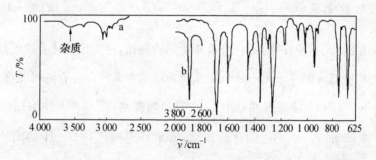

图 3.20 C_8H_8O 的红外光谱

解 ①计算不饱和度:

$$\Omega = 1 + 8 - \frac{8}{2} = 5$$

②各峰的归属见表 3.10。

③说明。该化合物是单取代芳核,且邻接酮羰基,使羰基吸收波数降低。一个芳核和一个羰基,不饱和度为 5,还剩下一个甲基,从 1 370 cm⁻¹ 峰的增强,说明是甲基酮。综上所述,此化合物为

表 3.10 C_8H_8O 的红外吸收峰归属

$\tilde{\nu}/cm^{-1}$	归属	结构单元	不饱和度	化学式单元
3 100~3 000				
1 600 ⎫ 1 590 ⎬ 1 460 ⎭	ν_{C-H}不饱和 ν_{C-C}芳环	R (苯环)	4	C_6H_5
760 ⎫ 690 ⎭	γ_{C-H}取代			
1 695	ν_{C-O}	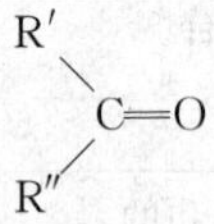 R' R'' C=O	1	CO
3 000~2 900	δ_{C-H}饱和			
1 360	ν_{C-H}甲基 邻近羰基	CH_3	0	CH_3
1 450	使其增强			

例 3.6 有一化合物,化学式为 C_7H_8O,具有如下的红外光谱特征:

在下列波数处有吸收峰:①～3 040 cm^{-1};②～1 010 cm^{-1};③～3 380 cm^{-1};④～2 935 cm^{-1};⑤～1 465 cm^{-1};⑥～690 和 740 cm^{-1}。

在下列波数处无吸收峰:①～1 735 cm^{-1};②～2 720 cm^{-1};③～1 380 cm^{-1};④～1 182 cm^{-1}。

请鉴别存在的(及不存在)的每一吸收峰所属的基团,并写出该化合物的结构式。

解 不饱和度 $\Omega = 1 + 7 + \dfrac{0-8}{2} = 4$,则化合物可能有苯环。存在的吸收峰可能所属的基团为:①苯环上 C—H 伸缩振动;②C—O 的伸缩振动;③O—H 伸缩振动(缔合);④ CH_2 的伸缩振动;⑤ CH_2 的弯曲振动;⑥苯环单取代后 C—H 的面外弯曲振动。不存在的吸收峰可能所属的基团为:①不存在 C=O;②不存在—CHO;③不存在 —CH$_3$;④不存在 C—O—C。故该化合物最可能为苯甲醇,其结构式为（苯环—CH$_2$OH）。

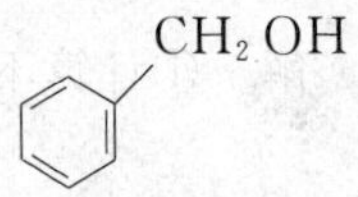

例 3.7 化合物 C_8H_7N 的红外光谱具有如下特征吸收峰,请推断其结构:①～3 020 cm^{-1};②～1 605 及～1 510 cm^{-1};③～817 cm^{-1};④～2 950 cm^{-1};⑤～1 450 及 1 380 cm^{-1};⑥～2 220 cm^{-1}。

解 不饱和度 $\Omega = 1 + 8 + \dfrac{1-7}{2} = 6$,则可能为苯环加上两个双键或一个叁键。各特征吸收峰的可能归属:①=CH,可能为苯环上 C—H 伸缩振动;②为苯环的骨架振动;③可能为苯环对位取代后 C—H 的面外弯曲振动;④可能为—CH$_3$ 的伸缩振动;⑤可能为—CH$_3$ 的弯曲振动;⑥可能为叁键的伸缩振动,应为 C≡N。故该化合物最可能为对甲基苯甲腈,其结构式为 H_3C—（苯环）—C≡N。

3. 定量分析

（1）红外光谱定量分析的理论依据及局限性

与紫外－可见分光光度法相同，红外光谱定量分析的理论依据是依据光吸收定律（朗伯－比耳定律），即 $A=\varepsilon b C$ 或 $A=abC$。由于红外光谱法定量分析上有如下的固有缺点，准确度、灵敏度较低，所以在应用意义上不如紫外－可见分光光度法，有一定局限性。

①光谱复杂，谱带很多，测量谱峰容易受到其他峰的干扰，容易导致吸收定律的偏差。

②红外辐射能量很小，强度很弱，摩尔吸光系数 ε 很小，灵敏度很低，只能做常量的分析。

③测量光程很短，吸收厚度（b）难以测准，样品池受到的影响因素多，参比不够准确，因此准确度较差。

④必须绘出红外吸收曲线，才能测量百分透射率（$T\%$）或吸收度（A）。

（2）吸收度的测量

由红外光谱中的测量峰测出入射光强度 I_0 及透射光强度 I_t，求出吸收度 A，即

$$A=-\lg T=-\lg \frac{I_t}{I_0}=\lg \frac{I_0}{I_t}$$

测量 I_0，I_t 的方法有一点法和基线法两种。

①一点法。

当背景吸收较小，可以忽略不计，吸收峰对称且无其他吸收峰影响时，可用一点法测量 I_0，I_t，如图 3.21 所示。

②基线法。

背景吸收较大不可忽略，有其他峰影响使测量峰不对称时，可用基线法测量 I_0，I_t。通过测量峰两边的峰谷作一切线，以两切点连线的中点确定 I_0，以峰最大处确定 I_t，如图 3.22 所示。

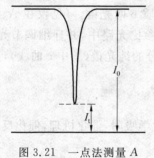

图 3.21　一点法测量 A

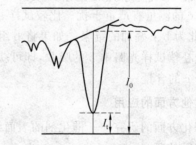

图 3.22　基线法测量 A

（3）定量分析方法

定量分析方法有标准曲线法、混合组分联立方程求解法及吸收强度比法及补偿法等。前两种方法与紫外－可见分光光度法相同，不再重述。

①吸收强度比法（比例法）。

吸收强度比法（比例法）用于只有两组分（或三组分）混合物样品的分析。选择两组分各一个互相不受干扰的吸收峰作为测量峰。根据吸收定律，有

$$A_1=a_1 b_1 C_1$$

$$A_2 = a_2 b_2 C_2$$

C 用质量百分数或摩尔分数表示,则 $C_1 + C_2 = 1$。取 $\dfrac{A_1}{A_2} = R$,则

$$R = \frac{A_1}{A_2} = \frac{a_1 C_1}{a_2 C_2} = K \frac{C_1}{C_2}$$

用两组分的纯物质配制一系列不同 $\dfrac{C_1}{C_2}$ 的混合样品作为标准样品,绘制光谱并测得各自吸光度,得到一系列 R 值,作 $R \sim \dfrac{C_1}{C_2}$ 校正曲线,得到一斜率为 K 的直线或曲线,如图 3.23 所示。

由未知试样的 R_x 从校正曲线中求出 $\dfrac{C_{1x}}{C_{2x}}$,并解得 $C_{1x} = \dfrac{R_x}{K + R_x}$,$C_{2x} = \dfrac{R_x}{K + R_x}$。

②补偿法(差示法)。

补偿法是在双光束红外分光光度计的参比光路中,加入混合试样中对被测物质有干扰的组分,从而抵消其对被测组分的干扰。例如,某混合试样 a 中有主要组分 b 和被测组分 c,其红外光谱如图 3.24 所示。

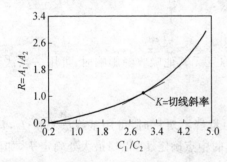

图 3.23 吸光度比与浓度比之间的关系

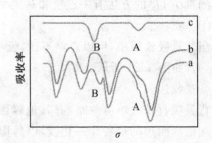

图 3.24 双光束差示分析法

b 对 c 的测量有严重干扰。比较试样 a 和纯物质 b 两光谱,可见仅在 A、B 处显示微小差别,此为 b、c 叠加的结果。如果将 b 组分加入参比光路中,并仔细调节光程厚度,可使其完全补偿试样光路中 b 的吸收,即可获得 c 组分的纯光谱(图中 c 曲线),再由标准曲线求组分 c 的含量。

4. 其他方面的应用

①催化方面的研究——催化剂的表面结构及化学吸附,催化机理,催化反应中间络合物的观察等的研究。

②高聚物方面的研究——高聚物的聚合度及立体构型,解剖高聚物中的助聚剂、添加剂等的研究。

③配合物方面的研究——配合物中配位体与中心离子之间的相互作用,配位键的性质等的研究。

④光谱电化学方面的研究——利用红外反射光谱,对电极表面的吸附作用或催化作用进行分子水平上的研究。

3.6 拉曼光谱法简介

拉曼光谱与红外光谱一样,是测定分子的振动和转动的光谱,但与红外光谱不同的是它属于散射光谱。拉曼散射效应是1928年印度科学家拉曼发现的。拉曼光谱与红外光谱在化合物分析上各有所长,可以相辅相成,更好地研究分子振动跃迁及结构组成。

3.6.1 拉曼散射

用单色光照射透明样品时,大部分光透过,而小部分光会被样品在各个方向上散射。散射分为瑞利散射与拉曼散射两种。

1. 瑞利散射

若光子与样品分子发生弹性碰撞,即光子与分子之间没有能量交换,光子的能量保持不变,散射光频率与入射光相同,单方向可以改变。这是弹性碰撞,称为瑞利散射。

2. 拉曼散射

当光子与分子发生非弹性碰撞时,产生拉曼散射。

处于振动基态的分子在光子作用下,吸收能量激发到较高的不稳定的能态(虚态),后又散射出光回到较低能级的振动激发态。此时激发光能量大于散射光能量,产生拉曼散射的斯托克斯线,散射光频率小于入射光(图 3.25)。

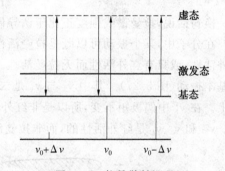

图 3.25 拉曼散射机理

ν_0—瑞利散射;$\nu_0 + \Delta\nu$—反斯托克斯散射;$\nu_0 - \Delta\nu$—斯托克斯散射

若光子与处于振动激发态的分子相互作用,使分子激发到更高的不稳定能态后(虚态)又散射出光回到振动基态,散射光的能量大于激发光,产生反斯托克斯散射,散射光频率大于入射光。

常温下分子大多处于振动基态,所以斯托克斯线强于反斯托克斯线。在一般拉曼光谱图中只有斯托克斯线。拉曼散射中散射频率与激发光(入射光)频率都有一个频率差 $+\Delta\nu$ 或 $-\Delta\nu$。$\Delta\nu$ 称为拉曼位移,其值取决于振动激发态与振动基态的能级差,$\Delta\nu = \Delta E/h$。所以同一振动方式产生的拉曼位移和红外吸收频率是相等的。

拉曼光谱图纵坐标为谱线强度,横坐标为拉曼位移频率,用波数表示。由于拉曼位移是激发光频率作为零时得到的,因此拉曼位移取决于分子中振动形式及结构,与激发光波长无关。图 3.26 为甲醇的拉曼光谱图。

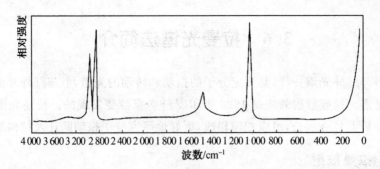

图 3.26 甲醇的拉曼光谱图

3.6.2 拉曼选律

我们知道,只有产生偶极矩变化的振动是红外活性的,即红外光谱谱带强度正比于振动中原子通过它们平衡位置时偶极矩的变化。而拉曼活性取决于振动中极化度是否变化,只有极化度有变化的振动才是拉曼活性的。所谓极化度就是分子在电场(如光波这种交变的电磁场)的作用下,分子中电子云变形的难易程度。拉曼光谱强度与原子在通过平衡位置前后电子云形状的变化大小有关。极化度 α、电场 E 与诱导偶极矩 P 有以下关系:

$$P = \alpha E$$

换句话说,拉曼谱线强度正比于诱导偶极矩的变化。

在分子中,某个振动可以既是拉曼活性,又是红外活性,也可以是只有拉曼活性而无红外活性,或只有红外活性而无拉曼活性。例如,CS_2 是三原子线形分子,它有 $3n-5=4$ 个基本振动(图 3.27)。其中 v_3 与 v_4 是二度简并的振动,只是发生在互相垂直的两个平面上。在 v_1^s 中偶极矩不变,所以是非红外活性的,但电子云形状有变化,所以是拉曼活性的。v_2^{as} 和 v_3、v_4 是红外活性的,而非拉曼活性,因为在平衡位置前后电子云形状相同。

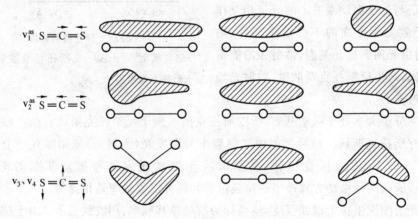

图 3.27 CS_2 的基本振动

3.6.3 拉曼光谱的特征谱带及强度

在拉曼光谱中,官能团谱带的频率与其在红外光谱中出现的频率基本一致。不同的是两者选律不同,所以在红外光谱中甚至不出现的振动在拉曼光谱可能是强谱带。对于一个分子,其拉曼和红外是否活性可以用以下规则判别:

(1)相互排斥规则

凡有对称中心的分子,若红外是活性,则拉曼是非活性的;反之,若红外为非活性,则拉曼是活性的。又如,O_2 只有一个对称伸缩振动,它在红外中很弱或不可见,而在拉曼中较强。

(2)相互允许原则

一般来说,没有对称中心的分子,其红外光谱和拉曼光谱可以都是活性的。例如,2—戊烯中 C—H 的伸缩振动和弯曲振动分别在 2 800~3 000 cm^{-1} 和 1 460 cm^{-1} 左右,在红外和拉曼光谱中都有峰出现。又如,水的三个振动 v^{as}、v^s 和 δ 均是红外和拉曼活性的。

(3)相互禁阻原则

上面的相互排斥原则和相互允许原则可以概括大多数分子的振动行为,但有少数分子的振动可能在红外和拉曼中都是非活性的。例如,乙烯的扭曲振动既无偶极矩变化,也无极化度变化,所以在红外及拉曼中均是非活性。

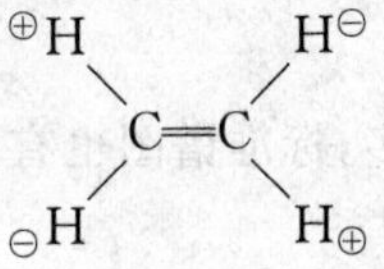

$$\overset{\oplus}{H} \qquad \overset{\ominus}{H}$$
$$C = C$$
$$\underset{\ominus}{H} \qquad \underset{\oplus}{H}$$

拉曼光谱还有以下特征:

①对称取代的 S—S,C=C,N=N,C≡C 振动产生强拉曼谱带,由单键、双键到叁键,因为可变形的电子逐渐增加,所以谱带也增强。

②在红外光谱中 C≡N,C=S,SH 的伸缩振动谱带强度可变或较弱,而在拉曼光谱中为强谱带。C—O—O—C 的对称伸缩在 880 cm^{-1} 也是强谱带。

③环状化合物骨架的对称伸缩振动通常是最强的拉曼谱带。

④X=Y=Z,C=N=C 和 O=C=O 这类键的对称伸缩在拉曼光谱中为强谱带,在红外中弱;相反,反对称伸缩在拉曼中弱,在红外中强。

⑤v_{C-C} 在拉曼中强。

⑥醇和烷烃的拉曼光谱相似。因为 OH 的拉曼谱带弱,而 C—O 和 C—C 键力常数及键强度无很大差别,羟基与甲基质量仅相差 2 个质量单位。

3.6.4 拉曼光谱的应用

1. 拉曼光谱的特点

拉曼光谱具有以下特点:

①拉曼光谱的常见扫描范围为 40~4 000 cm^{-1}。

②固体粉末样品、高聚物、纤维、单晶、溶液等各种样品均可以做拉曼光谱。溶液样品可以装在玻璃瓶及玻璃毛细管中,因为拉曼散射可以全部透过玻璃。

③水的拉曼光谱很弱,所以水是优良的溶剂。

④固体粉末样品可直接进行测定,不必制样,但样品可能被高强度激光束烧焦。在拉曼光谱中激光束是作为激发光源的。

⑤有色物质和有荧光的物质难以进行测定。

⑥红外光谱和拉曼光谱均反映了分子振动的变化,红外光谱适用于分子中基团的测定,拉曼光谱更适用于分子骨架的测定。

2. 有机物结构分析

激光拉曼光谱与红外光谱相配合是有机化合物分子结构分析的重要工具。如前所述,红外活性对应分子振动时偶极矩的变化,拉曼活性对应分子振动时极化度的变化。因此高度对称的振动是拉曼活性的,一些非极性基团和碳骨架的对称振动有强的拉曼谱带。高度非对称的振动是红外活性的,一些强极性基团的不对称振动有强的红外谱带。一般有机物分子则介于两者之间,可以在两个谱中均有反映。

例如,$H_3CC\equiv CCH_3$ 中的伸缩振动在 2 200 cm^{-1} 有强的拉曼谱带,C_2H_5—S—S—C_2H_5 中的 S—S 键在 500 cm^{-1} 有强的拉曼谱带;相反,它们在红外中没有观察到。对于强极性基团,如—OH,在红外光谱中有强吸收,在拉曼光谱中谱带弱或看不到。因为 C=C 键的拉曼散射很强,而且随结构变化而变,用拉曼光谱测定顺反异构体和双键异构体很有效。

拉曼光谱的研究不如红外光谱多,标准谱图也有限,仪器价格昂贵,故应用受到限制。

3. 在高聚物分析中的应用

拉曼光谱可以用于高聚物的构型、构象研究,用于聚合物立体规整性的研究以及结晶度和取向度的研究。例如,聚四氟乙烯的结晶度大小的变化在拉曼光谱中可以观察到,随着结晶度降低,谱带变宽,尤其在 600 cm^{-1} 很明显,在聚乙烯中也有此现象。

4. 用于生物大分子的研究

水的红外吸收很强,在红外光谱中常会掩盖不少其他基团吸收。而在拉曼光谱中水的拉曼吸收很弱,因此很多水溶性物质,包括一些生物大分子及其他生物体内组分可以用拉曼光谱来研究。例如,蛋白质、酶、核酸等生物活性物质常需在水溶液中接近生物体内环境下研究其一些性质,此时拉曼光谱比红外光谱更适合,可提供这些生物大分子的构象、氢键和氨基酸残基周围环境等方面大量的结构信息。

5. 无机物及金属配合物的研究

拉曼光谱可测定某些无机原子基团的结构,如汞离子在水溶液中可以以 Hg^+ 或 Hg^{2+} 形式存在,红外光谱中无吸收,而在拉曼光谱中在 169 cm^{-1} 出现强偏振线,表明 Hg^{2+} 存在。

在金属配合物中,金属与配位体键的振动频率一般为 100~700 cm^{-1},这些键的振动常有拉曼活性,因此可以用拉曼光谱对配合物的组成、结构和稳定性进行研究。

配位体在形成配位化合物后一般有谱带增多、谱带位移现象。例如,NO_3^- 有 4 个原子、6 个简正振动,自由 NO_3^- 有 4 个吸收带。$NaNO_3$ 中有 4 个谱带,为:ν_1(A_1'), 1 068 cm^{-1}(R,ν_s);ν_2(A_2''), 831 cm^{-1}(IR,δ);ν_3(E'), 1 400 cm^{-1}(IR,R,ν_{as});ν_4(E'),

710 cm^{-1}(IR,R,δ)。在自由的 NO$_3^-$ 与配位的 NO$_3^-$ 中对称性和谱带均有差别,而且 NO$_3^-$ 形成配位化合物时又有单齿和双齿的差别。表 3.11 为自由 NO$_3^-$(对称性 D_{3h})和配位 NO$_3^-$ 的振动模式及红外(IR)和拉曼(R)活性。

表 3.11　自由 NO$_3^-$ 和配位 NO$_3^-$ 的振动模式及其光谱活性

	ν_1	ν_2	ν_3	ν_4
D_{3h}	A_1'(R)	A_2''(IR)	E'(IR,R)	E'(IR,R)
C_{2v}	A_1(IR,R)	B_1(IR,R)	A_1(IR,R)+B_2(IR,R)	A_1(IR,R)+B_2(IR,R)

在表 3.11 中,A,B,E 为点群中振动类型的符号,A 和 B 分别表示对于主对称轴对称和反对称的振动,E 表示双重简并(又称双重退化)的振动。下标 1,2,3 表示对于主轴外的旋转轴或旋转反映轴对称或反对称,在仅有一个对称轴的点群中,表示对于对称面对称或反对称。上标"$'$"和"$''$"分别表示对于对称面对称和反对称。

6. 振动模式的研究

拉曼光谱可以通过测定退偏振比(depolarization ratio)ρ 来研究对应某个峰的基团振动模式。对应于拉曼散射的每一条谱带都可以用偏振分析器来测量该谱带在垂直入射光电矢量方向的强度 $I_\perp$ 和平行于入射光电矢量方向的强度 $I_{/\!/}$,如图 3.28 所示。

$$\rho = I_\perp / I_{/\!/}$$

所有拉曼谱带可分为偏振和退偏振的两类。$\rho < 0.75$ 的谱带是偏振的,其对应的是全对称振动;$\rho = 0.75$ 的谱带是退偏振的,对应的是对称性较低振动。对称性越高,ρ 越小。

例如,图 3.29 为 CHCl$_3$ 的部分拉曼光谱图。在 760 cm^{-1} 处的 D 带和 261 cm^{-1} 的 A 带为退偏振的,分别对应于 C—Cl 键的 ν^{as} 和 δ^{as};在 667 cm^{-1} 处的 C 带和 366 cm^{-1} 的 B 带是偏振的,分别对应于 C—Cl 键的 ν^s 和 δ^s。

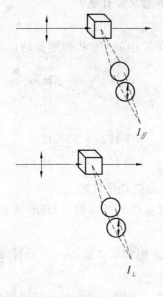

图 3.28　退偏振比的测定

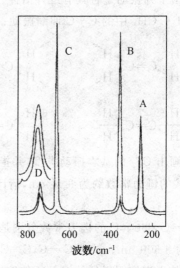

图 3.29　CHCl$_3$ 的部分拉曼光谱图
（上线为 $I_\perp$,下线为 $I_{/\!/}$）

思 考 题

1. 试述分子产生红外吸收的条件。

2. 影响化学键伸缩振动频率的直接因素是什么？伸缩振动频率(或波数)的数学表示式如何？

3. 何谓基频、倍频和组频？比较它们在分析上的重要性。

4. 何谓基团频率？影响基团频率位移的因素有哪些？

5. 大多数化合物在红外光谱上出现的吸收峰的数目都少于化合物理论上计算的简正振动数目,这是为什么？

6. 红外吸收光谱的区域和波段如何划分？试比较说明各区域在分析上的重要性。

7. 红外吸收峰的吸收强度如何划分？影响吸收强度的主要因素是什么？

8. 何谓简正振动？它具有什么特征？化合物分子简正振动的理论数是多少？

9. 常用的红外光源有哪些？各有什么优缺点？

10. 常用的红外辐射检测器有哪些？各有什么优缺点？

11. 试述傅立叶变换红外光谱仪与色散型红外分光光度计的最大差别是什么？前者具有哪些优越性？

12. 选择红外光谱分析用的溶剂应注意些什么？

13. 用压片法绘制固体试样的红外光谱时,常用的分散剂是什么？为什么常用此分散剂？

14. 何谓红外吸收光谱的三要素？试比较三者在分析上的重要性。

15. 何谓红外吸收峰的相关峰？相关峰在分析上的意义是什么？

16. 指出下列振动是否具有红外活性？

(1)CH_3—CH_3 中的 C—C 伸缩振动；(2)CH_3—CCl_3 中的 C—C 伸缩振动；

17. 试画出 CS_2 的基本振动类型,并指出哪些振动是红外活性的。

18. HF 的键力常数约为 9 N/cm,请计算:(1)振动吸收峰的波数；(2)DF 振动吸收峰的波数。

19. C=C 和 C≡C 的键力常数分别是 C—C 的 1.9 倍和 3.6 倍,若 C—C 伸缩振动的吸收波长为 8 300 nm。试求 C=C,C≡C 的吸收波数。

20. 红外光谱表明氯仿的 C—H 伸缩振动吸收峰为 3 100 cm^{-1},对于氘代氯仿来说,这一吸收峰出现在何处？

21. 仅考虑 C=O 所受到的电子效应,请按高低顺序排出下列物质中 $\tilde{\nu}_{C=O}$(伸缩振动)的次序:

$$R-\overset{O}{\underset{\|}{C}}-R' , \quad R-\overset{O}{\underset{\|}{C}}-Cl , \quad R-\overset{O}{\underset{\|}{C}}-H , \quad R-\overset{O}{\underset{\|}{C}}-F , \quad F-\overset{O}{\underset{\|}{C}}-F$$

22. 仅考虑 C=O 受到的电子效应,在酸、醛、酯、酰卤和酰胺类化合物中,出现 C=O 伸缩振动频率的大小顺序应是怎样?

23. 分别在 95% 乙醇和正己烷中测定 2—戊酮的红外光谱,试预测 C=O 的伸缩振动吸收峰在哪种溶剂中出现的 $\tilde{\nu}$ 较高? 为什么?

24. 从以下红外特征数据鉴别特定的苯取代衍生物 C_8H_{10}:

①化合物 A:吸收带在约 790 和 695 cm^{-1} 处。

②化合物 B:吸收带在约 795 cm^{-1} 处。

③化合物 C:吸收带在约 740 和 690 cm^{-1} 处。

④化合物 D:吸收带在约 750 cm^{-1} 处。

25. 下列两个化合物,C=O 的伸缩振动吸收带出现在较高的波数区的是哪个? 为什么?

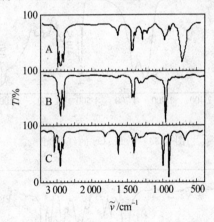

26. 图 3.30 为不同条件下,丁二烯(1,3)均聚物的红外光谱图,试指出它们的键结构。

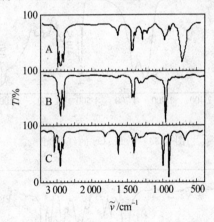

图 3.30 丁二烯(1,3)均聚物的红外光谱

27. 某化合物的化学式为 C_4H_5N,红外光谱如图 3.31 所示,试推断其结构式。

28. 某化合物的化学式为 $C_6H_{10}O$,红外光谱如图 3.32 所示,试推断其结构式。

29. 某化合物的化学式为 $C_8H_{14}O_3$,红外光谱如图 3.33 所示,试推断其结构式。

30. 某化合物的化学式为 $C_9H_{10}O$,红外光谱如图 3.34 所示,试推断其结构式。

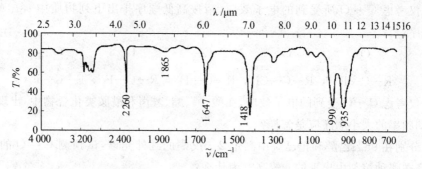

图 3.31 C_4H_5N 的红外光谱

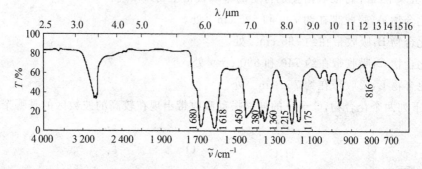

图 3.32 $C_6H_{10}O$ 的红外光谱

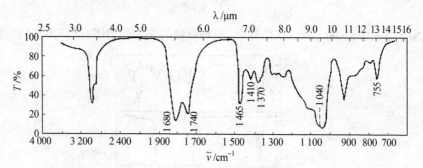

图 3.33 $C_8H_{14}O_3$ 的红外光谱

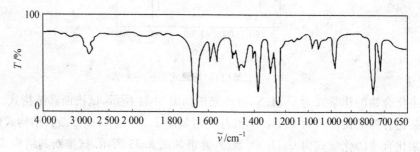

图 3.34 $C_9H_{10}O$ 的红外光谱

第4章 核磁共振波谱学

1946年,哈佛大学珀赛尔(E. M. Purcell)用吸收法首次观测到石蜡中质子的核磁共振(NMR),几乎同时美国斯坦福大学布洛赫(F. Block)用感应法发现液态水的核磁共振现象。由于两人同时独立发现核磁共振现象,他们分享了1952年的诺贝尔物理学奖金。^{1}H核磁共振(^{1}H NMR)在化学中的应用已有50年。核磁共振的方法与技术作为分析物质的手段,由于其可深入物质内部而不破坏样品,并具有迅速、准确、分辨率高等优点而得以迅速发展和广泛应用,已经从物理学渗透到化学、生物、地质、医疗以及材料等学科,在科研和生产中发挥了巨大作用。早期的核磁共振主要采取连续波技术,灵敏度较低,研究的对象是自然丰度高、旋磁比较大的原子核,这就限制了核磁共振的应用范围。1966年发展起来的脉冲傅立叶变换核磁共振技术,使信号采集由频域变为时域,大大提高了检测灵敏度,使研究的自然丰度的核成为现实。同时这种方法可以利用不同的脉冲组合来得到所需要的分子信息。1971年,琴纳(E. JEENER)提出了具有两个独立时间变量的二维核磁共振概念。随后,1971年,恩斯特(R. ERNST)等人首次成功实现了二维核磁共振实验,从此核磁共振技术进入了一个新时代。

4.1 NMR 的基本原理

4.1.1 原子核的自旋

原子核有自旋现象,因而具有一定的自旋角动量(P)以及相应的自旋量子数(I)。由于原子核是带电的粒子,自旋时将产生磁矩 μ,角动量和磁矩都是矢量,其方向是平行的。自旋角动量不是任意数值,而是由自旋量子数决定的。根据量子力学理论,原子核的总角动量 P 的值为

$$P = \sqrt{I(I+1)}\frac{h}{2\pi} = \hbar\sqrt{I(I+1)} \tag{4.1}$$

式中,h 为普朗克常量,约为 6.63×10^{-34},$\hbar = h/2\pi$ 为角动量的单位。

磁矩与角动量成正比,即 $\mu = \gamma P(2)$,γ 称为旋磁比,它是核磁矩与自旋角动量之比,$\gamma = \mu/P$。

按自旋量子数的不同,可以将核分成以下几类:

一类是自旋量子数 $I = 0$,这类核没有核磁矩,$\mu = 0$,如 ^{12}C,^{16}O,^{32}S 等。这类核不能用 NMR 检测。

另一类是自旋量子数 $I \neq 0$,这类核有核磁矩,$\mu \neq 0$,可以发生核磁共振,又可以分为以下两种情况:

第一种情况是 $I = 1/2$ 时,其核电荷呈球形均匀分布于核表面。这类核是 NMR 测试的主要对象,如 ^{1}H,^{13}C,^{15}N,^{19}F,^{29}Si,^{31}P。

第二种情况是 $I \geqslant 1$ 时,其核可看作是绕主轴旋转的椭球体。它们的电荷分布不均匀,有电四极矩存在,NMR 信号复杂。两个大小相等、方向相反的电偶极矩相隔一个很小的距离排列着,就构成了电四极矩。有些原子核就相当于一个点电荷加一个电四极矩的作用。我们说这种核具有电四极矩,如 ^2H,^{27}Al,^{17}O 等。各种核的自旋量子数、原子序数、质量数之间的关系见表 4.1。

表 4.1　各种核的自旋量子数、原子序数、质量数之间的关系

质量数 A	原子序数 Z	自旋量子数 I	NMR 信号	原子核
偶数	偶数	0	无	$^{12}_{6}C,^{16}_{8}O,^{32}_{16}S$
奇数	奇数或偶数	$\dfrac{1}{2}$	有	$^1_1H,^{13}_6C,^{19}_9F,^{15}_7N,^{31}_{15}P$
奇数	奇数或偶数	$\dfrac{3}{2},\dfrac{5}{2},\cdots$	有	$^{17}_8O,^{33}_{16}S$
偶数	奇数	$1,2,3$	有	$^2_1H,^{14}_7N$

4.1.2　核磁共振现象

具有自旋的核如果处于外磁场中,由于磁性的相互作用,核可以有不同的自旋取向,自旋量子数为 I 的核,共有 $2I+1$ 个自旋取向。每个自旋取向用磁量子数 m 表示,则 $m=I,I-1,I-2,0,\cdots,-I$。

对氢核来说,自旋量子数 $I=1/2$,其磁量子数只有两个值,$m=+1/2$,$m=-1/2$。也就是说在外加磁场 B_0 中,其核有两个自旋取向:与外磁场方向相同,$m=+1/2$,磁能级能量较低;与外加磁场方向相反,$m=-1/2$,磁能级能量较高。

核的自旋角动量 P 在 z 轴上的投影 P_z 为

$$P_z=\frac{h}{2\pi}m=\hbar m \tag{4.2}$$

由式(4.1)和(4.2)得到

$$\mu_z=\gamma P_z=\gamma m\frac{h}{2\pi}=\gamma\hbar m$$

核磁矩与磁场的相互作用能 E 为

$$E=-\mu_z B_0=-\gamma\hbar m B_0$$

以氢核为例:

当 $m=-1/2$ 时,则

$$E_{(-1/2)}=-\gamma\hbar(-1/2)B_0$$

当 $m=+1/2$ 时,则

$$E_{(+1/2)}=-\gamma\hbar(+1/2)B_0$$

则高能级与低能级之间的能量差为

$$\Delta E=E_{(-1/2)}-E_{(+1/2)}=2\mu B_0=2\gamma\hbar m B_0=\gamma h B_0/\pi$$

在外磁场中的核,除了自旋外还同时存在一个以外磁场方向为轴线的回旋运动,称为进动或拉莫尔进动(larmor 进动)。这种运动方式犹如急速旋转的陀螺减速到一定程度,

它的旋转轴与重力场方向有一夹角时(图 4.1),就一边自旋,一边围绕重力场方向做摇头圆周运动。进动的能量 E 取决于磁矩在磁场方向的分量及磁场强度,即

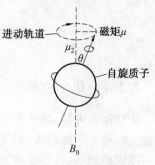

图 4.1 拉莫尔进动

$$E = -\mu\cos\theta \cdot B_0 = -\mu_z B_0$$

核在磁场中的进动角频率(ω_0)与 γ,B_0 之间关系为

$$\omega_0 = 2\pi\nu_0 = \gamma B_0$$

则核进动的线频率为

$$\nu_0 = \frac{\gamma B_0}{2\pi}$$

在给定的磁场强度下,质子的进动频率是一定的。若此时以相同频率的射频辐射照射质子,即满足"共振条件",该质子就会有效地吸收射频的能量,由低能级跃迁到高能级,这种现象称为核磁共振。

同一种核,γ 为一常数;磁场 B_0 强度增大,共振频率 ν_0 也增大。不同的核 γ 不同,共振频率也不同,如 $B_0 = 2.3$ TG(1 TG$= 10^4$ 高斯)时,^{1}H 共振频率为 100 MHz,^{13}C 为 25 MHz,^{31}P 为 40.5 MHz。

4.1.3 饱和与弛豫

对于氢核处于低能态的核比高能态的核稍多一点,约百万分之十左右。对每个核来说,由低能级向高能级或由高能级向低能级的跃迁概率是一样的,但低能级核的数目较多,因此总的来说,产生净的吸收现象,产生 NMR 信号。由于两种核的总数相差不大,若高能级的核没有其他途径回到低能级,也就是说没有过剩的低能级核可以跃迁,就不会有净的吸收,NMR 信号将消失,这个现象称为饱和。

在正常情况下,在测试过程中,高能级的核可以不用辐射的方式回到低能级,这个现象称为弛豫。弛豫有以下两种方式:

(1)自旋晶格弛豫(又称为纵向弛豫)

核(自旋体系)与环境(又称为晶格)进行能量交换,高能级的核把能量以热运动的形式传递出去,由高能级返回低能级。这个弛豫过程需要一定的时间,其半衰期用 T_1 表示,T_1 越小表示弛豫过程的效率越高。

(2)自旋-自旋弛豫(又称为横向弛豫)

高能级核把能量传递给邻近一个低能级核。在此弛豫过程前后,各种能级核的总数不变,其半衰期用 T_2 表示。

核在某一较高能级平均的停留时间取决于 T_1 及 T_2 中之较小者。根据测不准原理,谱线宽度与弛豫时间成反比。固体样品 T_2 很小,所以谱线很宽。因此在 NMR 测试中,一般将固体样品配成溶液。如果溶液中有顺磁性物质,会使 T_1 缩短,谱线加宽,所以样品中不能含铁磁性物质。必须指出,磁场的非均匀性对潜线宽度的影响甚至超过 T_1 和 T_2 的影响。因此,要求整个样品测试期间及整个样品区域保持磁场强度的变化小于 10^{-9},为此样品管必须高速旋转。

4.2 化学位移

4.2.1 化学位移的产生

从理论上可知,当一个自旋量子数不为零的核置于外磁场中,它只有一个共振频率,图谱上只有一个吸收峰,但实际情况并非如此,质子的共振磁场强度与它的化学环境有关。不同的质子(或其他种类的核),由于在分子中所处的化学环境不同,因而在不同的磁场下共振的现象称为化学位移。

图 4.2 为屏蔽现象示意图。一个核置于强磁场中,其外部电子在外加磁场相垂直的平面上绕核旋转的同时,将产生一个与外加磁场相对抗的附加磁场,使核实际受到的磁场强度减弱,这种现象称为屏蔽作用。此时,核所受到的实际磁场强度 B' 可表示为

$$B' = B_0 - \sigma B_0 = B_0(1-\sigma)$$

式中,σ 为屏蔽常数,故核磁共振的条件应表示为

$$\nu_0' = \frac{\gamma B_0(1-\sigma)}{2\pi}$$

因此,电子云对核的屏蔽程度不同,σ 值不同,使核产生共振所需的射频辐射频率也不相同。

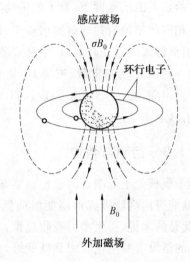

图 4.2 屏蔽现象

各种氢核化学位移的差别是很小的,差异大约在 10^{-6} 范围内,即百万分之几。这么小的差别要靠测定磁场的绝对强度来加以辨别是很难办到的。另外,核外电子的感应磁场与外加磁场成正比,因此感应磁场的屏蔽作用所引起的化学位移的大小也与外加磁场成正比。由于所用的仪器有不同的兆赫数,用磁场强度或频率表示化学位移值,则不同兆赫数的仪器测的数值是不同的。因此采用绝对表示法非常不便,为了使不同的兆赫数的仪器测的化学位移有一个共同的标准,也为了克服绝对磁场强度测不准的难题,因而采用相对表示法,使用标准物的化学位移为原点,其他质子与它的距离(频率差)即化学位移值表示为

$$\delta = \frac{\Delta\nu}{\nu_{\text{标}}} \times 10^6 = \frac{\nu_{\text{样}} - \nu_{\text{标}}}{\nu_{\text{标}}} \times 10^6$$

化合物质子的化学位移值与仪器无关。δ 是一个无因次的参数。

由上面介绍可知,同一个物质的某一个质子在不同兆赫的仪器中若用 Hz 作单位,则其数值因仪器兆赫数而异。例如,一个质子 $\delta = 2 \times 10^{-6}$,则这个质子在 60 MHz 的仪器中,$\Delta\nu = 2 \times 60$ Hz $= 120$ Hz;而在 100 MHz 仪器中,$\Delta\nu = 2 \times 100$ Hz $= 200$ Hz。在 NMR 图谱中,质子受的屏蔽效应、化学位移值与共振磁场之间的关系如图 4.3 所示,记住这个

变化规律是很有用的。

测定化学位移的标准参考物是人为规定的，不同核素用不同标准物，目前公认的参考物是四甲基硅烷，简称 TMS，规定其 δ 为 0。若采用其他标准参考物（如苯、氯仿、环己烷），都必须换算成以 TMS 为零点的 δ。

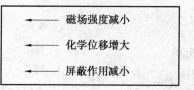

图 4.3 屏蔽效应、化学位移值与共振磁场之间关系

4.2.2 影响化学位移的因素

影响化学位移的因素有两类，一类是分子结构因素，即所谓质子的化学环境，主要从各类质子外部不同的电子云环流及各种影响屏蔽效应的因素两方面来考虑，如共轭效应、电负性、化学键各向异性效应、范德华效应及分子内氢键效应等；第二类因素是外部因素，即测试条件，如溶剂效应、分子间氢键等。

如果某种影响使质子周围电子云密度降低，则屏蔽效应也降低，去屏蔽增加，化学位移值增大，移向低场（向左）；相反，若某种影响使质子周围电子云密度升高，则屏蔽效应也增加，化学位移减小，移向高场（向右）。

1. 电负性

相邻的原子和基团的电负性直接影响核外电子云的密度，电负性越强绕核的电子云密度越小，对核产生屏蔽作用越弱，质子共振吸收移向低场。所连接基团的电负性越强，化学位移值越大。表 4.2 是 CH_3X 中质子化学位移与元素电负性的依赖关系。

表 4.2 CH_3X 中质子化学位移与元素电负性的依赖关系

化学式	CH_3F	CH_3OH	CH_3Cl	CH_3Br	CH_3I	CH_4	TMS	CH_2Cl_2	$CHCl_3$
取代元素	F	OH	Cl	Br	I	H	Si	2 个 Cl	3 个 Cl
电负性	4.0	3.5	3.1	2.8	2.5	2.1	1.8	—	—
化学位移	4.26	3.40	3.05	2.68	2.16	0.23	0.00	5.33	7.24

2. 共轭效应

极性基团通过 $\pi-\pi$ 和 $p-\pi$ 共轭作用使较远的碳上的质子受到影响，导致质子周围的电子云密度增加，信号向高场移；反之，移向低场。

在 A，B 两个化合物中（图 4.4），以乙烯为标准，其化学位移 $\delta=5.28$。在化合物 A 中，由于氧原子的未共用电子对与双键的 $p-\pi$ 共轭作用，使 α 碳上的氢表现为去屏蔽，δ 值大于 5.28；而 β 碳上的氢表现为屏蔽增大，δ 值小于乙烯。在化合物 B 中，由于碳基的吸电子共轭，使两个烯碳上质子皆表现为去屏蔽。

3. 磁各向异性效应

磁各向异性效应：置于外加磁场中的分子产生的感应磁场（次级磁场），使分子所在空间出现屏蔽区和去屏蔽区，导致不同区域内的质子移向高场和低场。该效应通过空间感应磁场起作用，涉及范围大，所以又称为远程屏蔽。

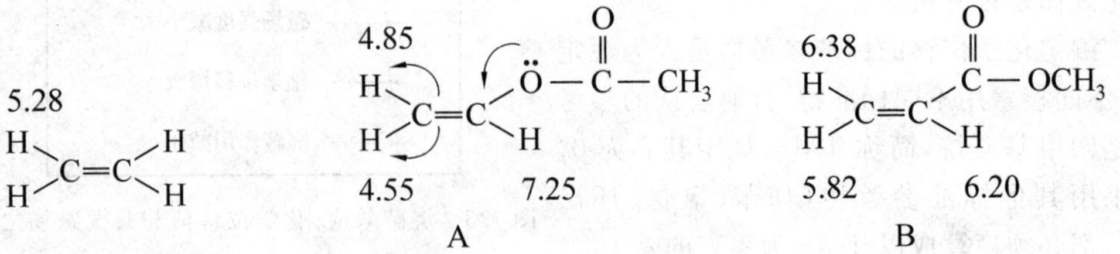

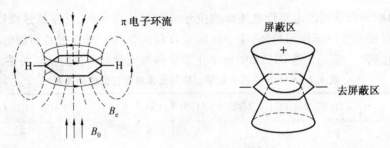

图 4.4　乙烯共轭效应

　　置于外加磁场中的分子化学键中非球形对称的电子云会产生一个各向异性的磁场，某些区域与外磁场方向相反，使外磁场强度减弱为屏蔽区（＋），另一些区域则对外磁场有增强作用，为去屏蔽区（－），这种现象称为各向异性效应。各向异性效应是空间效应，具有方向性，其影响的大小和正负与方向和距离有关。具有 π 电子的基团如芳环、双键、羰基、叁键各向异性效应显著，当单键不能自由旋转时也存在各向异性效应。

　　（1）芳烃的磁各向异性效应

　　在图 4.5 中，若质子处于环内或环的上下方，会受到强屏蔽作用，共振吸收峰将出现在高场。若随着共轭体系增大或参与共轭的电子的增加，环状电子云产生各向异性的感应磁场增强，化学位移移向低场，如图 4.6 所示。

图 4.5　苯的磁各向异性效应

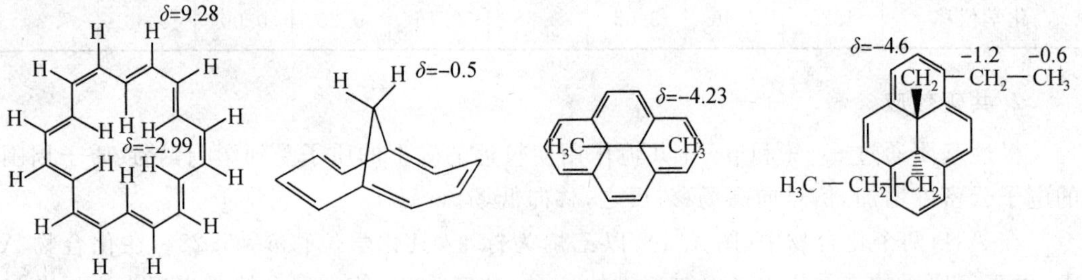

图 4.6　典型环内或环上下方质子化学位移

（a）18—轮烯　　（b）亚甲基-10—轮烯　　（c）二甲基-14—轮烯　　（d）二丙基-14—轮烯

　　随着芳环共轭体系的增大，环外质子的化学位移值相应增大，如图 4.7 所示。

　　（2）烯烃的磁各向异性效应

　　如图 4.8 所示，烯烃中 π 电子产生的感应磁场除了对烯碳上直接相连的氢产生较强的去屏蔽作用外，还会对 α 碳上的氢产生不同程度的去屏蔽作用。图 4.9 中环戊烯中的亚甲基质子化学位移均移向低场。

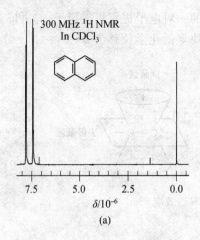

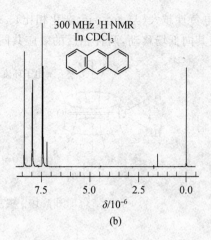

(a)   (b)

图 4.7 萘和菲的 ^1H NMR 谱图

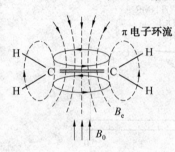

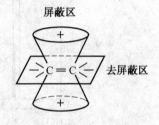

图 4.8 烯烃的磁各向异性效应

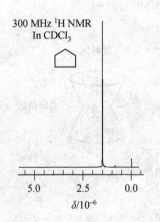

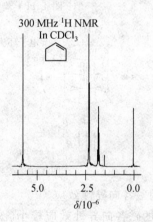

图 4.9 环戊烷与环戊烯的 ^1H NMR 谱图

（3）羰基的磁各向异性效应

羰基与烯烃类似（图 4.10），醛基氢处于去屏蔽区，同时邻近电负性大的氧，化学位移更低场。图 4.11 是苯甲醛的 ^1H NMR 谱图。

（4）叁键的磁各向异性效应

如图 4.12 所示，炔氢的化学位移受两个因素的影响，一个因素是叁键的屏蔽效应使其向高场移动；另一个因素是炔的叁键中有一个 sp 杂化的 σ 键，杂化轨道中 s 成分越高，碳的电负性越大(与 sp^2,sp^3 杂化相比)。C—H 键的一对电子更靠近碳原子,起去屏蔽效应,使其向低场移动,两种相反的效应共同作用,使炔氢的化学位移为 2~3。

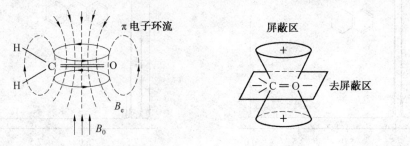

图 4.10 羰基的磁各向异性效应

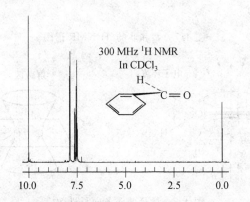

图 4.11 苯甲醛的^{1}H NMR 谱图

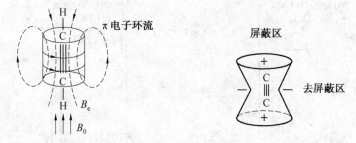

图 4.12 叁键的磁各向异性效应

(5)单键的磁各向异性效应

单键产生的磁各向异性效应较小(图 4.13),沿着碳—碳单键键轴方向的圆锥内是去屏蔽区,圆锥外是屏蔽区。只有在单键旋转受阻时,这一效应才能显现出来。

如图 4.14 所示,平伏键上的 H_a 及直立键上的 H_b 受 C_1—C_2 及 C_1—C_6 键的影响大体相似,但受 C_2—C_3 及 C_5—C_6 键的影响则不同。H_a 因正好位于 C_2—C_3 及 C_5—C_6 键的负屏蔽区,故共振峰将移向低场,δ_a 比

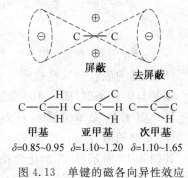

图 4.13 单键的磁各向异性效应

δ_b 大 $0.2 \times 10^{-6} \sim 0.5 \times 10^{-6}$。

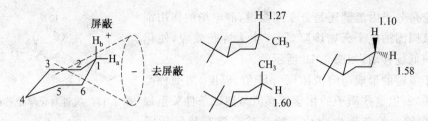

图 4.14 典型单键的化学位移

室温下,由于环的快速翻转,氘代环己烷 (C_6D_5H) 的 ^1H-NMR 出现一尖锐单峰,分不出平伏氢和直立氢的差异;随着温度降低,翻转减慢,峰形变宽,温度降至 $-89\ ℃$,出现两个尖锐的单峰,分别为平伏氢和直立氢的共振吸收,如图 4.15 所示。

如图 4.16 所示,H_6 受到邻近空间两个氧原子的去屏蔽作用,其化学位移向低场移动($\delta = 4.94 \times 10^{-6}$);$H_5$ 处于羰基的去屏蔽区,其化学位移也向低场移动($\delta = 3.35 \times 10^{-6}$)。

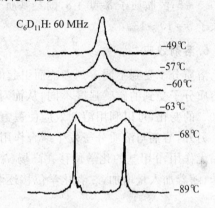

图 4.15 温度对单键 ^1H NMR 谱峰的影响

4. 范德华效应

两个原子在空间非常靠近时,具有负电荷的电子云就会互相排斥,使这些原子周围的电子云密度减少,屏蔽作用减小,δ 值增大。

该效应与空间靠近的两个原子的距离有关,距离为 0.17 nm 时作用最大,大于 0.25 nm 可忽略不计。

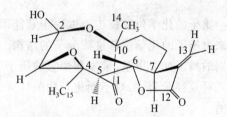

图 4.16 空间效应对化学位移的影响

如图 4.17 所示,在 A,B 两个化合物中,化合物 A 的 H_a 比 B 的 H_a 化学位移值大,而两个化合物中 H_b 都比 H_c 的 δ 值大,都是由于邻近原子的范德华效应引起的。

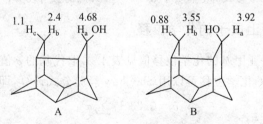

图 4.17 范德华效应对化学位移的影响

5. 氢键的影响

无论是分子内氢键还是分子间氢键,静电场的作用都会使氢核周围的电子云密度降低,产生去屏蔽效应,使化学位移向低场移动,如图 4.18 所示。

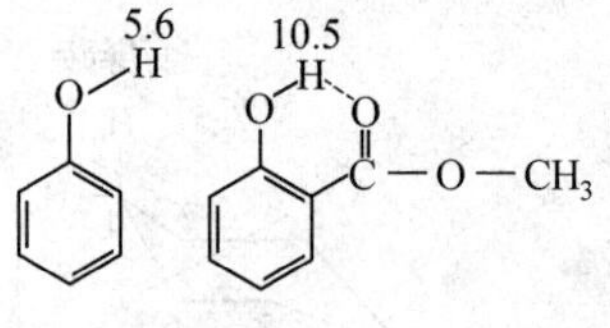

由于氢键的形成与溶液浓度、pH 值、温度、溶剂种类等都相关,所以这些质子的化学位移值与测试条件关系很大,δ 值在较大的范围内变化。醇羟基和脂肪族胺质子 $\delta=0.5\sim5$,酰胺质子 $\delta=5\sim8$,酚羟基质子 $\delta=4.0\sim7.5$(形成分子内氢键 $\delta=10\sim12$),羧酸质子 $\delta=10\sim13$。

图 4.18 氢键对化学位移的影响

6. 溶剂效应

溶质分子受到不同溶剂影响而引起的化学位移变化主要由溶剂的容积磁导率不同,使溶质分子受到的磁感强度不同,从而对化学位移值产生影响。差异较大时可发生 0.5×10^{-6} 的变化,可以利用溶剂效应使覆盖的分开,方便进行结构分析。

另外,溶剂与溶质分子发生缔合作用也会对化学位移产生影响。氘代氯仿中,溶剂与样品无作用,β 甲基的化学位移在高场($\delta=2.88$),α 甲基在低场($\delta=2.97$)。向体系中加入苯,随着加入量增加,二者化学位移逐渐靠近,最终发生交换。

4.3 各类质子的化学位移

质子的化学位移位主要取决于官能团的性质,并受到邻近基团的影响。因此,可以反过来由质子的化学位移推测分子的结构。各类质子的化学位移值大体有一个范围,某些类别的质子如亚甲基、苯氢和烯氢的质子可以通过不同的计算公式估算。当然,这些计算公式都是经验公式,对不同化合物的计算误差也大小不等,但是它们在实际工作中是很有用的。

4.3.1 各类质子的化学位移范围

常见质子化学位移范围:简单饱和烃类化合物质子 $\delta=0.5\sim2$,相邻有电负性原子(杂原子)或基团的饱和碳上的氢 $\delta=2\sim4.5$;炔氢 $\delta=2\sim3$;烯烃氢 $\delta=4.5\sim6.5$;芳环上质子 $\delta=6\sim8$;醛氢 $\delta=9\sim10$;羧基质子 $\delta=10\sim13$;烯醇质子 $\delta=9\sim10$。

4.3.2 饱和碳上质子的化学位移

有取代基的甲基、亚甲基的化学位移值见表 4.3,取代基的 σ 值见表 4.4。

亚甲基和次甲基的化学位移可以用 Shoolery 经验公式计算,即

$$\delta=0.23+\sum\sigma$$

如 Ph—CH$_2$—OCH$_3$ 中亚甲基的化学位移为

$$\delta_{\mathrm{CH_2}}=(0.23+1.85+2.36)\times10^{-6}=4.44\times10^{-6}$$

表 4.3　有取代基的甲基、亚甲基的化学位移值

甲基类型	$\delta/10^{-6}$	甲基类型	$\delta/10^{-6}$
H_3C—$Si\equiv$	$0\sim0.57$	H_3C—S—	$2.02\sim2.58$
H_3C—CH	$0.77\sim0.88$	H_3C—Ar	$2.14\sim2.76$
H_3C—C=C	$1.50\sim2.14$	H_3C—N	$2.12\sim3.10$
H_3C—C=O	$1.95\sim2.68$	H_3C—O—	$3.24\sim4.02$
H_3C—$C\equiv C$	$1.83\sim2.11$	H_3C—X	$2.16\sim4.26$

表 4.4　取代基的 σ 值

取代基	σ 值	取代基	σ 值	取代基	σ 值	取代基	σ 值
—H	0.17	Ar—$C\equiv C$—	1.65	—1	1.82	—OH	2.56
—CH_3	0.47	—NR_2	1.57	—Br	2.33	—N=C=S	2.86
—CH_2R	0.67	R—$C\equiv C$—$C\equiv C$—	1.65	—Cl	2.53	—OCOR	3.13
—CF_3	1.14	—$CONR_2$	1.59	—F	3.60	—OPh	3.23
—C=C—	1.32	—SR	1.64	—Ph	1.85		
R—$C\equiv C$—	1.44	—CN	1.70	—S—C≡N	2.30		
—COOR	1.55	—COR	1.70	—OR	2.36		

4.3.3　烯烃上质子的化学位移

烯氢的化学位移可用 Tobey 和 Simon 等人提出的经验公式计算，即

$$\delta=5.25+R_{同}+R_{顺}+R_{反}$$

式中，$R_{同}$ 为同碳取代基对烯氢化学位移影响的参数；$R_{顺}$ 为顺位取代基对烯氢化学位移影响的参数；$R_{反}$ 为反位取代基对烯氢化学位移影响的参数。表 4.5 列举了取代基的 $R_{同}$，$R_{顺}$，$R_{反}$ 值。

表 4.5　取代基的 $R_{同}$，$R_{顺}$，$R_{反}$ 值

取代基	$R_{同}$	$R_{顺}$	$R_{反}$	取代基	$R_{同}$	$R_{顺}$	$R_{反}$
—H	0.00	0.00	0.00	—COOH	1.00	1.35	0.74
烃	0.44	-0.26	-0.29	—COOH（共轭）	0.69	0.97	0.39
环烃	0.71	-0.33	-0.30	—COOR	0.84	1.15	0.56
—CH_2O	0.67	-0.02	-0.07	—COOH（共轭）	0.68	1.02	0.33
—CH_2I	0.67	-0.02	-0.07	—CHO	1.03	0.97	1.21

续表 4.5

取代基	$R_\text{同}$	$R_\text{顺}$	$R_\text{反}$	取代基	$R_\text{同}$	$R_\text{顺}$	$R_\text{反}$
—CH_2S	0.53	−0.15	−0.15	—CON\	1.37	0.93	0.35
—CH_2Cl	0.72	0.12	0.07	—COCl	1.03	−0.89	−1.19
—CH_2Br	0.72	0.12	0.07	—F	1.03	−0.89	−1.19
—CH_2N/	0.66	−0.05	−0.23	—Cl	1.00	0.19	0.03
—C≡C—	0.50	0.35	0.10	—Br	1.04	0.40	0.55
—C≡N	0.23	0.78	0.58	—NR_2	0.69	−1.19	−1.31
—C=C—	0.98	−0.04	−0.21	—C=C—（共轭）	1.26	0.08	−0.01
—C=O	1.06	1.13	0.81	—C=O（共轭）	1.06	1.01	0.95
—Ph	1.35	0.37	−0.10	—SR	1.00	−0.24	−0.04
—OR	1.18	−1.06	−1.28	—OCOR	2.09	−0.40	−0.67

4.3.4　炔烃质子的化学位移

炔氢质子的化学位移见表 4.6，与其他类型的氢有重叠。但它们无邻位氢，仅有远程耦合作用，参考耦合常数可以加以识别。

表 4.6　炔烃质子的化学位移

化合物	$\delta/10^{-6}$	化合物	$\delta/10^{-6}$
H—C≡C—H	1.80	C≡C—C≡C—H	1.75～2.42
R—C≡C—H	1.73～1.88	H_3C—C≡C—C≡C—C≡C—H	1.87
Ar—C≡C—H	2.71～3.34	R\R—C—C≡C—H/R	2.20～2.27
C=C—C≡C—H	2.60～3.10	RO—C≡C—H	−1.30
—C-C≡C—H O	2.13～3.28	CH_3—NH—C—CH_2—C≡C—H O	2.55

4.3.5　芳环质子的化学位移

芳环质子的化学位移可按下式计算：

$$\delta = 7.26 + Z_o + Z_m + Z_p$$

式中，Z_o 为邻位化学位移；Z_m 为间位化学位移；Z_p 为对位化学位移。

表 4.7 列举了取代基的 Z_o，Z_m，Z_p 值。

表 4.7 取代基的 Z_o, Z_m, Z_p 值

取代基	Z_o	Z_m	Z_p	取代基	Z_o	Z_m	Z_p
—H	0.00	0.00	0.00	—NHCH$_3$	−0.80	−0.22	−0.68
—CH$_3$	−0.20	−0.12	−0.22	—N(CH$_3$)$_2$	−0.66	−0.18	−0.67
—CH$_2$CH$_3$	−0.14	−0.06	−0.17	—NHNH$_2$	−0.60	−0.08	−0.55
—CH(CH$_3$)$_2$	−0.13	−0.08	−0.18	—N=N—Ph	0.67	0.20	0.20
—C(CH$_3$)$_3$	0.02	−0.08	−0.21	—NO	0.58	0.31	0.37
—CF$_3$	0.32	0.14	0.20	—NO$_2$	0.95	0.26	0.38
—CCl$_3$	0.64	0.13	0.10	—SH	−0.08	−0.16	−0.22
—CHCl$_2$	0.00	0.00	0.00	—SCH$_3$	−0.08	−0.10	−0.24
—CH$_2$OH	−0.07	−0.07	−0.07	—SPh	0.06	−0.09	−0.15
—CH=CH$_2$	0.06	−0.03	−0.10	—SO$_3$CH$_3$	0.60	0.26	0.33
—CH=CH—Ph	0.15	−0.01	−0.16	—SO$_2$Cl	0.76	0.35	0.45
—C≡CH	0.15	−0.02	−0.01	—CHO	0.56	0.22	0.29
—C≡C—Ph	0.19	0.02	0.00	—COOH	0.62	0.14	0.21
—Ph	0.37	0.20	0.10	—COC(CH$_3$)$_3$	0.44	0.05	0.05
—F	−0.26	0	−0.20	—COPh	0.47	0.13	0.22
—Cl	0.03	−0.02	−0.09	—COOH	0.85	0.18	0.27
—Br	0.18	−0.08	−0.04	—COOCH$_3$	0.71	0.11	0.21
—I	0.39	−0.21	0.00	—COOPh	0.90	0.17	0.27
—OH	−0.56	−0.12	−0.45	—CONH$_2$	0.61	0.10	0.17
—OCH$_3$	−0.48	−0.09	−0.44	—COCl	0.84	0.22	0.36
—OPh	−0.29	−0.05	−0.23	—COBr	0.80	0.21	0.37
—OCOCH$_3$	−0.25	0.03	−0.13	—CH=N—Ph	∼0.6	∼0.2	∼0.2
—OCOPh	−0.09	0.09	−0.08	—CN	0.36	0.18	0.28
—OSO$_2$CH$_3$	−0.05	0.07	−0.01	—Si(CH$_3$)$_3$	0.22	−0.02	−0.02
—NH$_2$	−0.75	−0.25	−0.65	—PO(OCH$_3$)$_2$	0.48	0.16	0.24

例如,某化合物的结构如图 4.19 所示,试计算其各质子的化学位移。

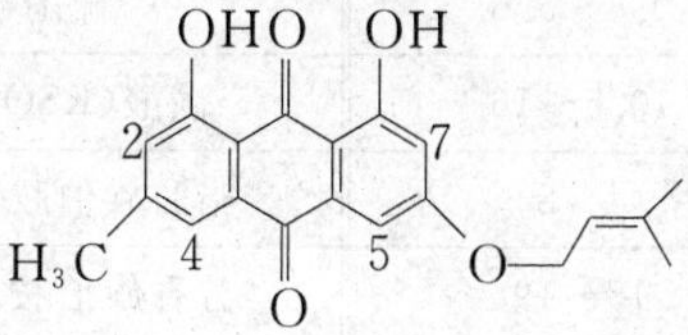

图 4.19 某化合物的结构

$\delta_{H_2} = 7.26 + (−0.20) + (−0.56) + 0.00 + 0.13 + 0.22 = 6.85$(实测值 7.00)

$\delta_{H_4} = 7.26 + (−0.20) + 0.47 + 0.00 + 0.13 + (−0.45) = 7.21$(实测值 7.50)

$\delta_{H_5} = 7.26 + (−0.48) + 0.47 + 0.00 + 0.13 + (−0.45) = 6.93$(实测值 7.30)

$\delta_{H_7} = 7.26 + (−0.56) + (−0.48) + 0.00 + 0.13 + 0.22 = 6.57$(实测值 6.60)

稠环芳烃因参与环流的 π 电子数目增加,去屏蔽效应增强,其芳氢的化学位移 δ 值比苯的大一些,如图 4.20 所示。

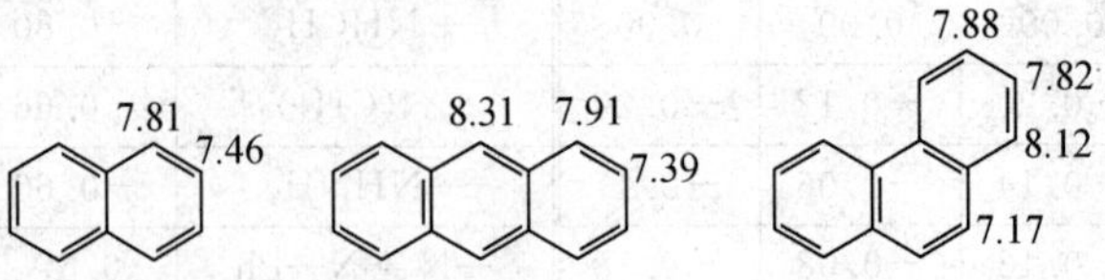

图 4.20 稠环芳烃的化学位移

4.3.6 杂环芳烃质子的化学位移

杂环芳烃氢质子的化学位移值(图 4.21)与芳氢类似,但受溶剂的影响较大。通常在杂原子 α 位的芳氢 δ 值在较低场。

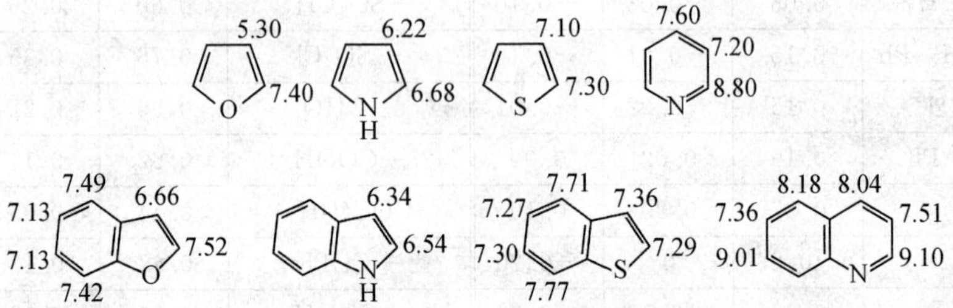

图 4.21 杂环芳烃氢质子的化学位移

4.3.7 活泼氢的化学位移

常见的活泼氢,如 OH,NH,SH,由于它们受活泼氢的相互交换及氢键形成的影响,δ 值不固定,在较宽的范围内变化,见表 4.8。羟基的峰形一般较尖,而且,由于羟基质子的交换作用快,在常温下看不到与邻近氢的耦合,在低温下可以看到与邻近氢的耦合。通常,酰胺类、羧酸类缔合峰为宽峰,有时隐藏在基线里,可用积分的办法判断其存在,醇、酚类的峰形较钝,氨基、硫醇的峰形较尖。

表 4.8 活泼氢的化学位移

化合物类型	δ 值	化合物类型	δ 值
醇	0.5~5.5	硫酚	3~4
酚(分子内缔合)	10.5~16	磺酸(RSO$_3$H)	11~12
其他酚	4~8	脂肪族伯胺、仲胺	0.4~3.5
烯醇	15~19	芳香族伯胺、仲胺	2.9~4.8
羧酸	10~13	伯酰胺 R(Ar)CONH$_2$	5~6.5
肟	7.4~10.2	仲酰胺 R(Ar)CONHR	6~8.2
硫醇	0.9~2.5	仲酰胺 R(Ar)CONHAR	7.8~9.4

4.3.8 氘代溶剂残余质子及残余溶剂的化学位移

为了避免溶剂中的氢对 NMR 测试产生影响,实验一般都是在氘代溶剂中进行。但是氘代并不是 100%,因此溶剂分子中未被氘代的质子信号也会在图谱中出现。这需要在进行结构解析时把溶剂峰从测试样品的信号中剔除。表 4.9 是氘代溶剂残余质子及残余溶剂的化学位移。

表 4.9 氘代溶剂残余质子及残余溶剂的化学位移

	质子	MULT	CDCl₃	(CD₃)₂CO	(CD₃)₂SO	C₆D₆	CD₃CN	CD₃OD	D₂O
残留溶剂峰			7.26	2.05	2.50	7.16	1.94	3.31	4.79
H₂O		s	1.56	2.84	3.33	0.40	2.13	4.87	
乙酸	CH₃	s	2.10	1.96	1.91	1.55	1.96	1.99	2.08
丙酮	CH₃	s	2.17	2.09	2.09	1.55	2.08	2.15	2.22
乙腈	CH₃	s	2.10	2.05	2.07	1.55	1.96	2.03	2.06
苯	CH	s	7.36	7.36	7.37	7.15	7.37	7.33	
叔丁醇	CH₃	s	1.28	1.18	1.11	1.05	1.16	1.40	1.24
	OH				4.19	1.55	2.18		
叔丁基甲醚	CCH₃	s	1.19	1.13	1.11	1.07	1.14	1.15	1.21
	OCH₃	s	3.22	3.13	3.08	3.04	3.13	3.20	3.22
BHT	ArH		6.98	6.96	6.87	7.05	6.97	6.92	
	OH	s	5.01		6.65	4.79	5.20		
	ArCH₃	s	2.27	2.22	2.18	2.24	2.22	2.21	
	ArC(CH₃)₃	s	1.43	1.41	1.36	1.38	1.39	1.40	
氯仿	CH	s	7.26	8.02	8.32	6.15	7.58	7.90	
环己烷	CH₂	s	1.43	1.73	1.40	1.40	1.44	1.45	
1,2-二氯乙烷	CH₂	s	3.73	3.87	3.90	2.90	3.81	3.78	
二氯甲烷	CH₂	s	5.30	5.63	5.76	4.27	5.44	5.49	
二乙基醚	CH₃	t,7	1.21	1.11	1.09	1.11	1.12	1.18	1.17
	CH₂	q,7	3.48	3.41	3.38	3.26	3.42	3.49	3.56
二乙二醇二甲醚	CH₂	m	3.65	3.56	3.51	3.46	3.53	3.61	3.67
	CH₂	m	3.57	3.47	3.38	3.34	3.45	3.58	3.61
	OCH₃	s	3.39	3.28	3.24	3.11	3.29	3.35	3.37
1,2-二甲氧基乙烷	CH₃	s	3.40	3.28	3.24	3.12	3.28	3.35	3.37
	CH₂	s	3.55	3.46	3.43	3.33	3.45	3.52	3.60
二甲基乙酰胺	CH₃CO	s	2.09	1.97	1.96	1.60	1.97	2.07	2.08
	NCH₃	s	3.02	3.00	2.94	2.57	2.96	3.31	3.06
	NCH₃	s	2.94	2.83	2.78	2.05	2.83	2.92	2.90

续表 4.9

	质子	MULT	CDCl$_3$	(CD$_3$)$_2$CO	(CD$_3$)$_2$SO	C$_6$D$_6$	CD$_3$CN	CD$_3$OD	D$_2$O
二甲基甲酰胺	CH	s	8.02	7.96	7.95	7.63	7.92	7.97	7.92
	CH$_3$	s	2.96	2.94	2.89	2.36	2.89	2.99	3.01
	CH$_3$	s	2.88	2.78	2.73	1.86	2.77	2.86	2.85
二甲基亚砜	CH$_3$	s	2.62	2.52	2.54	1.68	2.50	2.65	2.71
二氧杂环乙炔	CH$_2$	s	3.71	3.59	3.57	3.35	3.60	3.66	3.75
乙醇	CH$_3$	t,7	1.25	1.12	1.06	0.96	1.12	1.19	1.17
	CH$_2$	q,7	3.72	3.57	3.44	3.34	3.54	3.60	3.65

注:表中 s 指半峰;t 指三重峰;q 是四重峰;m 是多重峰

4.3.9 醛基氢

醛基氢的化学位移范围不大,一般为 9～10.5,不能分辨脂肪醛或芳香醛。饱和醛和共轭醛可以由其耦合常数加以区别,一般共轭醛与邻位氢的耦合常数为 7 Hz,而饱和醛仅为 3 Hz。

4.4 自旋耦合

同一分子内存在质子之间的互相影响,虽然这种影响不涉及化学位移的变化,但对图谱的峰形有重要的影响。具体地说 NMR 谱中都会出现一些多重峰,这些多重峰的产生与屏蔽效应无关,是由分子中邻近磁性核之间的相互作用造成的。

4.4.1 自旋耦合和自旋裂分

引起共振峰分裂的分子中邻近磁性核之间的相互作用称为自旋-自旋耦合。由自旋-自旋耦合引起的谱峰分裂的现象称为自旋-自旋裂分。在一组分裂峰中,峰与峰之间的距离或裂距称为耦合常数,用 J 表示,单位为 Hz。

每个质子都可以被视为一个磁偶极子,相当于一个小磁体,可以产生一个局部小磁场(自旋磁场)。在外磁场 H_0 中,氢核的自旋有两种取向($+1/2$,$-1/2$),两种取向的概率相同,其分量与 H_0 同向时加强了 H_0,反向时削弱了 H_0。当 b 质子处于 $m=+1/2$ 顺磁场取向时,其局部磁场通过共价键传递给 a 质子,使 a 质子受到比外磁场稍微增强的磁场作用,故可以在较低的外磁场发生共振。当 b 质子处于 $m=-1/2$ 反磁场取向时,使 a 质子受到比外磁场稍微减小的磁场作用,故可以在较高的外磁场发生共振。

以乙醇为例加以说明,乙醇分子结构如图 4.22 所示。C_a 上的 3 个质子 H_a,H_a',H_a'' 及 C_b 上的两个质子 H_b,H_b' 是两组各自化学环境完全相同的质子。先分析 C_b 上的质子对 C_a 上的质子的影响,如图 4.23 所示。

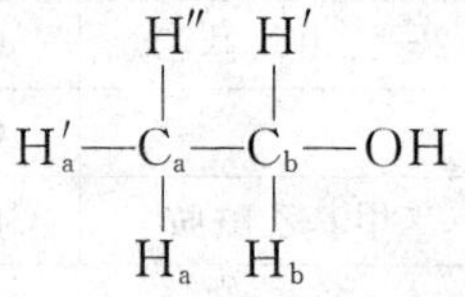

图 4.22 乙醇分子结构

H_0	H_b、H_b取向	组合局部小磁场	C_a上质子实感磁场	共振频率	强度比
↑	↑　↑	$+2\Delta H$	$H_0+2\Delta H$	$\nu_0+2\Delta \nu$	1
↑	↑　↓	0	H_0	ν_0	2
↑	↓　↑	0	H_0	ν_0	
↑	↓　↓	$-2\Delta H$	$H_0-2\Delta H$	$\nu_0-2\Delta \nu$	1

图 4.23　自旋耦合核自旋分裂原理示意图

由于 C_b 上两个质子的耦合作用,使 C_a 上的质子共振吸收峰分裂为三重峰,中间分裂峰是两个等价磁场的叠加,其强度是两侧峰的 2 倍,所以三重峰的强度比为 1∶2∶1。再分析 C_a 上的 3 个质子对 C_b 上两个质子的耦合作用,C_a 有 8 种取向组合情况,其中有两组是各自单独的组合情况(即 ↑↑↑ 和 ↓↓↓),有两组各自包含 3 个同等的组合情况,即 3 个等价局部磁场(↑↑↓,↑↓↑,↓↑↑ 和 ↑↓↓,↓↑↓,↓↓↑),所以 C_b 上的质子共振峰被 C_a 上的 3 个质子耦合产生 4 重分裂峰,分裂峰的强度比为 1∶3∶3∶1。

以下两个问题必须明确:

①磁性核的耦合作用是通过成键电子传递的,所以磁性核之间的距离越大,耦合的程度越弱,一般是两核之间的距离大于 3 个单键时,耦合就基本消失。

②被裂分核的实感磁场是受邻近磁性核的不同自旋取向的影响而产生的,所以如果邻近核是非磁性核,就不可能发生耦合和裂分现象。如 ^{12}C,^{16}O,^{32}S 等,$I=0$,所以它们不会对 ^1H 发生耦合和裂分作用;^{19}F,$I=1/2$,有两种取向,且 $\mu_F=2.627$ 比较大,所以 HF 中质子的共振峰将分裂为两重峰;^{14}N,$I=1$,有 3 种取向,而 $\mu_N=0.404$,较小,它对 ^1H 有耦合作用,但不明显;^{35}Cl,^{79}Br,$I=1/2$,对 ^1H 也有耦合作用,但由于 μ 很小,耦合很弱,不易观察到裂分现象。

4.4.2　耦合常数

自旋耦合产生共振峰的分裂后,两裂分峰之间的距离(以 Hz 为单位)称为耦合常数,用 J 表示。J 的大小表明自旋核之间耦合程度的强弱。与化学位移的频率差不同,J 不因外磁场的变化而变化,受外界条件(如温度、浓度及溶剂等)的影响也比较小,它只是化合物分子结构的一种属性。前面已指出,耦合的强弱与耦合核之间的距离有关,对于 ^1H 来说,根据耦合核之间相距的键数不同分为同碳耦合、邻碳耦合和远程耦合 3 类。耦合常数与外磁场强度无关,与两个核在分子中相隔的化学键数目、角度及电子云密度有关,取代基电负性增大,^2J 绝对值减小。相互耦合核间隔键数增多,耦合常数的绝对值减小。一般来说,间隔双数键的耦合常数一般为负值,间隔单数键的耦合常数一般为正值。

1. 同碳耦合

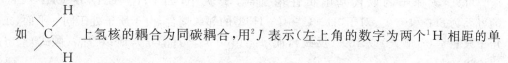

如 上氢核的耦合为同碳耦合,用 ^2J 表示(左上角的数字为两个 ^1H 相距的单键数)。同碳耦合常数变化范围非常大,见表 4.10,其值与结构密切相关,取代基电负性增大,^2J 绝对值减小。如乙烯中同碳耦合 $J=2.3$ Hz,而甲醛中 $J=42$ Hz。同碳耦合一

般观察不到裂分现象,要测定其裂分常数,需采用同位素取代等特殊方法。

表 4.10 常见同碳质子的耦合常数

化合物	$^2J/\text{Hz}$	化合物	$^2J/\text{Hz}$
CH_4	-12.4	$CH_2\!=\!CH_2$	$+2.3$
$(CH_3)_4Si$	-14.1	$CH_2\!=\!O$	$+40.22$
$C_6H_5CH_3$	-14.4	$CH_2\!=\!NOH$	9.95
CH_3COCH_3	-14.9	$CH_2\!=\!CHBr$	-1.8
CH_3CN	-16.9	$CH_2\!=\!CHF$	-3.2
$CH_2(CN)_2$	-20.4	$CH_2\!=\!CHNO_2$	-2.0
CH_3OH	-10.8	$CH_2\!=\!CHCl$	-1.4
CH_3Cl	-10.8	$CH_2\!=\!CHCO_2H$	1.8
CH_3Br	-12.2	$CH_2\!=\!CHC_6H_5$	1.08
CH_3F	-9.6	$CH_2\!=\!CHCN$	0.91
CH_3I	-9.2	$CH_2\!=\!CHLi$	7.1
CH_2Cl_2	-7.5	$CH_2\!=\!CHOCH_3$	-2.0
△	-4.3	$CH_2\!=\!CHCH_3$	2.08
⬡	-12.6	$CH_2\!=\!C\!-\!C(CH_3)_2$	-9.0

2. 邻碳耦合

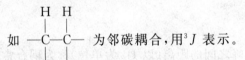

如 —C—C— 为邻碳耦合,用 ^3J 表示。

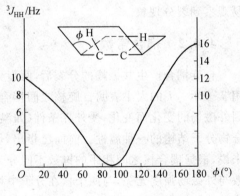

图 4.24 ^3J 与二面角的关系

在饱和体系中的邻碳耦合是通过 3 个单键进行的,耦合常数为 0~16 Hz。邻碳耦合在 NMR 谱中是最重要的,在结构分析上十分有用,是进行立体化学研究最有效的信息之一。^3J 与邻碳上两个 ^1H 所处平面的夹角 ϕ 有关,如图 4.24 所示(称为 Karplus 曲线)。ϕ 为 150°~180° 时,^3J 最大;ϕ 为 0°~30°,^3J 也很大;ϕ 为 60°~120°,^3J 最小;ϕ 为 90°,^3J 约为 0.3 Hz。

可见,碳原子的取代基电负性增加时,^3J 减小,如 $CH_3\!-\!CH_3$ 及 $CH_3\!-\!CH_2Cl$ 的 $^3J_{HH}$ 为 8.0 和 7.0。对于“$H\!-\!C\!=\!C\!-\!H$”型的邻碳耦合,由于质子处于同一平面,二面角中只能是 0°(顺式)或 180°(反式),而 $^3J_{HH}(180°)>^3J_{HH}(0°)$,所以 $^3J_{HH}$(顺式)$<^3J_{HH}$(反式)。

(1)饱和型邻位耦合常数

饱和型的 ^3J 由于 σ 键自由旋转平均化,一般 $^3J=6\sim8$ Hz。大小与双面夹角、取代基电负性、环张力等因素有关。例如：

化合物： CH_3CH_3 CH_3CH_2Cl CH_3CHCl CH_3CHF_2

$^3J/Hz$：   8.0   7.23   6.10   4.5

随着取代基电负性增大，^3J 值变小。

（2）烯型邻位耦合常数

反式双面夹角为 $180°$，顺式双面夹角为 $0°$，$^3J_反$ 大于 $^3J_顺$。表 4.11 是邻位质子的耦合常数。

表 4.11 邻位质子的耦合常数

化合物	$^3J/Hz$	化合物	$^3J/Hz$	化合物	$^3J/Hz$
CH_3CH_3	8.0	 （顺）	3.73	CH_2＝$CHCl$（顺）	7.4
$CH_3CH_2C_6H_5$	7.62	 （反）	8.07	CH_2＝$CHCl$（反）	14.8
CH_3CH_2CN	7.60	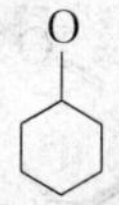 （$\alpha-\beta$,顺）	5.01		7.54

（3）芳氢的耦合常数

芳氢的邻、间、对耦 3 种耦合，耦合常数均为正值，邻偶为 $6.0\sim9.4$ Hz，间偶为 $0.8\sim3.1$ Hz，对偶小于 0.6 Hz。例如：

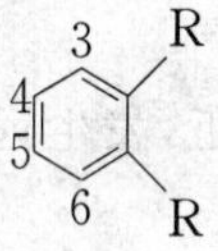

$J_{3,4}=7.1\sim8.1$ Hz
$J_{3,5}=1.1\sim1.7$ Hz
$J_{4,5}=7.0\sim7.7$ Hz
$J_{3,6}=0.3\sim0.6$ Hz

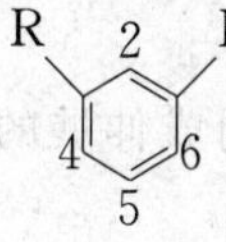

$J_{2,4}=1.8\sim1.9$ Hz
$J_{4,5}=7.8\sim8.1$ Hz
$J_{2,5}=0.3\sim0.6$ Hz

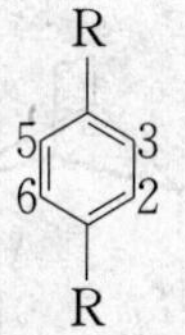

$J_{2,3}=8.5\sim8.7$ Hz
$J_{3,5}=2.3\sim2.7$ Hz
$J_{2,5}=0.3\sim0.5$ Hz

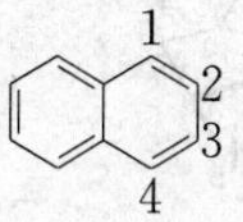

$J_{1,2}=8.3\sim9.1$ Hz
$J_{1,3}=1.2\sim1.6$ Hz
$J_{2,3}=6.1\sim6.9$ Hz
$J_{1,4}=\sim1$ Hz

3. 远程耦合

相隔 4 个或 4 个以上键的质子耦合，称为远程耦合。远程耦合常数较小，一般小于 1 Hz，通常观察不到，若中间插有 π 键，或在一些具有特殊空间结构的分子中才能观察到。

（1）丙烯型耦合（图 4.25）

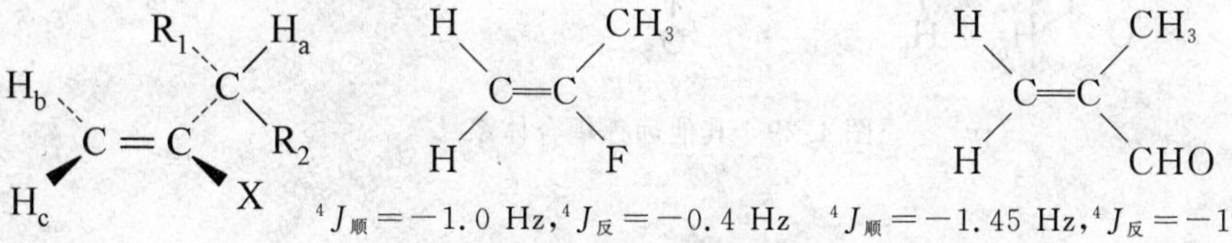

$^4J_顺=-1.0$ Hz，$^4J_反=-0.4$ Hz $^4J_顺=-1.45$ Hz，$^4J_反=-1.05$ Hz

图 4.25 丙烯型耦合

(2)高丙烯型耦合(图 4.26)

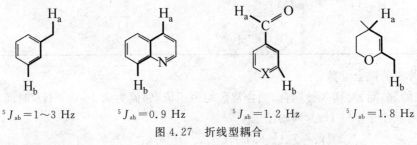

$^5J_{ab}=5\sim11\ Hz$ $^5J_{ab}=0\sim7\ Hz$

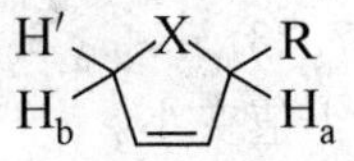

X=O,N

图 4.26 高丙烯型耦合

(3)炔及累积双键型耦合

$$CH_3-C\equiv C-C\equiv CH\ (^6J_{1,5}=1.27\ Hz)$$
$$CH_3-C\equiv C-C\equiv C-C\equiv CH\ (^8J_{1,7}=0.65\ Hz)$$
$$CH_3-C\equiv C-C\equiv C-C\equiv C-CH_2OH\ (^9J_{1,8}=0.4\ Hz)$$
$$CH_2=C=CHX\ (X=Cl,Br,I,^4J_{1,3}=6.1\sim6.3\ Hz)$$

(4)折线型耦合(图 4.27)

共轭体系中 5 个键构成折线时的远程耦合,J 值一般为 0.4~2 Hz。

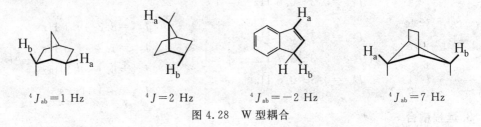

$^5J_{ab}=1\sim3\ Hz$ $^5J_{ab}=0.9\ Hz$ $^5J_{ab}=1.2\ Hz$ $^5J_{ab}=1.8\ Hz$

图 4.27 折线型耦合

(5)W 型耦合(图 4.28)

在环系化合物中,两个氢核构成伸展的 W 形时,在空间上很接近,发生远程耦合,J 值一般很小(1~2 Hz)。

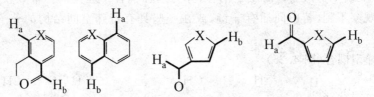

$^4J_{ab}=1\ Hz$ $^4J=2\ Hz$ $^4J_{ab}=-2\ Hz$ $^4J_{ab}=7\ Hz$

图 4.28 W 型耦合

(6)其他远程耦合体系(图 4.29)

图 4.29 其他远程耦合体系

4. 质子与其他核的耦合

(1) ^{13}C 对 ^1H 的耦合：^{13}C 的自旋量子数为 $1/2$，与氢的耦合符合 $n+1$ 规律。图 4.30 是 $CHCl_3$ 的 ^1H NMR 谱图。

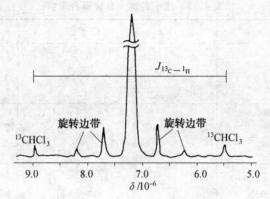

图 4.30　$CHCl_3$ 的 ^1H NMR 谱图

(2) ^{31}P 对 ^1H 的耦合：^{31}P 的自旋量子数为 $1/2$，与氢的耦合符合 $n+1$ 规律。表 4.12 是磷化合物的 J_{H-P} 值。

表 4.12　磷化合物的 J_{H-P} 值

化合物	J_{H-P}/Hz
$(\underset{b}{CH_3}\underset{a}{CH_2})_3P$	$^2J_{aP}=13.7, ^3J_{bP}=0.5$
$(\underset{b}{CH_3}\underset{a}{CH_2})_3P=O$	$^2J_{aP}=16.3, ^3J_{bP}=11.9$
$(\underset{a}{CH_3}\underset{b}{CH_2O})_3P=O$	$^4J_{aP}=0.8, ^3J_{bP}=8.4$
$\underset{CH_3O}{\overset{CH_3O}{>}}\overset{O}{\underset{}{P}}\text{—}\bigcirc\text{Om,p}$	$^3J_{oP}=13.3, ^4J_{mP}=4.1, ^5J_{pP}=1.2$

(3) ^{19}F 对 ^1H 的耦合：^{19}F 的自旋量子数为 $1/2$，与氢的耦合符合 $n+1$ 规律。例如：

$$^2J_{(H-C-F)}=45\sim90 \text{ Hz}, ^3J_{(H-C-C-F)}=0\sim45 \text{ Hz}, ^3J_{(H-C-C-F)}=0\sim9 \text{ Hz}$$

$$CH_3F: ^2J_{HF}=81 \text{ Hz}, \underset{a}{CH_3}\underset{b}{CH_2}F: ^3J_{aF}=46.7 \text{ Hz}, ^2J_{bF}=25.2 \text{ Hz}$$

$\underset{H_c}{\overset{H_b}{>}}C=C\underset{F}{\overset{H_a}{<}}$ ：$^2J_{aF}=85 \text{ Hz}, ^3J_{bF}=52 \text{ Hz}, ^3J_{cF}=20 \text{ Hz}$

（氟苯结构图）：$^3J_{oF}=9.0 \text{ Hz}, ^4J_{mF}=5.7 \text{ Hz}, ^5J_{pF}=0.2 \text{ Hz}$

（4）^{2}D 对 ^{1}H 的耦合：^{2}D 的自旋量子数为 1，与氢的耦合符合 $2n+1$ 规律。氘代溶剂中会出现，不完全氘代的 H 与 D 之间的耦合，1 个 D 会将 H 峰裂分为三重峰，2 个 D 会使 H 裂分为五重峰，$J_{H-H}=6.5J_{H-D}$。表 4.13 是质子自旋－自旋耦合常数。

表 4.13　质子自旋－自旋耦合常数

类型	J_{ab}/Hz	类型	J_{ab}/Hz
$\overset{H_a}{\underset{H_b}{}}$ C	$10\sim15$	$\overset{H_a\quad H_b}{C=C}$（环）	5 元环：$3\sim4$ 6 元环：$6\sim9$ 7 元环：$10\sim13$
$H_a-C-C-H_b$	$6\sim8$	$C=C\overset{H_a}{\underset{H_b}{}}$	$0\sim2$
$H_a-C-C-C-H_b$	0	$H_a\quad H_b$（间位苯环）	邻位：$6\sim10$ 间位：$1\sim3$ 对位：$0\sim1$
H_a-C-OH_b	$4\sim6$	吡啶 $\overset{4}{\underset{6\ N\ 2}{5\quad 3}}$	$J_{2-2}=5\sim6,J_{3-5}=1\sim2$ $J_{3-4}=7\sim9,J_{2-5}=0\sim1$ $J_{2-4}=1\sim2,J_{2-6}=0\sim1$
$H_a-C-C\underset{O}{}H_b$	$2\sim3$	呋喃 $\overset{4\quad 3}{\underset{5\ O\ 2}{}}$	$J_{2-3}=1.5\sim2$ $J_{3-4}=3\sim4$ $J_{2-4}=0\sim1$ $J_{2-5}=1\sim2$
$C=CH_a-\overset{O}{C}-OH_b$	$5\sim7$	噻吩 $\overset{4\quad 3}{\underset{5\ S\ 2}{}}$	$J_{2-3}=5\sim6$ $J_{3-4}=3.5\sim5$ $J_{2-4}=1.5$ $J_{2-5}=3.5$
$\overset{H_a}{C=C}\underset{H_b}{}$	$15\sim18$		
$\overset{H_a\quad H_b}{C=C}$	$6\sim12$		
$H_a-C\overset{}{C=C}C-H_b$	$1\sim2$	吡咯 $\overset{4\quad 3}{\underset{5\ N\ 2}{\underset{H_a}{}}}$	$J_{a-2}=2\sim3$ $J_{a-3}=2\sim3$ $J_{2-3}=2\sim3$ $J_{3-4}=3\sim4$ $J_{2-4}=1\sim2$ $J_{2-5}=2$
$C=C\overset{C-H_a}{\underset{H_b}{}}$	$4\sim10$		
$C=C\overset{C-H_b}{\underset{H_a}{}}$	$0\sim2$	$C=CH_a-CH_b=C$	$9\sim12$

根据耦合常数的大小,可以判断相互耦合的氢核的键连接关系,帮助推断化合物的结构。但目前尚无完整的理论来说明和推算,而人们已经积累了大量耦合常数与结构关系的经验数据,供使用时查阅。

4.4.3 化学等价和磁等价

在一个分子中,同时有几组相互耦合的质子组存在时,它们就构成了自旋体系。在自旋体系中,各自旋核的性质有两情况,即化学等价和磁等价。

(1)化学等价

在自旋体系中,若有一组核,其化学环境相同,即化学位移相同,这组核称为化学等价的核,或称为化学全同的核。化学等价分为快速旋转化学等价和对称化学等价,即分别通过快速机制(如构象转换)或对称操作互换的质子是化学等价的。例如,$CH_3—O—CH_3$中6个质子等价,只有一个 NMR 信号。而在 1,2-二氯环丙烷的两个异构体中,H_a 与 H_b 化学等价,H_c 与 H_d 化学等价,出现两组 NMR 信号(图 4.31)。

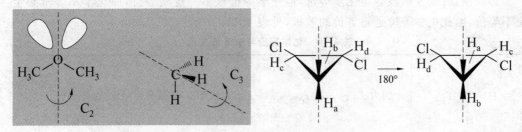

图 4.31 1,2-二氯环丙烷的两个异构体

以下几种情况中的质子化学不等价:

①旋转受阻(图 4.32)。

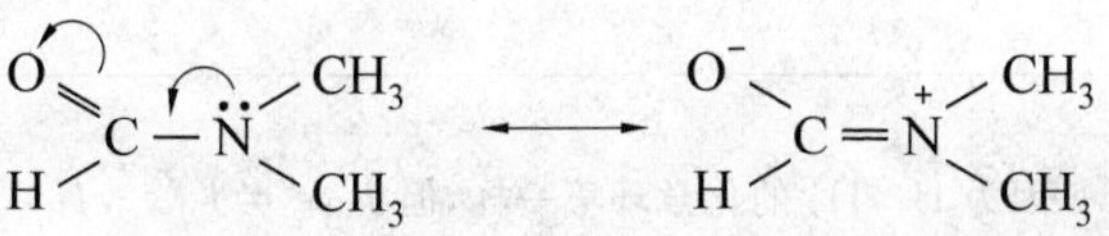

图 4.32 旋转受阻情况

②固定环上的 CH_2 分别处于直立键和平伏键,受单键磁各向异性的影响(图 4.33)。

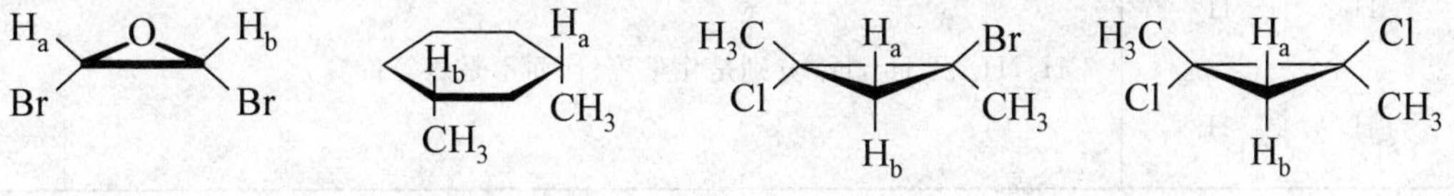

图 4.33 固定环上的 CH_2 状态

③与手性碳原子相连的 CH_2(图 4.34)。

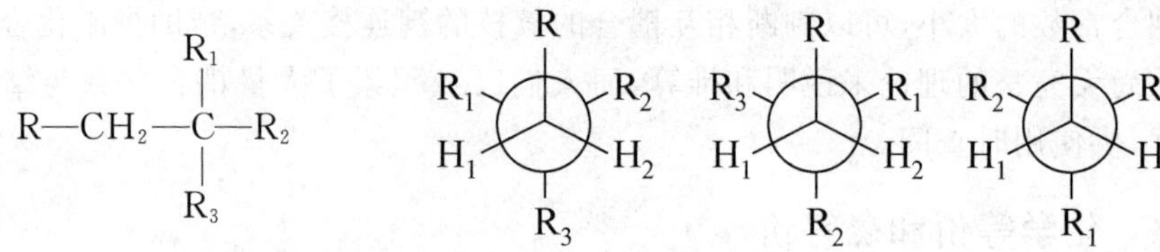

图 4.34 与手性碳原子相连的 CH_2 状态

（2）磁等价

在一组化学等价的核中，如果它们与该组外的任一自旋核的耦合常数都相同，这组核称为磁等价的核或磁全同的核。

磁等价核的特征：

① 组内核化学位移相同。

② 与组外核的 J 相同。

③ 在无组外核干扰时，组内虽然耦合，但是不分裂。

必须注意：磁等价核必定化学等价，但化学等价核不一定磁等价，而化学不等价必定磁不等价，因此化学等价是磁等价的前提，见表 4.14。

表 4.14　化学等价与磁等价关系

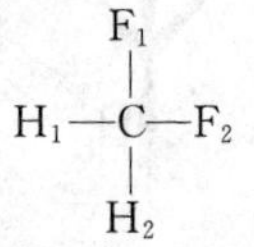	因为 $J_{H_1F_1}=J_{H_2F_1}$，$J_{H_1F_2}=J_{H_2F_2}$，故 H_1，H_2 是化学等价，也是磁等价
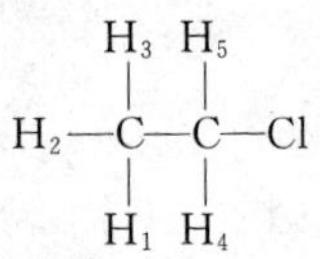	H_1，H_2，H_3 和 H_4，H_5 分别是两组化学等价的核，也是磁等价的核
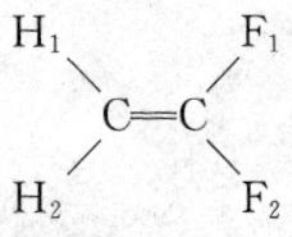	因为 H_1，H_2 的化学环境一样，但 $J_{H_1F_1}\neq J_{H_2F_1}$，$J_{H_1F_2}\neq J_{H_2F_1}$，所以 H_1，H_2 是化学等价，而不是磁等价
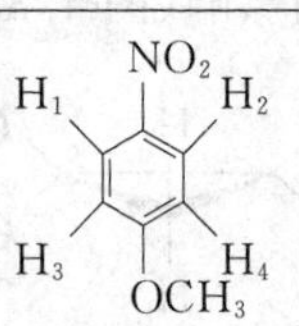	H_1，H_2 及 H_3，H_4 分别是化学等价，而不是磁等价

应该指出，在同一碳原子上的质子，不一定都是磁等价的，除了像上述的 1,2-二氟二烯外，与手性碳原子连接的—CH_2—上的 2 个 [1]H，是磁不等价的。例如在 2-氯丁烷中，H_a，H_b 是磁不等价的（图 4.35）。

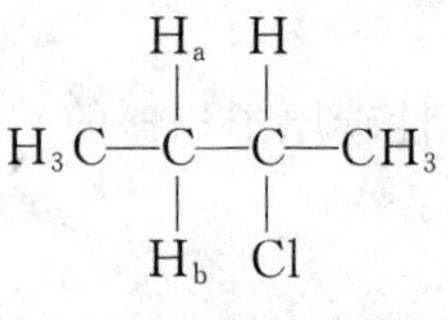

图 4.35　2-氯丁烷 H_a，H_b 磁不等价

4.4.4 多重峰裂分的一般规律

对于自旋量子数 $I=1/2$ 的核,其多重峰裂分的规则为:

①某一原子核与 n 个相邻的核,在外磁场 B_0 中共产生 $(n+1)$ 种局部磁场,与其发生耦合的质子将裂分为 $(n+1)$ 重峰。

②化学等价核的组合具有相同的共振频率,其强度与等价组合数有关,其强度比可以用 $(a+b)^n$ 展开式的系数得出。

③磁等价的核之间的耦合作用不出现在谱图中。

④耦合具有加和性。

当某组质子与另外两组质子发生耦合,其中一种质子数为 n,另一组质子数为 m。如果该组质子与两组质子的耦合常数不相等,则其被另外两组质子裂分为 $(m+1)(n+1)$ 峰;如果与另外两组质子的耦合常数近似相等,则被裂分为 $(n+m+1)$ 重峰。

4.5 自旋系统的分类与命名

4.5.1 自旋体系的分类

通常按照 $\Delta\nu/J$ 来进行耦合体系的分类,$\Delta\nu$ 为耦合核化学位移的频率差(Hz),J 为耦合常数。$\Delta\nu/J\geqslant10$ 时为弱耦合,J 比较小,谱图较为简单,称为一级图谱。这种谱图的自旋-自旋裂分图谱解析十分简单方便。严格的一级行为要求 $\Delta\nu/J\geqslant20$,但是用一级技术对图谱进行分析时,$\Delta\nu/J>6$ 时也可以进行。$\Delta\nu/J<10$ 时,为强耦合,J 比较大,谱图较复杂,称为高级图谱。根据耦合的强弱,可以把共振分为不同的自旋体系。表 4.15 为某些典型的自旋体系。其具体分类的原则如下:

表 4.15 某些典型的自旋体系

化合物	自旋体系	化合物	自旋体系
$CH_2=CCl_2$	A_2	$CH_2=CFCl$	ABX
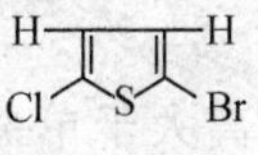 H—〔噻吩 Cl、S、Br〕—H	AB	CH_2FCl	AX_2
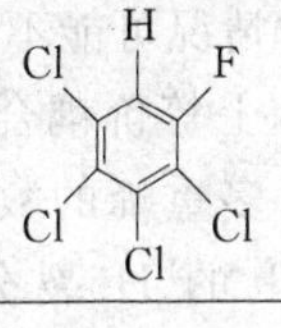 〔Cl, H, F, Cl, Cl, Cl 苯环〕	AX	$CH_2=CHBr$	ABC
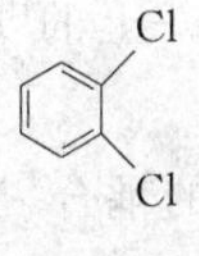 〔邻二氯苯 Cl, Cl〕	AA′BB′	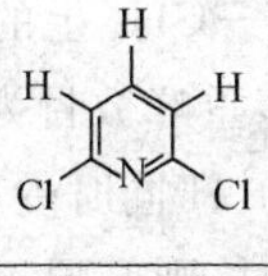 〔吡啶 H,H,H,Cl,N,Cl〕	AB_2
$CH_2=CF_2$	AA′XX′		

①强耦合体系的核以 ABC…或 KLM…或 XYZ…相连续的英文字母表示,称为 ABC…、KLM…、XYZ…多旋体系。

②弱耦合体系的核以 AMX…不相连续的英文字母表示,称为 AMX…多旋体系。

③一组磁等价的核的数目用在英文字母右下方的数字脚注表示,如 A 组质子有两个磁等价的核,即表示为 A_2。CH_3CH_2OH 自旋体系为 A_3M_2X。

④化学等价而不是磁等价的核,则用同一英文字母,但在其右上方加上"′"表示,为 AA'。$CH_2=CF_2$ 中 2 个 ^1H 是化学等价,而不是磁等价,2 个 ^{19}F 也一样,所以其自旋体系为 $AA'XX'$。

4.5.2　核磁图谱的分类

核磁图谱的分类如图 4.36 所示。

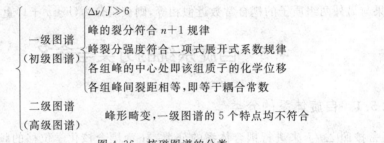

$$
\begin{cases}
\text{一级图谱} \\ \text{(初级图谱)}
\end{cases}
\begin{cases}
\Delta\nu/J \gg 6 \\
\text{峰的裂分符合 } n+1 \text{ 规律} \\
\text{峰裂分强度符合二项式展开式系数规律} \\
\text{各组峰的中心处即该组质子的化学位移} \\
\text{各组峰间裂距相等,即等于耦合常数}
\end{cases}
$$

二级图谱（高级图谱）　峰形畸变,一级图谱的 5 个特点均不符合

图 4.36　核磁图谱的分类

4.5.3　一级图谱的耦合裂分规律

当耦合核的 $\Delta\nu/J>10$(实际工作中往往只要 $\Delta\nu/J>6$ 就可以)时,说明自旋核之间的相互作用是一种弱耦合作用,产生简单的裂分行为,称为一级裂分,自旋体系为 AM、AmMn、AMX、AmMnXo……,其光谱称为一级图谱。

1. 一级图谱的特征裂分规律

一级图谱有以下特征裂分规律:

①磁等价核之间尽管也有耦合作用,但不产生裂分,不出现多重峰。如乙醇中—CH_3 的质子,只能裂分相邻的次甲基,而不裂分磁等价的核本身。

②耦合作用及裂分常数随耦合核之间距离的增大而降低,一般当距离大于单键键长 3 倍时,很少有耦合、裂分的现象观察到,即耦合消失(有共轭体系存在时情况可能不同)。

③耦合裂分产生多重峰时,多重峰的数目为 $(2nI+1)$,n 为邻近基因上等价耦合核的数目,I 为耦合核的自旋量子数。对于质子核来说,$I=1/2$,所以裂分后多重峰的数目为 $(n+1)$,称为 $(n+1)$ 规则。如乙醇中—CH_3 上的 ^1H 被—CH_2—上的 ^1H 裂分时,—CH_2—中 2 个 ^1H 等价,故—CH_3 上的 ^1H 出现 $(2+1)=3$ 重峰;—CH_2—上的 ^1H 被—CH_3 上 3 个等价 ^1H 裂分,多重峰数目为 $(3+1)=4$。

④如果 B 原子所连接的 ^1H 同时受相邻近 A,C 两原子所连接的 ^1H 的耦合,当 A,C 两原子上的 ^1H 全都是等价时,则 B 原子上 ^1H 的裂分多重峰数目为 $(nA+nC+1)$。当 A,C 原子上的 ^1H 分别是两组等价核时,则 B 原子上 ^1H 的裂分多重峰数目为 $(nA+1) \times$

$(nC+1)$，nA，nC 分别是与 A，C 原子连接的 ^{1}H 数目。

⑤裂分峰的位置以化学位移为中心，左右对称。分裂峰的相对强度(即峰的相对积分面积)的比例为二项式 $(a+b)^n$ 展开式的系数。如 $n=1$ 时，裂分为双重峰，相对强度为 $1:1$；$n=2$ 时，裂分为 3 重峰，相对强度为 $1:2:1$；$n=3$ 时，为 4 重峰，相对强度为 $1:3:3:1$ 等。

2. 几种常见自旋体系

(1)AX 系统(图 4.37)

AX 系统是一级图谱($\Delta\nu/J>6$)，具有以下特点：

①两条谱线的中心点为化学位移。

②两条谱线频率之差为耦合常数。

③4 条谱线的强度相同。

(2)AX$_2$ 系统(图 4.38)

A(t，^{1}H) X$_2$(d，^{2}H)为一级图谱，有 5 条谱线，A 核有 3 条，强度比为 $1:2:1$；X 核有 2 条，强度比为 $4:4$，3 重峰和双重峰裂距相等。每组峰间裂距为耦合常数，各组峰的中心为化学位移。

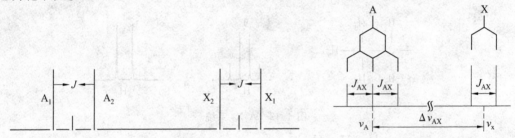

图 4.37 AX 系统　　　　　　　图 4.38 AX$_2$ 系统

(3)AMX 系统(图 4.39)

单取代乙烯中常出现 AMX 系统。AMX 系统 12 条谱线强度大体相同，分为 3 组，其中心位置就是相应的化学位移，谱线间隔就是耦合常数。

(4)AX$_3$ 系统(图 4.40)

化学位移和耦合常数可直接从图谱中读出。A 被 X 裂分为四重峰，强度比为 $1:3:3:1$；X 被 A 裂分为 2 重峰，强度比为 $1:1$；两组峰的积分高度(面积)比为 $1:3$。

(5)A$_2$X$_2$ 系统(图 4.41)

A 被 X 裂分为 3 重峰；X 被 A 裂分为 3 重峰；两组峰的积分高度(面积)比为 $2:2$。

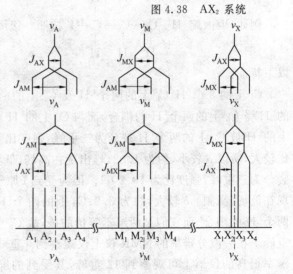

图 4.39 AMX 系统

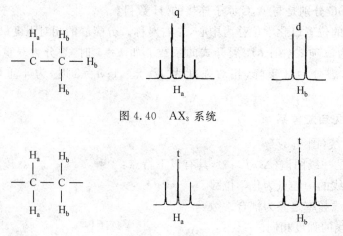

图 4.40　AX₃ 系统

图 4.41　A₂X₂ 系统

（6）A₂X₃ 系统（图 4.42）

A 被 X 裂分为 4 重峰，强度比为 1∶3∶3∶1；X 被 A 裂分为 2 重峰，强度比为 1∶1；两组峰的积分高度（面积）比为 1∶3。

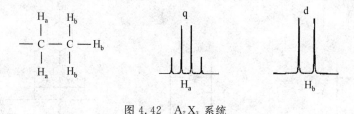

图 4.42　A₂X₃ 系统

例如，碘丙烷 $H—C_a—C_b—C_c—I$ 按照一级图谱的规律可以预测其 ^1H—NMR 谱有以下特征：

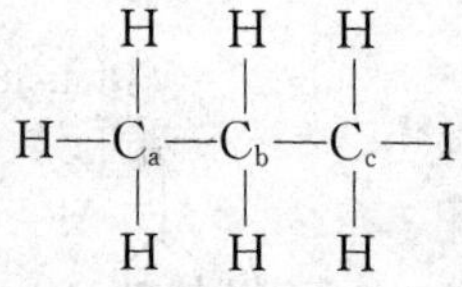

C_a 上的 3 个 ^1H、C_b 上的两个 ^1H 及 C_c 上的两个 ^1H 是分别 3 组磁等价的核。C_a 上的 ^1H 受 C_b 上的两个 ^1H 的耦合，而与 C_c 上的 ^1H 距离大于 3 个键，耦合消失，所以—CH_3 上的 ^1H 被 C_b 上的两个 ^1H 裂分为三重峰，强度比为 1∶2∶1。因为甲基质子受屏蔽作用比较大，所以 δ 较小，约为 1.02，峰出现在高场（低频）；C_c 上的两个 ^1H 被 C_b 上的两个 ^1H 裂分为三重峰，强度比为 1∶2∶1。因为受到 I 原子的诱导效应，屏蔽作用减弱，所以峰出现在低场（高频），δ 较大，约为 3.2；C_b 上的两个 ^1H 同时受到 C_a 上的 3 个 ^1H 及 C_c 上的两个 ^1H 的耦合，而它们是两组不等价的核，故 C_b 上的 ^1H 被裂分为 $(3+1)\times(2+1)=12$ 重峰。在一般分辨率的 NMR 仪上仅观察到 6 重峰，强度比为 1∶5∶10∶10∶5∶1，在分辨率很高的仪器上可观察到 12 重峰，其受到的屏蔽效应大于 C_c 上的 ^1H，而小于 C_a 上的 ^1H，δ 约为 2.5。

4.5.4 高级图谱及简化

有机化合物的 NMR 谱多数不是一级图谱,其 $\Delta\nu/J<10$,是复杂图谱,也称为高级图谱。

1. 表现特征

高级图谱的特征:

①不按 $(n+1)$ 规律裂分,而往往由于有附加裂分而超过 $(n+1)$ 数目。

②裂分峰的相对强度不符合二项式展开式的系数。

③耦合常数一般不等于分裂峰的峰间距,多重峰的中心位置不等于化学位移 δ,难以从谱图中求得 δ 和 J。由于这种耦合是属于强耦合,且一般 δ 相差不大,这时耦合作用往往造成跃迁能级的混合,引起谱带位置、强度的变化,表现为复杂的光谱。这种耦合体系为 AB,A_MB_N,ABX,ABC,$AA'BB'$,……多旋体系。对于这种体系,量子力学已建立了一套完整的计算、解析方法,又总结出一些简化方法,可以算出体系的理论谱带(数目、强度)及 δ,J 等。

2. 简化方法

高级图谱往往难以进行谱图解析,须经简化后,以一级图谱技术进行解析。

(1)加大磁场强度

加大磁场强度后,$\Delta\nu$ 变大,而 J 不变,因此 $\Delta\nu/J$ 变大,直到 $\Delta\nu/J\geqslant10$ 时,变为一级图谱,即可解析。这就是人们一直在设法设计制造出尽可能大磁场强度的 NMR 仪的原因。

(2)去耦法(或称为双照法)

通过向核磁共振中引入多个射频场,有可能产生出一个或多个干扰场,而得到双共振(或多共振)图谱。在进行自旋去耦中,第二个(和第三个、第四个、……)射频场的频率直接对准与待测核发生耦合的核的共振频率,且辐射强度大,使其在两个自旋能态之间迅速来回跃迁,结果两种取向平均化了,待测核只能感受到耦合核的自旋平均态,能级不发生分裂,从而大大简化了图谱。如要测定核 H_a 的共振,而核 H_b 与之有耦合作用而使光谱复杂,则可以在正常频率扫描时,再加上一个强的射频辐射,其频率为核 H_b 的共振吸收频率,这样核 H_b 在 $\pm1/2$ 取向间迅速来回跃迁而使取向平均化,如同一个非磁性核,而使核 H_a 的图谱大为简化。

图 4.43 为巴豆醛的 NMR 谱,耦合作用使烯烃原子的共振峰十分复杂(图 4.43(a)),而通过对—CH_3 质子的去耦之后,图谱大为简化(图 4.43(b))。

不同类型核之间的耦合作用也可以被去耦,如在 1.409 T 磁场中,用约 4.3 MHz 的射频场照射时,可以消除 ^{14}N 对质子共振谱的影响。^{13}C 共振谱同样是用去耦作用消除质子对 ^{13}C 核的耦合影响。应该指出的是,去耦作用简化谱图的能力是显而易见的,但对发生强烈耦合的质子是不能去耦的,因为第二射频场的引入会发生干扰,从而观察不到相应的核磁共振现象。

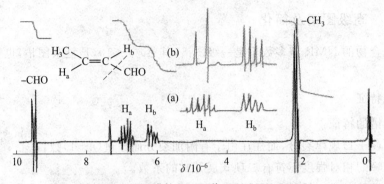

图 4.43 巴豆醛的 NMR 谱（CDCl₃，90 MHz）

(a)烯烃质子重峰；(b)去耦甲基后烯烃质子重峰

（3）化学位移试剂

化学位移试剂是指在不增大外磁场强度的情况下，使质子的共振信号发生位移的试剂。实验发现，若待测物质分子中有可用于配位的孤对电子（如含氧或氮的有机化合物），则向其溶液中加入镧系元素的顺式 β－二酮配合物，可使待测物质分子的质子 NMR 谱峰大大拉开，从而简化了图谱。镧系元素配合物的这种作用主要是由于镧系元素的顺磁性质而在其周围产生一个较大的局部磁场，这样产生的诱导位移是按正常方式通过空间起作用的位移，与一般通过化学键起作用的物质所产生的接触位移是有些不同的，故称为赝触位移或偶极位移。由于位移试剂常常可以引起高达 20×10^{-6} 的化学位移，所以大大增加了 NMR 谱的分布范围，以简化图谱。常用的位移试剂有 Eu（低场位移）及 Pr（高场位移）的 2,2,6,6－四甲基庚基－3,5－二酮（DMP）及氟化烷基 β－二酮配合物。图 4.44 为氧化苯乙烯加入位移试剂 Pr(DPM)₃ 前后的共振谱图。

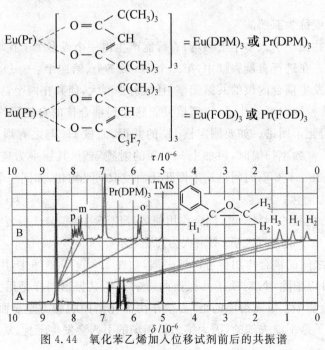

图 4.44 氧化苯乙烯加入位移试剂前后的共振谱

注：A 为 CCl₄ 溶液，B 是在 A 中加入 0.25 mol Pr(DPM)₃

由于位移试剂中的 Pr^{3+} 与氧化苯乙烯(图 4.45)中的氧原子配位,引起化学位移的变化,苯环上邻位 ^1H 距中心离子较间位和对位 ^1H 来得近,所以邻位 ^1H 的化学位移比间位和对位 ^1H 大。而靠近配位中心的 3 个质子 H_1,H_2 和 H_3 的化学位移变化更大,使得图谱大为展开,十分清晰简单,便于解析。

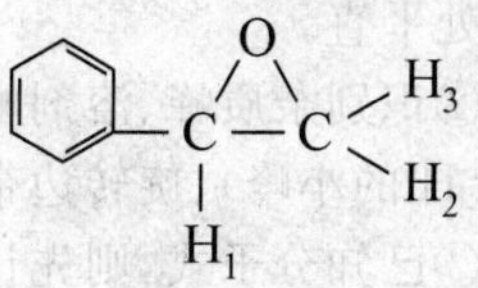

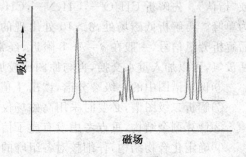

图 4.45 氧化苯乙烯

此外,还可以通过氘(^2H)取代分子中的部分 ^1H 而去除部分谱峰,也可以使图谱简化。

一般情况下,乙醇的 NMR 谱如图 4.46 所示。图上为何没有—O—H 及 ⟍CH₂ 上的 ^1H 相互耦合裂分峰呢? 实际上高纯液体乙醇在高分辨率 NMR 谱上,可观察到它们的耦合裂分峰,即—O—H 上的 ^1H 被 ⟍CH₂ 上的 2 个 ^1H 裂分为 3 重峰,而 ⟍CH₂ 上的 ^1H 被—OH 及—CH₃ 上的 ^1H

图 4.46 高分辨率仪器测得的乙醇的 NMR 谱

共同裂分为 8 重峰。在一般乙醇的无质子溶液中,当有少量水、酸、碱或其他杂质时,—O—H 上的质子进行快速的化学交换,这种质子称为活泼氢。这样每个—OH 在任一瞬间都将与几个质子相关,而—OH 上的 ^1H 同时也受到 ⟍CH₂ 上的 2 个 ^1H 3 种取向组合的影响,作用在—OH 上 ^1H 的附加磁效应被平均化了,因此不再存在它们之间的耦合裂分现象,只有单重尖锐峰,产生一个综合的"表观"化学位移。氨基(—NH₂)、巯基(—SH)上的质子也属于活泼氢,也有此现象。利用化学交换的反应,可以研究化合物中是否存在活泼氢。当 R—OH 中加入 D_2O 后,由于质子交换生成 R—OD,而因为 ^2H 的共振条件与 ^1H 相差甚远,所以不再存在羟基质子的吸收峰。

4.6 核磁共振氢谱的解析

4.6.1 解析谱图的步骤

在解析 NMR 图谱时,一般由简到繁,先解析和确认易确定的基团和一级谱,再解析难确认的基团和高级谱。在很多情况下,比较复杂的化合物光靠一张 NMR 谱图是难以确定结构的,应综合各种测试数据加以解析,必要时有针对性地做一些特殊分析。如重氢交换确认活泼氢,用双共振技术及 2D NMR 确认指配的基团及基团间的关系等,特别是 2D NMR 在新化合物的结构解析中非常有用。

解析 NMR 图谱的一般步骤如下:

①检查图谱是否规则,样品中有无干扰杂质(若有 Fe 等顺磁性杂质或氧气,会使谱线加宽,应先除去)。确认 TMS 信号应在零点,基线平直,峰形尖锐对称,积分曲线在无

信号处平直。

②识别杂质峰、溶剂峰(在使用氘代溶剂时,由于有少量非氘代溶剂存在,会在谱图上出现 ^{1}H 的小峰)、旋转边带、^{13}C 卫星峰等非待测样品信号。

③已知分子式,则先计算不饱和度。

④由积分曲线计算各组信号代表的氢数,对氢原子进行分配(考虑分子的对称性)。若分子总的氢原子个数已知,则可以算出每组峰的氢原子的个数。

⑤由各组峰的化学位移、耦合常数及峰形,推出可能的结构单元,对谱峰进行"归属"或"指认"。先解析 CH$_3$O—,CH$_3$N—,CH$_3$Ph,CH$_3$—C 等孤立的甲基信号,这些甲基均为单峰。再解析低磁场处,$\delta > 10$ 处出现的—CODH,—CHO 及分子内氢键的信号。然后解析芳氢信号,一般在 $\delta = 7 \sim 8$ 附近,经常是一堆耦合常数较小、图形乱的小峰。若有活泼氢,可以加入重水交换,再与原图比较加以确认。

⑥识别谱图中的一级裂分谱,读出 J 值,验证 J 值的合理性。

⑦解析二级图谱,必要时采用高磁场仪器测定、位移试剂或双共振技术简化图谱。

⑧计算剩余结构,重点考虑没有质子信号的结构和元素。

⑨确定化合物结构,仔细核对各组峰的化学位移和耦合常数与结构是否相符,查文献与标准图谱对照或类似化合物的图谱对照。

⑩结合其他图谱分析(应用元素分析、质谱、红外、紫外以及 ^{13}C NMR 等结果综合考虑,推定结构)

4.6.2　NMR 图谱中各组峰的相对面积

各组峰的相对面积反映了某种(官能团)核的定量信息,与相应的各等价核的数目成正比的关系。因此,把各组峰的面积进行比较,就可以判断出基团中质子的相对数目。在 NMR 仪上都装配有电子积分仪,吸收峰的面积在图谱上用阶梯式的积分曲线表示,曲线阶梯高度与质子数目成正比。图 4.47 是邻苯二甲酸二乙酯的 ^{1}H NMR 谱图。

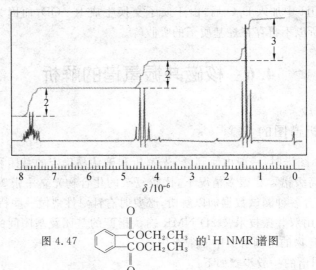

图 4.47　邻苯二甲酸二乙酯 的 ^{1}H NMR 谱图

通过峰面积(阶梯高度)的测量,可确定基团的质子数,帮助推断结构,同时也可以作为定量分析的依据。

4.6.3 ¹H NMR 谱图解析注意事项

¹H NMR 谱图解析需要注意的问题：

①识别非样品信号，主要来源于杂质和溶剂。

②杂质信号积分与样品信号积分不成比例。

③氘代溶剂残余氢的信号一般位置比较固定，强度与样品浓度有关，样品浓度低则溶剂峰强。

④含活泼氢的图谱：OH，NH，SH 等活泼氢的信号有时不出现，有时可能隐藏在基线中；多数能形成氢键，化学位移随测试条件在一定范围内变动；交换速率不同，产生的峰形不同（图 4.48）。

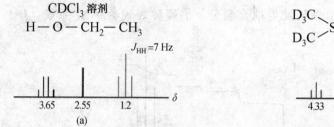
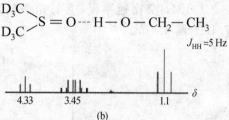

图 4.48 含活泼氢化合物的图谱

（1）OH

OH 受酸、碱杂质催化，质子交换速率快，不与邻近氢发生耦合而呈现尖锐单峰。当结构中存在多个活泼氢（羧基、氨基、羟基等），由于相互之间交换速率快，只产生一个平均的活泼氢信号，不发生耦合裂分（图 4.49）。

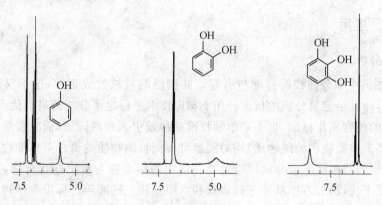

图 4.49 含 OH 活泼氢化合物的谱图

（2）NH

NH 在不同的结构中交换速率不同，因而情况比较复杂。伯胺和仲胺交换速率快，多呈现尖锐单峰；酰胺和吲哚等杂环中的 NH 吸收峰很宽，甚至不易观测；胺成盐后为宽峰，甚至包埋在基线中（图 4.50）。

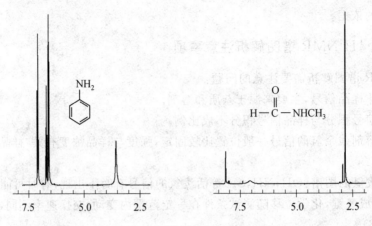

图 4.50 含 NH 活泼氢化合物的谱图

(3)SH:交换速率慢,会与相邻氢发生耦合裂分。伯硫醇表现为 AX_2 系统,$^3J=$ 7.4Hz(图 4.51)。

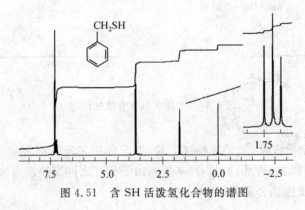

图 4.51 含 SH 活泼氢化合物的谱图

4.6.4 应用

1. 定量分析

NMR 图谱中积分曲线的高度与引起该共振峰的氢核数成正比,这不仅是结构分析的重要参数,而且是定量分析的依据。用 NMR 技术进行定量分析的最大优点是,不需要有被测物质的纯物质作标准,也不必绘制校准曲线或引入校准因子,而只要与适当的标准参照物(不必是被测物质的纯物质)相对照就可得到被测物质的量。对标准物的基本要求是其 NMR 谱的共振峰不会与试样峰重叠。常用的标准物为有机硅化合物,其质子峰大多在高场,便于比较,如六甲基环三硅氧烷和六甲基环三硅胺等。标准参照物和试样分析物的各参数见表 4.16。

表 4.16 标准参照物和试样分析物的参数

物质	质量	相对分子质量	分析基团中质子数	分析峰面积
标准参照物 R	m_R	M_R	n_R	A_R
试样分析物 S	m_S	M_S	n_S	A_S

由标准参照物分析峰求得每摩尔质子的相对峰面积 A_R^H 为

$$A_R^H = \frac{A_R}{\frac{m_R}{M_R} n_R} = \frac{A_R M_R}{m_R n_R}$$

同样试样分析物每摩尔质子的相对峰面积 A_S^H 为

$$A_S^H = \frac{A_S M_S}{m_S n_S}$$

因为 $A_R^H = A_S^H$，所以

$$\frac{A_R M_R}{m_R n_R} = \frac{A_S M_S}{m_S n_S}$$

则分析物的质量 m_S 为

$$m_S = \frac{A_S M_S n_R}{A_R M_R n_S} \cdot m_R$$

定量分析方法有两种，即内标法和外标法。

(1)内标法：把标准参照物与试样混合在一起，以合适的溶剂配制适宜浓度的溶液，绘制 NMR 谱，按上式进行计算。这种方法准确度高，操作方便，应用较广，尤其是一些较简单试样的分析更常用。

(2)外标法：当分析较复杂的试样时，难以找到合适的内标，可用外标法分析，把标准参照物和试样在同样条件下分别绘制 NMR 谱，计算方法一样。而外标准物可以用分析物的纯物质，此时计算式简化为

$$m_S = \frac{A_S}{A_R} \cdot m_R$$

2. 其他方面的应用

(1)相对分子质量的测定

根据上面的式子，可以得到

$$M_S = \frac{A_R n_S m_S}{A_S m_R m_R} \cdot M_R$$

(2)分子动态效应的研究

分子动态效应的研究如分子中活泼氢化学交换的研究(已在上面叙述)及某些分子内旋转的研究。例如 N,N-二甲基乙酰胺(图 4.52)中的 N—C 键，在室温时该键具有部分双键性质，阻碍了键的自由

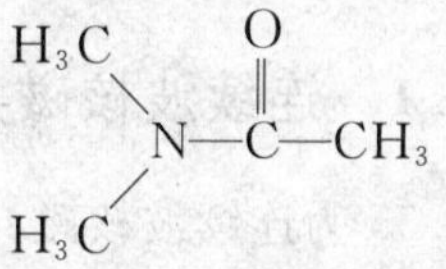

图 4.52 N,N-二甲基乙酰胺的结构式

旋转，因此与 N 原子相连的两个甲基处于不同的化学环境，其共振峰分别出现在 $\delta = \sim 3.0$ 和 $\delta = \sim 2.84$。

但较高的温度下(如 150 ℃)，分子的热运动能量超过了 N—C 键的活化能，N—C 键便可以自由旋转。此时，N 原子上的两个甲基的位置差异被平均化了，因此，NMR 谱上只出现一个 $\delta = \sim 2.9$ 的单峰。利用这个原理可以研究化学键的临界转动速率。所谓临界转动速率，指化学键转动速率等于两个单峰的吸收频率之差。在 100 ℃时，两峰正好合并，此时的转动速率为

$$(3.0-2.84)\times10^{-6}\times60\ MHz=9.6\ Hz$$

还可以计算该过程的活化自由能。

（3）研究氢键的形成

由于形成氢键后，导致该质子化学位移的变化，所以可以用于研究体系中是否形成氢键，如果形成氢键，还可以判断是形成分子内氢键还是分子间氢键。

（4）研究互异构现象

2,4-二戊酮（乙酰丙酮）的 ^1H-NMR 谱（图 4.53）中，其共振信号说明该化合物有酮式和烯醇式两种异构体（图 4.54），不同质子的 δ 值标于质子旁。

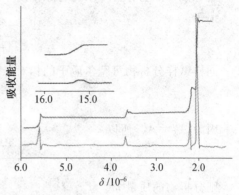

图 4.53 2,4-二戊酮的氢谱

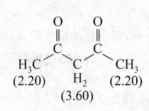 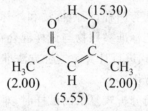

图 4.54 2,4-二戊酮的酮式和烯醇式异构体

在烯醇结构中，典型的烷烯质子的 δ 值约为 5.5。在 $\delta=15.3$ 处有一宽峰，如此高的 δ 值反映了该质子同时受两个氧原子的影响，这是因为羰基氧原子与羟基质子生成氢键。互变异构体的比例与溶剂性质、温度等关系也可利用氢谱进行研究。

4.7 核磁共振仪简介

按照仪器的工作方式，可将高分辨率的核磁共振波谱仪分为两种类型：连续波核磁共振波谱仪及脉冲傅里叶变换核磁共振波谱仪。

4.7.1 连续波核磁共振波谱仪

图 4.55 为连续波核磁共振波谱仪的结构示意图。它由 6 个部件组成：磁铁、探头（样品管）、扫描发生器、射频发生器、信号检测器及记录处理系统。

1.磁铁

磁铁是 NMR 仪中最重要的部分之一，NMR 的灵敏度和分辨率主要决定于磁铁的质量和强度。在 NMR 中通常用对应的质子共振频率来描述不同场强。NMR 常用的磁铁有 3 种：永久磁铁、电磁铁和超导磁铁。永久磁铁一般可提供 0.704 6 T 或 1.409 2 T 的磁场，对应质子共振频率为 30 MHz 和 60 MHz。超导磁铁可以提供更高的磁场，可达 100 kGs 以上，最高可达到 800 MHz 的共振频率，而电磁铁可提供对应 60 MHz，90 MHz，100 MHz 的共振频率。

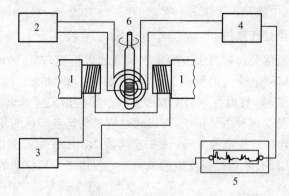

图 4.55　连续波核磁共振光谱仪的结构示意图

1—磁铁；2—射频振荡器；3—扫描发生器；

4—检测器；5—记录器；6—样品管

由于电磁铁的热效应和磁场强度的限制，目前应用不多，商品 NMR 仪中使用永久磁铁的低档仪器，供教学及日常分析使用。而高场强的 NMR 仪，由于设备本身及运行费较高，主要用于研究工作。

在 NMR 中要求测量的化学位移，其精度一般要达到 10^{-8} 数量级。这就要求磁场的稳定性至少要达到 10^{-9} 数量级，为了有效地消除温度等环境影响，在 NMR 仪中都采用频率锁定系统，即对一个参比核连续地以对应于磁场的共振极大的频率进行照射和监控，通过反馈线路保证 H/ν 不变而控制住磁场。常采用的有外锁定系统（以样品池外某一种核作参比）和内锁定系统（以样品池内某一种核作参比）来进行场频连锁，分别可以将磁场漂移控制在 10^{-9} 及 10^{-10} 数量级。

为了使样品处在一个均匀的磁场中，在磁场的不同平面还会加入一些匀场线圈以消除磁场的不均匀性，同时利用一个气动涡轮转子使样品在磁场内以几十赫的速率旋转，使磁场的不均匀性平均化，以此来提高灵敏度和分辨率。

2. 探头

样品探头是一种用来使样品管保持在磁场中某一固定位置的器件，探头中不仅包含样品管，而且包括扫描线圈和接收线圈，以保证测量条件的一致性。为了避免扫描线圈与接收线圈相互干扰，两线圈垂直放置并采取措施防止磁场的干扰。样品管底部装有电热丝和热敏电阻检测元件，探头外装有恒温水套。

3. 扫描线圈

在连续波 NMR 中，扫描方式最先采用扫场方式，通过在扫描线圈内加上一定电流，产生 10^{-5} T 磁场变化来进行核磁共振扫描。相对于 NMR 的均匀磁场来说，这样变化不会影响其均匀性。相对扫场方式来说，扫频方式工作起来比较复杂，但目前大多数装置都配用有扫频工作方式。

4. 射频源

NMR 仪通常采用恒温下石英晶体振荡器产生基频，经过倍频、调谐及功率放大后馈入与磁场成 90° 角的线圈中。为了获得高分辨率，频率的波动必须小于 10^{-8}，输出功率小于 1 W,且在扫描时间内波动小于 1%。

5. 信号检测及记录处理系统

共振核产生的射频信号通过探头上的接收线圈加以检测,产生的电信号通常要大于 10^5 倍后才能记录,NMR 记录仪的横轴驱动与扫描同步,纵轴为共振信号。现代 NMR 仪常都配有一套积分装置,可以在 NMR 波谱上以阶梯的形式显示出积分数据。由于积分信号不像峰高那样易受多种条件影响,可以通过它来估计各类核的相对数目及含量,有助于定量分析。随着计算机技术的发展,一些连续波 NMR 仪配有多次重复扫描并将信号进行累加的功能,从而有效地提高仪器的灵敏度。但由于一般仪器的稳定性影响,一般累加次数在 100 次左右。

4.7.2 脉冲傅里叶变换核磁共振波谱仪(PFT－NMR)

连续波 NMR 仪在进行频率扫描时,是单频发射和单频接收的,扫描时间长,单位时间内的信息量少,信号弱,虽然也可以进行扫描累加以提高灵敏度,但累加的次数有限,因此灵敏度仍不高。PFT－NMR 仪不是通过扫描频率(或磁场)的方法找到共振条件,而是采用在恒定的磁场中,在所选定的频率范围内施加具有一定能量的脉冲,使所选范围内的所有自旋核同时发生共振吸收而从低能态取向激发到高能态取向,这也称为"多道发射"。各种高能态核经过弛豫后又重新回到低能态,在这个过程中产生感应电流信号,称为自由感应衰减信号(FID),它们可以由检测器所收集,因此也称为"多道接收"。检测器检测到的 FID 信号是一种时间域函数的波谱图,称为时域谱(或称为时畴谱)。一种化合物有多种共振吸收频率时,时域谱是多种自由感应衰减信号的信号叠加,图谱十分复杂,不能直接观测。FID 信号经计算机快速傅里叶变换后,而得到常见的 NMR 谱,即频域谱(或称为频畴谱)。图 4.56 为乙基苯的 PFT－NMR 谱。

PFT－NMR 仪获得的光谱背景噪声小,灵敏度及分辨率高,分析速度快,可用于动态过程、瞬时过程及反应动力学方面的研究。而且由于灵敏度高,所以 PFT－NMR 仪成为对 ^{13}C,^{14}N 等弱共振信号的测量中不可少的工具。

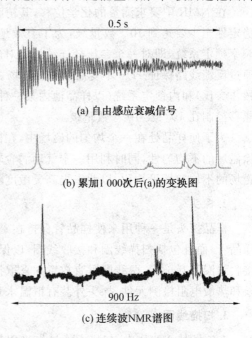

(a) 自由感应衰减信号

(b) 累加 1 000 次后(a)的变换图

900 Hz

(c) 连续波NMR谱图

图 4.56　乙基苯的 PFT－NMR 谱

4.7.3 样品的制备

NMR 法的样品通常都配制成溶液,在配制溶液时应注意以下几个问题。

1. 选择适当的溶剂

研究^{1}H－NMR 谱时，溶剂不应含有质子，常用的溶剂有 CCl_4、CS_2 及氘代溶剂。氘代溶剂对样品的溶解能力一般比 CCl_4 和 S_2 好，但价格较贵。常用的氘代溶剂有 $CDCl_3$，也有 C_6D_6，$(CD_3)_2CO$，$(CD_3)_2SO$（氘代二甲亚砜，DMSO）等，水溶性的样品可以用 D_2O。不含^{1}H 的溶剂还有 CF_2Cl_2，SO_2FCl 等。表 4.17 列出了某些氘代溶剂中残留^{1}H 的共振吸收位置。

表 4.17　某些氘代溶剂中残留^{1}H 的共振吸收位置

溶剂	含 H 基团	化学位移(δ)
$CDCl_3$	CH	7.28（单峰）
$(CD_3)_2CO$	CD_2H	2.05（5 重峰）
C_6D_6	$CH(C_6D_5H)$	7.20（多重峰）
D_2O	HDO	～5.30（单峰）
$(CD_3)_2SO$	CD_2H	2.5（5 重峰）
CD_3OD	CD_2H	3.3（5 重峰）
C_2D_5OD	CHD_2	1.17（5 重峰）
	CHD	3.59（3 重峰）
	OH	不定（单峰）
$(CD_3)_2NCDO$	CD_2H	2.76（5 重峰）
	CHO	8.06（单峰）

2. 样品溶液的浓度

样品溶液的浓度一般为 2‰～10‰，纯样品一般需要 15～30 mg。用 PFT－NMR 法时，样品需要量较少，一般只需 1 mg，甚至更少。化学位移基准物质（TMS）的浓度一般为 0.2‰左右。

思 考 题

1. 什么样的原子核能产生核磁共振信号？什么样的核不能？举例说明。

2. 解释以下术语：核进动频率、饱和、纵向弛豫、横向弛豫。

3. 什么是化学位移？影响化学位移的因素有哪些？

4. 峰裂距是否是耦合常数？耦合常数能提供什么结构信息？

5. 磁等价与化学等价有什么区别？说明下述化合物中哪些氢是磁等价或化学等价及其峰形（单峰、二重峰等）并计算化学位移。

①Cl—CH＝CH—Cl　② $\begin{array}{c} H_a \quad\quad H_c \\ C=C \\ H_b \quad\quad Cl \end{array}$ 　③ $\begin{array}{c} H_a \quad\quad Cl \\ C=C \\ H_b \quad\quad Cl \end{array}$ 　④$CH_3CH＝CCl_2$

6. 为什么用 δ 值表示峰位，而不用共振频率的绝对值表示？为什么核的共振频率与仪器的磁场强度有关,而耦合常数与磁场强度无关?

7. 什么是狭义与广义的 $n+1$ 律?

8. 苯甲醛中,环的两个质子共振在 $\delta=7.72$ 处,而其他 3 个质子在 $\delta=7.40$ 处,说明为什么?

9. 某化合物在 300 MHz 谱仪上的 ^{1}H NMR 谱线由 3 条谱线组成,它们的化学位移值分别是 0.3,1.5 和 7.3。在 500 MHz 谱仪上它们的化学位移是多少? 用频率(单位用 Hz)来表示其值分别是多少?

10. 判断下列化合物 ^{1}H 化学位移的大小顺序,并说明理由:

$$CH_3Cl, CH_3I, CH_3Br, CH_3F$$

11. 丙酰胺的图谱如图 4.57 所示,说明图谱中各组峰对应分子中哪类质子?

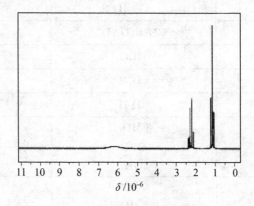

图 4.57 丙酰胺的图谱

12. 化合物 $CH_3\overset{\displaystyle O}{\overset{\displaystyle \|}{C}}NH\!-\!\!\bigcirc\!\!-\!OCH_2CH_3$ 的图谱如图 4.58 所示。试对照其结构指出图上各个峰的归属。

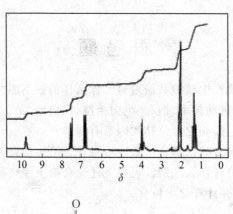

图 4.58 $CH_3\overset{\displaystyle O}{\overset{\displaystyle \|}{C}}NH\!-\!\!\bigcirc\!\!-\!OCH_2CH_3$ 的图谱

13. 某一含有 C,H,N 和 O 的化合物,其相对分子质量为 147,C 的质量分数为 73.5%,H 的质量分数为 6%,N 的质量分数为 9.5%,O 的质量分数为 11%,核磁共振谱如图 4.59 所示。试推测该化合物的结构。

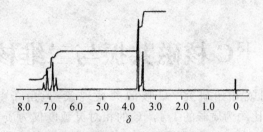

图 4.59　某化合物的核磁共振谱

14.已知化合物的分子式为 $C_{10}H_{10}Br_2O$,核磁共振谱如图 4.60 所示。试推测该化合物的结构。

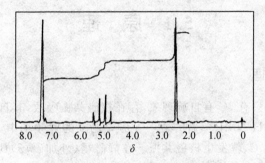

图 4.60　$C_{10}H_{10}Br_2O$ 的核磁共振谱

第5章 ^{13}C 核磁共振与二维核磁共振

早在 1957 年人们就开始研究 ^{13}C 核的共振现象,但由于 ^{13}C 的天然丰度很低(1.1%),且 ^{13}C 的磁旋比约为质子的 1/4,^{13}C 的相对灵敏度仅为质子的 1/5 600,所以早期研究的并不多。直至 1970 年后,发展了 PFT-NMR 应用技术,有关 ^{13}C 研究才开始增加。而且通过双照射技术的质子去耦作用(称为质子全去耦),大大提高了其灵敏度,使之逐渐成为常规方法。

5.1 原 理

5.1.1 基本原理

在 C 的同位素中,只有 ^{13}C 有自旋现象,存在核磁共振吸收,其自旋量子数 $I=1/2$,因此 ^{13}C NMR 的原理与 ^{1}H NMR 一样。在一个频率为 ν 的射频场中,只要 ^{13}C 核的实受磁场 B 满足 $\nu_0=\gamma B_0/2\pi^{13}$C,就发生核磁共振。在静磁场(外加磁场)$B_0$ 为 23 487 T,^{1}H 核的共振频率为 100 MHz,而 ^{13}C 核的共振频率为 25.144 MHz。

由于 $\gamma_C=\gamma_H/4$,且 ^{13}C 的天然丰度只有 1.1%,因此 ^{13}C 核的测定灵敏度很低,大约是 H 核的 1/6 000,测定困难。必须采用以下方法提高灵敏度:

①提高仪器灵敏度。

②提高仪器外加磁场强度和射频场功率。

③增大样品浓度。

④采用双共振技术,利用 NOE 效应增强信号强度。

⑤多次扫描累加,这是最常用的方法。

5.1.2 ^{13}C 的优点和缺点

1. ^{13}C NMR 的优点

①碳原子构成有机化合物的骨架,掌握有关碳原子的信息在有机物结构鉴定中具有重要意义。从这个角度来看,碳谱(^{13}C-NMR)的重要性大于氢谱。

有些官能团不含氢,但含碳,例如 $-C\equiv N$,$-C\equiv C-$,$\diagdown C=O$,$\diagdown C=C\diagup$,$-N=C=O$,$-N=C=S$,…,而从碳谱可以得到直接信息。

②常见有机化合物氢谱的 δ 值很少超过 10×10^{-6},而其碳谱的变化范围则可超过 $\delta=200$。由于碳谱的化学位移变化范围比氢谱大近 20 倍,化合物结构上的细微变化可望在碳谱上得到反映。相对分子质量在三四百以内的有机化合物,若分子不对称,原则上可期待每个碳原子有其可分辨的 δ 值。若去掉碳、氢原子之间的耦合,在上述条件下,每个

碳原子对应一条尖锐、分离的谱线。但对氢谱而言,由于化学位移差距小,加之耦合作用产生的谱线分裂,经常出现谱线的重叠而难以解析。

③碳谱的 DEPT 法可以直接区分伯、仲、叔、季碳原子(C,CH,CH_2,CH_3)。

④碳原子的弛豫时间较长,能被准确测定,有助于对碳原子进行指认和结构推导。

2. 缺点

①上面叙述了碳谱的优点,这些优点虽早为人们所认识或估计,但碳谱的发展相对于氢谱约晚 20 年。这是因为 ^{13}C 核的 γ 仅约为 H 的 1/4,^{13}C 核的天然丰度也仅约为 H 的 1/100,因而灵敏度很低。早期 ^{13}C 核磁共振的研究,都采用富集 ^{13}C 的样品。在脉冲—傅里叶变换核磁共振波谱仪问世之后,碳谱才能用于常规分析,各种研究才蓬勃开展。

②碳与氢核的耦合作用很强,耦合常数较大,给图谱的测定与解析造成很大的困难。因此,碳谱的测定技术较为复杂,识谱时一定要注意谱图的制作方法及条件。

在 ^{1}H NMR 谱中我们已知道核之间的耦合作用。因为 ^{1}H 和 ^{13}C 之间也有耦合作用,所以 ^{13}C NMR 谱中碳原子的谱峰也会发生分裂。因为 ^{13}C 和 ^{1}H 化学位移相差很大,它们形成的 CH_n 系统满足一级谱,也符合 $n+1$ 规律,在只考虑 $^1J_{CH}$ 耦合时,各个碳在耦合谱中的峰数和相对强度见表 5.1。

表 5.1 CH_n 体系的峰数及强度比

体系	峰数	峰数代号	多重峰相对强度
季碳	1	s	
—CH	2	d	1:1
CH_2	3	t	1:2:1
—CH_3	4	q	1:3:3:1

5.2 ^{13}C 的测定方法

碳谱中,碳与氢核的耦合相当严重,且耦合规则与氢谱相同,使得若不使用特殊技术,碳谱很复杂,很难解析。

由于 ^{13}C 的自然丰度很低,分子中邻近的碳原子都是 ^{13}C 的可能性很小,因此 ^{13}C 核磁共振波谱通常不出现 ^{13}C—^{13}C 自旋耦合裂分。但是,像 ^{1}H—^{1}H 耦合一样,^{13}C 核与邻近的质子的磁矩会相互作用。这种耦合作用不限于直接相连的质子,也可以是较远的质子,因此使 ^{13}C 谱变得十分复杂,通过质子去耦技术,可以消除 ^{13}C—^{1}H 之间的耦合裂分,简化图谱。除了用脉冲射频照射样品外,同时采用第二个较强的特定宽带射频频率,使所有质子吸收各自合适的频率后,在磁场中极其迅速地改变自旋方向,不再产生固定的局部磁场,使与 ^{13}C 核的耦合平均化,即不与 ^{13}C 核耦合,这种去耦技术称为双照射技术,所得到的图谱称为全去耦谱,这是一种常规方法。

双共振又分为同核双共振(如^{1}H—^{1}H)和异核双共振(如^{13}C—^{1}H)。通常采用符号 A{X} 表示,A 表示被观察的核,X 表示被另一射频照射干扰的核。因为在天然丰度的化合物中,可以不考虑^{13}C—^{13}C 耦合,故^{13}C 双共振都是异核双共振,质子去耦的双共振表示为^{13}C{^{1}H}。

5.2.1 质子宽带去耦

质子宽带去耦又称为质子噪音去耦。质子宽带去耦是在扫描时,同时用一强的去耦射频对可使全部质子共振的射频区进行照射,使全部质子饱和,从而消除碳核和氢核间的耦合,得到简化的谱图。每个碳原子仅出一条共振谱线。CH$_3$,CH$_2$,CH 和季碳皆是单峰,由于多重耦合峰合并成单峰提高了信噪比,使信号增强。一般去耦时的 NEO 效应常使谱线增强 1～2 倍。在测定^{13}C NMR 谱时,为了消除 H 对 C 的耦合,必须对 H 进行全去耦(对 H 实行饱和辐照,使 H 失去对 C 的耦合)。这时,对于与 H 相连的 C 原子(C 与 H 两核间的距离小于 0.5 nm)存在 NOE 效应,比不与 H 相连的 C 原子的峰要强得多(一般 2 倍左右)。另外,由于不同的碳原子之间的弛豫时间相差很大,也使得碳峰的强度不一样。以上两个主要因素导致 C 峰的信号与个数不成比例,所以在常规 C 谱中不用积分曲线来表征碳原子的个数。

①基团 CD$_n$ 有 $2n+1$ 个峰,CDCl$_3$ 作溶剂的碳谱中总有 3 个大峰。

②基团 CF$_n$ 和 CP$_n$ 有 $n+1$ 个峰,如基团 CF$_3$ 为 4 重峰。

③在分子中没有对称因素和不含氘、F 和 P 等元素时,每个碳原子都出一个峰,互不重叠。并且由于多重耦合峰合并成单峰提高了信噪比,使信号增强,更易得到。一般去耦 NOE 效应常使谱线增强 1～2 倍。但由于 NOE 作用不同,峰高不能定量反应碳原子的数量,只能反映碳原子种类的个数(即有几种不同种类的碳原子)

宽带去耦合完整图谱的比较如图 5.1 所示。图 5.2 为 C$_3$H$_3$F$_3$O$_2$ 的^{13}C 谱图。图5.3 为 C$_3$H$_3$F$_3$O$_2$ 的^{13}C 宽带去耦谱图。图 5.4 为 2—丁醇^{13}C 宽带去耦谱图和^{13}C 图谱比较。图 5.5 为胆固醇^{13}C 宽带去耦谱图和^{13}C 图谱比较。

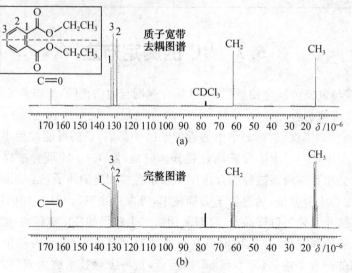

图 5.1 宽带去耦 wgk 完整图谱比较

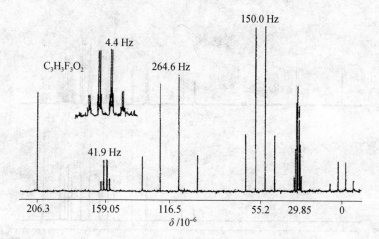

图 5.2　$C_3H_3F_3O_2$ 的 ^{13}C 谱图

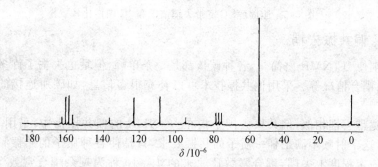

图 5.3　$C_3H_3F_3O_2$ 的 ^{13}C 宽带去耦谱图

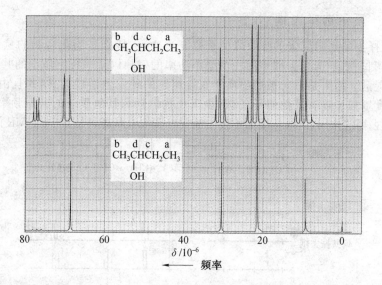

图 5.4　2—丁醇 ^{13}C 宽带去耦谱图和 ^{13}C 图谱比较

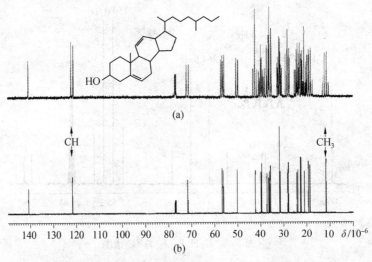

图 5.5 胆固醇^{13}C宽带去耦谱图和^{13}C图谱比较

5.2.2 偏共振去耦

宽带去耦使^{13}C NMR谱简化,各种碳核都是一条单峰,但是也失去了许多结构信息,如碳的类型、耦合情况等。采用偏共振技术可以补充很多信息,如碳所连接的质子数、耦合情况等。

与质子宽带去耦相似,偏共振去耦是指在^{13}C NMR的偏共振谱中,采用一个较弱的干扰照射场,这个射频不满足任一质子的共振要求,只是使各种质子的共振频率偏离,使碳上质子在一定程度上去耦,耦合常数比原来的J_{CH}小,称为剩余耦合常数J_R。峰的分裂数目不变,仍保持原来的数目,但裂距变小,谱图得到简化,但又保留了碳氢耦合信息。

5.2.3 质子选择去耦

质子选择去耦是归属碳的吸收峰的重要方法之一,特别是当化合物的氢谱已全部归属时更加有利。质子选择去耦是用一个很小功率的射频以某一特定质子的共振频率进行照射,观察碳谱。结果是只与被照射质子直接相连的碳发生谱线简并,并且由于NOE效应,峰的强度增强。连有其他质子的碳,由于干扰射频和其他质子的共振频率相差$\Delta \nu$,只引起偏共振去耦的作用,谱线压缩而不发生简并。图5.6是各种情况^{13}C NMR的比较图。

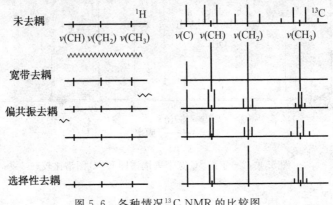

图 5.6 各种情况^{13}C NMR的比较图

5.2.4 门控去耦

质子宽带去耦图谱得不到 C—H 的耦合信息,质子偏共振去耦仅能看到一个键C—H 耦合的剩余耦合裂分,看不到远程耦合。为了得到真正的一键或远程耦合则需要对质子不去耦。但一般耦合谱费时太长,需要累加很多次。为此采用带 NOE 效应的不去耦技术,称为门控去耦法,也称为交替脉冲法,可以从峰的裂分计算 C—H 耦合常数。它是在发射脉冲前,预先加一个去耦照射 H_2,这时自旋体系被去耦,粒子分布改变,有 NOE 效应。紧接着发射脉冲 H_1,进行 FID 的接收,H_2 被关掉,核迅速恢复耦合。核的弛豫时间 T_1 为秒数量级,发射脉冲为微秒级,NOE 效应的衰减与弛豫时间同数量级,所以接收的 FID 信号是具有耦合同时有 NOE 增强的信号,如图 5.7 所示。

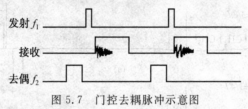

图 5.7 门控去耦脉冲示意图

5.2.5 反门控去耦法

反门控去耦法的目的是得到宽带去耦谱,通过加强脉冲间隔,控制 NOE 效应和增加延迟时间实现,保持碳数与信号强度成比例的方法,可以定量地反映碳原子的个数。而一般的宽带去耦由于 NOE 效应引起信号强度的增大会因各碳原子的杂化轨道状态和分子环境的不同而异,因此信号强度与碳原子个数不成比例。

5.2.6 极化转移技术

极化转移技术是近年发展起来的一种新的脉冲技术,采用两种特殊的脉冲序列分别作用于非灵敏原子(^{13}C,^{15}N,^{29}Si)和灵敏原子(如^{1}H)两种不同的自旋体系时,通过两体系间能量级跃迁的极化转移,提高非灵敏原子的观测灵敏度,而且能够有效地区分甲基、亚甲基和次甲基不同类型的碳,辨别含不同数目氢原子的碳信号等,从而补充偏振谱的不足,使 NMR 研究复杂谱图的能力明显提高。

1. ATP 法

连接质子测试(Attached Proton Test,ATP),是现在已经不用的实验,这个实验是以次甲基、亚甲基和甲基这些不同级数的^{1}H—^{13}C 耦合为基础,在脉冲序列中(未给出),通过调整脉冲序列的时间间隔,季碳和亚甲基相位朝上(正信号),次甲基和甲基相位朝下(负信号)。因为相位是任意调节的,所以这个规律亦可相反。这种利用不同类型的碳原子各自耦合常数的不同来区分碳原子级数的方法现在衍生为常用的 DEPT 实验。

2. INEPT 法

INEPT 法(Insensitive Nuclei Enhanced by Polarization Iransfer)采用异核极化转移技术。检测基本 INEPT 实验是差分传递,没有净传递,其谱线的反相特征势必影响重叠体的解释,若加上去耦后再观察,就得不到任何增强。INEPT 脉冲序列图如图 5.8 所示。

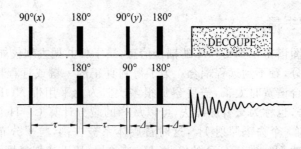

图 5.8 INEPT 脉冲序列图

图 5.9 为 β—紫罗兰酮的 ¹³C 谱和 INEPT 谱。

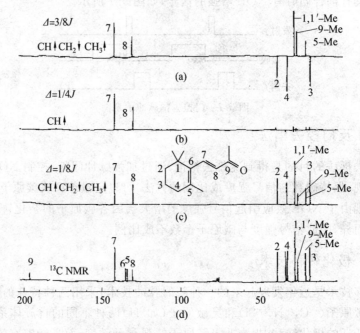

图 5.9 β—紫罗兰酮的 ¹³C 谱和 INEPT 谱

3. DEPT 法

DEPT(Distortionless Enhancement by Polarization Transfer)序列已发展为确定碳核级数的首选程序。DEPT 序列的显著特征是质子的脉冲角度 θ 是可变的(图 5.10),通过控制去耦通道脉冲质子的不同翻转角 θ,使连接不同数目质子的碳表现出不同的峰强和相位,从而达到区分不同种类碳的目的。

DEPT 脉冲序列比 INEPT 短,克服了 INEPT 方法引起强度比和相位畸变的缺点,碳氢多重线具有正常的强度比和理想的相位,在发展期能明显减少由横向弛豫而损失的磁化量。利用光谱编辑法能得到区分 CH,CH_2 和 CH_3 信号的 DEPT 谱,但这样需要分别进行 3 次测试(即 45°,90°,135°)。在 DEPT 实验中,用 θ 脉冲的变化来代替 Δ 的改变,信号强度仅与 θ 脉冲倾倒角有关:

$CH: I = I_0 \sin \theta$

$CH_2: I = I_0 \sin 2\theta$

CH$_3$: $I = 0.75 I_0 (\sin \theta + \sin 3\theta)$

θ 是倾倒角,它与耦合常数 J 无关。在实验中,只要设置 θ 发射脉冲倾倒角分别为 45°,90°,135°,做 3 次实验,就可以区分各种碳,如图 5.11 所示。与 INEPT 实验中一样,季碳的信号不出现。

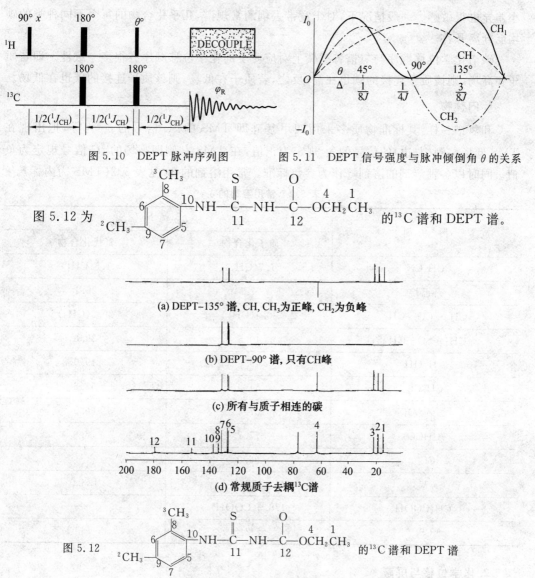

图 5.10　DEPT 脉冲序列图　　　　图 5.11　DEPT 信号强度与脉冲倾倒角 θ 的关系

图 5.12 为 的 ^{13}C 谱和 DEPT 谱。

(a) DEPT-135° 谱, CH, CH$_3$ 为正峰, CH$_2$ 为负峰

(b) DEPT-90° 谱, 只有 CH 峰

(c) 所有与质子相连的碳

(d) 常规质子去耦 ^{13}C 谱

图 5.12 　 的 ^{13}C 谱和 DEPT 谱

5.3 ^{13}C 的化学位移和耦合常数

^{13}C NMR 与 ^{1}H NMR 类似,主要有化学位移 δ、耦合常数 J、谱线强度和弛豫时间 4 个参数,但它们的重要性程度与 ^{1}H NMR 有所不同。

5.3.1 化学位移

化学位移是 ^{13}C NMR 中最重要的参数。^{13}C NMR 谱化学位移的分布范围为 $0 \sim 250 \times 10^{-6}$，能直接反映碳核周围的电子云分布，即屏蔽情况，因此对分子构型、构象的微小差异也很敏感。一般情况下，对于宽带去耦的常规谱，几乎化合物的每个不同种类的碳均能分离开。

碳谱化学位移顺序与氢谱各类碳上对应质子的化学位移顺序有很多一致性。即若质子在高场，则该质子连接的碳也在高；反之，若质子在低场，则该质子连接的碳也在低场。

1. 内标物

和氢谱一样，其标准物质多采用四甲基硅即 TMS 的 ^{13}C 信号的 δ_C 为零，把出现在 TMS 低场一侧（左边）的信号的 δ_C 规定为正值，在 TMS 右侧即高场的 ^{13}C 信号规定为负值。同时以各种溶剂的溶剂峰作为参数标准。常用溶剂的 δ_C 见表 5.2（TMS 为内标）。

表 5.2 常用溶剂的 δ_C

溶　剂	$\delta_C/10^{-6}$	
	质子化合物	氘代化合物
CH_3CN	1.7(CH_3)	1.3(CH_3)
环己烷	27.5	26.1
$CH_3{-}CO{-}CH_3$	30.4(CH_3)	29.2(CH_3)
$CH_3{-}SO{-}CH_3$	40.5	39.6
CH_3OH	49.9	49.0
CH_2Cl_2	54.0	53.6
二氧六环	67.4	66.5
$CHCl_3$	77.2	76.9
CCl_4	96.0	—
苯	128.5	128.0
CH_3COOH	178.3(COOH)	—
CS_2	192.8	

2. 化学位移与屏蔽

由于各种碳原子受到的屏蔽不同，即屏蔽常数不同，所以有不同的化学位移值。C 的屏蔽系数是几项因素的加和，即

$$\sigma = \sigma_d + \sigma_p + \sigma_a + \sigma_s$$

式中，σ_d 为反映由核周围局部电子引起的抗磁屏蔽的大小；σ_p 为主要反映与 p 电子有关的顺磁屏蔽的大小，它与电子云密度、激发能量和键级等因素有关；σ_a 为相邻基团磁各向异性的影响；σ_s 为溶剂和介质的影响。

抗磁屏蔽，Lamb 公式：

$$\sigma_d = \frac{e^2}{3mC^2} \sum_i (r_i^{-1})$$

顺磁屏蔽，Karplus 与 Pople 公式：

$$\sigma_p = -\frac{e^2 h^2}{3m^2 C^2} (\Delta E)^{-1} (r^{-3})_{2p} \left[Q_{AA} + \sum_B Q_{AB} \right]$$

式中，$(\Delta E)^{-1}$ 为平均电子激发能的倒数；$(r^{-3})_{2p}$ 为 2p 电子和核距离立方倒数的平均值；Q_{AA} 为所考虑核的 2p 轨道电子的电子密度；Q_{AB} 为所考虑核与其相连核的键的键级。

负号表示顺磁屏蔽，$|\sigma_p|$ 越大，去屏蔽越强，其共振位置越在低场，^{13}C 谱化学位移的决定因素是顺磁屏蔽。

3. 影响化学位移的因素

（1）碳原子的杂化

碳谱的化学位移受杂化的影响较大，次序与氢谱平行：

sp³ 杂化：　$CH_3 < CH_2 < CH <$ 季 C　　　在较高场 $0 \sim 50 \times 10^{-6}$

sp² 杂化：　$—CH=CH_2$　　　在较低场 $(100 \sim 150) \times 10^{-6}$

sp² 杂化：　$\underset{/}{\overset{\backslash}{C}}=O$　　　在最低场 $(150 \sim 220) \times 10^{-6}$

sp 杂化：　$—C\equiv CH$　　　在中间 $(50 \sim 80) \times 10^{-6}$

（2）诱导效应

电负性基团会使邻 ^{13}C 核去屏蔽。基团的电负性越强，去屏蔽效应越大。卤代物中 $\delta_{C-F} > \delta_{C-Cl} > \delta_{C-Br} > \delta_{C-I}$。但碘原子上众多的电子对碳原子产生屏蔽效应。另外，取代基对 δ_C 的影响还随离电负性基团的距离增大而减小。取代烷烃中，α 位效应较大，δ 差异可高达几十，β 位效应较小，约为 10，γ 位效应则与 α、β 效应符号相反，为负值，即使 δ_C 向高场移动，但数值很小。对于 δ 和 ε，由于已超过 3 个键，故取代效应一般都很小，个别情况下会有 1～2 的变化。饱和环中有杂原子如 O，S，N 等取代时，同样有 α，β，γ 位取代效应，与直链烷烃类似，如图 5.13 所示。

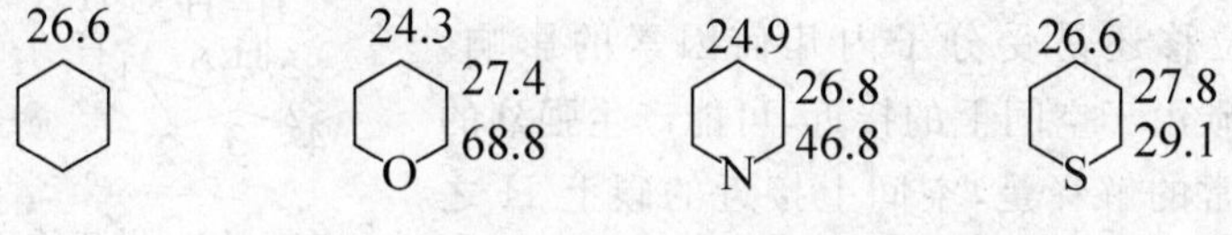

图 5.13　含杂原子的饱和环烷烃

苯环取代因有共轭系统的电子环流，取代基对邻位及对位的影响较大，对间位的影响较小。芳环上有杂原子时，取代效应也和饱和环不同，如图 5.14 所示。

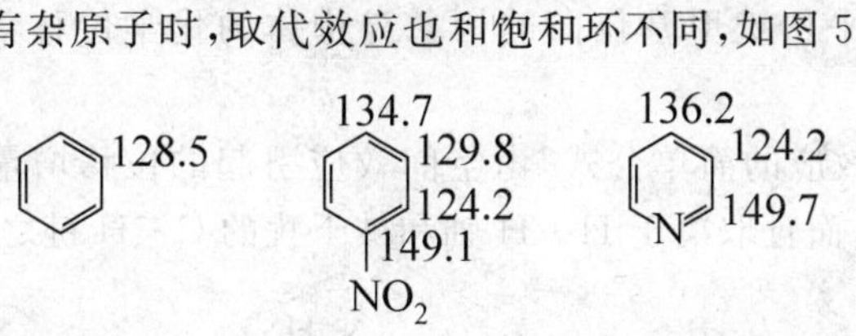

图 5.14　含杂原子的芳烃

$XCH_2CH_2CH_3$的化学位移见表 5.3。

表 5.3 $XCH_2CH_2CH_3$的化学位移

X	$\delta_C/10^{-6}$					
	^1H			^{13}C		
	$\alpha-CH_2$	$\beta-CH_2$	$\gamma-CH_3$	$\alpha-CH_2$	$\beta-CH_2$	$\gamma-CH_3$
Et	1.3	1.3	0.9	34	22	14
COOH	2.3	1.7	1.0	36	18	14
SH	2.5	1.6	1.0	27	27	13
NH$_2$	2.6	1.5	0.9	44	27	11
Ph	2.6	1.6	0.9	39	25	15
Br	3.4	1.9	1.0	36	26	13
Cl	3.5	1.8	1.0	47	26	12
OH	3.6	1.6	0.9	64	26	10
NO$_2$	4.4	2.1	1.0	77	21	11

在不饱和羰基化合物和具有孤对电子的取代基系统中,这些基团便羰基碳正电荷分散,使其共振向高场位移(图 5.15)。

	—CHO	—COCH$_3$	—COOH	—CONH$_2$	—COCl	—COBr
$\delta_{C=O}$	201	204	177	172	170	167

$\delta_{C=O}$ 201.5   192.4   190.7

图 5.15 具有孤对电子取代基体中羰基化学位移

(3)空间效应

^{13}C 化学位移还易受分子内几何因素的影响。相隔几个键的碳由于空间上的接近,可能产生强烈的相互影响。通常的解释是,空间上接近的碳上 H 之间的斥力作用使相连碳上电子密度有所增加,从而增

图 5.16 甲基环己烷空间效应

大屏蔽效应,化学位移则移向高场。如甲基环己烷(图5.16)上直立的甲基 C(7)和环己烷 C(3)和 C(5)的化学位移比平伏键甲基位向的构象异构体的化学位移各向高场移 4×10^{-6} 和 6×10^{-6} 左右。

Grant 提出了一个空间效应的简单公式,由空间效应引起的位移增量 $\Delta\delta_{St}$ 不仅决定于质子和质子间的距离 γ_{HH},而且取决于 H···H 轴和被干扰的 C—H 键之间的夹角 θ,即

$$\Delta\delta_{St} = C \cdot F_{HH}(\gamma_{HH}) \cdot \cos\theta$$

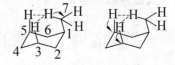

式中，F_{HH} 表示质子之间的排斥力，是 γ_{HH} 的函数；C 为常数；$\Delta\delta_{st}$ 的符号取决于 θ，可正可负。

空间效应的影响因素如下。

①取代烷基的密集性：取代烷基越大，分支越多，δ_C 也越大，例如，伯碳＜仲碳＜叔碳＜季碳。

②γ－旁式效应：各种取代基团均使 γ－碳原子的共振位置稍移向高场。例如：

$$H_3C \quad\quad H$$
$$HOOC \quad\quad COOH$$
$$20.3\times10^{-6}$$

$$H_3C \quad\quad COOH$$
$$HOOC \quad\quad H$$
$$14.0\times10^{-6}$$

例如，苯乙酮中若乙酰基邻近有甲基取代，则苯环和羰基的共平面发生扭曲，羰基化学位移与扭曲角度 ϕ 有关。

$$\phi=0° \quad\quad \phi=28° \quad\quad \phi=50°$$
$$\delta_C=195.7\times10^{-6} \quad \delta_C=199.0\times10^{-6} \quad \delta_C=205.5\times10^{-6}$$

（4）缺电子效应

如果碳带正电荷，即缺少电子，屏蔽作用大大减弱，化学位移处于低场。例如叔丁基正碳离子 $(CH_3)_3C^+$ 中 C^+ 的 δ 达到 327.8×10^{-6}。

这个效应也可用来解释羰基的 ^{13}C 化学位移为什么处于较低场，因为存在下述共振：

$$C=O \longleftrightarrow \overset{\oplus}{C}-\overset{\ominus}{O}$$

（5）共轭效应和超共轭效应

在羰基碳的邻位引入双键或含孤对电子的杂原子（如 O，N，F，Cl 等），由于形成共轭体系或超共轭体系，羰基碳上电子密度相对增加，屏蔽作用增大而使化学位移偏向高场。因此，不饱和羰基碳以及酸、酯、酰胺、酰卤的碳的化学位移比饱和羰基碳更偏向高场一些。例如，下列 3 个化合物中羰基碳（图 5.17）的化学位移分别为：

$$CH_3-CH_2-CH_2-CH_2-\overset{\overset{\displaystyle O}{\|}}{C}-CH_3 \quad\quad \delta_C=206.8\times10^{-6}$$

$$CH_3-CH_2-CH=CH-\overset{\overset{\displaystyle O}{\|}}{C}-CH_3 \quad\quad \delta_C=195.8\times10^{-6}$$

$$CH_3-CH_2-CH=CH_2-\overset{\overset{\displaystyle O}{\|}}{C}-OH \quad\quad \delta_C=179.4\times10^{-6}$$

（6）重原子效应

卤素取代氢后，除诱导效应外，碘（溴）还存在重原子效应。随着原子序数的增加，重原子的核外电子数增多，抗磁屏蔽增加，δ_C 移向高场，对于化合物 $CH_{4-n}X_n$，其 δ_C 变化见

表 5.4。这主要是由于诱导效应引起的去屏蔽作用和重原子效应的屏蔽作用的综合作用结果。对于碘化物,随着原子数的增大,表现出屏蔽作用。

表 5.4 重原子效应

化合物	$\delta_C/10^{-6}$		
	Cl	Br	I
CH_3X	25.1	10.2	-20.5
CH_2X_2	54.2	21.6	-53.8
CHX_3	77.7	12.3	-139.7
CX_4	96.7	-28.5	-292.3

(7)氢键及其他影响

氢键的形成使羰基碳原子更缺少电子,共振移向低场。提高浓度或降低温度有利于分子间氢键形成。

(8)电场效应

在含氮化合物中,如含—NH_2 的化合物,质子化作用后生成—N^+H_3,此正离子的电场使化学键上电子移向 α 或 β 碳,从而使它们的电子密度增加,屏蔽作用增大,与未质子化中性胺相比较,其 α 和 β 碳原子的化学位移向高场偏移$(0.5\sim5)\times10^{-6}$。这个效应对含氮化合物的碳谱指认很有用。

(9)取代程度

一般来说,碳上取代基数目的增加,它的化学位移向低场的偏移也相应增加。例如:

$$^*CH_4 \quad CH_3—^*CH_3 \quad (CH_3)_2{}^*CH_2 \quad (CH_3)_3{}^*CH \quad (CH_3)^*C$$

$\delta_C/10^{-6}$ -2.7 5.4   15.4   24.3   27.4

$$CH_3Cl \quad CH_2Cl_2 \quad CHCl_3 \quad CCl_4$$

$\delta_C/10^{-6}$ 24.9   54.0   77.0   96.5

另外,取代的烷基越大,化学位移值也越大,例如下面分子中 ^+C 的化学位移 δ 从左到右逐渐增大。

$$R—^*CH_3, R—^*CH_2CH_3, R—^*CH_2CH_2CH_3, R—^*CH_2CH\begin{smallmatrix}CH_3\\CH_3\end{smallmatrix}, R—^*CH_2—C\begin{smallmatrix}CH_3\\|\\CH_3\end{smallmatrix}CH_3$$

(10)邻近基团的磁各向异性效应

磁各向异性的基团对核屏蔽的影响,可造成一定的差异。这种差异一般不大,而且很难与其他屏蔽的贡献分清,但有时这种各向异性的影响是很明显的。如异丙基与手性碳原子相连时,异丙基上两个甲基由于受到较大的磁各向异性效应的影响,碳的化学位移差别较大,而当异丙基与非手性碳原子相连时,两个甲基碳受各向异性效应的影响较小,其化学位移的差别也较小(图 5.17)。又如,大环环烷$(CH_2)_{16}$的 δ_C 为 26.7×10^{-6}。而当环烷中有苯环时,其影响可使各碳的 δ_C 受到不同的屏蔽或去屏蔽,在苯环平面上方屏蔽区碳的 δ_C 可高达 26.2×10^{-6}(图 5.18)。

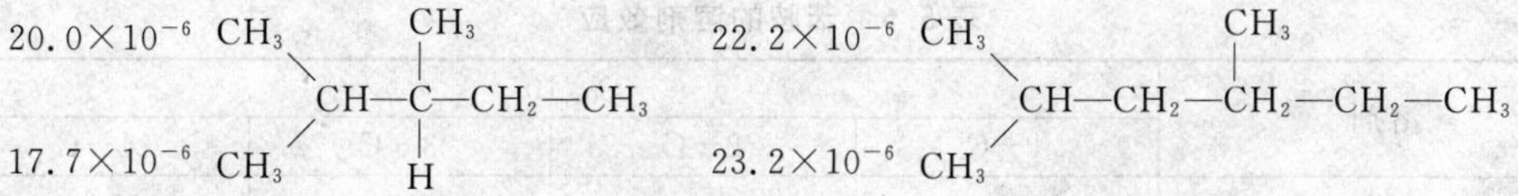

$$20.0 \times 10^{-6} \quad CH_3$$
$$\quad CH_3$$
$$CH-CH-CH_2-CH_3$$
$$17.7 \times 10^{-6} \quad CH_3 \quad H$$

$$22.2 \times 10^{-6} \quad CH_3$$
$$\quad CH_3$$
$$CH-CH_2-CH_2-CH_2-CH_3$$
$$23.2 \times 10^{-6} \quad CH_3$$

图 5.17　异丙基与手性或非手性碳连接时甲基碳的化学位移

（11）构型

构型对化学位移也有不同程度的影响。例如，烯烃的顺反异构体中（图5.19），烯碳的化学位移相差（1~2）×10⁻⁶，顺式在较高场；与烯碳相连的饱和碳的化学位移相差更多些，为（3~5）×10⁻⁶，顺式也在较高场。

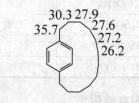

30.3 27.9
35.7 27.6
27.2
26.2

图 5.18　含有苯环的环烷 C 的化学位移

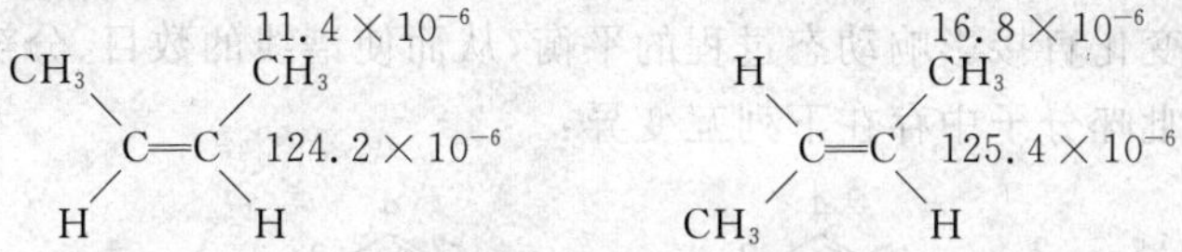

$$11.4 \times 10^{-6}$$
$$CH_3 \quad CH_3$$
$$C=C \quad 124.2 \times 10^{-6}$$
$$H \quad H$$

$$16.8 \times 10^{-6}$$
$$H \quad CH_3$$
$$C=C \quad 125.4 \times 10^{-6}$$
$$CH_3 \quad H$$

图 5.19　烯烃顺反异构体

环己烷上取代基处于 a 键或 e 键对环上各个碳的化学位移的影响也不同（图 5.20）。环己烷的化学位移为 26.6×10^{-6}，如有取代基 X 时，各碳的化学位移值见表 5.5。

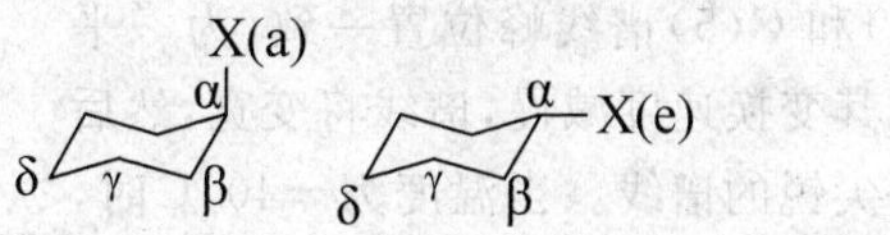

图 5.20　环己烷

表 5.5　取代基 X 对环己烷各碳原子 δ 值的影响

X	取向	$\delta_C/10^{-6}$			
		α—C	β—C	γ—C	δ—C
OH	e—	70	35	24	25
	a—	56	32	20	26
Cl	e—	60	38	27	25
	a—	60	34	21	26

（12）介质效应

不同的溶剂、不同的浓度以及不同的 pH 值都会引起碳谱的化学位移的改变。由不同溶剂引起的化学位移值的变化，也称为溶剂位移效应。这通常是样品中的 H 与极性溶剂通过氢键缔合产生去屏蔽效应的结果。一般来说，溶剂对¹³C 化学位移的影响比对¹H 化学位移的影响大。苯胺在不同的溶剂中各个碳的化学位移随溶剂而改变，见表 5.6。

易离解的化合物在溶液稀释时会使化学位移有少许的变化。

当化合物中含有—COOH，—OH，—NH₂，—SH 等基团时，pH 的改变会使化学位移发生明显变化。例如，羧基碳原子在 pH 增大时，受到屏蔽作用而使化学位移移向高场。

表 5.6 苯胺的溶剂效应

溶剂	$\delta_C/10^{-6}$			
	1—C	2—C	3—C	4—C
CCl₄	146.5	115.3	129.5	118.8
CH₃COOH	134.0	122.5	129.9	127.4
CH₃SO₃H	128.9	123.1	130.4	130.0
DMSO—d₆	149.2	114.2	129.0	116.5
(CD₃)₂CO	148.6	114.7	129.1	117.0

(13)温度效应

温度的变化可使化学位移发生变化。当分子中存在构型、构象变化、内部运动或有交换过程时,温度的变化直接影响动态过程的平衡,从而使谱线的数目、分辨率、线形发生明显的变化。例如,吡唑分子中存在下列互变异:

吡唑的变温碳谱如图 5.21 所示。温度较高时,异构化变换速度较快,C(3)和 C(5)谱线峰位置一致,为一平均值。当温度降低后,其变换速度减慢,谱线将变宽,然后裂分,最终将成为两条尖锐的谱线。当温度为—40 ℃时,其核磁共振碳谱有两条谱线,分别由 C(3),C(5)和 C(4)给出。温度降低后,C(4)谱线基本不变,而 C(3),C(5)的谱线发生变化,在—70 ℃时,C(3),C(5)谱线变宽。在—100 ℃时,谱线继续加宽,直到—118 ℃,C(3),C(5)呈现2 条尖锐的谱线。

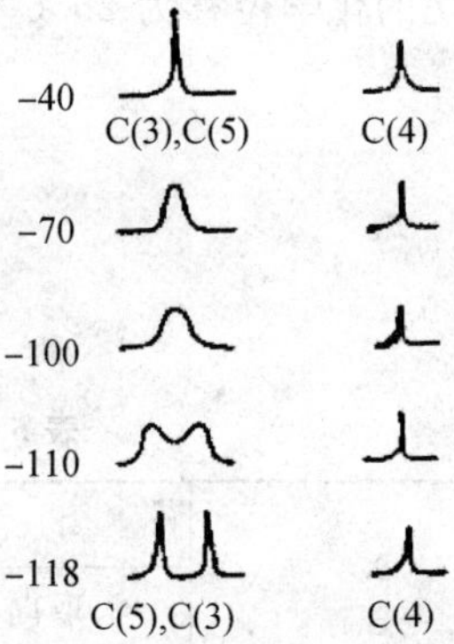

图 5.21 吡唑的变温碳谱

(14)顺磁离子效应

顺磁物质对碳谱谱线的位移有强烈的影响,一些位移试剂,如镧系元素(Eu,Pr,Yb)的盐类(氯化物、硝酸盐、过氯酸盐)及其它们的 β—二酮的络合物,都可以作为¹³C 的位移试剂,使碳谱谱线产生位移。

5.3.2 耦合常数

1. 理论

核之间的自旋耦合作用是通过成键电子自旋相互作用造成的,与分子取向无关,这是一种标量耦合。实验发现 N 核与 K 核之间的相互作用能与它们核的自旋量子数 I 的标量积成正比,即

$$E = J_{NK} I_N I_K$$

式中,J_{NK} 为耦合常数。耦合常数由分子结构决定,与外磁场大小及外界条件无关,只考虑¹³C—¹H 耦合,不考虑¹³C—¹³C 耦合。

2. $^1J_{CH}$

$^1J(^1H-^{13}C)$ 是最重要的,一般为 120～320 Hz,与杂化轨道 s 成分有关,经验证明,$^1J_{CH}\approx5\times s\%(Hz)$,s 成分增大,$^1J_{CH}$ 增大。例如:

CH$_4$ 　　　　　(sp^3 杂化,s% = 25%)　　　　$^1J_{CH}$ = 125 Hz

CH$_2$=CH$_2$ 　　(sp^2 杂化,s% = 33%)　　　　$^1J_{CH}$ = 157 Hz

C$_6$H$_6$ 　　　　(sp^2 杂化,s% = 33%)　　　　$^1J_{CH}$ = 159 Hz

HC≡CH 　　　(sp 杂化,s% = 50%)　　　　$^1J_{CH}$ = 249 Hz

同时 $^1J_{CH}$ 与键角有关,与脂环烃环大小有密切关系(见表 5.7)。

表 5.7 环的大小与 J_{CH} 的关系

	 △	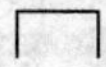 □	 ⬠	 ⬡	开链
$^1J_{CH}$/Hz	161	136	131	127	125
	 ◁△	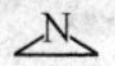 ⋈	人	 S	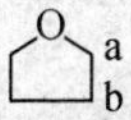 $\overset{O}{\underset{b}{\square}}$a
$^1J_{CH}$/Hz	220	172	175	170.5	149(a),133(b)

$^1J_{CH}$ 还受取代基的电负性影响,取代基电负性越大,碳核的有效核电荷增加越多,$^1J_{CH}$ 也增大越多。例如:

	CH$_4$	CH$_3$Cl	CH$_3$F	CH$_2$F$_2$	CHF$_3$
$^1J_{CH}$/Hz	125	150	149.1	184.5	239.1

3. $^2J_{CCH}$

质子与邻位碳原子的耦合 $^2J_{CCH}$ 为 -5～60 Hz。

$^2J_{CCH}$ 一般数值不大,与杂化及取代基有关。在 $^2J_{CCH}$ 中,两个碳原子的杂化状态都影响其数值:s 成分增加,$^2J_{CCH}$ 增大;耦合的碳原子上有电负性取代基,$^2J_{CCH}$ 增大。

取代乙烯的顺反异构体(图 5.22)中 $^2J_{CCH}$ 有明显差别。

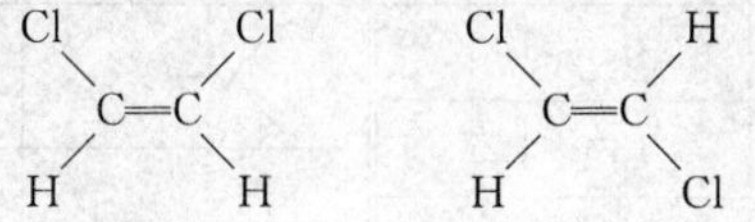

$^2J_{CCH}$ = 16 Hz 　　　　　　$^2J_{CCH}$ = 0.8 Hz

图 5.22 取代乙烯的顺反异构体

5.4 C 原子的化学位移

碳氢化合物中的 ^{13}C 的化学位移随杂化不同而异,化学位移相差较大,其值主要受杂化状态和化学环境的影响,且和其连接的质子的化学位移有很好的一致性,其分布范围是,sp^3-C 为 $(-2.1～43)\times10^{-6}$,sp^2-C 为 $(100～165)\times10^{-6}$,sp-C 为 $(67～92)\times10^{-6}$。各类碳的化学位移顺序与氢谱中各类碳上对应质子的化学位移顺序有很好的一致性。若质子在高场,则该质子连接的碳也在高场;反之,若质子在低场,则该质子连接的碳也在低场。图 5.23 为不同基团的^{13}C 化学位移图。表 5.8 是不同基团的^{13}C 化学位移范围。

①δ_C 为 $(-2.1 \sim 43) \times 10^{-6}$。

②每个 $\alpha-$H 或 $\beta-$H 被甲基取代,碳的化学位移增加大约 9×10^{-6},称为 α 或 β 效应。

③每个 $\gamma-$H 被取代,碳化学位移减小约 2.5×10^{-6}。

④电负性较大的基团,通常使碳的化学位移加大。

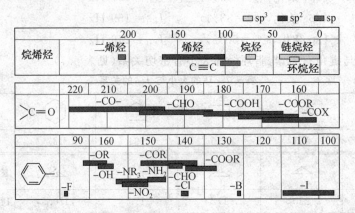

图 5.23 不同基团的^{13}C 化学位移图

表 5.8 不同基团的^{13}C 化学位移范围

基　　团		位移值/10^{-6}	基　　团		位移值/10^{-6}
C=O	酮	225~175	—$\overset{\oplus}{N}$≡$\overset{\ominus}{C}$	异氰化物	150~130
	$\alpha,\beta-$不饱和酮	201~180	—C≡N	氰化物	130~110
	$\alpha-$卤代酮	200~160	—N=C=S	异硫氰化物	140~120
C=O (H)	醛	205~175	—S—C≡N	硫氰化物	120~110
	$\alpha,\beta-$不饱和醛	195~175	—N=C=O	异氰酸盐(酯)	135~115
	$\alpha-$卤代醛	190~170	—O—C≡N	氰酸盐(酯)	120~105
—COOH	羧酸	185~160	X—C	杂芳环	155~135
—COCl	酰氯	182~165	C=C(X)	杂芳环	140~115
—CONHR	酰胺	180~160			
(—CO)$_2$NR	酰亚胺	180~165			
—COOR	羧酸脂	175~155	C=C(Y)	芳环 C(取代)	145~125
(—CO$_2$)O	酸酐	175~150			
—(R$_2$N)$_2$CS	硫脲	175~150	C=C	芳环	135~110
C=NOH	肟	165~155	C=C	烯烃	150~110
(RO)$_2$CO	碳酸脂	160~150			
C=N	甲亚胺	165~145	—C≡C—	炔烃	100~70

续表 5.8

基 团		位移值/10^{-6}	基 团		位移值/10^{-6}
$-C-C-$	烷烃	55~5	$CH-S-$		55~40
△	环丙烷	5~-5	$CH-X$	(X 为卤素)	65(Cl)~30(I)
$-C-C-$	C(季碳)	70~35	$-CH_2-C-$	C(仲碳)	42~25
$-C-O-$		85~70	$-CH_2-O-$		70~40
$-C-N$		75~65	$-CH_2-N$		60~40
			$-CH_2-S-$		45~25
$-C-S-$		70~55	$-CH_2-X$	(X 为卤素)	45(Cl)~-10(I)
$-C-X$	(卤代烃)	75(Cl)~35(I)	CH_3-C-	C(伯碳)	30~-20
$CH-$	C(叔碳)	60~30	CH_3-O-		60~40
$CH-O-$		75~60	CH_3-N		45~20
			CH_3-S-		30~10
$CH-N$		70~50	CH_3-X	(X 为卤素)	35(Cl)~-35(I)

5.4.1 饱和烃的 δ_C 值

饱和烷烃为 sp^3 杂化,其化学位移值一般为 $(-2.5~55)\times10^{-6}$。Grant 和 Paul 提出计算烷烃碳化学位移的经验公式:

$$\delta_{C_i}=-2.5+\Sigma n_{ij}A_j+S=-2.5+9.1n\alpha+9.4n\beta-2.5n\gamma+0.3n\delta+0.1n\varepsilon$$

式中,-2.5 为 CH_4 的 δ 值($\times10^{-6}$);n_{ij} 为相对于 C_i 的 j 位取代基的数目,$j=\alpha,\beta,\gamma,\delta,\varepsilon$;$A_j$ 为相对于 C_i 的 j 位取代基的位移参数;S 为修正值。

1. 烷烃

例 正戊烷各碳的 δ_C 计算如下(C_1 和 C_5,C_2 和 C_4 是对称的 3 个共振峰):

$$CH_3CH_2CH_2CH_2CH_3$$
$$1 \quad 2 \quad 3 \quad 4 \quad 5$$

$\delta_1(C_1 \text{ 和 } C_5)=-2.5+9.1\times1+9.4\times1-2.5\times1=13.5\times10^{-6}$ (实测 13.7×10^{-6})

$\delta_2(C_2 \text{ 和 } C_4)=-2.5+9.1\times2+9.4\times1-2.5\times1=22.6\times10^{-6}$ (实测 22.6×10^{-6})

$\delta_3(C_3)=-2.5+9.1\times2+9.4\times2=34.5\times10^{-6}$ (实测 34.5×10^{-6})

取代链状烷烃 δ_C 值的近似计算:

$$\delta_C(k)=\delta_C(k,RH)+\sum_i Z_{ki}(R_i)$$

式中,Z_{ki} 为取代基对 k 碳原子的位移增量。

表 5.9 为各取代基团 α,β,r 位移增量。

表 5.9 各取代基团 α,β,r 位移增量

Y	α		β		γ
	中间位	端位	中间位	端位	
CH₃	9	6	10	8	−2
CH=CH₂	20		6		−0.5
C≡CH	4.5		5.5		−3.5
COOH	21	16	3	2	−2
COO⁻	25	20	5	3	−2
COOR	20	17	3	2	−2
COCl	33	28		2	
CONH₂	22		2.5		−0.5
COR	30	24	1	1	−2
CHO	31				−2
苯基	23	17	9	7	−2
OH	48	41	10	8	−5

以 3—戊醇为例,取代链状烷烃 δ_C 的计算结果与实验结果对比见表 5.10。

$$\overset{\gamma}{CH_3}—\overset{\beta}{CH_2}—\overset{\alpha}{CH}—\overset{\beta}{CH_2}—\overset{\gamma}{CH_3}$$
$$\vert$$
$$OH$$

表 5.10 3—戊醇 δ_C 计算结果与实验结果比较

	计算结果/10⁻⁶	实验结果/10⁻⁶
C_α	34.7+41=75.7	73.8
C_β	22.8+8=30.8	29.7
C_γ	13.9−5=8.9	9.8

2. 环烷烃及取代环烷烃

环烷烃中 δ_C 与环的大小无明显内在关系,4 元环到 17 元环的 δ 值无太大变化(环丙烷除外),δ 变化幅度不超过 6×10^{-6}。

取代环烷烃可以用下式计算:

$$\delta_C(k) = 27.6 + \sum_i Z_{ks}(R_i) + K$$

式中,s 为 a(直立)键或 e(平伏)键;K 为仅用于两个(或两个以上)甲基取代的空间因素校正项。

5.4.2 烯烃的 δ_C 值

烯碳为 sp 杂化，δ_C 为 $(100\sim165)\times10^{-6}$，与芳环碳 δ_C 范围相同。

1. 单烯

表 5.11 列举了直链烯及支链烯中烯碳的 δ_C 值。表 5.12 是单烯中烯碳化学位移计算用的经验参数。

表 5.11　直链烯及支链烯中烯碳的 δ_C 值

化合物	$\delta_C/10^{-6}$					
	C—1	C—2	C—3	C—4	C—5	C—6
乙烯	122.8	122.8				
丙烯	115.4	135.7				
丁烯	112.8	140.2				
戊烯	113.5	137.6				
己烯	113.5	137.8				
十二烯	114.8	139.0				
2—丁烯		123.3	123.3			
2—戊烯		122.8	123.4			
2—己烯		123.0	129.8			
3—己烯			130.3	130.3		
3—十二烯			132.1	129.7		
4—辛烯				129.3		
4—十二烯				130.8	130.8	
5—十二烯					130.1	
6—十二烯						130.0

与具有相同碳数的相应烷烃相比，除了 α 碳原子的 δ 值向低场位移 $(4\sim5)\times10^{-6}$，其他 $(\beta,\gamma,\cdots)$ 碳原子的 δ 值一般相差在 1×10^{-6} 以内，可按烷烃计算。

在不对称取代的端基单烯中，当碳链多于 3 个碳时，两个烯碳 δ_C 之差约为 24×10^{-6}，端基烯碳 δ_C 较小，约为 110×10^{-6}。在 2—烯中，碳链多于 5 个碳时，两个烯碳 δ_C 之差为 $(7\sim10)\times10^{-6}$。在 3—烯中，两个烯碳 δ_C 差为 $(1\sim2)\times10^{-6}$。

线性及开链支化烯烃中的烯碳 δ_C 可以用下式计算：

$$\delta_{C(K)} = 123.3 + \sum_i A_{ki}(R_i) + \sum_i A_{ki'}(R_i') + 校正项$$

校正项

$$-\overset{\gamma}{C}-\overset{\beta}{C}-\overset{\alpha}{C}-\overset{k}{C}=\overset{k}{C}-\overset{\alpha}{C}-\overset{\beta}{C}-\overset{\gamma}{C}-$$

式中，$A_{ki}(R_i)$ 表示在碳链中第 i 位置引入取代基 R_i 对烯碳 k 的化学位移的增值；i' 为双键另一边的取代基位置。

表 5.12　单烯中烯碳化学位移计算用的经验参数

R_i	$A_{ki'}(R_i)$			$A_{ki}(R_i)$		
	γ'	β'	α'	α	β	γ
$C(CH, CH_2, CH_3)$	1.5	-1.8	-7.9	10.6	7.2	1.5
OH	—	1	—	—	6	—
OR	—	-1	-39	29	2	—
OAC	—	—	-27	18	—	—
COCH$_3$	—	—	6	15	—	—
CHO	—	—	13	13	—	—
COOH	—	—	9	4	—	—
COOR	—	—	7	6	—	—
CN	—	—	15	-10	—	—
Cl	—	—	-6	3	-1	—
Br	—	2	-1	-8	0	—
I	—	2	7	-38	—	—
C_6H_5	—	—	-11	12	—	—
校正项			校正项		校正项	
α, α'（反式）	0		α, α	-4.8	β, β	2.3
α, α'（顺式）	-1.1		α, α'	2.5	其他作用	~ 0

例 1　求下列顺式化合物中 C—2 的 δ_C 值。

$$\overset{\alpha}{CH_3}-\overset{\overset{2}{k}}{CH}=\overset{k'}{CH}-\overset{\alpha'}{CH_2}-\overset{\beta'}{CH_3}$$

解　$\delta_{C-2}=(123.3+A(\alpha)+A(\alpha')+A(\beta')+\alpha, \alpha'(cis))\times 10^{-6}=$

$(123.3+10.6+(-7.9)+(-1.8)+(-1.1))\times 10^{-6}=123.1\times 10^{-6}$

实测值为 122.8×10^{-6}。

2. 非环双烯

在 C=C=C 型的双烯中，sp^2 杂化的烯碳 δ_C 为 $(70\sim 90)\times 10^{-6}$，而中心 sp 杂化的烯碳 δ_C 为 $(208\sim 213)\times 10^{-6}$。表 5.13 是二烯中烯碳的 δ_C 值。

表 5.13　二烯中烯碳的 δ_C 值

化合物	$\delta_C/10^{-6}$			
	C-1	C-2	C-3	C-4
1,3-丁二烯	116.6	137.2	—	—
1,4-戊二烯	115.0	136.4	—	—
戊烯	113.5	137.6	—	—
1,5-己二烯	114.1	137.3	—	—
2,3-二甲基-1,3-丁二烯	111.6	142.4	—	—
2,5-二甲基-1,5-己二烯	110.1	144.5	—	—
1,2-丙二烯	74	213	74	
1,2-丁二烯	73.2	209.5	83.5	
1,2-戊二烯	74.4	208.0	90.8	
2,3-戊二烯	—	84.5	206.2	
1,7-辛二烯	113.5	137.9	33.1	27.8
顺,顺-2,6-辛二烯	11.6	123.1	129.5	26.1
顺,反-2,6-辛二烯	11.6	123.1	129.5	26.3
反,反-2,6-辛二烯	16.8	124.1	130.4	32.1
顺,顺-3,5-辛二烯	13.2	20.0	132.3	122.5

3. 取代烯

取代烯 $C_{(\beta)} = C_{(\alpha)} HX$ 中 $\alpha-C$ 的 δ_C 变化范围为 70×10^{-6}，$\beta-C$ 的 δ_C 变化范围为 55×10^{-6}。表 5.14 是 $CH_2 = CHX$ 中烯碳的 δ_C 值。

表 5.14　$CH_2 = CHX$ 中烯碳的 δ_C 值

X	$\delta_C/10^{-6}$		X	$\delta_C/10^{-6}$	
	$\alpha-C$	$\beta-C$		$\alpha-C$	$\beta-C$
H	122.8	122.7	CH_3	133.1	11.50
Cl	126.1	117.4	CH_2Br	133.2	117.7
Br	115.6	122.1	CH_2Cl	133.7	117.5
I	85.4	130.5	CH_2OH	139.1	113.7
OMe	153.1	85.5	$CH_2OCH_2CH_3$	135.8	114.7
OEt	152.9	84.6	CH_2O(烯丙基)	135.8	116.1
$OCH(Me)_2$	—	90.6	CHO	136.4	136.0
$O(CH_2)_3CH_3$	151.6	83.1	COMe	138.5	129.3
OCH_2CH_2Cl	—	88.2	COOH	128.0	131.9
OAC	141.7	96.4	COOMe	128.7	129.9
$NCO(CH_2)_3$	130.0	94.3	$COOCH_2CH_3$	129.8	130.5
$SiCl_3$	131.8	138.7	$SO_2(CH-CH_2)$	137.8	131.4
$Si(CH=CH_2)_4$	134.5	135.5	CN	107.7	137.8

5.4.3 炔烃的 δ_C 值

炔基碳为 sp 杂化,化学位移介于 sp^3 与 sp^2 杂化碳之间,为 $(67\sim92)\times10^{-6}$,其中含氢炔碳($\equiv$CH)的共振信号在很窄范围$((67\sim70)\times10^{-6})$,有碳取代的炔碳($\equiv$CR)在相对较低场$((74\sim85)\times10^{-6})$,两者相差约为 15×10^{-6}。不对称的中间炔如 2—炔和 3—炔,两个炔碳 δ_C 值相差很小,仅有$(1\sim4)\times10^{-6}$,这对判断炔基是否在链端很有用处。表 5.15 为线性炔烃中 sp—C 的 δ_C 值。

表 5.15 线性炔烃中 sp—C 的 δ_C 值

化合物	$\delta_C/10^{-6}$					
	C—1	C—2	C—3	C—4	C—5	C—6
丁炔	67.3	85.0				
庚炔	68.6	84.1				
辛炔	7.2	85.2				
十二炔	68.8	84.7				
2—丁炔		73.9	73.9			
2—己炔		74.9	78.1			
2—辛炔		76.0	79.7			
2—十二炔		75.3	79.1			
3—己炔			81.1	81.1		
3—辛炔			82.2	80.9		
3—十二炔			81.7	79.9		
4—辛炔				80.2	80.2	
4—十二炔				80.0	80.0	
5—十二炔					80.0	80.0
6—十二炔						80.5

5.4.4 芳环碳和杂芳环碳的 δ_C 值

芳碳的化学位移值一般为 $(120\sim160)\times10^{-6}$,$\delta$ 的范围及影响因素如下:

①苯的 $\delta_C=128.5\times10^{-6}$,除联苯撑以外,所有芳烃的 δ_C 为 $(123\sim142)\times10^{-6}$。而取代芳烃的 δ_C 为 $(110\sim170)\times10^{-6}$,与碘相连的芳碳 δ_C 可在 96.7×10^{-6} 的较高场。被取代碳原子 δ 值有明显变化,邻、对位碳原子 δ 值有较大变化,间位碳原子 δ 值几乎不变化。

②与取代基电负性相关:一般取代基电负性越强,被取代碳原子 δ 值越大。

③与未取代相比,取代碳原子峰高减弱:取代后缺少质子,纵向弛豫时间增大,NOE 效应减弱。

④取代基烷基分支多,被取代碳原子 δ 值增加较多。

⑤重原子效应:碘、溴取代碳原子 δ 值向高场位移。

⑥共振效应:第二类取代基使邻、对位碳原子 δ 值向高场位移,第三类取代基则使邻、对位碳原子 δ 值向低场位移。

⑦电场效应:如硝基取代的邻位碳原子δ值移向高场。

例如,当苯环取代无对称性时,苯环碳谱出 6 个峰。

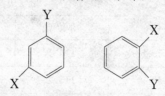

当苯环为单取代时,苯环碳谱出 4 个峰。

当苯环为邻位相同取代基时,苯环碳谱出 3 个峰。

当苯环为间位 3 个相同取代基时,苯环碳谱出 2 个峰。

注意:单个苯环不可能只有 5 个碳峰!

表 5.16 为某些芳香烃中芳碳的 δ_C。表 5.17 为单取代苯中芳碳的 δ_C。

表 5.16 某些芳香烃中芳碳的 δ_C

化合物	$\delta_C/10^{-6}$				
	C—1	C—2	C—3	C—4	其 他
苯	128.7	128.7	128.7	128.7	
	141.7	127.6	129.2	127.7	
	128.3	126.1	126.1	128.3	139.9(C—9)
	129.1	126.9	126.9	123.2	127.5(C—9) 132.5(C—11) 130.7(C—12)
	130.3	125.7	125.7	130.3	132.8(C—9,C—10) 132.4(C—11,C—14)
	118.0	128.8	128.8	118.0	151.9(C—9)

表 5.17 单取代苯中芳碳的 δ_C

取代基	$\delta_C/10^{-6}$			
	C_1	邻位 C	间位 C	对位 C
OH	155.6	116.1	130.5	120.8
OMe	158.9	113.2	128.7	119.8
OPh	157.9	119.3	130.3	123.6
OAc	151.7	122.3	130.0	126.4
NH$_2$	147.9	116.3	130.3	119.2
NMe$_2$	151.3	113.1	129.7	117.2
NHAc	139.8	118.8	128.9	123.1
NEt$_2$	148.6	113.4	130.1	116.5
CH$_2$OH	141.0	127.3	127.3	127.3
F	163.8	114.6	130.3	124.3
Cl	135.1	128.9	129.7	126.7
Br	123.3	132.0	130.9	127.7
I	96.7	138.9	131.6	129.7
CH=CH$_2$	138.2	126.7	128.9	128.2
COOMe	130.0	128.2	128.2	132.2
COCl	134.5	131.3	129.9	136.1
CHO	137.7	129.9	129.9	134.7
COMe	136.6	128.4	128.4	131.6
COEt	136.3	127.2	127.2	131.1
CN	109.7	130.1	127.2	130.1
NO$_2$	148.3	123.4	129.5	134.7

取代苯中取代基对苯环碳 δ_C 的影响是具有加和性的,环上第 k 个碳的 δ_C 可由下式计算:

$$\delta_{C(k)} = 128.5 + \sum_i A_i(R)$$

式中,A_i 是在环上第 i 个位置上的取代基 R_i 对第 k 个碳的化学位移的贡献。表 5.18 为取代苯中各种基团的 A_i 值。

表 5.18 取代苯中各种基团的 A_i 值

R	C_1	邻位	间位	对位	R	C_1	邻位	间位	对位
H	0	0	0	0	$COOCH_3$	2.1	1.1	0.5	4.5
CH_3	9.3	0.8	0	−2.9	$COCl$	5	3	1	7
SiMe	13.6	4.6	−0.9	−0.9	CHO	8.6	1.3	0.6	5.5
Et	15.6	−0.4	0	−2.6	$COCH_3$	9.1	−0.1	0	4.2
$CH(CH_3)_2$	20.2	−2.5	0.1	−2.4	$COCH_2CH_3$	8.8	−1.3	−1.3	3.1
$C(CH_3)_3$	22.4	−3.1	−0.1	−2.9	COC_6H_5	9.4	1.7	−0.2	3.6
CF_3	−9.0	−2.2	0.3	3.2	CN	−15.4	3.6	0.6	3.9
C_6H_5	13	−1	0.4	−1	OH	26.9	−12.7	1.4	−7.3
$CH{=}CH_2$	9.5	−2.0	0.2	−0.5	OCH_3	31.4	−14.4	1.0	−7.7
$C{\equiv}CH$	−6.1	3.8	0.4	−0.2	$OCOCH_3$	23	−6	1	−2
CH_2OH	12	−1	0	−1	OC_6H_5	29	−9	2	−5
COOH	2.1	1.5	0	5.1	NH_2	18	−13.3	0.9	−9.8
COO	8	1	0	3	NO_2	20	−4.8	0.9	5.8
F	34.8	−12.9	1.4	−4.5	Br	−5.5	3.4	1.7	−1.6
Cl	6.2	0.4	1.3	−1.5	I	−32	10	3	1

表 5.19 列举了六元杂环及五元杂环的 δ_C。

表 5.19 六元杂环及五元杂环的 δ_C

化合物	溶剂	$\delta_C/10^{-6}$				
		C−2	C−3	C−4	C−5	C−6
吡啶		150.6	124.5	136.4	124.5	150.6
哒嗪			152.6	127.7	127.7	152.6
嘧啶		159.2	—	157.6	122.6	157.6

续表 5.19

化合物	溶剂	$\delta_C/10^{-6}$				
		C-2	C-3	C-4	C-5	C-6
吡嗪 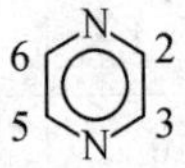	CHCl$_3$	146.1	146.1	—	146.1	146.1
呋喃 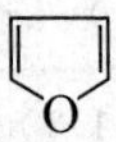		142.8	109.8	109.8	142.8	
噻吩 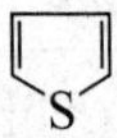		125.6	127.4	127.4	125.6	
吡咯 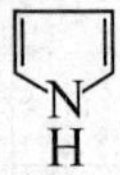		118.7	108.4	108.4	118.7	
咪唑 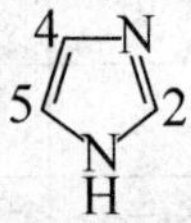	(CH$_3$)$_2$CO	135.7	—	121.8	121.8	

5.4.5 卤代烷的 δ_C 值

卤代烷中各个碳的 δ_C 不仅要考虑诱导效应,还要考虑重原子效应。卤素对 $\alpha-C$,$\beta-C$,$\gamma-C$ 有显著影响。表 5.20 为卤代烷中 X 的取代效应。

表 5.20 卤代烷中 X 的取代效应

碳的位置	X		
	Cl	Br	I
	$\delta_C/10^{-6}$		
α	31.2	20.0	-6.0
β	10.5	10.6	11.3
γ	-4.6	-3.1	-1.0
δ	0.1	0.1	0.2
ε	0.5	0.5	1.0

5.4.6 醇类碳的 δ_C 值

烷烃中的 H 被 OH 取代后,α 碳向低场位移 $(35\sim52)\times10^{-6}$,β 碳向低场位移 $(5\sim12)\times10^{-6}$,而 γ 碳向高场位移 $(0\sim6)\times10^{-6}$(超共轭效应),如图 5.24 所示。表 5.21 给出某些直链醇的 δ_C 值。

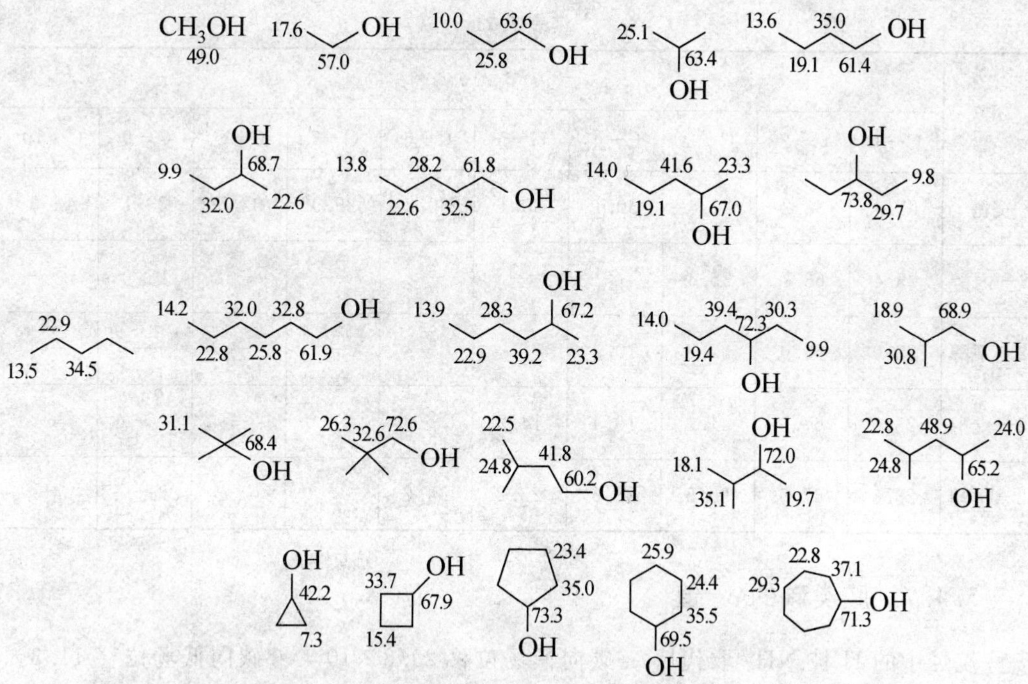

CH₃OH 17.6 ⌒OH 10.0 63.6 25.1 13.6 35.0 ⌒⌒OH
49.0 57.0 25.8 OH 63.4 19.1 61.4
OH

OH
9.9 68.7 13.8 28.2 61.8 14.0 41.6 23.3 OH
32.0 22.6 22.6 32.5 OH 19.1 67.0 73.8 9.8 29.7
OH

22.9 14.2 32.0 32.8 OH 13.9 28.3 OH 67.2 14.0 39.4 30.3 18.9 68.9
13.5 34.5 22.8 25.8 61.9 22.9 39.2 23.3 19.4 72.3 9.9 30.8 OH
OH OH

31.1 68.4 26.3 32.6 72.6 22.5 41.8 OH 18.1 72.0 22.8 48.9 24.0
OH OH 24.8 60.2 OH 35.1 19.7 24.8 65.2
OH OH

OH 33.7 OH 23.4 25.9 22.8 37.1
42.2 67.9 35.0 24.4 29.3 71.3 OH
7.3 15.4 73.3 35.5
OH 69.5
OH

图 5.24 OH 取代烷烃 α,β,γ 碳的化学位移($\delta_C/10^{-6}$)

表 5.21 某些直链醇的 δ_C 值

醇	$\delta_C/10^{-6}$									
	C—1	C—2	C—3	C—4	C—5	C—6	C—7	C—8	C—9	C—10
甲醇	49.3	—	—	—	—	—	—	—	—	—
乙醇	57.3	17.9	—	—	—	—	—	—	—	—
丙醇	63.9	26.1	10.3	—	—	—	—	—	—	—
丁醇	61.7	35.3	19.4	13.9	—	—	—	—	—	—
戊醇	62.1	32.8	28.5	22.9	14.1	—	—	—	—	—
己醇	62.2	33.1	26.1	32.3	23.1	14.5	—	—	—	—
庚醇	62.2	33.2	26.4	29.7	32.4	23.1	14.2	—	—	—
辛醇	62.2	33.2	26.4	30.0	29.9	32.4	23.1	14.2	—	—
壬醇	62.3	33.2	26.5	30.1	30.2	29.9	32.5	23.2	14.3	—

续表 5.21

醇	$\delta_C/10^{-6}$									
	C-1	C-2	C-3	C-4	C-5	C-6	C-7	C-8	C-9	C-10
癸醇	62.3	33.2	26.4	30.1	30.1	30.2	29.9	32.5	23.1	14.3
2-丙醇	25.4	63.7	25.4	—	—	—	—	—	—	—
2-丁醇	22.9	69.0	32.3	10.2	—	—	—	—	—	—
2-戊醇	23.6	67.3	41.9	19.4	14.2	—	—	—	—	—
2-己醇	23.6	67.5	39.5	28.6	23.2	14.2	—	—	—	—

5.4.7 胺类碳的 δ_C 值

烷烃中的 H 被 NH_2 取代后,α 碳向低场位移 29.3×10^{-6},β 碳向低场位移 11.3×10^{-6},而 γ 碳向高场位移 4.6×10^{-6}(超共轭效应),δ 位移 0.6×10^{-6},NH^{3+} 的效应较弱,如图 5.25 所示。表 5.22 给出脂肪胺 R_nNH_{3-n} 中碳的 δ_C 值。

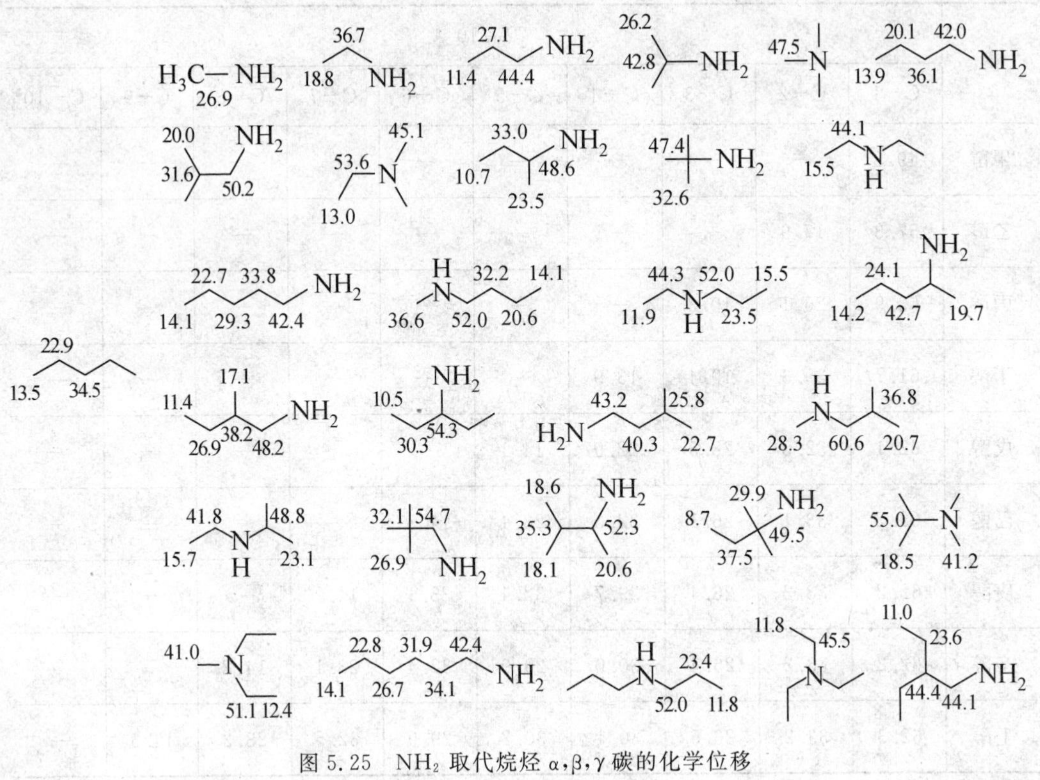

图 5.25 NH_2 取代烷烃 α,β,γ 碳的化学位移

表 5.22　脂肪胺 R_nNH_{3-n} 中碳的 δ_C 值

R	n	$\delta_C/10^{-6}$					
		α—C	β—C	γ—C	δ—C	ε—C	ρ—C
甲基	1	28.3					
	3	47.5					
乙基	1	36.9	19.0				
	3	58.2	13.8				
丙基	1	44.5	27.3	11.2			
	3	57.1	21.7	12.5			
丁基	1	42.3	36.7	20.4	14		
戊基	1	42.5	34.0	29.7	23.0	14.3	
	3	50.8	30.7	30.3	23.3	14.6	
己基	2	50.4	31.1	27.8	32.3	23.1	14.5

5.4.8　羰基碳的 δ_C 值

羰基碳原子的共振位置在最低场。原因在于发生羰基 n→π* 跃迁，ΔE 小，共振位置在低场；或是共振效应，由于羰基碳原子缺电子，顺磁屏蔽增大，导致共振位置出现在低场。

若羰基与具有孤对电子的杂原子或不饱和基团相连，羰基碳原子的电子短缺得以缓和，共振移向高场方向（羧酸及衍生物）。

羰基化学位移值比烯碳更趋于低场，一般为 $(160\sim220)\times10^{-6}$。没有 NOE 效应，峰的强度较小，醛基碳的 δ_C 为 $(190\sim205)\times10^{-6}$，酮的 δ_C 为 $(195\sim220)\times10^{-6}$（图 5.26）。

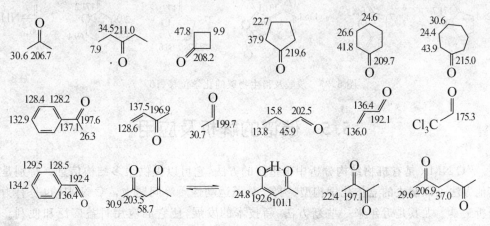

图 5.26　羰基碳、醛基碳和酮基碳的化学位移（10^{-6}）

　　羧酸及衍生物碳的化学位移（δ_C）如图 5.27 所示。

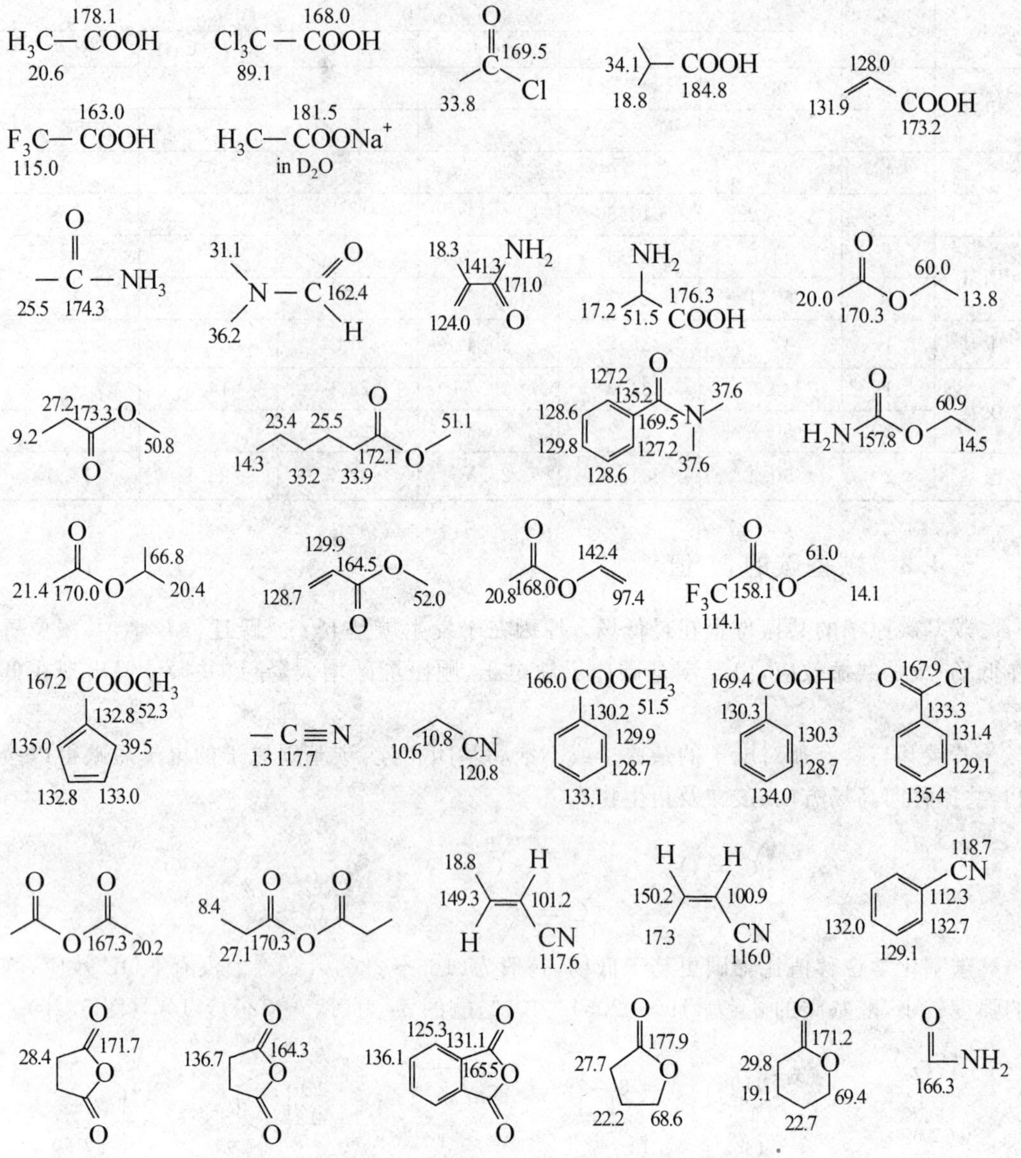

178.1
H$_3$C—COOH
20.6

168.0
Cl$_3$C—COOH
89.1

169.5
（O）C—Cl
33.8

34.1 CH—COOH 184.8
18.8

128.0
CH=CH—COOH
131.9　173.2

163.0
F$_3$C—COOH
115.0

181.5
H$_3$C—COONa$^+$
in D$_2$O

O
—C—NH$_3$
25.5　174.3

31.1
N—C(162.4)—H
36.2

18.3　141.3 NH$_2$
124.0　171.0 O

NH$_2$
17.2　51.5 COOH
176.3

O
20.0—C—O—CH$_2$CH$_3$ 60.0
170.3　13.8

27.2 173.3 O
9.2　　　O—CH$_3$ 50.8

23.4 25.5 O
14.3　　51.1
33.2 33.9 C—O—CH$_3$ 172.1

127.2 135.0 O
128.6　　C—N 37.6
129.8　169.5　37.6
128.6　127.2

O
H$_2$N—C—O—CH$_2$CH$_3$ 60.9
157.8　14.5

O
21.4—C—O—CH 66.8
170.0　20.4

129.9 O
164.5—C—O—CH$_3$ 52.0
128.7

O
20.8—C—O—CH=CH$_2$ 142.4
168.0　97.4

O
F$_3$C—C—O—CH$_2$CH$_3$ 61.0
158.1　114.1　14.1

167.2 COOCH$_3$
132.8 52.3
135.0　39.5
132.8 133.0

—C≡N
1.3 117.7

10.8
10.6—CN
120.8

166.0 COOCH$_3$
130.2 51.5
129.9
128.7
133.1

169.4 COOH
130.3
130.3
128.7
134.0

O 167.9 Cl
133.3
131.4
129.1
135.4

O O
—C—O—C— 167.3 20.2

O O
8.4—C—O—C— 170.3
27.1

18.8 H
149.3　101.2
H　CN
117.6

H　H
150.2　100.9
17.3　CN
116.0

118.7
CN 112.3
132.0　132.7
129.1

O
28.4（）171.7
O

O
136.7（）164.3
O

125.3 131.1 O
136.1　165.5
O

O
27.7（）177.9
22.2 68.6

O
29.8（）171.2
19.1　69.4
22.7

O
（）—NH$_2$
166.3

图 5.27　羧酸及衍生物碳的化学位移（10^{-6}）

5.5　碳谱的解析及应用

　　^{13}C NMR 是有机物结构分析中很重要的方法，它可以提供很多结构信息。特别是在其他方法难以解决的立体化学构型、构象、分子运动性质等问题中，^{13}C NMR 也是有力的分析工具。尤其是近年来一些新方法、新技术的发展，使它的应用日益广泛和便利。但是，由于 ^{13}C NMR 样品用量较大，比较费时费钱，仪器昂贵，所以它的应用受到一定的限

制。如果未知物的结构稍复杂,在推导其结构时就须应用碳谱。在一般情况下,解析碳谱和解析氢谱应结合进行。从碳谱本身来说,有一套解析步骤和方法。核磁共振碳谱的解析与氢谱有一定的差异。在碳谱中最重要的信息是化学位移δ。常规碳谱主要提供δ的信息,从常规碳谱中只能粗略地估计各类碳原子的数目。如果要得出准确的定量关系,作图时需用很短的脉冲,长的脉冲周期,并采用特定的分子去耦方式。用偏共振去耦,可以确定碳原子的级数,但化合物中碳原子数较多时,采用此法的结果不完全清楚,故现在一般采用脉冲序列(如 DEPT)。碳谱解析步骤如下:

(1)鉴别谱图中的真实谱峰

①溶剂峰:氘代试剂中的碳原子均有相应的峰,这和氢谱中的溶剂峰不同(氢谱中的溶剂峰仅因氘代不完全引起)。由于弛豫时间的因素,氘代试剂的量虽大,但其峰强并不太高。常用的氘代氯仿呈三重峰,中心谱线位置在77.0×10^{-6}。

②杂质峰:可参考氢谱中杂质峰的判别。

③作图时参数的选择会对谱图产生影响。当参数选择不当时,有可能遗漏掉季碳原子的谱峰。

(2)由分子式计算不饱和度

(3)分子对称性的分析

若谱线数目等于分子式中碳原子数目,说明分子无对称性;若谱线数目小于分子式中碳原子数目,这说明分子有一定的对称性,相同化学环境的碳原子在同一位置出峰。

(4)碳原子δ值的分区

碳谱大致可分为 3 个区:

①羰基或叠烯区:$\delta > 150 \times 10^{-6}$,一般 $\delta > 165 \times 10^{-6}$。$\delta > 200 \times 10^{-6}$ 只能属于醛、酮类化合物,靠近$(160 \sim 170) \times 10^{-6}$的信号则属于连杂原子的羰基。

②不饱和碳原子区(炔碳除外):$\delta = (90 \sim 160) \times 10^{-6}$。由芳碳和烯碳原子可计算相应的不饱和度,此不饱和度与分子不饱和度之差表示分子中成环的数目。

③脂肪链碳原子区:$\delta < 100 \times 10^{-6}$。饱和碳原子若不直接连氧、氮、氟等杂原子,一般其$\delta$值小于$55 \times 10^{-6}$。炔碳原子$\delta = (70 \sim 100) \times 10^{-6}$,其谱线在此区,这是不饱和碳原子的特例。

(5)碳原子级数的确定

由偏共振去耦或脉冲序列(如 DEPT)确定,由此可计算化合物中与碳原子相连的氢原子数。若此数目小于分子式中氢原子数目,二者之差值为化合物中活泼氢的原子数。

结合上述几项推出结构单元,并进一步组合成若干可能的结构式。进行对碳谱的指认,通过指认选出最合理的结构式,此即正确的结构式。

例 2 未知物分子式为C_7H_9N,其核磁共振碳谱如图 5.28 所示。推测其结构。

解 ①不饱和度$U = 4$。

②1 号峰为饱和碳,为 4 重峰,故是CH_3,按δ_C值可能为CH_3Ph或$CH_3C \equiv C$。

③2~7 号峰为sp^2杂化碳,从多重峰的组成及δ_C值看是双取代苯上的碳。

④除以上两个结构单元CH_3和C_6H_4外,还剩一个NH_2,故可能结构为CH_3PhNH_2。

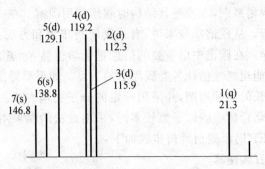

图 5.28 未知物 C_7H_9N 的核磁共振碳谱

⑤其可能结构式有以下 A，B，C 3 种，结构 C 的取代苯上的碳只出 4 个峰，可排除，A 和 B 可用计算碳原子 δ_C 值，排除 A，所以该化合物为 B。

NH$_2$　　　　　NH$_2$

CH$_3$　　　　　　CH$_3$　　　　　　CH$_3$——NH$_2$

A　　　　　　　　　B　　　　　　　　C

例 3　判断下列反应机理。

CH$_3$　Cl

$\xrightarrow[\text{C}_2\text{H}_5\text{OH}]{\text{KOH}}$

CH$_3$　　　　　或　　　　　CH$_2$

反应产物 ⇒ 质子去耦 ⇒ 判定它的消去方向

解　①产物如果是 1－甲基环己烯，则 5 个 sp^3 杂化的碳，$\delta=(10\sim50)\times10^{-6}$，应有 5 个峰；2 个 sp^2 杂化的碳，$\delta=(100\sim150)\times10^{-6}$，应呈现两个峰。

②产物如果是甲叉基环己烷，因为是对称分子，所以 5 个 sp^3 杂化碳，具有对称性，$\delta=(10\sim50)\times10^{-6}$，只出现 3 个峰。

结果表明产物的质子去耦谱图与 1－甲基环己烯的 ^{13}C NMR 谱图相符（图 5.29）。

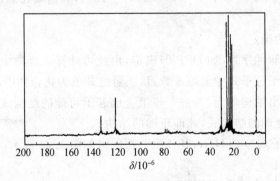

图 5.29　1－甲基环己烯的 ^{13}C NMR 谱图

例 4　判断下列的分子构象。

解 全顺式 1,3,5－三甲基环己烷具有非常好的对称性,分子中有 9 个碳,$\delta=(10\sim50)\times10^{-6}$,只可能出现 3 个峰(图 5.30)。

而 1R－3－反－5－反－三甲基环己烷分子中有 9 个碳,$\delta=(10\sim50)\times10^{-6}$,出现 6 个共振峰(图 5.31)。

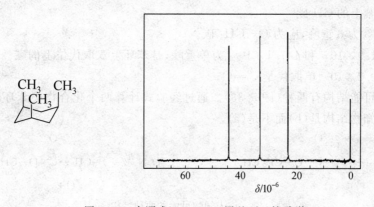

图 5.30 全顺式 1,3,5－三甲基环己烷碳谱

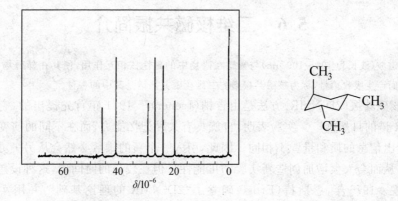

图 5.31 1R－3－反－5－反－三甲基环己烷碳谱

例 5 某含氮未知物,质谱显示分子离子峰为 $m/z=209$,元素分析结果为 C:57.4%,H:5.3%,N:6.7%,^{13}C NMR 谱如图 5.32 所示。其中,s 表示单峰,d 表示双峰,t 表示三重峰,q 表示四重峰。试推导其化学结构。

解 ①分子式为 $C_{10}H_{11}NO_4$,不饱和度为 6。

②分子中存在某种对称因素,含苯环结构。

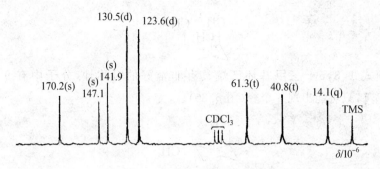

图 5.32 含氮未知物的 ^{13}C NMR 谱

③$\delta_C=1.41\times10^{-6}$ 处 4 重峰，为—CH_3，$\delta_C=40.8\times10^{-6}$，3 重峰，是 C—$CH_2$。

④$\delta_C=123.6\times10^{-6}$ 和 $\delta_C=130.5\times10^{-6}$ 为 sp^2 杂化碳，从多重峰的组成和化学位移值看是双取代苯上的 CH 碳。

⑤$\delta_C=60.3$ 为 3 重峰，应为 O—CH_2 碳。

⑥$\delta_C=141.9\times10^{-6}$ 和 147.1×10^{-6} 为单重峰，是苯环上双取代位上的碳。

⑦$\delta_C=170.2\times10^{-6}$ 单取代是 C=O。

该未知物可能结构有两种（图 5.33）。通过经验式计算两个化合物中苯环碳的 δ 值，可以判断该未知物结构是(b)而不是(a)。

图 5.33 该未知物可能的两种结构

5.6 二维核磁共振简介

低能电磁波（波长为 $106\sim109\ \mu m$）与暴露在磁场中的磁性核相互作用，使其在外磁场中发生能级的共振跃迁而产生吸收信号，称为核磁共振谱。二维核磁共振谱是其中的一种。

二维核磁共振（2D NMR）方法是由吉钠（Jeener）于 1971 年首先提出的，它可看成是一维 NMR 谱的自然推广。实验表明，自旋具有某种记忆能力，而在不同的演变期内进行测量，所给出信息的质和量皆不相同。因此，引入一个新的维数必然会从另一方面给出相关的信息，从而会大大增加创造新实验的可能性。但在较长的时间内，这种设想未被人们理解和重视。1976 年，恩斯特（Ernst）确立了"2D NMR 的理论基础"，并用实验加以证明。其后恩斯特和费里曼（Freeman）等研究小组又为 2D NMR 的发展和应用进行了深入的研究，迅速发展了多种二维方法，并把它们应用到物理化学和生物学的研究中，使之成为近代 NMR 中一种广泛应用的新方法。

5.6.1 原理

二维谱是两个独立频率（或磁场）变量的信号函数，记为 $S(\omega_1,\omega_2)$，共振峰分布在由两个频率轴组成的平面上。关键的一点是两个独立的自变量都必须是频率，如果一个自变量是频率,另一个自变量是时间、浓度或温度等其他物理化学参数,则不属于二维谱,它们只能是一维 NMR 谱的多线记录。2D NMR 的最大特点是将化学位移、耦合常数等 NMR 参数在二维平面上展开。于是在一般的一维谱中重叠在一个频率坐标轴上的信号,被分散到由两个独立的频率轴构成的二维平面上,同时还能检测出共振核之间的相互作用。

在二维核磁共振中最初得到的信号是两个时间变量的函数 $S(t_1, t_2)$,这是一个 FID 信号。一般把第二个时间变量 t_2 表示采样时间,第一个时间变量 t_1 则是与 t_2 无关的独立变量,是脉冲序列中的某一个变化的时间间隔。这个 FID 信号要经过两次傅里叶变换,得到含两个独立频率(或磁场)变量的图谱 $S(\omega_1, \omega_2)$。

二维谱实验中,为确定所需的两个独立的时间变量,要用特种技术——时间分割,即把整个时间按其物理意义分割成 4 个区间,分别为预备期 D_1、发展期 t_1、混合期 t_m 和检测期 t_2(图 5.34)。

图 5.34　时间区间图

①预备期(D_1):使自旋体系恢复 Boltzmann 分布,而处于初始热平衡状态。理论上应取 $D_1 \geqslant 5T_1$(T_1 为纵向弛豫时间),但为节省时间,实验中一般取 $D_1 = (2 \sim 3)T_1$。

②发展(t_1):在预备期末,施加一个或多个 90°脉冲,使系统建立共振非平衡状态。演化时间 t_1 是以某固定增量 Δt_1 为单位,逐步延迟 t_1。每增加一个 Δt_1,其对应的核磁信号的相位和幅值不同。因此,由 t_1 逐步延迟增量 Δt_1 可得到二维实验中的另一维信号,即 F_1 域的时间函数。

③混合期(t_m):由一组固定长度的脉冲和延迟组成。在混合期自旋核间通过相干转移,使 t_1 期间存在的信息直接影响检测期信号的相位和幅值。根据二维实验所提供的信息不同,也可以不设混合期。

④检测期(t_2):在检测期 t_2 期间采集的 FID 信号是 F_2 域的时间函数,所对应的轴通常是一维核磁共振谱中的频率轴,即表示化学位移的轴。但检测期 t_2 期间采集的 FID 信号都是演化期 t_1 的函数,核进动的磁化矢量具有不同的化学位移和自旋耦合常数,其 FID 信号是这些因素的相位调制的结果。因此,通过控制时间长度可使某期间仅表现化学位移的相位调制,而某期间又仅表现自旋耦合的相位调制,通过施加不同的调制就产生了各种不同的二维核磁共振谱。

一个脉冲序列完成后,得到一个 FID 信号。这样的实验要反复多次并累加信号,使灵敏度提高。所得到的 FTD 信号要经过两次傅里叶变换,一次对 t_1,一次对 t_2,然后得到两个频率变量的函数 $S(\omega_1, \omega_2)$,即 2D NMR 谱。采用不同的脉冲序列可以得到不同的 2D NMR 谱。

二维谱一般分为 J 分解谱、二维化学位移相关谱(Chemical Shift Correlation Spectroscopy,d—d 谱)和多量子谱(Multiple Quantum Spectroscopy)3 类。

二维 J 谱:在发展期利用自旋回波产生 J 调制,即化学位移(δ)在后半个演化期内进动、聚焦或有效翻转,只保留 J 耦合的进动,其实验结果是 FID 仅受 J 耦合调制,而在检测期观察质子的化学位移(同核二维 J 分解谱)或观察质子的宽带去耦^{13}C 谱(异核二维 J 分解谱)。经过两次傅立叶变换后,得到的二维谱的两个频率轴中,F_1 轴表示同核耦合常数 J_{HH}(或异常耦合常数 J_{CH}),F_2 轴表示化学位移 δ_H(或 δ_C),这就是常见的二维 J 分解谱。它可以将谱峰重叠在一起的一维谱的化学位移和耦合常数分解在两个不同的轴上,扩展成平面,使复杂谱峰的耦合常数的分析成为可能。

二维化学位移相关谱:化学位移相关谱也称为 $\delta-\delta$ 谱,是二维谱的核心,通常所指的二维谱就是化学位移相关谱,包括同核化学位移相关谱、异核化学位移相关谱、NOESY 和化学交换。

多量子谱:用脉冲序列可以检测出多量子跃迁,得到多量子二维谱。

二维谱的表现方式:

(1)堆积图

堆积图是一种假三维立体图(图 5.35),这种图能直观地显示谱峰的强度信息,具有立体感。氯仿分子中只有一个氢,由于二维具有相同的化学位移值(F_1 与 F_2 频率相同),只有一个单峰出现在谱图的中央,没有耦合的交叉峰,很直观。对复杂分子,由于大小信号堆积在一起,这种堆积谱致使位于大峰后面的小峰被遮盖而不能被检测,同时用堆积谱也很费时间,因此一般不采用这种谱图。

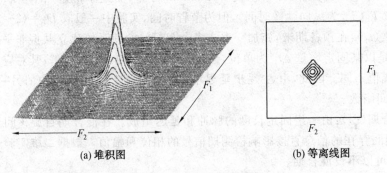

(a) 堆积图 (b) 等离线图

图 5.35 堆积图和等离线图

(2)一般二维 NMR 谱都画等离线图(图 5.35(b))。它是把堆积图用平行于 F_1 和 F_2 域的平面进行平切后所得。等高线图所保留的信息量取决于平切面最低位置的选择,如果选得太低,噪音信号被选入会干扰真实信号;如果选得太高,一些弱小的真实信号又被漏掉。等高线谱的信号易于指认,绘图时间短,也不存在堆积图中强峰掩盖小峰的问题。但强峰信号的最低等高线会波及较宽的范围,与附近的弱小信号相重叠。必要时可将堆积图和等离线图结合使用。

(3)截面图

截面图是单一个一行或一列图,它是从二维方阵图中取出某一个谱峰(F_2 域或 F_1 域)所对应相关峰的一维断面图的显示形式,对检测一些弱小的相关峰十分有用(图 5.36)。

（4）投影图

投影图是一维谱形式，相当于宽带质子去耦氢谱，可准确确定各谱峰的化学位移值（图 5.37）。

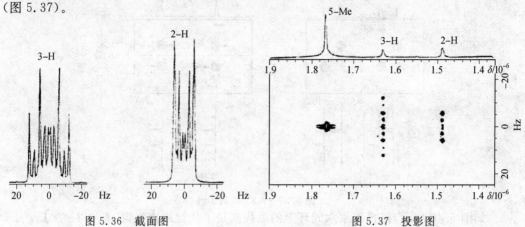

图 5.36　截面图　　　　　　　　　　图 5.37　投影图

5.6.2　二维 J 分解谱

复杂分子的一维核磁共振谱中，常常密集地排布在一个较小的频率范围内，对耦合常数的测定带来很大困难。二维 J 分解谱把化学位移与谱峰的多重性完全分开，使原来一维谱中重叠的多重峰分散在二维平面上，可在 F_2 域显示化学位移，在 F_1 域上确定耦合常数，从而使谱峰间的耦合常数显得清清楚楚。

1. 同核二维 J 分解谱（如 ^1H 2D J 分解谱）

一维谱中谱峰往往严重重叠，造成谱线裂分不能清楚分辨，耦合常数不易读出。在二维 J 分解谱中，只要化学位移 δ 略有差别，峰组的重叠就有可能避免，从而解决一维谱谱峰重叠的问题。

（1）同核 AX 体系 J 分解谱（图 5.38）

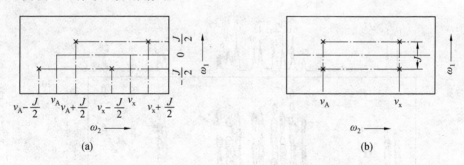

(a)　　　　　　　　　　　　　　　　(b)

图 5.38　同核 AX 体系 J 谱及经转动后同核 AX 体系 J 谱

从谱中可以得到以下信息：

①$\dfrac{\Delta\theta}{J} \geqslant 10$ 时为弱耦合，且为一级图谱。

②ω_2 得到转动前化学位移与耦合常数信息，且同时出现。

③ω_1 得到耦合常数 J_{HH} 信息，峰组的峰数一目了然。

若为强耦合体系，其同核 J 谱的表现形式将比较复杂。

（2）AX$_3$ 体系 J 谱（图 5.39）

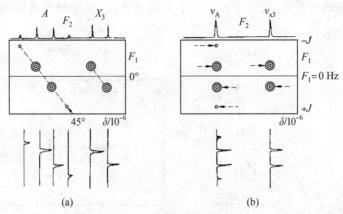

图 5.39 AX$_3$ 体系 J 谱

如图 5.40 所示，拓普霉素六元环上的取代基是平伏键或直立键，$J_{aa} > J_{ae} \geqslant J_{ee}$。

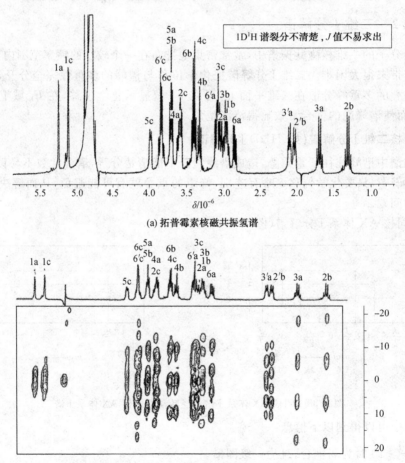

图 5.40 拓普霉素核磁共振氢谱及拓普霉素核磁共振二维谱

图 5.41 是丙烯酸丁酯的同核 J 分解谱。

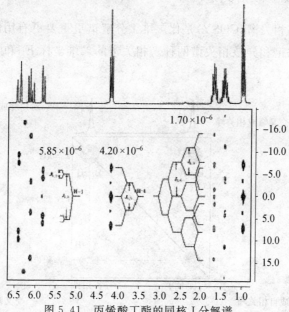

图 5.41 丙烯酸丁酯的同核 J 分解谱

2. 异核 J 分解谱

异核 J 分解谱如图 5.42 所示。

从谱中可以得到以下信息：

① ω_2 得到化学位移 δ_H 信息。

② ω_1 得到耦合常数 J_{CH}（直接相连的氢原子耦合裂分产生）信息。

③ —CH_3 为 4 重峰，—CH_2 为 3 重峰，—CH 为双重峰。

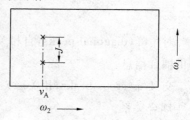

图 5.42 异核 J 分解谱

由于 DEPT 等测定碳原子级数的方法能代替异核 J 谱，且检测速度快，操作方便，因此异核 J 谱较少应用。图 5.43 为 β—紫罗兰酮的 C—H J 分解谱。

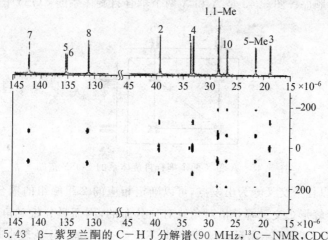

图 5.43 β—紫罗兰酮的 C—H J 分解谱（90 MHz，^{13}C—NMR，$CDCl_3$）

CH_3—4 重峰（5—Me，1，1′—Me，10）；CH_2—3 重峰（2，3，4）；CH—双重峰（7，8）

5.6.3　同核位移相关谱

二维化学位移相关谱(COSY)是比二维 J 分解谱更重要更有用的方法。二维 COSY 谱又分为同核相关谱和异核相关谱两种。相关谱的二维坐标 F_1 和 F_2 都表示化学位移，如图 5.44 所示。

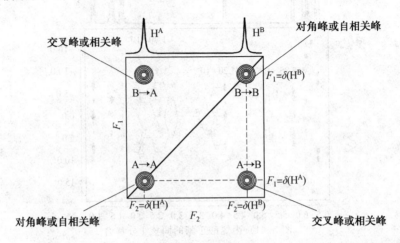

图 5.44　位移相关谱

对角峰(diagonal peaks,自相关峰)：对角线上的峰,它们和氢谱的峰组一一对应,不提供耦合信息。

交叉峰(cross peaks,相关峰)：对角线外的峰,反映 2 个峰组间的耦合关系,主要反映 ^{3}J 耦合关系。

1. ^{1}H－^{1}H COSY

^{1}H－^{1}H COSY 简化多重峰,直观地给出耦合关系。它是最常用的位移相关谱。^{1}H－^{1}H COSY实验相当于做一系列连续选择性去耦实验去求得耦合关系,用以确定质子之间的连接顺序。图 5.45 是 A 和 X 两个耦合自旋体系的 COSY 谱图。

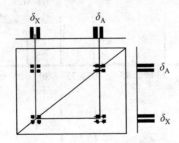

图 5.45　A 和 X 两个耦合自旋体系的 COSY 谱图

解谱方法：以任一交叉峰为出发点,可以确定相应的 2 组峰组的耦合关系,而不必考虑氢谱中的裂分峰形。交叉峰是沿对角线对称分布的,因而只分析对角线一侧的交叉峰即可。一般反应 ^{3}J 耦合关系,远程耦合较弱,不产生交叉峰。当 ^{3}J 较小时(如两面角接近

90°)也可能无交叉峰。图 5.46 是 $\overset{1}{HOOC}\!-\!\overset{2}{CH_2}\!-\!\overset{3}{CH_2}\!-\!\overset{4}{CH_2}\!-\!\overset{5}{COOH}$ COSY 谱图。
$\overset{}{\underset{NH_2}{}}$

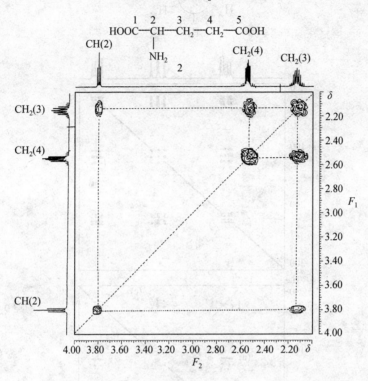

$$\overset{1}{HOOC}\!-\!\overset{2}{CH}\!-\!\overset{3}{CH_2}\!-\!\overset{4}{CH_2}\!-\!\overset{5}{COOH}$$
$$\underset{NH_2}{}$$

图 5.46 $\overset{1}{HOOC}\!-\!\overset{2}{CH}\!-\!\overset{3}{CH_2}\!-\!\overset{4}{CH_2}\!-\!\overset{5}{COOH}$ COSY 谱图
$\underset{NH_2}{}$

F_2 域及 F_1 域皆为 $1D-{}^1H-NMR$，先用化学位移判断，后用交叉峰验证。2 位 H 与 3 位 H 出现交叉峰，3 位 H 与 4 位 H 出现交叉峰。

（1）H,H COSY 45°谱

减小 COSY 脉冲序列中第二个脉冲的宽度，使脉冲角度为 β 度，β 较多使用 45°。通常通过偶数键耦合的耦合常数 J 为负值，通过奇数键耦合的耦合常数 J 为正值。

H,H COSY 45°谱的优点：

①对角线峰沿对角线的宽度降低，有利于发现强耦合体系之间的相关峰。

②从 H,H COSY 45°谱判别耦合常数的符号。

（2）H,H COSY-90°谱

图 5.47 为 2,3-二溴丙酸 COSY 90°谱图。谱中任意一个交叉峰含两个紧靠的矩形（它们共同形成一个交叉峰），通过稍下的矩形中心往矩形中心连线，可得到一倾斜的箭头。箭头指向左上为正，箭头指向右上为负。

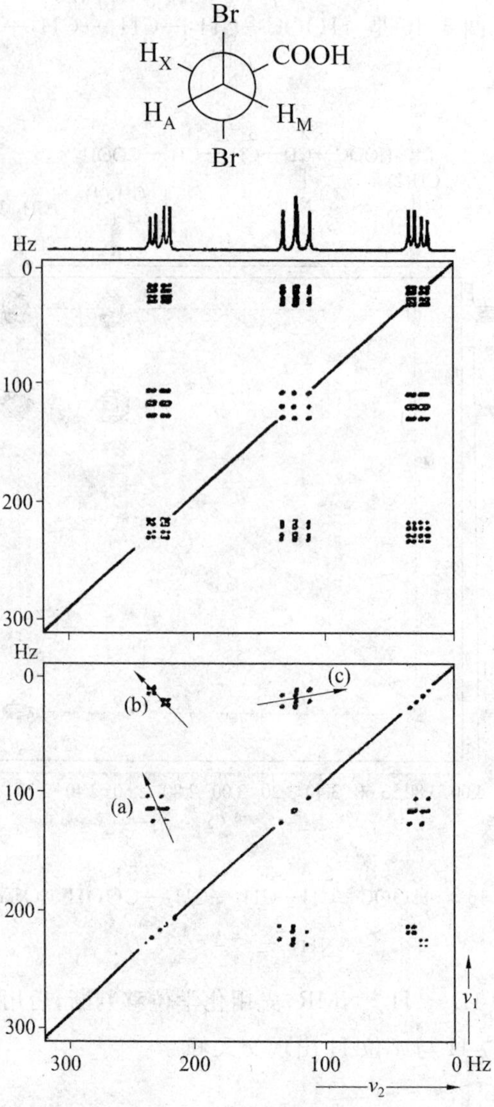

图 5.47　2,3−二溴丙酸 COSY 90°谱图

（3）HD−COSY 谱（F_1 域宽带质子去耦 COSY 谱）

在 F_1 域实现质子宽带去耦,使交叉峰强度增加而提高了 F_1 域的分辨率,但 F_2 域不去耦,仍保留 J_{HH} 耦合,因此 HD−COSY 谱不像 COSY 90°谱那样是矩形点阵,而是细条状的峰形。HD−COSY 谱的 F_1 域和 F_2 域都是化学位移,解析方法与常规 COSY 谱相同。

图 5.48 为 2,3−二溴丙酸的 HD−COSY 谱。

2,3−二溴丙酸的 HD−COSY 谱与 COSY 45°和 COSY 90°谱比较,HD−COSY 谱呈现出 F_2 域峰宽（保留 J_{HH} 耦合）、F_1 域峰窄（宽带质子去耦）的细条状谱峰。

图 5.49 为三环癸烷衍生物的 HD−COSY 谱。F_2 域峰宽（保留 J_{HH} 耦合）,F_1 域峰窄（宽带质子去耦）,化学位移定标不同造成对角峰反转,交叉峰由于 F_1 域去耦而变窄,使其覆盖面变小,有利于图谱解析,可以清楚地显示出 H_J 与 H_I,H_H,H_D,H_C,H_A 的耦合。

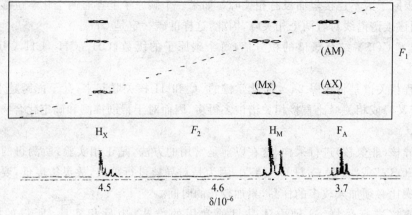

图 5.48　2,3-二溴丙酸的 HD-COSY 谱

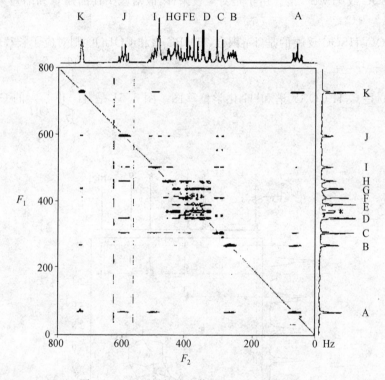

图 5.49　三环癸烷衍生物的 HD-COSY 谱

2. 异核位移相关谱

(1)H-C COSY

通过 J_{CH} 建立相关关系谱信息：

①H-C COSY 是 ^{13}C 和 ^{1}H 核之间的位移相关谱。它反映了 ^{13}C 和 ^{1}H 核之间的关系，它又分为直接相关谱和远程相关谱。直接相关谱是把直接相连的 ^{13}C 和 ^{1}H 核关联起来，没有对角峰，矩形中出现的峰称皆为相关峰或交叉峰。每个相关峰把直接相连的碳谱谱线和氢谱峰组关联起来。

②季碳原子因不连接氢而没有相关峰。如果一个碳原子上连有两个化学位移值不等的氢核,则该碳谱谱线对着两个相关峰,因此,这样的碳一定是CH_2。

③H-C COSY结合氢谱的积分值,每个碳原子的级数(CH_3,CH_2,CH,C)都能确定。

④远程相关谱是将相隔2~4个化学键的^{13}C和^{1}H核关联起来,甚至能跨越季碳、杂原子等,交叉峰或相关峰比直接相关谱中多得多,因而对于帮助推测和确定化合物的结构非常有用。

⑤对异核(非氢核)进行采样,这在以前是常用的方法,是正相实验,所测得的图谱称为"C,H COSY"或"长程C,H COSY"。因为是对异核进行采样,故灵敏度低,要想得到较好的信噪比必须加入较多的样品,累加较长的时间。

⑥对氢核进行采样,这种方法是目前常用的方法,为反相实验,所得的图谱为HMQC、HSQC或HMBC谱。由于是对氢核采样,故对减少样品用量和缩短累加时间很有效果。

⑦HMQC、HSQC反映的是$^1J_{CH}$耦合,HMBC谱和COLOC则对应于长程耦合$^nJ_{CH}$。

图5.50是C,H COSY谱和^{1}H化学位移图。图5.51是 的 C,H COSY 谱。

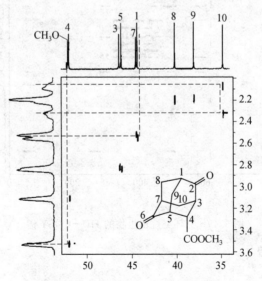

图 5.50 C,H COSY 谱和 ^{1}H 化学位移

图 5.52 是 2,3-二溴代丙酸 F_1 域宽带去耦 C,H COSY 谱。将 2,3-二溴代丙酸 F_1 域宽带去耦 C,H COSY 谱(a)与常规 C,H COSY 谱(b)比较,其中(c),(d)为平行于 F_1 域取出的 CH_2 和 CH 的 2 张投影图,可以看出投影图(c)中 CH_2 和 CH 之间的 $^3J_{HH}$ 耦合已消除,但本身的偕氢 $^2J_{HH}$ 耦合仍然保留,信号强度和分辨率提高。

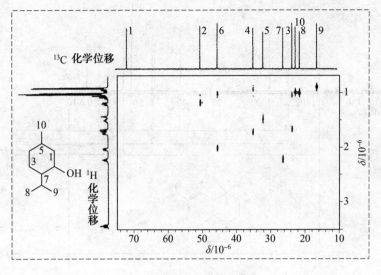

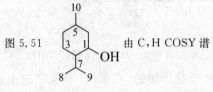

图 5.51 由 C,H COSY 谱

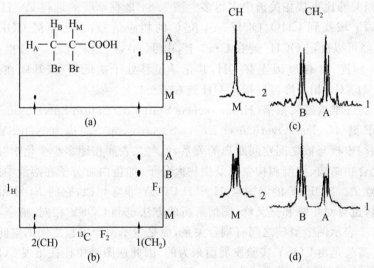

图 5.52 2,3-二溴代丙酸 F_1 域宽带去耦 C,H COSY 谱

（2）COLOC 谱（远程 C—H COSY）

图 5.53 是 β-紫罗兰酮的远程 C—H COSY 谱。

与二维 INADEQUATE 相比，二维远程 C—H COSY 样品用量少，省时间，灵敏度高。无对角峰，交叉峰除了 $^nJ_{CH}$ 远程相关峰外，也会出现强的 $^1J_{CH}$ 相关峰，因此需要将 COLOC 谱与 C—H COSY 谱对照，以便扣除 $^1J_{CH}$ 相关峰得到远程 $^nJ_{CH}$ 耦合信息。

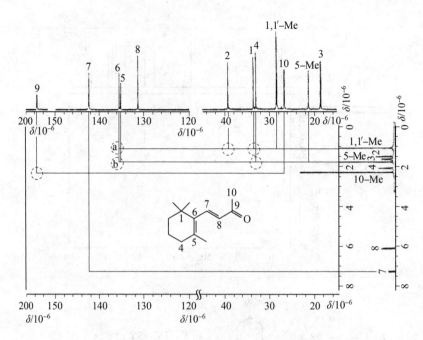

图 5.53　β—紫罗兰酮的远程 C—H COSY 谱(90MHz,¹³C—NMR,CDCl₃)

　　远程相关谱将相隔 2~4 个化学键的¹³C 和¹H 核关联起来,甚至能跨越季碳、杂原子等,交叉峰或相关峰比直接相关谱中多得多。图 5.54 是香草醛的远程 C—H COSY 谱。先分别从 F_1,F_2 域找到 CHO、OCH$_3$、4 位 C 的相应信号,由香草醛 COLOC 谱中³J(H$_8$,C$_3$)相关峰可以决定 OCH$_3$ 连在 C—3 上,由³J(H$_7$,C$_2$)和³J(H$_6$,C$_7$)相关峰可以指认 CHO 与 C$_1$ 相连。4 位碳因连有 OH,其化学位移处于次低场(羰基碳在最低场),²J(H$_5$,C$_4$)和³J(H$_6$,C$_4$)相关峰可以指认 OH 连在 C—4 上。

　　(3)NOE 类二维核磁共振谱(Homonuclear Shift Correlation Spectroscopy)

　　二维 NOE 谱(Nuclear Overhauser Effect Spectroscopy)简称为 NOESY,它反映了有机化合物结构中核与核之间空间距离的关系,而与二者间相距多少个化学键无关,因此对确定有机化合物结构、构型和构象以及生物大分子(如蛋白质分子在溶液中的二级结构等)有着重要意义。NOESY 的谱图与¹H—¹H COSY 非常相似,它的 F_2 维和 F_1 维上的投影均是氢谱,也有对角峰和交叉峰,图谱解析的方法也和 COSY 相同,唯一不同的是图中的交叉峰并非表示两个氢核之间有耦合关系,而是表示两个氢核之间的空间位置接近。由于 NOESY 实验是由 COSY 实验发展而来为的,因此在图谱中往往出现 COSY 峰,即 J 耦合交叉峰,故在解析时需对照它的¹H—¹H COSY 谱将 J 耦合交叉峰扣除。在相敏 NOESY 谱图中交叉峰有正峰和负峰,分别表示正的 NOE 和负的 NOE。

　　当遇到中等大小的分子时(相对分子质量为 1 000~3 000),由于此时 NOE 效应的增益约为零,无法测到 NOESY 谱中的相关峰(交叉峰),此时测定旋转坐标系中的 NOESY 则是一种理想的解决方法,这种方法称为 ROESY(Rotating frame Overhause Effect Spectroscopy),由此测得的图谱称为 ROESY 谱。ROESY 谱的解析方法与 NOESY 相似,同样 ROESY 谱中的交叉峰并不全都表示空间相邻的关系,有一部分则是反映耦合关系,因此在解谱时需注意。图 5.55 是异香荚兰醛的 NOESY 谱。

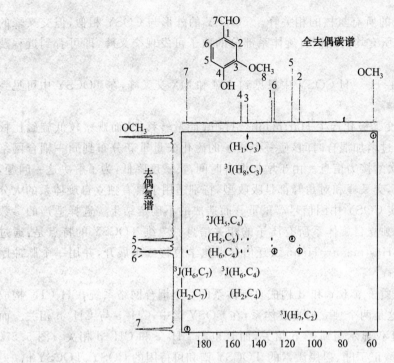

图 5.54 香草醛的远程 C—H COSY 谱

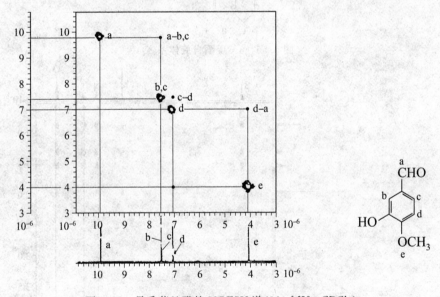

图 5.55 异香荚兰醛的 NOESY 谱(360 MHz,CDCl₃)

醛基氢 a 与芳环上 b、c 位置上的氢空间相关,甲氧基氢 e 与芳环上 d 位置上的氢空间相关,对照其 H,H COSY 谱,c,d 的交叉峰为 J 耦合峰,而非 NOE 交叉峰,应予以扣除。

(4)总相关谱(Total Correlation Spectroscopy,TOCSY)

TOCSY(也称为 HOHAHA)把 COSY 的作用延伸,从任一氢的峰组可以找到与该氢核在同一耦合体系的所有氢核的相关峰。TOCSY 的外形与 COSY 相似,但交叉峰的数目大大增加。对于所有均为相同自旋体系部分的质子可发现交叉峰,即可看到近程及远程耦合交叉峰。

如 AMX 系统,在 ¹H—¹H COSY 中只见到 AM 和 MX 交叉峰,在 TOCSY 中可见到 AM、MX 及 AX 交叉峰。

TOCSY 是通过交叉极化产生 Hartmann—Hahn 能量转移,从而观察较低旋磁比核的一种方法。它是通过增加混合时间,使一个质子的磁化矢量重新分布到同一耦合网络的所有质子,得到多次的接力信息。由于增加混合时间,灵敏度降低,为了解决这一问题,采用高分辨相敏方法,交叉峰和对角峰都是吸收型,特别适用于具有独立自旋体系的大分子,可进一步判断证实 COSY 中因信号严重重叠而造成的不确定结果。选择适当的参数可通过一次实验得到独立自旋体系所有质子的相关信息。二维 TOCSY 的特点是:通过改变 t_1 测定,将同核 Hartmann—Hahn 跃迁信号沿化学位移二维展开,并用一个脉冲序列测得多重接力 COSY。

如图 5.56 所示,质子 a,b,c 和 d 构成自旋体系即一个耦合网络系统,CH_3CH_2 构成另外一个网络系统,这是两个独立的自旋体系,在 COSY 谱中,CH_2 a 与 CH_2 b 相关。而在 TOCSY 谱中,它不仅显示与质子 b 相关,而且也与 CH_2 c 和 CH_2 d 相关。图 5.57、5.58、5.59 分别为乙酸正丁酯、褪黑激素的 TOCSY 谱和可待因的 COSY、TOCSY 谱。

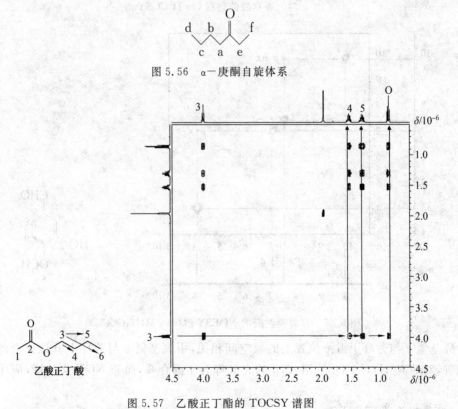

图 5.56 α—庚酮自旋体系

图 5.57 乙酸正丁酯的 TOCSY 谱图

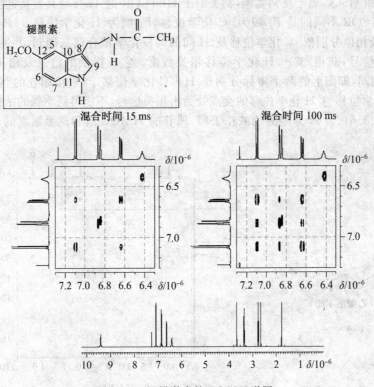

图 5.58 褪黑激素的 TOCSY 谱图

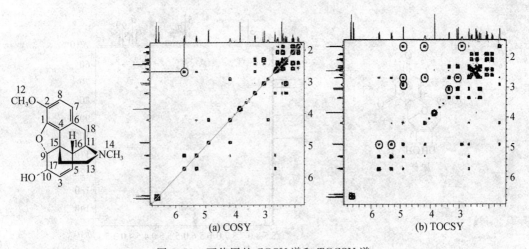

图 5.59 可待因的 COSY 谱和 TOCSY 谱

（5）HMQC¹H 检测的异核多量子相干谱和 HSQC 异核单量子关系

异核化学位移相关谱对于鉴定化合物的结构是十分重要的方法,特别是¹³C,¹H 相关谱。前面讲过的异核相关谱,HETCOR,COLOC 等都是对¹³C 采样的。因为¹³C 核灵敏度比¹H 低得多,所以要有较多的样品,并累加较长的时间,才能得到一张好的图谱。若能将¹³C,¹H 相关谱由检测¹³C 变为检测¹H,灵敏度将提高 8 倍,可以大大减少样品用量和累加时间,检测¹H 的异核相关谱实验统称为反向实验或反转实验。

HMQC 和 HSQC 属于反向实验,都类似于 HETCOR 把 ^{1}H 核与其直接连接的 ^{13}C 关联起来,与 HETCOR 不同的是 F_1 域为 ^{13}C 化学位移,F_2 域为 ^{1}H 化学位移。HMQC 是将 ^{1}H 信号的振幅及相位分别依 ^{13}C 化学位移及 ^{1}H 间的同核化学耦合信息调制,并通过直接检测调制后的 ^{1}H 信号,获得 ^{13}C—^{1}H 化学位移相关数据。它所提供的信息及谱图与 ^{1}H—^{13}C COSY 完全相同,即图上的两个坐标分别是 ^{1}H,^{13}C 化学位移,与直接相连的 ^{13}C 与 ^{1}H 将在对应的 ^{13}C 化学位移与 ^{1}H 化学位移的交点处给出相关信号,不能得到季碳的结构信息。

图 5.60、5.61、5.62 分别为乙酸正丁酯、尿苷的 HMQC 谱和褪黑激素的 HSQC 谱。

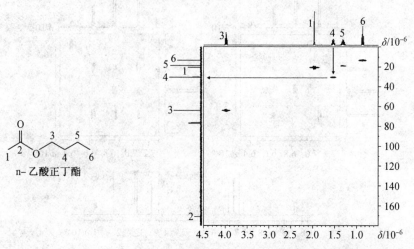

图 5.60 乙酸正丁酯谱的 HMQC

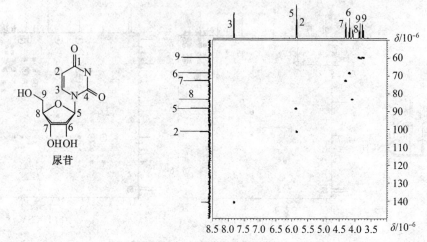

图 5.61 尿苷的 HMQC 谱

HSQC 谱图的外观和 HMQC 谱完全一样,但在 F_1 域的分辨率比 HMQC 高。

(6)HMBC

HMBC 是一种测定远程 ^{1}H—^{13}C 相关的十分灵敏的方法,它给出远程 ^{1}H—^{13}C 相关信息,其作用类似于远程 ^{13}C—^{1}H 化学位移相关谱 COLOC,不同的是 F_1 域为 ^{13}C 化学位移,F_2 域为 ^{1}H 化学位移,灵敏度也比 COLOC 高,且属于反向实验。它特别是适用于检测与甲基有远程耦合的碳(${}^2J_{CH}$,${}^3J_{CH}$)。其基本原理是:通过 ^{1}H 检测异核多量子相干调制,选择性地增加某些碳信号的灵敏度,使孤立的自旋体系相关联,而组成一个整体分子。对于质子相隔 2 个、3 个键($^2J_{CH}$,$^3J_{CH}$)的碳,提供了有效的相关信息,抑制了直接耦合的 $^1J_{CH}$ 信号强度,使谱图简化。该法适用于具有众多甲基的天然产物,如三萜化合物、甾醇化合物的结构鉴定。HMBC 可高灵敏度地检测 $^{13}C-^1H$ 远程耦合($^2J_{CH}$,$^3J_{CH}$),因此可得到有关季碳的结构信息及其被杂原子切断的 ^1H 耦合系统之间的结构信息。图 5.63 为乙酸正丁酯的 HMBC 谱图。

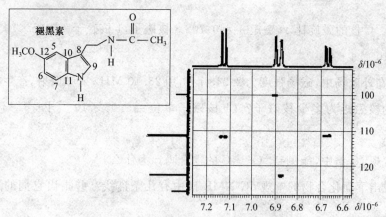

图 5.62 褪黑激素的 HSQC 谱

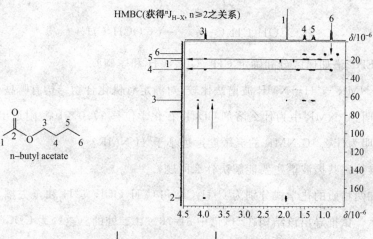

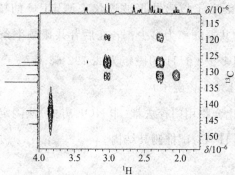

图 5.63 乙酸正丁酯的 HMBC 谱图

思 考 题

1.氢谱与碳谱分别能提供哪些信息？为什么说碳谱的灵敏度约相当于^{1}H谱的 $\dfrac{1}{5\,600}$？

2.计算^{13}C核的磁旋比γ(磁矩$\mu_C=0.702\,3$核磁子,1核磁子$=5.05\times10^{-27}$ J・T^{-1}, $h=6.63\times10^{-34}$ J・s)。

3.^{13}C在外磁场中,磁场强度为2.348 7 T,用25.10 MHz射频照射,产生核磁共振信号,问^{13}C的核磁矩为多少核磁子？（1核磁子单位$=5.05\times10^{-27}$ J・T^{-1},$h=6.63\times10^{-34}$ J・s）

4.在常规^{13}C谱中,能见到^{13}C—^{13}C的耦合吗？为什么？

5.试说出下面化合物的常规^{13}C NMR谱中有几条谱线？并指出它们的大概化学位移值。

$$\underset{}{COH_2CH_3C}—\bigcirc—\underset{}{CCOCH_2CH_3}$$

(O O)

6.从DEPT谱如何区分和确定CH_3,CH_2,CH和季碳？

7.^{13}C—NMR与^{1}H—NMR波谱法比较,对测定有机化合物结构有哪些优点？

8.试说明^{13}C NMR中为什么溶剂$CDCl_3$在化学位移77.0×10^{-6}附近出现3重峰？

9.试说明为什么^{13}C NMR的灵敏度远远小于^{1}H NMR？

10.二维核磁共振波谱主要能解决什么问题？

11.已知两物质的化学式分别为$C_4H_8Cl_2$和C_5H_9OCl,其^{1}H和全去耦^{13}C谱分别如图5.64所示。试推导出该结构在^{13}C谱中$\delta=78\times10^{-6}$处的三重峰为$CDCl_3$的溶剂峰。

12.今用一100 MHz质子核磁共振波谱仪来测定^{13}C的核磁共振谱,若磁场强度(2.35 T)不变,应使用的共振频率为多少？若在后者共振频率条件下,要测定^{31}P的核磁共振谱,磁场需要调整到多少？(^{1}H的磁矩为2.792 68核磁子,^{13}C的磁矩为0.702 20核磁子,^{31}P的磁矩为1.130 5核磁子)

13.图5.65是某一化合物用门控去耦(非NOE方式)法测定的^{13}C NMR图谱。已知该化合物的分子式为$C_{10}H_{12}O$,试推测其结构。

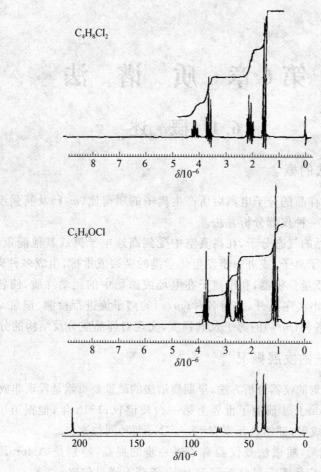

图 5.64　化合物 $C_4H_8Cl_2$ 和 C_5H_9OCl ^1H 和全去偶 ^{13}C 谱

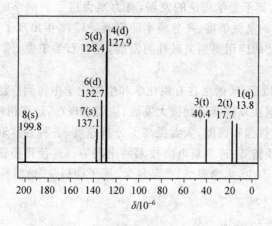

图 5.65　化合物 $C_{10}H_{12}O$ 的 ^{13}C NMR 图谱

第6章 质 谱 法

6.1 概 述

6.1.1 质谱法的概念

质谱法是通过对样品的分子电离后所产生离子的质荷比(m/e)及其强度的测量来进行成分和结构分析的一种仪器分析方法。

首先,被分析样品的气态分子,在高真空中受到高速电子流或其他能量形式的作用,失去外层电子生成分子离子,或进一步发生化学键的断裂或重排,生成多种碎片离子。然后,将各种离子导入质量分析器,利用离子在电场或磁场中的运动性质,使各种离子按不同质荷比(m/e)的大小次序分开,并对各种(m/e)的离子流进行检测、记录,得到质谱图。最后,鉴别谱图中的各种(m/e)的离子及其强度,实现对样品成分及结构的分析。

6.1.2 质谱法的发展概况

质谱法是一种古老的仪器分析方法,早期质谱法的最重要贡献是发现非放射性同位素。

1912 年,Thomson J. J 研制了世界上第一台质谱仪;1913 年,他报道了关于气态元素 Ne 的第一个研究成果,证明该元素有^{20}Ne,^{22}Ne 两种同位素。

第一次世界大战后,质谱法及仪器有了进一步的提高,特别是 Aston 因用质谱法发现同位素并将质谱法应用于定量分析而于 1922 年获得诺贝尔奖。

20 世纪 30 年代,离子光学理论的发展,有力地促进了质谱学的发展,开始出现了诸如双聚焦质量分析器的高灵敏度、高分辨率的仪器。1942 年出现了第一台用于石油分析的商品化仪器,质谱法的应用得到突破性的发展,它在石油工业、原子能工业方面得到较多的应用。

20 世纪 60 年代以后,质谱法在有机化学和生物化学中得到广泛的应用。

近几十年来,质谱法及仪器得到极大发展,主要表现在:计算机的深入应用,用计算机控制操作、采集、处理数据和谱图,大大提高了分析速度;各种各样联用仪器的出现,如色谱—质谱联用,串联质谱等;许多新电离技术的出现等。这使得质谱法在化学工业、石油工业、环境科学、医药卫生、生命科学、食品科学、原子能科学、地质科学等广阔的领域中发挥越来越大的作用。

6.1.3 质谱法的特点

质谱法具有以下特点:

①信息量大,应用范围广,是研究有机化合物结构的有力工具。

②由于分子离子峰可以提供样品分子的相对分子质量的信息,所以质谱法也是测定

相对分子质量的常用方法。

③分析速度快、灵敏度高,高分辨率的质谱仪可以提供分子或离子的精密测定。

④质谱仪器较为精密,价格较贵,工作环境要求较高,给普及带来一定的限制。

6.2 质 谱 仪

质谱仪从用途(分析对象)分有无机质谱、有机质谱、同位素质谱及气体质谱等;从原理结构分有单聚焦质谱、双聚焦质谱、飞行时间质谱、四极滤质器及回旋共振质谱等。

不管何种质谱仪,其基本结构都由 6 个部分组成,即进样系统、离子源、质量分析器、检测系统、显示记录(数据处理)系统和高真空系统,如图 6.1 所示。

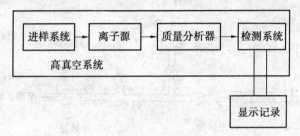

图 6.1 质谱仪的构造

进行质谱分析时,一般过程是:通过合适的进样装置将样品引入并进行汽化,汽化后的样品引入到离子源进行电离,电离后的离子经过适当的加速后进入质量分析器,离子在磁场或电场的作用下,按不同的(m/e)进行分离,对不同(m/e)的离子流进行检测、放大、记录(数据处理),得到质谱图进行分析。为了获得离子的良好分析,必须避免整个过程离子的损失,因此凡有样品分子和离子存在和经过的部位、器件,都要处于高真空状态。

6.2.1 高真空系统

质谱仪中离子产生及经过的系统必须处于高真空状态(离子源的高真空度应达到$1.3\times10^{-4}\sim1.3\times10^{-5}$ Pa,质量分析器中应达到 1.3×10^{-6} Pa),若真空度过低,会造成离子源灯丝损坏,本底增高,副反应变多,从而使图谱复杂化,干扰离子源的调节、加速及放电等问题。一般质谱仪都采用机械泵预抽真空后,再用高效率扩散泵连续地运行以保持真空。现代质谱仪采用分子泵可以获得更高的真空度。图 6.2 为质谱仪的典型真空系统。

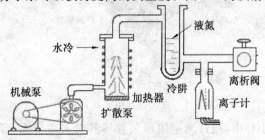

图 6.2 质谱仪的典型真空系统

6.2.2 进样系统

进样系统的目的是高效重复地将样品引入到离子源中并且不能造成真空度的降低。目前常用的进样装置主要有 3 种类型:间歇式进样系统、直接探针进样及色谱进样系统。一般质谱仪都配有前两种进样系统以适应不同的样品需要,色谱进样系统主要适用于色谱-质谱联用仪。

1. 间歇式进样系统

间歇式进样系统可用于气体、液体和中等蒸汽压的固体样品进样。典型的间歇式进样系统如图 6.3 所示。

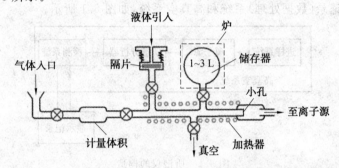

图 6.3 典型的间歇式进样系统

通过可拆卸式的试样管将少量($10\sim100\ \mu g$)固体和液体试样引入试样储存器中,由于进样系统的低压强及储存器的加热装置,使样品保持气态。实际上试样最好在操作温度下具有 $1.3\sim0.13$ Pa 的蒸汽压。由于进样系统的压强比离子源的压强要大,样品离子可以通过分子漏隙(通常是带有一个小针孔的玻璃或金属膜)以分子流的形式渗透进高真空的离子源中。

2. 直接探针进样

对那些在间歇式进样系统的条件下无法变成气体的固体、热敏性固体及非挥发性液体试样,可利用探针直接引入到离子源中。图 6.4 为直接探针引入进样系统。

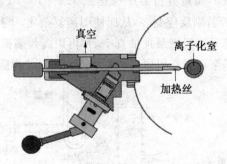

图 6.4 直接探针引入进样系统

通常将试样放入小杯中,通过真空闭锁装置将其引入离子源,可以对样品进行冷却或加热处理。用这种技术不必使样品蒸汽充满整个储存器,故可以引入样品量较小(可达

1 ng)和蒸汽压较低的物质。直接进样法使质谱法的应用范围迅速扩大,使许多少量且复杂的有机化合物和有机金属化合物可以进行有效的分析,如甾族化合物、糖、双核苷酸和低摩尔质量聚合物等都可以获得质谱。

在很多情况下,将低挥发性物质转变为高挥发性的衍生物后再进行质谱分析也是有效的途径,如将酸变成酯,将微量金属变成挥发性螯合物等。

6.2.3 电离源

电离源的功能是将进样系统引入的气态样品分子转化成离子。由于离子化所需要的能量随分子不同差异很大,因此,对于不同的分子应选择不同的电离方法。通常称能给样品较大能量的电离方法为硬电离方法,而给样品较小能量的电离方法为软电离方法,后一种方法适用于易破碎或易电离的样品。

离子源是质谱仪的心脏,可以将离子源看作是比较高级的反应器,其中样品发生一系列的特征电离、降解反应,其作用在很短时间(约 1 μs)内发生,所以可以快速获得质谱。

许多方法可以将气态分子变成离子,它们已被应用到质谱法研究中。表 6.1 为质谱研究中的几种离子源的基本特征。

表 6.1 质谱研究中的几种离子源的基本特征

名称	简称	类型	离子化试剂	应用年代
电子轰击离子化(Elextron Bomb Ionization)	EI	气相	高能电子	1920
化学电离(Chemical Ionization)	CI	气相	试剂离子	1965
场电离(Field Ionization)	FI	气相	高电势电极	1970
场解析(Field Desorption)	FD	解吸	高电势电极	1969
快原子轰击(Fast Atom Bombandment)	FAB	解吸	高能电子	1981
二次离子质谱(Secondary Ion MS)	SIMS	解吸	高能离子	1977
激光解析(Laser Desorption)	LD	解吸	激光束	1978
电流体效应离子化(离子喷雾)(Electrohydrodynamic Ionization)	EH	解吸附	高场	1978
热喷雾离子化(Thermospray Ionization)	ES		荷电微粒能量	1985

1. 电子轰击源(EI)

电子轰击源(也称电子电离源)是质谱通用型的电离源,其结构及工作原理如图 6.5 所示。

在热丝阴极(由钨或铼丝做成)与阳极之间加上 70 V 电压,使灯丝温度达 2 000 ℃ 左右,热阴极发射出能量为 70 eV 的高能电子束,在高速向阳极运动时,撞击来自进样系统的样品分子,使样品分子发生电离:

$$M + e^-(高速) \longrightarrow M^{+\cdot} + 2e^-(低速)$$

$M^{+\cdot}$ 称为分子离子。当电离源有足够的能量使 $M^{+\cdot}$ 带有较大内能时,$M^{+\cdot}$ 可能进一步发生键的断裂,形成大量的各种低质量数的碎片正离子和自由基或中性分子:

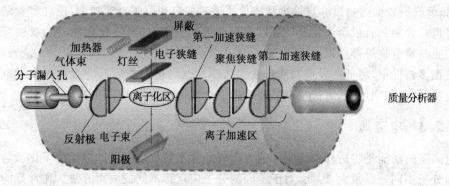

图 6.5 电子轰击源的结构及工作原理示意图

$$M^+ \longrightarrow M_1^+ + N^+ \longrightarrow \cdots\cdots$$

$$M^+ \longrightarrow M_2^+ + N \longrightarrow \cdots\cdots$$

正离子在第一加速极和反射极间的微小电位差作用下通过第一加速狭缝,而第一加速极与第二加速之间的高电位差使正离子获得最后的加速,经过狭缝进一步准直后进入质量分析器。

一般在热丝阴极与阳极的方向加一小磁场,使电子束以螺旋轨迹向阳极运动,以增加撞击样品分子的概率,提高电离效率。

电子轰击源具有以下特点:

①应用广泛。这种电离方法成熟,文献中已积累了大量采用以电离源的质谱数据;能量较大(70 eV),大多数有机分子共价键的电离电位为 $8\sim15$ eV,故均可使用。但也由此引出缺点,即分子离子容易被进一步断裂成碎片离子,所以分子离子峰变弱甚至不出现,不利于相对分子质量的测定。

②电离效率高。

③结构简单,操作方便。

2. 化学电离源(CI)

化学电离源是 1966 年才开始发展起来的一种新型电离源。它不是用高能电子直接轰击样品分子,而是通过"离子—分子反应"来实现对样品分子的电离。化学电离源的结构与电子轰击源相似,样品在承受电子轰击之前,被一种"反应气"(常用 CH_4,也可用异丁烷、NH_3 等)以约 10^4 倍于样品分子所稀释,因此样品分子直接受到高能电子轰击的概率极小。首先生成的离子来自反应气分子,反应气离子也称为试剂离子,它与样品分子发生离子—分子反应而产生样品分子离子。以甲烷为例,发生的反应可表示如下:

$$CH_4 + e^- \longrightarrow CH_4^+ + 2e^-$$

$$CH_4^+ \longrightarrow CH_3^+ + H^+$$

CH_4^+ 及 CH_3^+ 很快与大量存在的 CH_4 分子进一步反应,即

$$CH_4^+ + CH_4 \longrightarrow CH_5^+ + CH_3^+$$

$$CH_3^+ + CH_4 \longrightarrow C_2H_5^+ + H_2$$

CH_5^+ 及 $C_2H_5^+$ 不再与 CH_4 反应,而当样品进入离子源时,它很快与样品分子(RH)反应,即

$$CH_5^+ + RH \longrightarrow RH_2^+ + CH_4$$
$$C_2H_5^+ + RH \longrightarrow R^+ + C_2H_6$$
$$C_2H_5^+ + RH \longrightarrow RH_2^+ + C_2H_4$$
$$C_2H_5^+ + RH \longrightarrow R-C_2H_6^+$$

采用化学电离源所得到的质谱图的特点有：

①图谱简单,样品离子是二次离子,键断裂的可能性大为减少,峰的数目也随之减少。

②准分子离子峰,即(M+H)或(M−H)峰很强,可提供样品分子的相对分子质量的信息。

3. 高频火花电离源(SI)

高频火花电离源常用于一些非挥发性的无机样品,如金属、半导体、矿物、考古样品等的离子化,它类似于原子发射光谱中的激发源。把粉末样品与石墨粉均匀混合后装入电极内,置于高压(30 kV)高频电场中,高频火花使样品分子电离。

高频火花电离源的特点有：

①灵敏度高,可达 10^{-9}。

②可以对复杂样品进行元素的定性、定量分析。

③信息简单,便于分析。

④其缺点是各种离子的能量分散大,须采用双聚焦质量分析器;仪器较昂贵,操作较复杂,限制了应用范围。

4. 场电离源(FI)

场电离源利用强电场诱发样品分子的电离,其结构示意图如图 6.6 所示。其中最重要的部件是电极,正、负极间施加高达 10 kV 的电压差,两极的电压梯度可达 $10^7 \sim 10^8$ V·cm^{-1}。若具有较大偶极矩或高极化率的样品分子通过两极间时,受到极大的电压梯度的作用(量子隧道效应)而发生电离。

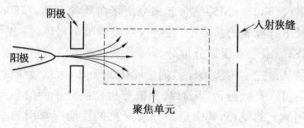

图 6.6 场电离源结构示意图

为了达到两电极间极大的电压梯度,阳极需要很尖锐,通常经过特殊处理,在其尖端表面做成许多微探针(小于 1 μm),称为多尖阵列电极,也称为"金属胡须发射器"。

由于 FI 的能量约为 12 eV,因此分子离子峰(或准分子离子峰)强度较大,而碎片离子峰很少,图谱较简单。

与 FI 类似的有场解吸源,用 FD 表示。与 FI 不同的是,它把样品溶液置于阳极发射器的表面,并将溶剂蒸发除去,在强电场中,样品离子直接从固体表面解吸并奔向阴极。FD 是一种软电离技术,一般只产生分子离子峰和准分子离子峰,碎片离子峰极少,图谱很简单,特别适用于热不稳定性和非挥发性化合物的质谱分析。在进行复杂未知物的结构分析时,若有条件,将电子轰击源、化学电离源及场解吸源3种电离方式的质谱图加以比较,有助于对未知物的鉴定。

5. 快原子轰击电离源(FAB)

快原子轰击电离源是 20 世纪 80 年代发展起来新的电离技术,其示意图如图 6.7 所示。轰击样品分子的原子通常为惰性稀有气体,为氙或氩。为了获得高动能,首先让气体原子电离,并通过电场加速,然后再与热的气体原子碰撞而导致电荷和能量的转移,获得快速运动的原子,它们撞击涂有样品的金属

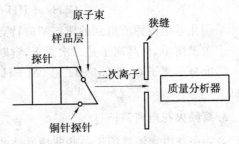

图 6.7 快原子轰击源示意图

极上,通过能量转移而使样品分子电离,生成二次离子。通常将样品溶于惰性的非挥发性溶剂,如丙三醇中,并以单分子层覆盖于探针表面,以提高电离效率,而悬浮样品不适用。

FAB 的特点有:

①分子离子或准分子离子峰强。

②碎片离子也丰富。

③适合于热不稳定、难挥发的样品。

④其缺点是溶解样品的溶剂也会被电离而使图谱复杂化。

6. 基质辅助激光解吸电离源(MALDI)

基质辅助激光解吸电离源是一种结构简单、灵敏度高的电离源。20 世纪 60 年代,激光技术开始用于质谱技术,早期的激光解吸电离源是将有机化合物制成溶液后涂敷在由不锈钢或玻璃制成的样品靶上,被聚焦到功率密度高达 $10^6 \sim 10^8$ W/cm^2 的激光从背面照向样品使其解吸电离。1975 年,F. Hillenkamp 教授将激光解吸电离源同能瞬时记录谱图的飞行时间质谱仪(TOF－MS)结合起来分析蛋白质和多肽。1988 年他又把样品溶解于在所用激光波长下有吸收的基质中,并引入激光解吸电离源,提出了基质辅助激光解析质谱(MALD－MS)。采用基质以分散分析样品是该技术的特色和创新之处,基质的主要作用是作为把能量从激光束传递给样品的中间体。此外,大量过量的基质(基质：样品＝10 000：1)使样品得以有效分散,从而减少被分析样品分子间的相互作用。基质的选择主要取决于所采用激光的波长,其次是被分析对象的性质。常用的基质有烟酸、2,5－二羟基苯甲酸、琥珀酸、甘油、间硝基苄醇、邻硝苯基辛基醚等。该方法大大提高了分析的灵敏度和选择性。使 MALD－MS 成为分析生物大分子蛋白质的最有力工具之一,最大相对分子质量可达到 500 000。MALD－MS 产生的离子有 $[M+H]^+$,$[M+cation]^+$(cation＝K,Na…)和 $[M+n\text{Matricx}+H]^+$(Matricx＝基质)。

7. 热喷雾电离源和电喷雾电离源

热喷雾电离源(TS)和电喷雾电离源(ESI)是在研究 HPLC(高效液相色谱)与 MS 联用时提出的,它们既可以作为 HPLC－MS 联用仪的接口,也可以作为有机质谱仪的电离源,得到的离子是多电荷离子,特别适合大分子的分析。

6.2.4 质量分析器

质量分析器的作用是将离子源中产生的离子按质荷比(m/e)的大小顺序分开,然后经检测记录成质谱。其类型很多,主要有以下几种:

1. 单聚焦质量分析器

单聚焦质量分析器实际上是处于扇形磁场中的真空扇形容器,因此,也称为磁扇形分析器。常见的单聚焦分析器是采用 $180°$、$90°$ 或 $60°$ 的圆弧形离子束通道。图 6.8 为 $90°$ 的单聚焦质量分析器质谱仪的结构示意图。图 6.9 为 $180°$ 单聚焦质量分析器原理示意图。

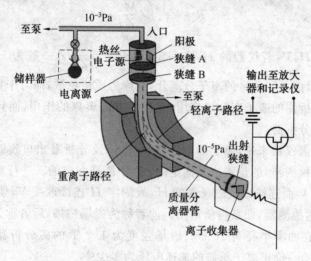

图 6.8 90°的单聚焦分析器质谱仪的结构示意图

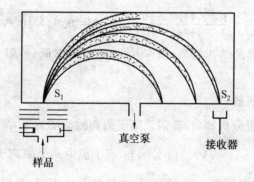

图 6.9 180°单聚焦质量分析器原理图

设质量为 m,带有电荷为 e 的正离子,若其初始能量为 0,在离子室中受到加速电压 V 的作用,到达离子室的出口狭缝——即分析器的进口狭缝 S_1,离子具有的动能为

$$\frac{1}{2}mv^2 = eV$$

式中,v 为离子的运动速度。当离子进入分析器的磁场后,受到洛伦兹力的作用而做半径为 R 的圆周运动,圆周运动的离心力要与洛伦兹力平衡,即

$$\frac{m v^2}{R} = H e V$$

式中，H 为磁分析器的磁场强度。合并以上两式，得到

$$\frac{m}{e} = \frac{R^2 H^2}{2V} \quad \text{或} \quad R = \frac{1}{H}\sqrt{2V \frac{m}{e}}$$

若以一电子的电荷量作为电荷单位，正离子的电荷数用 Z 表示，以相对原子质量单位作为离子的质量单位，离子的相对质量单位数用 M 表示，H 的单位为高斯（$1\ G = 10^{-4}$ T），V 的单位为 V，R 的单位为 cm，则

$$R = \frac{144}{H}\sqrt{V \frac{M}{Z}}$$

可见，R 取决于 $\frac{M}{Z}$，H，V，若仪器的 H，V 一定，则 $R \infty \sqrt{\frac{M}{Z}}$，$Z$ 一般为 1，所以 $R \infty \sqrt{M}$。表明，磁分析器可以把不同质量的离子分离开，这称为质量色散，而对于相同质量、以不同方向进入扇形磁分析器的离子有会聚作用，起到了方向聚焦的作用，而且仅有方向聚焦，故称为单聚焦质量分析器。

对于一定的质谱仪器来说，离子源的出口狭缝 S_1 及分析器出口狭缝 S_2 的位置是固定的，离子收集器（检测器）的位置也是固定的，表明 R 是一定的。进行质谱分析时，可以用固定的加速电压 V 而连续改变磁场强度 H，或固定 H 连续改变 V，使不同（m/e）的离子依次通过 S_2 到达检测器，而获得质谱图。前者称为磁场扫描，后者称为电压扫描。

例 6.1 计算在曲率半径为 10 cm、磁场强度为 1.2 T 的磁分析器中，一个质量为 100 相对质量单位的一价正离子所需的加速电压是多少？

解

$$V = \frac{R^2 H^2 Z}{144^2 M} = \frac{10^2 \times (1.2 \times 10^4)^2 \times 1}{144^2 \times 100} \quad V = 6.94 \times 10^3\ V = 6.94\ kV$$

单聚焦质量分析器的结构简单，操作方便，但分辨率低（一般为 500 以下），主要用于同位素测定。

2. 双聚焦质量分析器

在讨论单聚焦质量分析器时，曾假设离子的初始动能为零，离子进入分析器的动能只取决于加速电压（即 $\frac{1}{2} m v^2 = eV$）。而实际上，离子源中产生的离子初始动能并不为零，而且能量各不相同，即使是同样 m/e 的离子，初始能量也不同，表明离子源中的离子有一定的能量分散，经加速后离子的能量也仍然不同。所以同样 m/e 的离子在磁场中的运动半径也不完全一样，因而不能完全会聚在一起，从而降低了质谱仪的分辨率。

为了解决离子的能量分散问题，提高质谱仪的分辨本领，可使用双聚焦质量分析器。所谓双聚焦质量分析器是指分析器同时实现能量（或速度）聚焦和方向聚焦，它是将一个扇形静电场分析器置于离子源和扇形磁场分析器之间，如图 6.10 所示。

离子通过静电场分析器时，由于受此电场力的作用，会改变运动方向成曲线运动，其离心力等于电场作用力，即

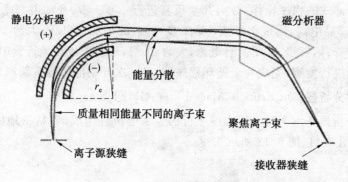

图 6.10 双聚焦质量分析器原理图

$$\frac{m\nu^2}{R_c} = eE$$

$$R_c = \frac{m\nu^2}{eE}$$

式中,R_c 为离子在电场分析器的运动曲率半径;E 为分析器的电场强度。

在一定的 E 下,R_c 取决于离子的动能。动能大的离子 R_c 大,动能小的离子 R_c 小。表明电场分析器对不同能量的离子起到能量(或速度)的色散作用。对于能量相同的离子,通过扇形静电场分析器后又会聚在一起,在分析器的焦面上按能量高低的次序排列起来,实现能量(或速度)的聚焦。然后进入磁分析器,通过设计和加工磁分析器的极面,使静电场分析器按不同能量分散开的而 m/e 相同的离子通过磁分析器后又会聚在一起,然后进行检测,实现能量(或速度)和方向的双聚焦。

双聚焦质量分析器的最大优点是大大提高了仪器的分辨率,可达 15 万,甚至上百万,但仪器昂贵,调整、操作、维护均较为困难。

3. 飞行时间分析器(Time of Flight,TOF)

飞行时间分析器不是磁场或电场,而是一根长的、直的飞行管。离子受加速电压加速后,其动能为 $\frac{1}{2}m\nu^2 = eV$,则运动速度为

$$\nu = \left(\frac{2Ve}{m}\right)^{1/2}$$

若分析器飞行管的长度为 L,则离子在管中的飞行时间为

$$t = \frac{L}{\nu} = L\left(\frac{m}{2Ve}\right)^{1/2}$$

对于 $\left(\frac{m}{e}\right)_1$ 及 $\left(\frac{m}{e}\right)_2$ 两离子,在飞行管中的飞行时间差为

$$\Delta t = \frac{\sqrt{\left(\frac{m}{e}\right)_1} - \sqrt{\left(\frac{m}{e}\right)_2}}{\sqrt{2V}}$$

可见 Δt 取决于不同离子 m/e 的平方根之差,各种离子按照相应的时间间隔飞行出分析器而被检测。但是,如果电离和加速以及离子通过飞行管是连续不断的话,那么将使检测器的检测信号也连续输出,记录发生重叠,无法得到可供分析的信息。所以飞行时间

质谱仪是采用脉冲式的程序操作,分为几步反复进行:第一步,开动电离室的电子枪,大约 10^{-9} s 时间,样品电离,形成离子束;第二步,随后施加加速电压,大约 10^{-4} s,离子被加速后进入飞行管;第三步,关闭所有电源,大约 μs 级,使离子流在飞行管中无阻碍的"慢性飞行",飞出管进行检测,完成一个循环程序后,又一次开动电子枪重新产生离子束。

4. 四极滤质分析器(Quadrupole Mass Fliter,QMF)

四极滤质分析器是由两对 4 根高度平行的金属电极杆组成的,精密地固定在正方形的 4 个角上,如图 6.11、图 6.12 所示。

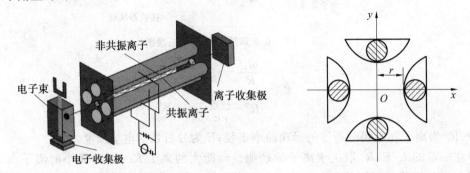

图 6.11 四极杆质量分析器　　　　　图 6.12 四极杆位置截面图

其中一对电极加上直流电压为 V_{dc},另一对电极加上射频电压为 $V_0 \cos \omega t$(V_0 为射频电压的振幅,ω 为射频振荡频率,t 为时间),即加在两对极杆之间的总电压为

$$V_{dc} + V_0 \cos \omega t$$

由于射频电压大于直流电压,所以在四极之间的空间处于射频调制的直流电压的两种力作用下的射频场中,离子进入此射频场时,只有合适 m/e 的离子才能通过稳定的振荡穿过电极间隙而进入检测器,其他 m/e 的离子则与极杆相撞而被滤去。只要保持 V_{dc}/V_0 值及射频频率不变,改变 V_{dc} 和 V_0 就可以实现对 m/e 的扫描。

QMF 是一种无磁分析器,体积小,质量轻,操作方便,扫描速度快,分辨率较高,适用于色谱—质谱联用仪器。

5. 离子回旋共振分析器(Ion Cyclotron Resonance,ICR)

离子回旋共振分析器是建立在离子回旋共振基础上的一种质量分析器,与磁偏转和四极滤质分析器完全不同。当一气相离子进入或产生于一个强磁场中时,离子将沿着与磁场垂直的环形途径运动,称为回旋,其回旋频率 ω_c 为

$$\omega_c = \frac{eH}{m}$$

在一定的磁场强度 H 下,ω_c 只与 m/e 有关。增加运动速度时,离子的回旋半径亦相应增加,而 ω_c 不变,回旋离子可以从与其相匹配的交变电场(射频场)中吸收能量而加快回旋速度,随之回旋半径逐步增大——发生了回旋共振。不同 m/e 的离子所匹配的交变电场频率不同,因此,通过改变电场不同频率的扫描,可获得不同 m/e 离子的相应信息。

图 6.13 为离子回旋共振工作原理图。一组 m/e 相同的离子进入磁场时,合适的交变电场频率将使这些离子产生回旋共振而发生能量转移,而其他 m/e 离子不受影响。由于共振离子的回旋可以产生称之为相电流的信号,相电流可以在停止交变电场(即图 6.13

中开关置于 2 位)时观察到。感生的相电流由于共振离子在回旋时不断碰撞失去能量并归于热平衡状态而逐步消失,这个过程一般在 0.1~10 s 之间,因此可以得到相电流的衰减信号。

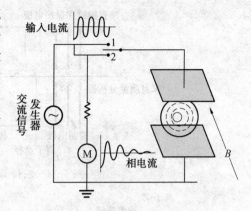

图 6.13 离子回旋共振工作原理图

ICR 质量分析器可用于傅立叶变换质谱仪上,在分析器上施加一个频率由低到高线性增加(0.070~3.6 MHz)的短脉冲(1~5 ms),使相应 m/e 范围内的所有离子都产生回旋共振,脉冲之后,所有离子都发生感生相电流的衰减信号,测定在各时刻中所有离子相电流衰减信号的相干谱图。这种谱图是一种不能直接进行分析的叠加时域谱,需将它重复累加、放大并经过模数转换后输入计算机,进行快速的傅立叶变换,便可检出各种频率成分的谱图——频域谱,并利用频率与量的关系,得到常见的质谱图。

离子回旋共振傅立叶变换质谱仪的优点是:

①分辨率高,可达 25 万,容易区分相同标称分子质量的离子,如 N_2、C_2H_4 和 CO,对推断精确的经验式极有价值。

②可检测的离子质量范围宽,可达 10^3。

③可以测量不同的脉冲及不同延迟时间的信息,扫描速度快,故可以研究气态离子或分子反应动力学。

但此仪器较为昂贵,工作条件较为苛刻。

6.2.5 离子检测器

质谱仪常用的检测器有法拉第杯(Faraday Cup)、电子倍增器及闪烁计数器、照相底片等。

法拉第杯检测器是其中最简单的一种,其结构如图 6.14 所示。法拉第杯检测器与质谱仪的其他部分保持一定电位差以便捕获离子,当离子经过一个或多个抑制栅极进入杯中时,将产生电流,经转换成电压后进行放大记录。法拉第杯检测器的优点是简单可靠,配以合适的放大器可以检测约为 10^{-15} A 的离子流。但法拉第杯检测器只适用于加速电压小于 1 kV 的质谱仪,因为更高的加速电压会产生能量较大的离子流,这样离子流轰击入口狭缝或抑制栅极时会产生大量二次电子甚至二次离子,从而影响信号检测。

电子倍增器的种类很多,其工作原理如图 6.15 所示。一定能量的离子轰击阴极导致电子发射,电子在电场的作用下,依次轰击下一级电极而被放大,电子倍增器的放大倍数一般为 10^5~10^8。电子倍增器中电子通过的时间很短,利用电子倍增器可以实现高灵敏、快速测定。但电子倍增器存在质量歧视效应,且随使用时间增加,增益会逐步减小。

近代质谱仪中常采用隧道电子倍增器,其工作原理与电子倍增器相似,因为体积小,多个隧道电子倍增器可以串列起来,用于同时检测多个 m/e 不同的离子,从而大大提高分析效率。

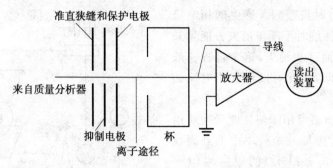

图 6.14　法拉第杯检测器结构图

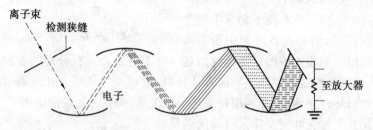

图 6.15　电子倍增器的工作原理图

照相检测是在质谱仪,特别是在无机质谱仪中应用最早的检测方式。此法主要用于火花源双聚焦质谱仪,其优点是无需记录总离子流强度,也不需要整套的电子线路,且灵敏度可以满足一般分析的要求,但其操作麻烦,效率不高。

质谱信号非常丰富,电子倍增器产生的信号可以通过一组具有不同灵敏度的检流计检出,再通过镜式记录仪(不是笔式记录仪)快速记录到光敏记录纸上。现代质谱仪一般都采用较高性能的计算机对产生的信号进行快速接收与处理,同时通过计算机可以对仪器条件等进行严格的监控,从而使精密度和灵敏度都有一定程度的提高。

1. 离子流的记录

各种 m/e 的离子流,经检测器检测变成电信号,放大后由计算机采集和处理后,记录为质谱图或用示波器显示。

质谱图是以质荷比(m/e)为横坐标,以各 m/e 离子的相对强度(也称为丰度)为纵坐标构成。一般把原始图上最强的离子峰定为基峰,并定其为相对强度为 100%,其他离子峰以对基峰的相对百分值表示。因而,质谱图各离子峰为一些不同高度的直线条,每条直线代表一个 m/e 离子的质谱峰。图 6.16 为丙酸的质谱图。质谱数据还可以采用列表的形式,称为质谱表,表中两项为 m/e 及相对强度。质谱表可以准确地给出 m/e 精确值及相对强度,有助于进一步分析。

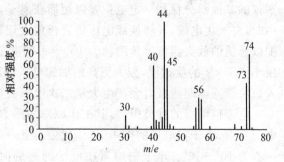

图 6.16　丙酸的质谱图

最高峰质量为 44,最大 m/e 为 75

2. 质谱仪的性能指标

(1)质量测量范围

质谱仪的质量测量范围表示质谱仪所能够进行分析的样品的相对原子质量(或相对分子质量)范围,通常采用以 ^{12}C 来定义的原子质量单位来量度。在非精确测定质量的场合中,常采用原子核中所含质子和中子的总数即"质量数"来表示质量的大小,其数值等于相对质量数的整数。

气体质谱仪的质量测量范围一般较小,为 2～100,有机质谱仪一般可达几千,而现代质谱仪可测量达几万到几十万质量单位的生物大分子样品。

(2)分辨率

所谓分辨率,是指质谱仪分开相邻质量数离子的能力。一般定义是:对两个相等强度的相邻峰,当两峰间的峰谷不大于其峰高 10% 时,则认为两峰已经分开,其分辨率为

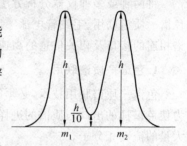

$$R = \frac{m_1}{m_2 - m_1} = \frac{m_1}{\Delta m}$$

图 6.17　质谱仪 10% 峰谷分辨率

式中,m_1,m_2 为质量数,且 $m_1 < m_2$,故在两峰质量数差别越小时,要求仪器分辨率越大,如图 6.17 所示。

而在实际工作中,有时很难找到相邻的且峰高相等的两个峰,同时峰谷又为峰高的 10%。在这种情况下,可任选一单峰,测其峰高 5% 处的峰宽 $W_{0.05}$,即可当作上式中的 Δm,此时分辨率为

$$R = \frac{m}{W_{0.05}}$$

如果该峰是高斯型的,上述两式计算结果是一样的。

例 6.2　要鉴别 N_2^+(m/e 为 28.006)和 CO^+(m/e 为 27.995)两个峰,仪器的分辨率至少是多少? 在某质谱仪上测得一质谱峰中心位置为 245 u,峰高 5% 处的峰宽为 0.52 u,可否满足上述要求?

解　要分辨 N_2^+ 和 CO^+,要求质谱仪分辨率至少为

$$R_{need} = \frac{27.995}{28.006 - 27.995} = 2\,545$$

质谱仪的分辨率为

$$R_{sp} = \frac{245}{0.52} = 471$$

$$R_{sp} < R_{need}$$

故不能满足要求。

质谱仪的分辨率由下列几个因素决定:离子通道的半径、加速器与收集器狭缝宽度及离子源的性质。

质谱仪的分辨率几乎决定了仪器的价格。分辨率在 500 左右的质谱仪可以满足一般有机分析的需要,此类仪器的质量分析器一般是四极滤质器、离子阱等,仪器价格相对较低。若要进行准确的同位素质量及有机分子质量的准确测定,则需要使用分辨率大于

10 000的高分辨率质谱仪,这类质谱仪一般采用双聚焦磁式质量分析器。目前这种仪器分辨率可达 100 000,当然其价格也将是低分辨率仪器的 4 倍以上。

（3）灵敏度

质谱仪的灵敏度有绝对灵敏度、相对灵敏度和分析灵敏度 3 种表示方法。绝对灵敏度是指仪器可以检测到的最小样品量;相对灵敏度是指仪器可以同时检测的大组分与小组分含量之比;分析灵敏度则是指输入仪器的样品量与仪器输出的信号之比。

6.2.6 质谱联用技术

将两种或多种仪器分析方法结合起来的技术称为联用技术。利用联用技术的主要有色谱—质谱联用、毛细管电泳—质谱联用、质谱—质谱联用,其主要问题是如何解决与质谱相连的接口及相关信息的高速获取与储存等问题。

1. 色谱—质谱联用

色谱—质谱联用技术,必须解决的主要问题有两大方面:一是如何实现接口,降低压力使色谱柱的出口与质谱的进样系统连接,达到两部分速度的匹配;二是必须除去色谱中大量的流动相分子。

（1）气相色谱—质谱联用技术（GC—MS 联用）

这项技术是 20 世纪 50 年代后期才开始研究的,到 60 年代已经成熟并出现了商品化仪器。目前,它已成为最常用的一种联用技术。GC 是在常压下工作,而 MS 是在高真空下工作,因此,必须有一个连接装置,将色谱柱流出的载气除去,使压强降低,样品分子进入离子室,这个连接装置称为分子分离器。目前一般使用喷射式分子分离器,如图 6.18 所示。

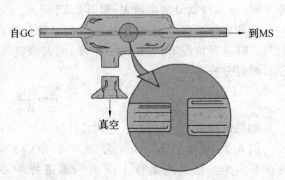

图 6.18 分子分离器

载气带着组分气体,一起从色谱柱流出,经过一小孔加速喷射进入分离器的喷射腔中,分离器进行抽气减压。由于载气相对分子质量小,扩散速度快,经喷嘴后,很快扩散开来并被抽走。而组分气体分子的质量大,扩散速度慢,依靠其惯性运动,继续向前运动而进入捕捉器中。必要时使用多次喷射,经分子分离器后,50％以上的组分分子被浓缩并进入离子源中,而压力也降至约 1.3×10^{-2} Pa。

如果是毛细管色谱,由于毛细管柱的流量极小,可以不必经过分子分离器而直接进入离子源。

GC—MS 联用技术应用十分广泛,从环境污染分析、食品香料分析鉴定到医疗检验分析、药物代谢研究等。而且 GC—MS 联用是国际奥委会进行兴奋剂药检的有力工具之一。

（2）液相色谱—质谱联用（LC—MS 联用）

对于热稳定性差、不易汽化的样品,GS—MS 联用有一定的困难。因此,近年来又发展了液相色谱—质谱联用技术。LC 分离要使用大量的液态流动相,如何有效地除去流动相而不损失样品,是 LC—MS 联用的难题之一。目前应用较多的有以下两种接口装置。

①传送带式的接口装置。

LC—MS 联用传送带连接装置结构示意图如图 6.19 所示。依靠不锈钢或高聚物的传送带将 LC 柱的流出样送入离子源,在传送过程中,溶剂被加热(可用红外线加热)汽化并由真空泵抽去,组分进入离子源。这种方法适于非极性流动相溶剂的除去,而对于极性溶剂,由于其汽化速度慢而不适用。

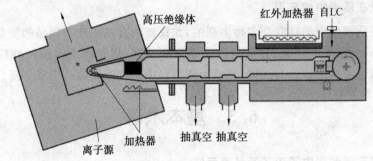

图 6.19 LC—MS 联用传送带连接装置

②热喷雾式的接口装置。

热喷雾接口是 20 世纪 80 年代发展起来的新接口装置,它是由汽化器、电离室和抽气系统 3 部分组成,如图 6.20 所示。汽化器是一根内径约为 0.15 mm 的金属毛细管,采用直接电加热的方式。电离室内有发射电子的灯丝和放电电离装置,其电离方式有直接热喷雾电离、放电电离和电子束

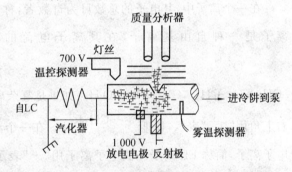

图 6.20 热喷雾接口

电离 3 种。抽气系统主要是一个机械泵,有的加上冷阱,以捕集溶剂。这种接口装置既除去溶剂,又同时使组分分子电离。

目前正在发展中的超临界流体色谱—质谱联用(SFC—MS)可能成为对难挥发、易分解物质进行联用分离分析最有前途的方法。

2. 质谱—质谱联用

20 世纪 80 年代初,在传统的质谱仪基础上,发展了质谱—质谱联用(MS—MS 联用,也称串联质谱)技术。它与色谱—质谱联用不同,色谱—质谱联用是用色谱将混合组分分离,然后由 MS 进行分析,而 MS—MS 联用是依靠第一级质谱 MS—Ⅰ 分离出特定组分的分子离子,然后导入碰撞室活化产生碎片离子,再进入第二级质谱 MS—Ⅱ 进行扫描及定性分析。MS—MS 联用原理示意图如图 6.21 所示。

MS—MS 联用的串联形式很多,既有磁式 MS—MS 串联,也有四极 MS—MS 串联,也可以混合式 MS—MS 串联。串联质谱的工作效率比 GC—MS,LC—MS 更高,而目前

还正在进一步发展的 GC—MS—MS, LC—MS—MS 等联用技术, 其在生命科学、环境科学方面更具应用前景。

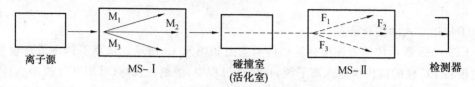

图 6.21　MS—MS 联用原理示意图

3.计算机在质谱中的应用

计算机在质谱仪中的功能是多种多样的, 如仪器的自动校准及样品的测量, 各种参数的优化和严格控制; 庞大信息、数据的迅速采集和处理; 建立谱图库及各种检索功能等。可以说计算机已与质谱仪连为一体, 已成为质谱仪中不可或缺的一个重要部分。

6.3　基本术语

1.奇电子离子和偶电子离子及其表示法

在一个离子中, 其电子的总数目为奇数者, 称为奇电子离子, 简称 OE 离子。奇电子离子是一种自由基离子, 在其离子电荷的位置上以"$\overset{+}{\cdot}$"或"$+\cdot$"表示, 如

$$CH_3—\overset{\overset{O^+}{\|}}{C}—CH_3 \ , CH_3CH_2—\overset{+\cdot}{O}H$$。如果是复杂离子, 电荷位置不易确定, 在其离子式的

右上角用"$\urcorner^{\overset{+}{\cdot}}$"表示, 如 ⬡—CH₂R 〕$^{+\cdot}$ 。在一个离子中, 其电子的总数为偶数者称为偶

电子离子, 简称 EE 离子。偶电子离子用"$+$"表示, 如 $CH_3—C≡O^+$, 电荷位置不确定,

可表示为 ⬡—CH₂$^+$, ⬡⊕ 。

2.氮律

所谓氮律是指在有机化合物分子中, 若含有偶数(包括零)个氮原子的, 则其相对分子质量为偶数; 若含有奇数个氮原子的, 则其相对分子质量为奇数。之所以有氮律, 是因为在组成有机化合物分子的常见元素(如 C, H, O, S, Cl, Br, N 等)中, 除了氮元素外, 其他各元素的共价键价数和该元素最大丰度同位素的质量单位数均同为偶数或同为奇数, 唯独 ^{14}N 是偶数质量单位数而奇数价数(3 价)。

3.半异裂、异裂、均裂及其表示法

在离子断裂过程中, 如果自由基离子的一个孤电子转移到一个碎片上, 这种断裂称为"半异裂", 用一个鱼钩状的半箭号"⁀"表示孤电子转移的途径。在离子断裂过程中, 如果一个键断开时的一对电子同时转移到同一个碎片上, 这种断裂称为"异裂", 用一个完整的箭号"⌒"表示一对电子的转移。如果一个键断开时的一对电子分别转移到所断裂的

两个碎片上,这种断裂称为"均裂",用两条不同方向的鱼钩状半箭号"⌒⌒"表示两个电子的不同转移方向。

6.4 质谱离子的基本类型及其裂解方式

6.4.1 分子离子峰

在离子源中,样品分子受到高速电子的轰击或其他能量的作用,失去一个电子而生成带一个正电荷的离子,称为"分子离子"或"母离子"。

$$M+e^- \longrightarrow M^{\dot{+}}+2e^- (低速)$$

分子离子所产生的质谱峰,称为分子离子峰。分子离子峰有如下特点:

①分子离子是奇电子离子($M^{\dot{+}}$)。

分子离子是样品分子(所有电子都成对)失去一个电子而产生的,所以是一个自由基离子,其中有一个未成对的孤电子,离子中电子的总数是奇数,因此分子离子的表示为$M^{\dot{+}}$。

②分子离子正电荷的位置。

a. 如果分子中有杂原子,则其中未成键的 n 电子对较易失去一个电子而带正电荷,所以正电荷在杂原子上。

b. 如果分子无杂原子,但有 π 键,则 π 电子对较易失去一个电子,所以正电荷在 π 键上。

c. 如果分子中既无杂原子,也无 π 键,则正电荷一般在分支的碳原子上。

d. 对于复杂分子,电荷位置不易确定的,则"⌐$\dot{+}$"表示。

③分子离子是分子失去一个电子所得到的离子,所以其 m/e 数值等于化合物的相对分子质量,是所有离子峰中 m/e 最大的(除了同位素离子峰外),所以若质谱图中有分子离子峰出现,必位于谱图的最右边,这在谱图解析中具有特殊意义。同时分子离子必然符合"氮律"。

④质谱中,分子离子峰的强度和化合物的结构关系极大,它取决于分子离子与其裂解后所产生离子的相对稳定性。一般规律是,化合物链越长,分子离子峰越弱,酸类、醇类及高分支链的烃类分子,分子离子峰较弱甚至不出现。共轭双键或环状结构的分子,分子离子峰较强,一般大小顺序为:芳环>共轭烯>烯>环状化合物>酮>不分支烃>醚>酯>胺>酸>醇>高分支烃。

6.4.2 碎片离子峰

1. σ 键断裂

如果化合物中有 σ 键,就可能发生 σ 键断裂,但由于 σ 键断裂所需的能量较大,所以仅当化合物分子中没有 π 电子和 n 电子时,σ 键的断裂才可能成为主要的断裂方法。如烷烃分子离子的断裂,这时一个未成对的孤电子向一个碎片转移,因此是一种"半异裂",

用"⌒"表示一个电子的转移,产生一个偶电子离子和一个自由基。而且,断裂的产物越稳定,就越易断裂。阳碳离子的稳定顺序为叔＞仲＞伯,所以异构烷烃最容易从分支处断裂,且支链大的易以自由基形式脱去,如:

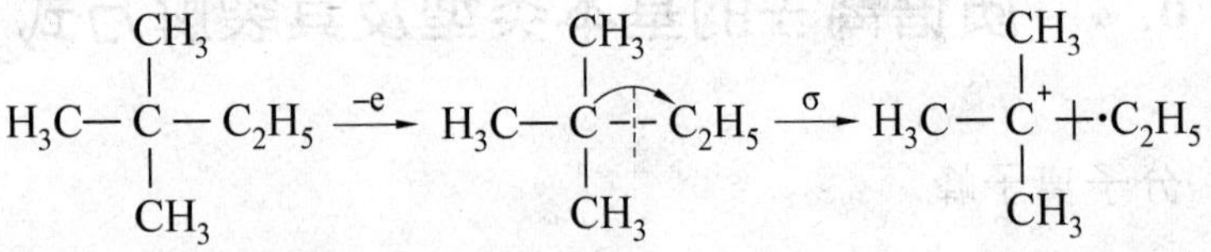

$$H_3C-\underset{\underset{CH_3}{|}}{\overset{\overset{CH_3}{|}}{C}}-C_2H_5 \xrightarrow{-e} H_3C-\underset{\underset{CH_3}{|}}{\overset{\overset{CH_3}{|}}{C}}\!-\!\!\mid\!\!-C_2H_5 \xrightarrow{\sigma} H_3C-\underset{\underset{CH_3}{|}}{\overset{\overset{CH_3}{|}}{\overset{+}{C}}}+\cdot C_2H_5$$

2. 游离基中心引发的断裂

在奇电子离子中,定域的自由基位置(即游离基中心)由于有强烈的电子配对倾向,它提供了孤电子与毗邻(α位)的原子形成新的键,导致α-原子另一端的键断裂,这种断裂通常称为α断裂。该键断裂时,两个碎片各得一个电子,因此是均裂,用"⌒⌒"表示,也产生一个偶电子离子和一个自由基。其通式可表达为

$$AB-C-\overset{.}{\underset{}{D}}\text{:}^{\bullet} \longrightarrow AB^{\bullet}+C=D^{+}$$

α断裂经常发生在以下几种情况中:

①烯烃:电离时失去一个π电子,则π键上的自由基中心引发α断裂。如果是端烯则发生烯丙基断裂,形成稳定的典型烯丙基离子$(m/e=41)$。如:

$$R-CH_2-CH=CH_2 \xrightarrow{-e} R-CH_2-\overset{.}{\underset{}{CH}}\text{:}^{+}=CH_2 \longrightarrow R\cdot+CH_2=CH^+-CH_3$$

②烷基苯的苄基断裂:所产生的苄基离子立即重排为典型的䓤鎓离子 $C_7H_7^+$ $(m/e=91)$,而且进一步丢失 C_2H_2 而产生 $C_5H_5^+$。如:

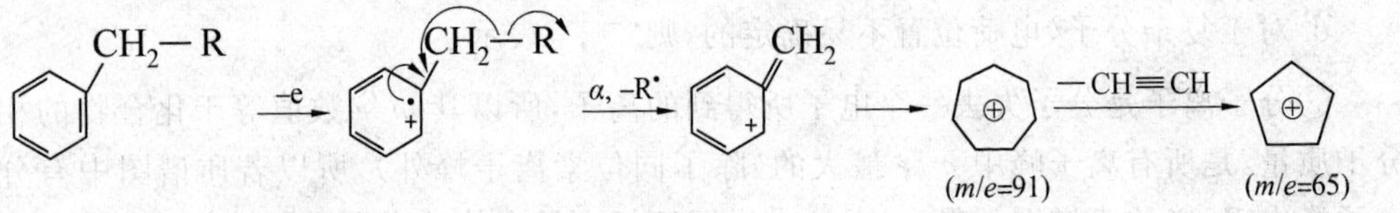

$(m/e=91)$ $(m/e=65)$

③含饱和官能团的化合物:如胺、醇、醚、硫醇、硫醚、卤代物等,电离后构成杂原子上的自由基中心,引发α断裂。如:

胺: $R-CH_2-\overset{+\cdot}{\underset{}{N}}R'_2 \xrightarrow{\alpha} R^++CH_2=^+NR'_2$

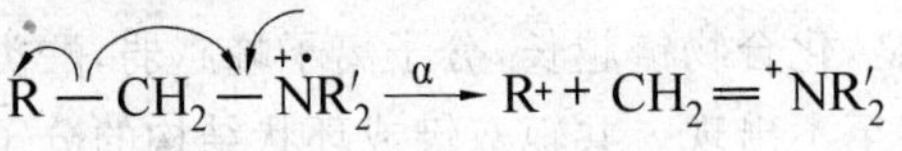

醇: $R-\underset{\overset{+}{OH}}{\overset{\overset{H}{|}}{C}}-R' \xrightarrow{\alpha} R^++HC-R' \atop \underset{+OH}{\overset{\|}{}}$

醚: $R-\underset{H_2}{C}-\overset{\cdot+}{O}-R' \xrightarrow{\alpha} R^++H_2C=O^+-R'$

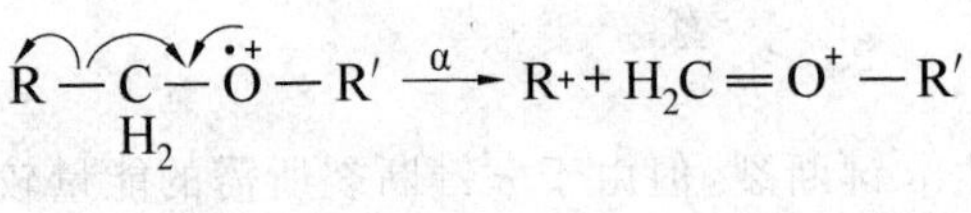

卤代物: $H_3C-\underset{H_2}{C}-\overset{+}{\underset{}{Br}}\cdot \xrightarrow{\alpha} CH_3^++H_2C=\overset{+}{Br}$

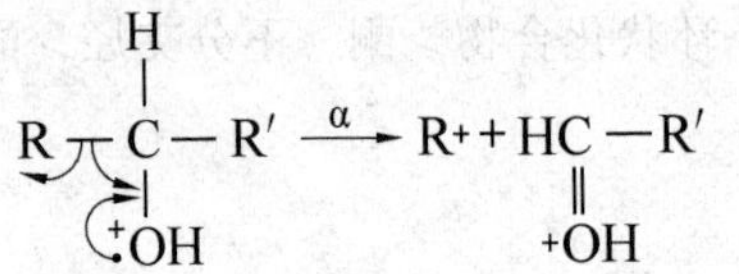

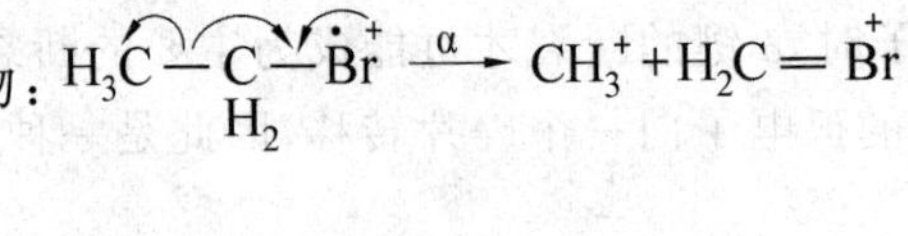

④含不饱和官能团的化合物:如酮、酸、酯、酰胺、醛等也发生 α 断裂。

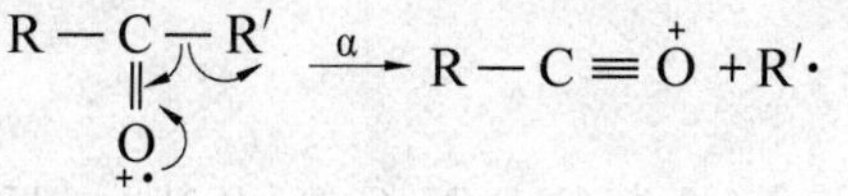

$$R-\overset{\overset{\parallel}{\underset{\overset{\parallel}{\overset{O}{\cdot}}}{C}}}{C}R' \xrightarrow{\quad \alpha \quad} R-C\equiv\overset{+}{O} + R'\cdot$$

关于 α 断裂需注意以下两点:

①含有饱和或不饱和官能团的化合物发生 α 断裂,均有两处可能发生(即 α_1,α_2),但一般说来,R 大的基团更易失去,因此失去 R 较大基团后产生的离子峰强度较大。从而出现一些较特殊的峰,例如,伯醇的 $H_2C=\overset{+}{O}H$,$m/e=31$;伯胺的 $H_2C=\overset{+}{N}H_2$,$m/e=30$;甲基酮的 $H_3C-C\equiv O^+$,$m/e=43$;羧酸的 $\overset{OH}{\underset{\vert}{C}}\equiv O^+$,$m/e=45$;伯酰胺的 $\overset{NH_2}{\underset{\vert}{C}}\equiv O^+$,$m/e=44$;醛的 $\overset{H}{\underset{\vert}{C}}\equiv O^+$,$m/e=29$ 等。

②分子含有多个杂原子时,这些杂原子提供电子形成新键的能力随其电负性的增大而减少,即电负性大,提供电子形成新键的能力小,不易在其邻位 α 键上发生断裂。形成新键的能力大小为 $N>S>O>Cl$。如:

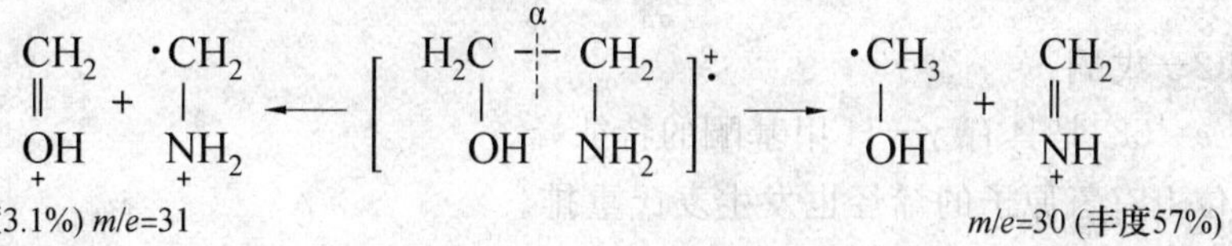

$$\overset{\overset{\parallel}{\underset{\overset{+}{OH}}{CH_2}}}{\ } + \overset{\cdot CH_2}{\underset{\overset{+}{NH_2}}{\vert}} \longleftarrow \left[\overset{\overset{\alpha}{H_2C-\vert-CH_2}}{\underset{OH\quad NH_2}{\vert\quad\quad\vert}}\right]^{\overset{\cdot}{+}} \longrightarrow \overset{\cdot CH_3}{\underset{OH}{\vert}} + \overset{CH_2}{\underset{\overset{+}{NH}}{\parallel}}$$

(丰度3.1%) $m/e=31$ $\qquad\qquad\qquad\qquad\qquad$ $m/e=30$ (丰度57%)

3. 诱导断裂

在奇电子(OE)或偶电子(EE)离子中,由于正电荷的诱导效应,吸引了邻键上的一对成键电子而导致该键的断裂,称为诱导断裂,也称为 i 断裂。此时,断裂键的一对电子同时转移到一个碎片上,因此属于"异裂",用"⌢"表示。可表示为

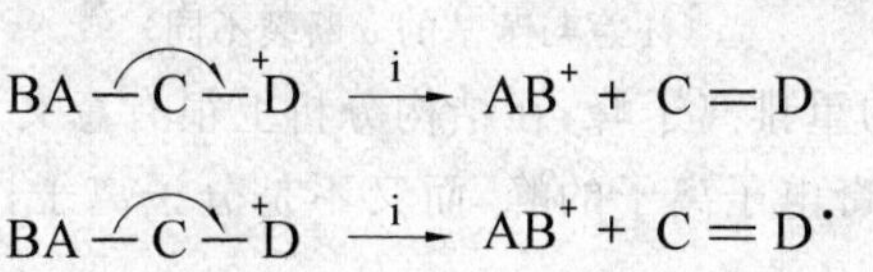

$$BA\overset{\frown}{-}\overset{+}{C}-D \xrightarrow{\quad i \quad} AB^+ + C=D$$

$$BA\overset{\frown}{-}\overset{+}{C}-D \xrightarrow{\quad i \quad} AB^+ + C=D\cdot$$

含有杂原子的化合物,如醇、醚、酮、酸、卤代物等均可发生 i 断裂,如酮的 i 断裂:

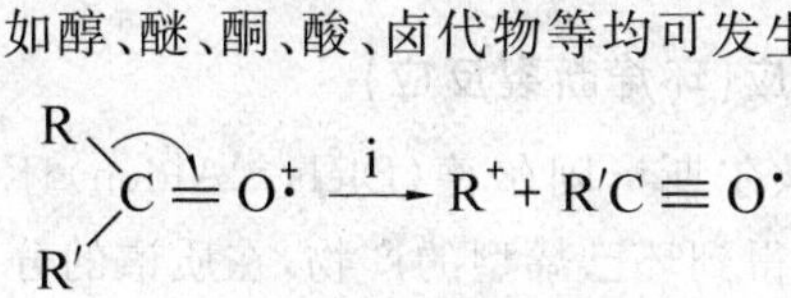

$$\overset{R}{\underset{R'}{\diagup}}C=\overset{\cdot}{O}^{+} \xrightarrow{\quad i \quad} R^+ + R'C\equiv O\cdot$$

(注意与 α 断裂生成的离子不同)

诱导断裂的能力随杂原子电负性的增强而增强:$X>O,S>N>C$(X 为 Cl,Br,I)。一些饱和烃的偶电子离子,也发生 i 断裂,脱去一个烯。反应式如下:

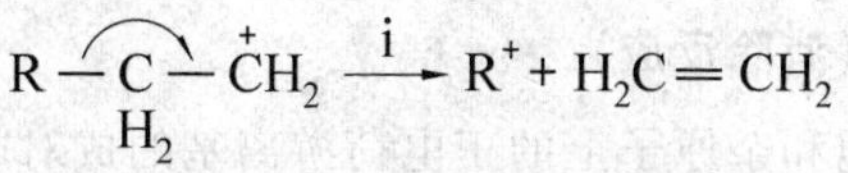

$$R\overset{\frown}{-}\underset{H_2}{C}-\overset{+}{C}H_2 \xrightarrow{\quad i \quad} R^+ + H_2C=CH_2$$

6.4.3 重排离子峰

1. 麦氏重排

具有不饱和官能团 C═X(X 为 O,S,N,C 等)及其 γ－H 原子结构的化合物,γ－H 原子可以通过六元环空间排列的过渡态,向缺电子(C═X$^+$)的部位转移,发生 γ－H 的断裂,同时伴随 C═X 的 β 键断裂(属于均裂),这种断裂称为麦克拉弗梯(McLafferty)重排,简称麦氏重排(麦氏于 1956 年发现)。其通式为

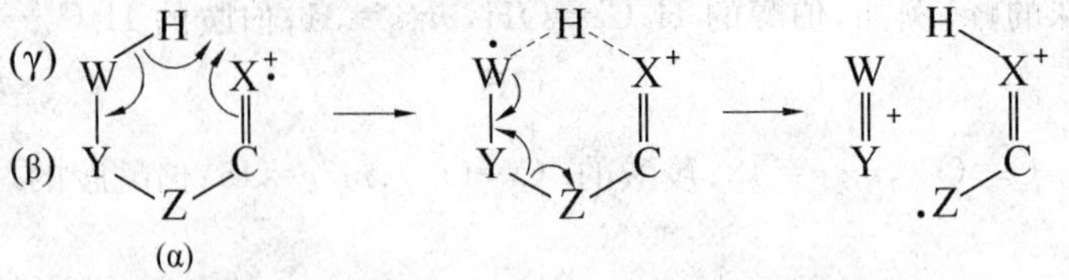

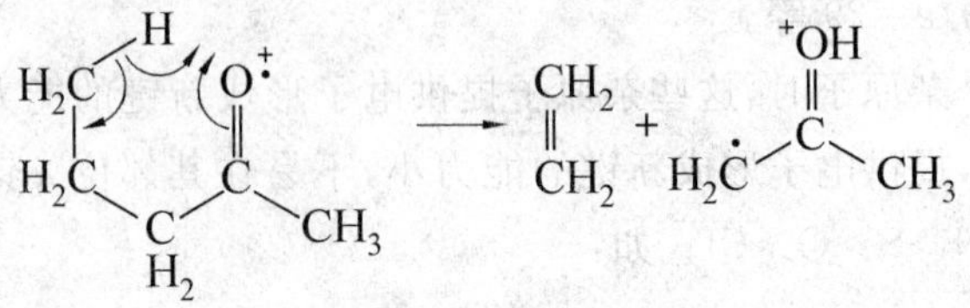

例如 2－戊酮:

① $m/e=58$,是具有 γ－H 甲基酮的特征峰。

② γ 位上有氢原子的烯烃也发生麦氏重排。

③ γ 位上有氢原子的烷基取代芳烃。

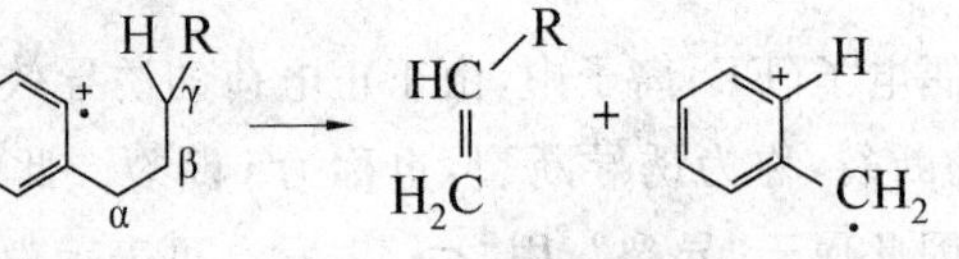

（注意与苄基的 α 断裂不同）

麦氏重排是较常见的重排离子峰,在结构分析上很有意义,因为重排后的离子都是奇电子离子,如果谱图上有奇电子离子的峰,而又不是分子离子,说明分子在裂解中发生重排或消去反应。

2. 逆狄尔斯—阿尔德反应(环烯断裂反应)

在有机合成化学中,有狄尔斯—阿尔德(Diels－Alden)环烯反应(D－A 反应),由双键与共轭双键发生 1,4 加成得到环己烯型的产物,在质谱的分子离子断裂反应中,正好有此反应的逆反应,故称为逆狄尔斯-阿尔德反应(RDA 反应)。可表示为

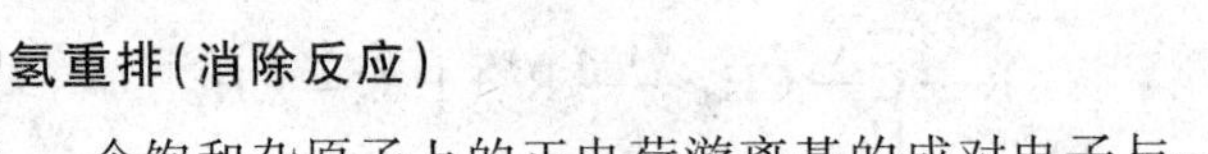

3. 饱和分子的氢重排(消除反应)

该裂解反应中,一个饱和杂原子上的正电荷游离基的成对电子与一个邻近的、处于适

当构型的氢原子形成一个新键,一个氢原子转移到杂原子上。随后发生一个电荷定位引发的反应,即杂原子的一个键断裂形成 $(M-HX)^{+}$。可表示为

$$\text{H} \text{-------} \overset{+\cdot}{\underset{|}{\text{X}}}$$
$$\text{H}_2\text{C} \text{---} (\text{CH}_2 \text{---})_n \text{CH}_2 \longrightarrow \text{HX} + \cdot\text{CH}_2 \text{---} (\text{CH}_2 \text{---})_n \overset{+}{\text{CH}}_2 \quad (\text{一般 } n \geqslant 2)$$

X 为卤素原子时,消去 HX;X 为—OH 时,消去 H_2O;X 为—SH 时,消去 H_2S 等。

6.4.4 同位素离子峰

前面介绍分子离子峰及其他离子峰时,都没有考虑许多元素具有两种或两种以上同位素的存在,它们在自然界中都有一定的丰度——自然丰度。表 6.2 是某些常见元素的天然同位素丰度。

表 6.2 某些常见元素的天然同位素丰度

元素	最大丰度同位素	相对于最大丰度同位素为 100 的其他同位素的丰度
氢	^1H	^2H 0.016
碳	^{12}C	^{13}C 1.08
氮	^{14}N	^{15}N 0.37
氧	^{16}O	^{17}O 0.04
		^{18}O 0.20
硫	^{32}S	^{33}S 0.78
		^{34}S 4.40
氯	^{35}Cl	^{37}Cl 32.5
溴	^{79}Br	^{81}Br 98.0

这些元素的同位素也会以一定的丰度出现在质谱的分子离子或其他碎片离子中,这些离子虽然元素相同,但 m/e 却不一样,在质量分析器中不会聚合在一起,而会出现不同的质谱峰,称为同位素离子峰。在同位素离子中,可能是单个同位素原子的离子,也可能是多种元素的同位素原子组合的离子,故其质量数可能为 $M, M+1, M+2, \cdots, M$ 为最轻的同位素(一般也是丰度最大的同位素)分子离子峰,其他碎片离子峰也是类似。

同位素离子峰的强度与组成该离子的各同位素的丰度有关,可以通过各同位素的丰度估算分子离子峰和其他同位素离子峰的相对强度。对于仅含 C, H, N, O 的有机化合物 $C_w H_x N_y O_z$ 来说,最大丰度的分子离子峰与其他同位素离子峰的强度比为

$$\frac{M+1}{M} \times 100 = 1.08w + 0.02x + 0.37y + 0.04z$$

$$\frac{M+2}{M} \times 100 = \frac{(1.08w + 0.02x)^2}{200} + 0.20z$$

要特别注意在同位素丰度表中,有 4 个元素的重质量同位素丰度比较大,分别是:^{13}C 为 $1.08(^{12}\text{C}$ 为 $100)$,^{33}S 为 0.78,^{34}S 为 $4.40(^{32}\text{S}$ 为 $100)$,^{37}Cl 为 $32.5(^{35}\text{Cl}$ 为 $100)$,^{81}Br 为 $98(^{79}\text{Br}$ 为 $100)$。

对于仅含有 C,H,O(甚至是 N)的化合物,可以从 $(M+1)$ 与 M 的强度比来估算化合物分子中的碳原子数:

$$n_C \approx \frac{M+1}{M} \times 100/1.08$$

如某仅含有 C,H,O 的化合物,在质谱图中 $\frac{M+1}{M}$ 为 24%,则

$$n_C \approx \frac{24}{1.08} \approx 22$$

Cl 有 ^{35}Cl, ^{37}Cl 两种同位素,丰度比为 $100:32.5 \approx 3:1$,Br 有 ^{79}Br, ^{81}Br,丰度比为 $100:98 \approx 1:1$,Cl,Br 的同位素质量差均为 2 个质量单位,所以含有多个 Cl,Br 原子的分子,拥有 $M,M+2,M+4,M+6,\cdots\cdots$,同位素离子峰。对于分子只含有同一种卤原子时,其同位素离子峰的强度比等于二项式 $(a+b)^n$ 展开式各项值之比(n 为分子中同种卤原子的个数,a 为轻质量同位素的丰度比,b 为重质量同位素的丰度比)。如分子中含有 3 个 Cl 原子的分子(RCl_3):

$$(3+1)^3 = 3^3 + 3 \times 3^2 \times 1 + 3 \times 3 \times 1^2 + 1^3 = 27 + 27 + 9 + 1$$

所以

$$M:(M+2):(M+4):(M+6) = 27:27:9:1$$

如分子中含有 3 个 Br 原子的分子(RBr_3):

$$(1+1)^3 = 1^3 + 3 \times 1^2 \times 1 + 3 \times 1 \times 1^2 + 1^3 = 1 + 3 + 3 + 1$$

所以

$$M:(M+2):(M+4):(M+6) = 1:3:3:1$$

同位素离子峰的强度比在推断化合物分子式时很有用处。

6.4.5 亚稳离子峰

当样品分子在电离室生成 M^+(或 M_1^+)后,一部分离子被电场加速经质量分析器到达检测器,另一部分在电离室内进一步被裂解为低质量的离子,还可能一部分经电场加速进入质量分析器后,在到达检测器前的飞行途中裂解为 M_2^+ 离子。这种离子称为亚稳离子,由于它是在飞行途中裂解产生的,所以失去一部分动能,因此其质谱峰不在正常的 M_2^+ 位置上,而是在 M_2^+ 较低质量的位置上,这种质谱峰称为亚稳离子峰,此峰所对应的质量称为表观质量 m^*,即

$$m^* = \frac{m_2^2}{m_1} \quad (m^* \text{一般不为整数,在质谱图中容易被识别})$$

对亚稳离子峰的观测,可以判断分子断裂的途径。如乙酰苯有两种可能的断裂途径:

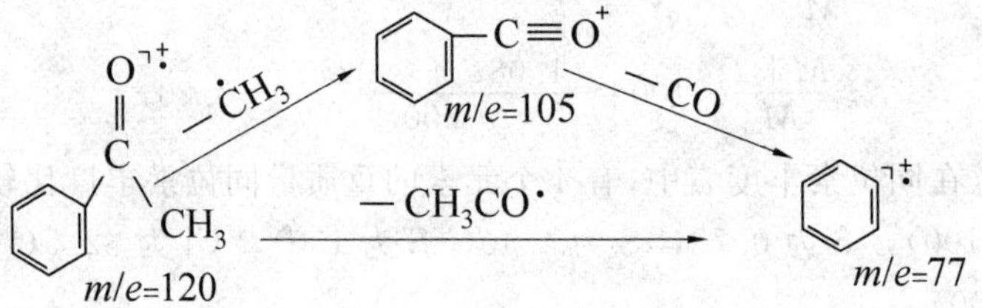

可能有两种亚稳离子峰 $m_1^* = \dfrac{77^2}{105} = 56.5$，$m_2^* = \dfrac{77^2}{120} = 49.4$。从亚稳峰的出现可以判断是哪种途径或两种途径同时发生。

6.4.6 多电荷离子峰

在质谱中,除了占绝对优势的单电荷离子外,某些非常稳定的化合物分子,可以在强能量作用下失去 2 个或 2 个以上的电子,产生多电荷离子,则在谱图的 m/ze(z 为失去的电子数)位置上出现弱的多电荷离子峰。m/ze 可能为整数或分数。当有多电荷离子峰出现时,表明样品分子很稳定,其分子离子峰很强。

6.5 常见有机化合物的质谱

6.5.1 脂肪族化合物

1. 饱和烃

直链烷烃的分子离子经常以下列方式断裂:

$$\text{M}^{+} \xrightarrow[]{\sigma\text{半异裂} - \cdot R'} R^{+} \xrightarrow[]{-CH_2=CH_2} \text{产生} C_nH_{2n+1}{}^{\top+} \text{ 系列}$$

得到 m/e 为 $29(C_2H_{5+})$、$43(C_3H_{7+})$、$57(C_4H_{8+})$、$\cdots$、$15+14n$ 的质谱峰,其中 43、57 较强。

有时会失去一个 H_2 产生 C_nH_{2n-1} 的链烯系列,得到 m/e 为 $13+14n$ 的弱峰。

支链烷烃的断裂,容易发生在分支处,这是因为碳阳离子的稳定性顺序为

$$R_3\overset{+}{C} > R_2\overset{+}{C}H > R\overset{+}{C}H_2 > \overset{+}{C}H_3$$

断裂时,通常大的分支链容易先以自由基形式脱去。

2. 烯烃

发生烯丙基方式的 α 断裂为

$$R' - \underset{H_2}{C} - \underset{H}{C} - \overset{\cdot+}{C}HR \longrightarrow R\cdot + H_2C = \underset{H}{C} - \overset{+}{C}HR$$

产生 m/e 为 $41+14n$ 系列的质谱峰,端烯基的分子产生 $H_2C = \underset{H}{C} - \overset{+}{C}H_3$，$m/e$ 为 41 的典型峰(常为基峰)。

长链烯烃具有 $\gamma-H$ 原子的可发生麦氏重排。

3. 醛、酮、羧酸、酯和酰胺

具备羰基位置有 $\gamma-H$ 的醛、酮、羧酸、酯和酰胺都会发生麦氏重排,且都是强峰。

醛、酮、羧酸、酯和酰胺都会发生 α 断裂,而且都有两处 α 断裂,即

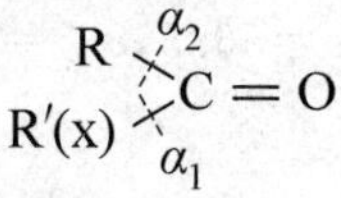

$$R\underset{R'(x)}{\overset{R}{\underset{\alpha_1}{\overset{\alpha_2}{\diagup}}}}C = O$$

其共同点一般是 R 基团大的容易以自由基的形式先失去,留下酰基阳离子 $R—C\equiv O^+$,但各类有所不同:

醛:醛基上的 H 不易失去,当属 $C_1 \sim C_3$ 的醛时,得到稳定的特征离子 $HC\equiv O^+$,m/e 为 29;而如果是高碳链醛,则发生 i 断裂而生成($M—29$)的离子系列。

酮:R 大的基团易先丢失,得到 m/e 为 43(CH_3CO^+),57($C_2H_5CO^+$),71($C_3H_7CO^+$)……系列的离子,与饱和烃的 $C_nH_{2n+1}^+$ 系列质量数相同,应注意区分。甲基酮生成稳定的特征离子 CH_3CO^+,$m/e = 43$。

羧酸:易丢失 $R\cdot$,得到特征的 $HO—C\equiv O^+$ 离子,$m/e = 45$。

酯:易丢失 $R—O\cdot$ 基,得到与酮相同的离子系列。

酰胺:伯酰胺易丢失 $R\cdot$,得到特征的 $H_2N—C\equiv O^+$ 离子,$m/e = 44$;仲、叔酰胺易脱去胺基,得到与酮相同的离子系列。

醛、酮、羧酸、酯、酰胺都会发生 i 断裂,一般 i 断裂弱于 α 断裂。

醛、酮的分子离子峰一般较强。

4. 醇、醚、胺及卤代物

醇、醚、胺及卤代物的分子离子峰都很弱,有的甚至不出现分子离子峰,都会发生 α 断裂(有的书称为 β 断裂),而各自产生的离子为:

醇:生成锌鎓离子,对于伯醇 $R—OH$,则生成 $CH_2\overset{+}{=}OH$,m/e 为 31 的特征峰。对于

仲(或叔)醇 $\underset{R_2}{\overset{R_1}{\diagdown}}\underset{}{\overset{H(R)}{\diagup}}C—OH$,则其中 R 大的取代基容易以自由基丢失,生成

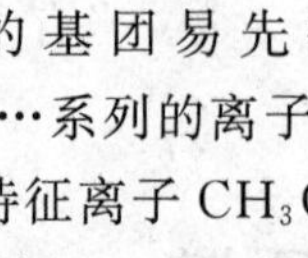

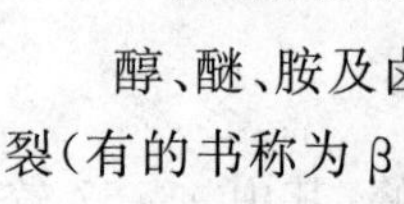

$\underset{R_1}{\overset{H(R)}{\diagdown}}C\overset{+}{=}OH$,m/e 为 $31+14n$ 系列。

醚:生成 $R—\overset{+}{O}=CH_2$ 离子,m/e 同样为 $31+14n$ 系列。

胺:生成亚胺离子。对于伯胺,则生成 $CH_2\overset{+}{=}NH_2$,m/e 为 30 的特征峰。对于仲、叔胺,则其中 R 大的取代基容易以自由基丢失,生成 $CH_2\overset{+}{=}\underset{R_1}{\overset{|}{N}}H(R)$,m/e 为 $30+14n$ 系列。

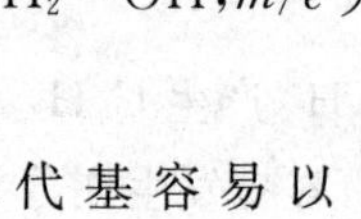

卤代物:X 邻碳上无取代基的生成 $CH_2\overset{+}{=}X$,邻碳上有取代基的生成 $RCH(R')\overset{+}{=}X$。

醇、卤代物会发生消除反应,脱去 H_2O(得到 $M—18$ 的离子)、HX(可发生 1,3 或 1,4 或更远程消除)。

醚还会发生 C—O 的断裂(属于 σ 半断裂,有的书称为 α 断裂)。卤代物也会发生

C—X 键的断裂,正电荷可能留在卤原子上,形成 X^+,也可能留在烷基上,形成 R^+。

6.5.2 芳香族化合物

芳香族化合物的质谱峰有如下的特点:

①芳香族化合物有 π 电子共轭体系,因而容易形成稳定的分子离子。在 MS 谱图上,它们的分子离子峰有时为基峰。

②常出现 $C_nH_n^{\cdot+}$ 系列的峰,m/e 为 $78-13n$:$C_6H_6^{\cdot+}(78)$,$C_5H_5^{\cdot+}(65)$,$C_4H_4^{\cdot+}(52)$,$C_3H_3^{\cdot+}(39)$;有时会丢失 1 个 H 甚至 2 个 H,得到 $C_nH_{n-1}^{\cdot+}$,$C_nH_{n-2}^{\cdot+}$ 系列的峰,其 m/e 为 $77-13n$(较常见),$76-13n$。芳香族化合物的质谱常见的有下列几种:

1. 烷基取代苯

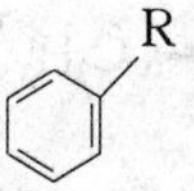

烷基取代苯 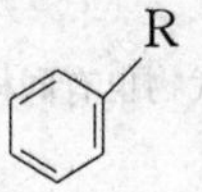 发生 α 断裂(有的称为 β 断裂),产生苄基苯,重排为䓬锑离子,m/e 为 91 的特征峰,进一步丢失 $HC\equiv CH$。可表示为

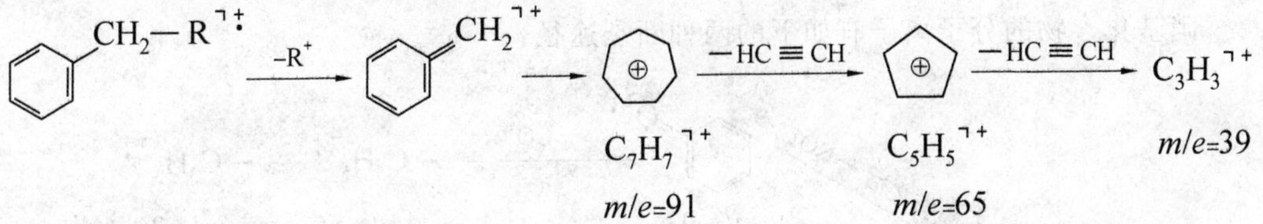

苯环取代基 γ 位置上有 H 的,发生麦氏重排,得到 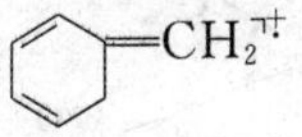 $m/e=92$(注意与上面苄基断裂的区别)。

2. 芳酮、芳醛、芳酸和芳酯

芳酮、芳醛、芳酸和芳酯的分子离子都发生 α 断裂,都产生 m/e 为 105 的苯甲酰阳离子,该峰是强峰,往往是基峰,然后又相继进一步丢失 CO 及 $HC\equiv CH$,可表示为

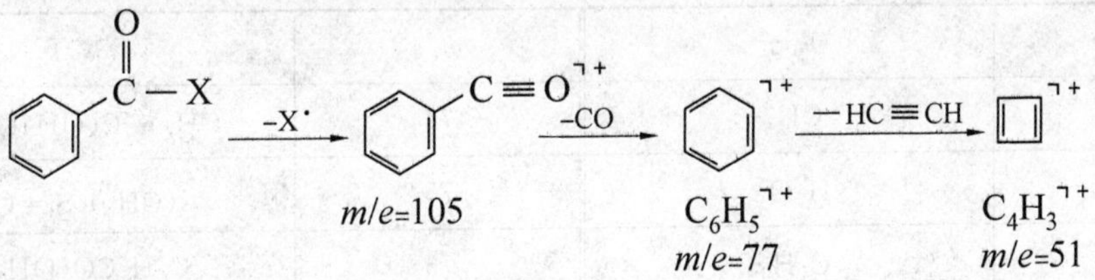

3. 酚和芳胺

酚和芳胺均有很强的分子离子峰,往往是基峰。而分子离子经重排后会分别丢失 CO 及 HCN,都产生 m/e 为 66 的 C_5H_6 离子,然后还将进一步断裂。反应式如下:

$$\text{OH(NH}_2)^{\cdot +} \xrightarrow{\text{重排}-\text{CO(HCN)}} C_6H_6^{\cdot +} \xrightarrow{-H^+} C_5H_5^{\cdot +} \xrightarrow{-HC\equiv CH} C_3H_3^{\cdot +}$$

$$m/e=66 \qquad m/e=65 \qquad m/e=39$$

4. 芳醚

芳醚的分子离子峰发生两个途径的 σ 断裂（有的书上称为 α 断裂），然后进一步断裂。可表示为

$$\text{OR}^{\cdot +} \xrightarrow{-R\cdot} O^{\cdot +} \xrightarrow{-CO} C_5H_5^{\cdot +} \longrightarrow C_3H_3^{\cdot +}$$

$$\xrightarrow{-\cdot OR} {}^{\cdot +} \xrightarrow{-HC\equiv CH} C_4H_3^{\cdot +} \quad \text{（卤代物也有同样的断裂方式）}$$

5. 硝基化合物

硝基化合物的分子离子有如下的两种断裂途径：

$$\text{NO}_2^{\cdot +} \xrightarrow{\text{重排之后}-NO\cdot} O^{\cdot +} \xrightarrow{-CO} C_5H_5^{\cdot +} \longrightarrow C_3H_3^{\cdot +}$$

$$m/e=93 \qquad m/e=65 \qquad m/e=39$$

$$\xrightarrow{-NO_2\cdot} {}^{\cdot +} \xrightarrow{-HC\equiv CH} C_4H_3^{\cdot +}$$

$$m/e=77 \qquad m/e=51$$

表 6.3 和表 6.4 分别列出了常见的碎片离子及从分子离子中脱去的常见碎片。

表 6.3 常见的碎片离子

m/e	离子	m/e	离子
15	CH_3^+	74	$CH_2=C(OH)OCH_3^+$
18	H_2O^+	75	$(CH_3)_2Si=\overset{+}{O}H$
26	$C_2H_2^+$	75	$C_2H_5CO(OH_2)^+$
27	$C_2H_3^+$	76	$C_6H_4^+$
28	$CO^+, C_2H_4^+, N_2^+$	77	$C_6H_5^+$
29	$CHO^+, C_2H_5^+$	78	$C_6H_6^+$
30	$CH_2=NH_2$	79	$C_6H_7^+$

续表 6.3

m/e	离子	m/e	离子
31	$CH_2{=}\overset{+}{O}H$	79/81(1:1)	Br^+
36/38(3:1)	$HCl^{\overset{+}{\cdot}}$	80/82(1:1)	$HBr^{\overset{+}{\cdot}}$
39	$C_3H_3^-$	80	$C_5H_6N^+$
40	$C_3H_4^+$	81	$C_5H_5O^+$
41	$C_3H_5^+$	83/85/87(9:6:1)	$HCCl_2^+$
42	$C_2H_2O^+, C_3H_6^+$	85	$C_6H_{13}^+$
43	CH_3CO^+	85	$C_4H_9CO^+$
43	$C_3H_7^+$	85	
44	$C_2H_6N^+$	85	
44	$O{=}C{=}\overset{+}{N}H_2$	86	$CH_2{=}C(OH)C_3H_7^+$
44	$CO_2^+, C_3H_8^+$	86	$C_4H_9CH{=}\overset{+}{N}H_2$
44	$CH_2{=}CH(OH)^+$	87	$CH_2{=}CH{-}\overset{\overset{+}{O}H}{C}{-}OCH_3$
45	$CH_2{=}\overset{+}{O}CH_3$ $CH_3CH{=}\overset{+}{O}H$	91	$C_7H_7^+$
47	$CH_2{=}\overset{+}{S}H$	92	$C_7H_8^+$
49/51(3:1)	CH_2Cl^+	92	$C_6H_6N^+$
50	$C_4H_2^+$	91/93(3:1)	
51	$C_4H_3^+$	93/95(1:1)	CH_2Br^+
55	$C_4H_7^+$	94	$C_6H_6O^{\overset{+}{\cdot}}$
56	$C_4H_8^+$	94	
57	$C_4H_9^+$	95	
57	$C_2H_5CO^+$	95	$C_6H_7O^+$

续表 6.3

m/e	离子	m/e	离子
58	$CH_2=C(OH)CH_3^+$	97	$C_5H_5S^+$
58	$C_3H_8N^+$	99	
59	$COOCH_3^+$	99	
59	$CH_2=C(OH)NH_2^+$	105	$C_6H_5CO^+$
59	$C_2H_5CH\overset{+}{=}OH$	105	$C_8H_9^+$
59	$CH_2\overset{+}{=}O-C_2H_5$	106	$C_7H_8N^+$
60	$CH_2=C(OH)OH^{+\cdot}$	107	$C_7H_7O^+$
61	$CH_3CO(OH_2)^+$	107/109(1∶1)	$C_2H_4Br^+$
61	$CH_2CH_2SH^+$	111	
66	$H_2S_2^{+\cdot}$	121	$C_8H_9O^+$
69	CF_3^+	122	C_6H_5COOH
68	$CH_2CH_2CH_2CN^{+\cdot}$	123	$C_6H_5COOH_2^+$
69	$C_5H_9^+$	127	I^+
70	$C_5H_{10}^+$	128	$HI^{+\cdot}$
71	$C_5H_{11}^+$	135/137(1∶1)	
71	$C_3H_7CO^+$	130	$C_9H_8N^+$
72	$CH_2=C(OH)C_2H_5^+$	141	CH_2I^+
72	$C_3H_7CH\overset{+}{=}NH_2$	147	$(CH_3)_2Si\overset{+}{=}O-Si(CH_3)_3$
73	$C_4H_9O^+$	149	
73	$COOC_2H_5^+$	160	$C_{10}H_{10}NO^+$
73	$(CH_3)_3Si^+$	205	$C_{11}H_{12}NO_2^+$

表 6.4 从分子离子中脱去的常见碎片

离子	碎片	离子	碎片
$M-1$	H	$M-32$	S
$M-2$	H_2	$M-33$	H_2O+CH_3
$M-14$	—	$M-33$	HS
$M-15$	CH_3	$M-34$	H_2S
$M-16$	O	$M-41$	C_3H_5
$M-16$	NH_2	$M-42$	CH_2CO
$M-17$	OH	$M-42$	C_3H_6
$M-17$	NH_3	$M-43$	C_3H_7
$M-18$	H_2O	$M-43$	CH_3CO
$M-19$	F	$M-44$	CO_2
$M-20$	HF	$M-44$	C_3H_8
$M-26$	C_2H_2	$M-45$	CO_2H
$M-27$	HCN	$M-45$	OC_2H_5
$M-28$	CO	$M-46$	C_2H_5OH
$M-28$	C_2H_4	$M-46$	NO_2
$M-29$	CHO	$M-48$	SO
$M-29$	C_2H_5	$M-55$	C_4H_7
$M-30$	C_2H_6	$M-56$	C_4H_8
$M-30$	CH_2O	$M-57$	C_4H_9
$M-30$	NO	$M-57$	C_2H_5CO
$M-31$	OCH_3	$M-58$	C_4H_{10}
$M-32$	CH_3OH	$M-60$	CH_3COOH

6.6 质谱法的应用

6.6.1 化合物相对分子质量的测定

质谱法的应用有定性分析(包括化合物相对分子质量的测定、化学式的确定、结构分析)、定量分析、同位素研究及热力学方向的研究等。

质谱法是一种常用的精密测定化合物的相对分子质量较好方法,尤其是对于挥发性化合物相对分子质量的测定,质谱法是目前最好的方法。

分子离子峰所对应的质量数就是被测化合物的相对分子质量,因此,要测定化合物的相对分子质量,准确地确认分子离子峰显得十分重要。在确认分子离子峰的过程中,必须注意如下几个问题:

①除了同位素离子峰外,分子离子峰是质谱图中 m/e 值最大的离子峰,处于质谱图的最右端,而质谱图中最右端的峰是否就是分子离子峰,还应注意到:

a.分子离子峰的强弱与物质结构有关,有的化合物因结构上的原因,分子离子不稳定,容易被进一步碎裂成碎片离子。因此分子离子峰很弱,甚至全部被碎裂,而不出现分子离子峰。

b.有的化合物的热稳定性很差,汽化时就被分解,得不到分子离子峰。

c.有的化合物还可能发生离子—分子反应,生成质量比分子离子大的离子,有时还会出现准分子离子峰(质量为 $M+1$ 或 $M-1$)。

②分子离子峰断裂为质量较小的碎片离子时,应有合理的中性碎片质量丢失。观察待定离子峰与邻近离子峰之间的质量差,如果待定离子峰是分子离子峰,则在此峰邻近质量小于 4～14 及 21～25 等质量单位处不应有离子峰出现,否则该峰就不是分子离子峰。换句话说,分子离子峰与左侧离子峰的质量差不可能为 4～14 及 21～25。从表 6.4 可以看出,分子离子可以失去 1～3 个氢,即质量数减少 1～3 个质量单位,也可以失去一个最小的中性碎片 CH_3,而质量减少 15 个质量单位,但不能失去 4～14 个氢。同样理由,也不能丢失 21～25 个质量单位。

③分子离子峰要符合氮律。所谓氮律是指:有机化合物分子中,若含有偶数(包括零)个氮原子,则其相对分子质量也为偶数,若含有奇数个氮原子,则相对分子质量也为奇数。因为分子离子是由分子失去一个电子的自由基离子,为奇电子离子,它的质量数为相对分子质量,所以也应符合氮律。

之所以有氮律,是因为以共价键形式结合成有机物分子的常见元素(如 C,H,O,S,N,Cl,Br 等)中,除 N 原子外,其他元素的价数和该元素最大丰度同位素的质量数同样为偶数或同样为奇数,唯独 ^{14}N 是偶数质量数(14)、奇数价数(3),这些元素共价键结合为分子时,相对分子质量的偶、奇值取决于分子中 N 原子的偶、奇值,故有氮律。

应该注意的是:分子离子峰一定符合氮律,不符合氮律的离子一定不是分子离子,而符合氮律的离子不一定是分子离子,因为奇电子离子都会符合氮律,而重排离子、消去反应所产生的离子也会得到奇电子离子。偶电子离子一定不符合"氮律"。

离子中 N 原子数、质量数及电子数的关系见表 6.5。

有的化合物经电离后分子离子峰很弱,甚至不出现,影响分子离子峰的确定。可采取一些措施加以增强,通常的方法有:降低电子轰击源的能量(降低电离电压),阻止分子离子的进一步断裂电离,以提高分子离子的强度;采用软电离源的电离方式,如化学电离源、场电离源、场解吸源或快原子轰击电离源等,也可以加大分子离子峰的强度;对于热不稳定的化合物,可以采用衍生化法电离。

表 6.5 离子中 N 原子数、质量数及电子数的关系

离子组成	离子的质量数	电子数	例　子
C,H,(O)或偶数 N	奇数	偶数	$H_2C{=}CH{-}\overset{+}{C}H_2$，$m/e=41$，电子数为偶数
	偶数	奇数	$H_3C{-}\overset{\overset{\displaystyle O^+}{\|\|}}{C}{-}CH_3$，$m/e=58$，电子数为奇数
C,H,(O)和奇数 N	奇数	奇数	$H_3C{-}CH_2{-}\overset{\overset{\displaystyle CH_3}{\|}}{\underset{\underset{\displaystyle CH_3}{\|}}{\overset{+}{N}}}$，$m/e=73$，奇数电子
	偶数	偶数	$C_3H_7{-}\overset{+}{C}{\equiv}NH$，$m/e=70$，偶数电子

6.6.2　化合物分子式的确定

1. 质量精确测定法

以 ^{12}C 的相对原子质量 12.000 000 为基准,其他元素的相对原子质量一般都不会是整数,其准确值可至小数点以下 6 位,见表 6.6,因此相对分子质量的准确数值也可达到小数点以下 6 位。高分辨率质谱仪可以精确测量出相对分子质量(误差可小于 10^{-5}),利用表 6.6 的确切质量可以算出其元素组成。也可以从高分辨质谱仪测出的精确质量,与拜诺(Beqnon)或莱德伯格(Lederberg)数据表(在有关质谱法等专著中可查得)对照查出分子式。

表 6.6 几种常见元素同位素的确切质量及天然丰度

元素	同位素	确切质量	天然丰度/%	元素	同位素	确切质量	天然丰度/%
H	^1H	1.007 825	99.98	P	^{31}P	30.971 761	100.00
	$^2H(D)$	2.014 102	0.015		^{32}S	31.972 072	95.02
C	^{12}C	12.000 000	98.9	S	^{33}S	32.971 459	0.85
	^{13}C	13.003 355	1.07		^{34}S	33.967 868	4.21
N	^{14}N	14.003 074	99.63		^{35}S	35.967 079	0.02
	^{15}N	15.000 109	0.37	Cl	^{35}Cl	34.968 853	75.53
O	^{16}O	15.994 915	99.76		^{37}Cl	36.965 903	24.47
	^{17}O	16.999 131	0.03	Br	^{79}Br	78.918 336	50.54
	^{18}O	17.999 159	0.02		^{81}Br	80.916 290	49.46
F	^{19}F	18.998 403	100.00	I	^{127}I	126.904 477	100.00

用计算机采集质谱数据并精确计算各元素的个数,直接给出分子式,这是目前最为方便、迅速、准确的方法,现代高分辨质谱仪器都具备这样的功能。

2. 同位素丰度法

由于各种元素的同位素丰度不一样,组成各种分子的元素不同,所以各种分子的同位素丰度也不一样,组合成$(M+1)$、$(M+2)$同位素离子峰的强度也不同。拜诺将质量数小于 500 且仅含有 C,H,O,N 4 种元素各种组合的化合物,通过计算所得的$\frac{M+1}{M}$%、$\frac{M+2}{M}$%(强度比)值及质量数列制成表(称为拜诺表,在有关专著中可查得)。如果知道化合物的相对分子质量,以及质谱图中分子离子 M 及其同位素离子 $M+1$、$M+2$ 强度较大,并可测出其强度比,就可以从拜诺表中查该相对分子质量值的几种可能化合物,然后根据其他信息加以排除,最后得到最可能的分子式。例如,质量数为 102 的分子离子峰 M 与同位素离子峰$(M+1)$、$(M+2)$的强度比分别为 7.81% 和 0.35%。拜诺表中 $M=102$ 的部分数据见表 6.7。强度比接近的可能分子式有 3 个:$C_6H_2N_2$,C_7H_2O,C_7H_4N。因为 C_7H_4N 不符合"氮律",应予排除,然后再根据其他信息或红外光谱、核磁共振数据等,即可确定其分子式。

表 6.7 拜诺表中 $M=102$ 的部分数据

	$M+1$	$M+2$		$M+1$	$M+2$
$C_5H_{10}O_2$	5.64	0.53	$C_6H_{14}O$	6.75	0.39
$C_5H_{12}NO$	6.02	0.35	C_7H_2O	7.64	0.45
$C_5H_{14}N_2$	6.39	0.17	C_7H_4N	8.01	0.28
$C_6H_2N_2$	7.28	0.23	C_8H_6	8.74	0.34

应注意的是:拜诺表中的化学式不含有 S,Cl,Br 等元素的原子,而这些元素的重同位素丰度大,可以从$(M+1)$、$(M+2)$的丰度估计是否有这些元素的存在。若存在,应从原质量数扣除这些元素的质量及扣除相应的相对强度后查拜诺表。

例 6.3 某有机化合物的相对分子质量为 104,强度比$\frac{M+1}{M}=6.45\%$,$\frac{M+2}{M}=4.77\%$,确定其化学式。

解 先考虑几种同位素丰度大的贡献值:

^{32}S 100,^{33}S 0.78,^{34}S 4.40;^{35}Cl 100,^{37}Cl 32.5;^{79}Br 100,^{81}Br 98.0

因为 $32.5\% > \frac{M+2}{M} = 4.77\% > 4.40\%$,所以分子中不含有 Cl,Br 原子,而含有一个 S 原子。

而拜诺表的化学式中不含 S,所以质量及相对强度都要扣除一个 S 原子的贡献,才能查拜诺表。则

$$相对分子质量 = 104 - 32 = 72$$

$$\frac{M+1}{M}\% = 6.45 - 0.78 = 5.67$$

$$\frac{M+2}{M}\% = 4.77 - 4.40 = 0.37$$

查拜诺表中,相对分子质量为 72,强度比接近的有 3 种,见表 6.8。

表 6.8 3 种可能结构

分子式	$\dfrac{M+1}{M}$	$\dfrac{M+2}{M}$	
$C_4H_{19}N$	4.86	0.00	不符合氮律,应排除
C_5H_{12}	5.60	0.13	强度比更接近,可能性大,所以分子式为 $C_5H_{12}S$
C_6	6.48	0.18	

例 6.4 化合物的相对分子质量为 206,分子离子及其同位素离子峰的强度分别为 $M=25.90$,$M+1=3.24$,$M+2=2.48$,确定其化学式。

解 需考虑除 C,H,O,N 以外的可能元素:

$$\frac{M+1}{M}\times100=\frac{3.24}{25.90}\times100=12.51$$

$$\frac{M+2}{M}\times100=\frac{2.48}{25.90}\times100=9.56$$

可见分子中不含有 Cl,Br 原子,而含有 2 个 S 原子。

扣除 2 个 S 的贡献:

$$相对分子质量=206-2\times32=142$$

$$\frac{M+1}{M}\times100=12.51-2\times0.78=10.95$$

$$\frac{M+2}{M}\times100=9.56-2\times4.40=0.78$$

从拜诺表中查质量数为 142 及强度比接近的化学式,再根据其他信息,得到可能性最大的化学式为 $C_{10}H_6O$,故原来的化学式为 $C_{10}H_6OS_2$。

6.6.3 分子结构的确定

在一定的实验条件下,各种分子都有自己特征的裂解模式和途径,产生各具特征的离子峰,包括其分子离子峰、同位素离子峰及各种碎片离子峰。根据这些峰的质量及强度信息,可以推断化合物的结构。如果从单一的质谱信息还不足以确定化合物的结构或须进一步确证的话,可借助于其他的手段,如红外光谱法、核磁共振波谱法、紫外－可见吸收光谱法等。质谱图的解释,一般要经历以下几个方面的步骤:

①确定相对分子质量。

②确定分子式,除了上面阐述的用质谱法确定化合物的分子式外,也常用元素分析法来确定。分子式确定之后,就可以初步估计化合物的类型。

③计算化合物的不饱和度,在前面红外光谱一章中已有介绍。

④研究高质量端的分子离子峰及其与碎片离子峰的质量差值,推断其断裂方式及可能脱去的碎片自由基或中性分子,这些可以从前面的表 6.3、表 6.4 查找参考。在这里尤其要注意那些奇电子离子,这些离子一定符合氮律,因为它们的出现,如果不是分子离子峰,就意味着发生重排或消去反应,这对推断结构很有帮助。

⑤研究低质量端的碎片离子,寻找不同化合物断裂后生成的特征离子或特征系列,如饱和烃往往产生质量为 $15+14n$ 系列峰,烷基苯往往产生质量为 $91-13n$ 系列峰。根据特征系列峰同样可以进一步判断化合物的类型。

⑥根据上述的解释,可以提出化合物的一些结构单元及可能的结合方式,再参考样品的来源、特征、某些物理化学性质,就可以提出一种或几种可能的结构式。

⑦验证:验证有以下几种方式:

a. 由以上解释所得到的可能结构,依照质谱的断裂规律及可能的断裂方式分解,得到可能产生的离子,并与质谱图中的离子峰相对应,考察是否相符合。

b. 与其他的分析手段,如 IR,NMR,UV−VIS 等的分析数据进行比较、分析、印证。

c. 寻找标准样品,在与待定样品的同样条件下绘制质谱图,进行比较。

d. 查找标准质谱图、表,进行比较,可以使用印刷的标准谱图,如 E. Stenhagen、S. Abrahamsson 和 F. W. McLafferey 编著的《萨特勒标准图谱集》等。在 http://webbook. nist. gov/chemistry/和 http://www. aist. go. jp/RIODB/SDBS/menu−e. html 两个网站及其他一些网站也可方便地查到很多已知化合物的标准图谱。使用网络比使用印刷的标准图谱更方便,还可以使用质谱仪上带的标准谱库检索、对照。

例 6.5 某化合物的化学式是 $C_8H_{16}O$,其质谱数据见表 6.9。试确定其结构式。

表 6.9 化合物 $C_8H_{16}O$ 的质谱数据

m/e	43	57	58	71	85	86	128
相对丰度/%	100	80	57	77	63	25	23

解 ①不饱和度 $\Omega=1+8+\dfrac{-16}{2}=1$,即有一个双键(或一个饱和环)。

②不存在烯烃特有的 $m/e=41$ 及 $41+14n$ 系列峰(烯丙基的 α 断裂所得),因此双键可能为羰基所提供,而且没有 $m/e=29(HC≡O^+)$ 的醛特征峰,所以可能是一个酮。

③根据碎片离子表,m/e 为 $43,57,71,85$ 的系列是 $C_nH_{2n+1}^+$ 及 $C_nH_{2n+1}CO^{+}$ 离子,分别是 $C_3H_7^+$,CH_3CO^+;$C_4H_9^+$,$C_2H_5CO^+$;$C_5H_{11}^+$,$C_3H_7CO^+$ 及 $C_6H_{13}^+$,$C_4H_9CO^+$ 离子。

④化学式中 N 原子数为 0(偶数),所以 m/e 为偶数者为奇电子离子,即 $m/e=86,58$ 的离子一定是重排或消去反应所得,且消去反应不可能,所以发生麦氏重排,羰基的 γ 位置上有 H,而且有两处 $\gamma-H$。

$86=128-42,42$ 是 C_3H_6(丙烯),表明 $m/e=86$ 的离子是分子离子重排丢失丙烯所得;$58=86-26,26$ 是 C_2H_4(乙烯),表明 $m/e=58$ 的离子是 $m/e=86$ 离子又一次重排丢失乙烯所得。

从以上信息及分析,可推断该化合物可能为

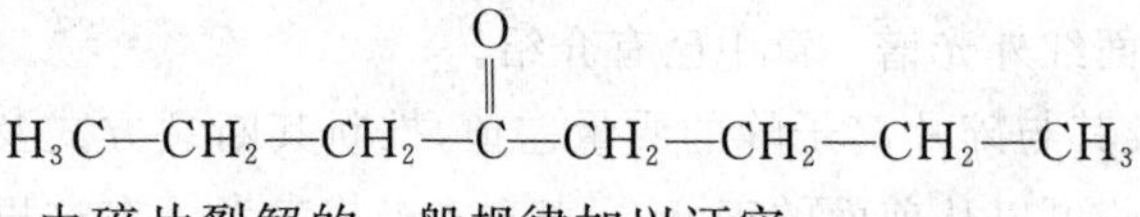

$$\underset{\displaystyle H_3C-CH_2-CH_2-\overset{\textstyle O}{\overset{\|}{C}}-CH_2-CH_2-CH_2-CH_3}{}$$　　(右边端—CH_3 也可能在 β 位)

由碎片裂解的一般规律加以证实:

$CH_3-CH_2-\overset{+}{C}H_2$

$\uparrow$ $-CO$

$CH_3-CH_2-CH_2-\overset{+}{C}\equiv O + \cdot CH_2-CH_2-CH_2-CH_3$
$(m/e=71)$

$CH_3-CH_2-CH_2-C(=O)-(CH_2)_5-CH_3$

$\downarrow -e$

（重排结构，α₁断裂，α₂断裂）

$\overset{+}{O}\equiv C-CH_2-CH_2-CH_2-CH_3 + \cdot CH_2-CH_2-CH_3$
$(m/e=85)$

$\downarrow -CO$

$\overset{+}{C}H_2-CH_2-CH_2-CH_3$
$(m/e=57)$

重排 $-C_3H_6$

（结构 $m/e=86$） 重排 $-C_2H_4 \rightarrow$ （结构 $m/e=58$）

例 6.6 某化合物由 C，H，O 3 种元素组成，其质谱图如图 6.22 所示，测得强度比 $M:(M+1):(M+2)=100:8.9:0.79$。试确定其结构式。

解 ① 化合物的相对分子质量 $M=136$，根据 $M,M+1,M+2$ 强度比值，查拜诺表及氮律，得到最可能的化学式为 $C_8H_8O_2$（也可以从强度比看出不含 S,Cl,Br 原子，且应含有 8 个 C 原子，并由此可推算出有 2 个 O 原子，8 个 H 原子）。

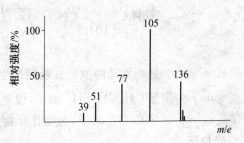

图 6.22 某化合物的质谱图

② 计算不饱和度，$\Omega=1+8+\dfrac{-8}{2}=5$，谱图有 $m/e=77,51$（及 39）离子峰，所以化合物中有苯环（且可能是单取代），再加上一个双键（分子有两个 O 原子，所以很可能有 C=O 基）。

③ $m/e=105$ 峰为 $(136-31)$，即分子离子丢失 $\cdot CH_2OH$ 或 $\cdot O-CH_3$；$m/e=77$ 峰为 $(105-28)$，即为分子离子丢失 31 质量后再丢失 CO 或 C_2H_4，而谱图中无 $m/e=91$ 的峰，故 $m/e=105$ 离子不是 $\left[C_2H_4\right]^+$，所以 $m/e=105$ 为 $\left[CO\right]^+$。

综上所述化合物可能为 苯甲酸甲酯 或 苯乙酮醇，可以用其他光谱信息确定为哪一种结构。

例 6.7 某化合物的化学式为 $C_5H_{12}S$，其质谱如图 6.23 所示，试确定其结构式。

解 ①计算不饱和度，$\Omega = 1 + 5 + \dfrac{-12}{2} = 0$，为饱和化合物。

②图中有 $m/e = 70, 42$ 的离子峰，从氮律可知，这两峰为奇电子离子峰，可见离子形成过程中发生重排或消去反应。相对分子质量为 104，则 $m/e =$

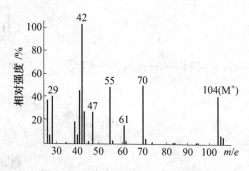

图 6.23 化合物 $C_5H_{12}S$ 的质谱图

70 为分子离子丢失 34 质量单位后生成的离子，查得丢失的是 H_2S 中性分子，说明化合物是硫醇；$m/e = 42$ 是分子离子丢失 $(34 + 28)$ 后产生的离子，即丢失的中性碎片为（H_2S + C_2H_4），$m/e = 42$ 应由以下反应产生（化合物可能有两种结构，通过六元环的过渡态断裂）：

③$m/e = 47$ 是一元硫醇发生 α 断裂产生的离子 $CH_2 = \overset{+}{S}H$。

④$m/e = 61$ 是 $CH_2CH_2SH^+$ 离子，说明有结构为 $R-CH_2-CH_2-SH^+$ 存在。

⑤$m/e = 29$ 是 $C_2H_5^+$ 离子，说明化合物是直链结构，$m/e = 55, 41, 27$ 离子系列是烷基键的碎片离子。

综上解释，该化合物最可能结构式为 $CH_3\text{---}(CH_2)_3\text{---}CH_2SH$。

6.6.4 其他方面的应用

1. 定量分析

定量分析的依据是：在一定的压强范围内，纯组分的离子流强度与组分的压强成正比，即

$$I_m = i_m P$$

式中，I_m 为组分在质量 m 处的离子流强度；P 为组分的压强；i_m 为组分在质量 m 处的压强灵敏度——单位压强所产生的离子流强度，用标准纯样品可以测出待测组分在某一质量处的压强灵敏度 i_m。

对于单组分或混合物各组分有单独不受干扰的离子峰的测定，可以利用上式直接进行定量分析，即只需测出待测组分测量峰的离子流强度及相应质量处的压强灵敏度，就可计算出该组分的分压（P_n），将分压值除以分析时试样容器内的总压（$P_总$），就得到该组分的摩尔分数 X：

$$X = \frac{P_n}{P_{\dot{B}}} \times 100\%$$

对于混合物各组分没有各自单独的峰,则根据各组分相同 m/e 值峰的离子流强度具有加和性进行定量分析,即

$$\sum_{j=1}^{n} i_{mj} P_j = I_m \quad (m = 1, 2, 3, \cdots, n)$$

式中,i_{mj} 为第 j 组分在 m 质量处的压力灵敏度;P_j 为第 j 组分的分压;I_m 为混合物在 m 质量处测得的离子流强度。

i_{mj} 可以预先用各组分的标准物测得,则只需测得各个 I_m 值,代入方程组解联立方程,就可求出 P_j,进而求出各组分的 X。对于多组分的混合物分析,解联立方程的计算极为繁琐,借助于计算机数据处理可以极大地提高速度。而如果采用色谱—质谱联用,色谱分离后质谱定量分析就简便多了。

2. 同位素的研究

质谱仪的早期应用,主要是研究同位素的丰度,同位素离子的鉴定和定量分析是质谱发展起来的原始动力,至今稳定同位素测量依然十分重要,只不过不再是单纯的元素分析而已。

同位素标记法是目前质谱法应用的另一重要方面,是有机化学和生命化学领域中化学机理和动力学研究的重要手段。用同位素作为示踪物,标记在被研究的化合物中,跟踪化学反应(尤其是生化反应)进程中该化合物或其中基团的行踪及最终去向,以及反应历程和机理的信息。如酯 $\text{R—C—OR}'$ 的水解,要确定是属于酰氧断裂还是烷氧断裂,只

$$\overset{O}{\overset{\|}{}}$$

要在酯基上的氧以 ^{18}O 标记,即 $\text{R—C—}^{18}\text{OR}$,然后检测示踪的 ^{18}O 是在水解产物的烷

$$\overset{O}{\overset{\|}{}}$$

醇中还是在酸中,其水解断裂途径便一目了然。

同位素比测量法广泛用于考古学和地质学上。一般通过测定样品中 $\frac{^{36}\text{Ar}}{^{40}\text{Ar}}$ 的离子峰相对强度之比求出 ^{40}Ar,从而推算出矿物的形成年代或考古物的原始年代。

同位素稀释法是定量分析的一种特殊方法。如溴苯的定量分析,Br 有两种同位素 ^{79}Br,^{81}Br,其天然丰度为 $1:1$,因此在试样中,$\text{C}_6\text{H}_5^{79}\text{Br}$ 和 $\text{C}_6\text{H}_5^{81}\text{Br}$ 的含量是相同的。分析时,向试样中加入一定量的纯 $\text{C}_6\text{H}_5^{81}\text{Br}$,如 $1\ \mu\text{g}$,然后测定混合物质谱图中 M 与 $(M+2)$ 的丰度(强度)比,若为 $1:1.5$,则可以计算出试样中溴苯的含量。

设原试样中 $\text{C}_6\text{H}_5^{81}\text{Br}$ 的含量为 $X\ \mu\text{g}$,则 $\frac{X}{1} = \frac{X+1}{1.5}$,解得 $X = 2\ \mu\text{g}$。

所以原试样中 $\text{C}_6\text{H}_5\text{Br}$ 的含量为 $(\text{C}_6\text{H}_5^{79}\text{Br} + \text{C}_6\text{H}_5^{81}\text{Br}) = 4\ \mu\text{g}$。

3. 热力学方面的研究

利用质谱法可获得电离源的电离效率曲线,该曲线是表明离子流强度随电离源提供能量的变化而变化的关系曲线,它可以研究化合物的电离电位和断裂电位。

此外,利用二次离子质谱法(Secondary Ion Mass Spectrometry,SIMS)或激光微探针质谱法(Laser Microprobe Mass Spectrometry,LMMS)可以进行固体表面分析,这是近代固体表面研究的一个重要领域。

思 考 题

1.质谱仪由哪几部分组成? 各部分的作用是什么? (画出质谱仪的方框示意图)

2.离子源的作用是什么? 试述几种常见离子源的原理及优缺点。

3.单聚焦磁质量分析器的基本原理是什么? 它的主要缺点是什么?

4.何谓双聚焦质量分析器? 其优越性是什么?

5.试述傅里叶变换质谱仪的基本原理。它的最大优越性是什么?

6.解释下列术语:均裂、异裂、半异裂、分子离子(峰)、同位素离子(峰)、亚稳离子(峰)、麦氏重排、消除反应、奇电子离子、偶电子离子、氮律。

7.在质谱分析中,较常遇到的离子断裂方式有哪几种?

8.质谱仪的性能指标有哪些?

9.化合物的不饱和度(不饱和单元)如何计算? 它有何意义?

10.识别质谱图中的分子离子峰应注意哪些问题? 如何提高分子离子峰的强度?

11.某单聚焦质谱仪使用磁感应强度为 0.24 T 的 180°扇形磁分析器,分析器半径为12.7 cm,为了扫描 15～200 的质量范围,相应的加速电压变化范围为多少?

12.有一束含有不同 m/e 值的离子通过一个具有固定狭缝位置和恒定加速电压 V 的质谱仪单聚焦磁分析器,磁场 H 由小到大扫描,首先通过出口狭缝而被检测的是最小还是最大 m/e 的离子? 为什么?

13.用质谱法对 4 种化合物的混合物进行定量分析,它们的相对分子质量分别为260.250 4,260.214 0,260.120 1 和 260.092 2,若以它们的分子离子峰作为分析峰,需多大分辨率的质谱仪?

14.试计算 $C_6H_4N_2O_4$ 及 $C_{12}H_{24}$ 两化合物的 $\frac{M+1}{M} \times 100$ 的值(强度比)。

15.试计算下列分子的 $(M+2)$ 与 M 峰之强度比:①C_2H_5Br;②C_6H_5Cl;③$C_2H_4SO_2$(忽略^{13}C,^2H 的影响)。

16.试计算下列化合物的 $(M+2)/M$ 和 $(M+4)/M$ 峰的强度比:① $C_7H_6Br_2$;②CH_2Cl_2;③C_2H_4BrCl(忽略^{13}C,^2H 的影响)。

17.解释下列化合物质谱中某些主要离子的可能断裂途径:

①丁酸甲酯质谱中的 $m/e=43,59,71,74$。

②乙基苯质谱中的 $m/e=91,92$。

③庚酮—4 质谱中的 $m/e=43,71,86$。

④三乙胺质谱中的 $m/e=30,58,86$。

18.写出分子离子峰 $m/e=142$ 烃的分子式,$\frac{M+1}{M}$峰强度比大概是多少?

19.某一含有卤素的碳氢化合物 $M_r = 142$，$M+1$ 峰强度为 M 的 1.1%，试写出该化合物的可能结构式。

20.试判断下列化合物质谱图上,有几种碎片离子峰? 何者丰度最高?

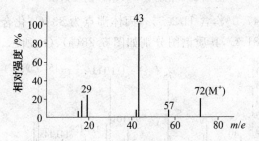

21.某化合物 C_4H_8O 的质谱图如图 6.24 所示,试推断其结构并写出主要碎片离子的断裂过程。

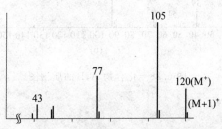

图 6.24 化合物 C_4H_8O 的质谱图

22.某化合物 C_8H_8O 的质谱图如图 6.25 所示,试推断其结构并写出主要碎片离子的断裂过程。

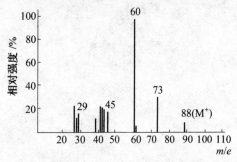

图 6.25 化合物 C_8H_8O 的质谱图

23.某一液体化合物 $C_4H_8O_2$,沸点为 163 ℃,质谱图如图 6.26 所示,试推断其结构。

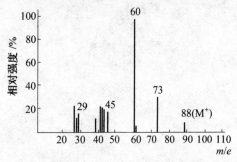

图 6.26 化合物 $C_4H_8O_2$ 的质谱图

24.某一液体化合物 $C_5H_{12}O$,沸点为 138 ℃,质谱图如图 6.27 所示,试推断其结构。

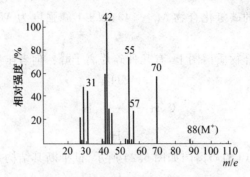

图 6.27 化合物 $C_5H_{12}O$ 的质谱图

25. 化合物 A 含 C 47.0%，含 H 2.5%，固体沸点为 83 ℃；化合物 B 含 C 49.1%，含 H 4.1%，液体沸点为 181 ℃，其质谱图分别如图 6.28(a)、(b) 所示，试推断它们的结构。

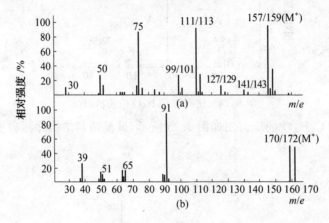

图 6.28 化合物 A，B 的质谱图

第7章　分子荧光分析法

7.1　概　述

物质的分子在吸收一定的能量后,其电子从基态跃迁到激发态,如果在返回基态的过程中伴随有光辐射,这种现象称为分子发光(molecular luminescence),以此建立起来的分析方法,称为分子发光分析法。物质因吸收光能激发而发光,称为光致发光(根据发光机理和过程的不同又可分为荧光和磷光);因吸收电能激发而发光,称为电致发光;因吸收化学反应或生物体释放的能量激发而发光,称为化学发光或生物发光。根据分子受激发光的类型、机理和性质的不同,分子发光分析法通常分为荧光分析法、磷光分析法和化学发光分析法。

荧光分析法历史悠久,早在 16 世纪西班牙内科医生和植物学家 N. Monardes 就发现在一种称为"Lignum Nephriticum"的木头切片的水溶液中,呈现出极为可爱的天蓝色,但未能解释这种荧光现象。直到 1852 年 Stokes 在考察奎宁和叶绿素的荧光时,用分光计观察到它们能发射比入射光波长稍长的光,才判明这种现象是这些物质在吸收光能后重新发射的不同波长的光,从而导入了荧光是光发射的概念,并根据萤石发荧光的性质提出"荧光"这一术语,他还论述了 Stokes 位移定律和荧光猝灭现象。到 19 世纪末,人们已经知道了包括荧光素、曙红、多环芳烃等 600 多种荧光化合物。近十几年来,由于激光、电子学等科学技术的引入,大大推动了荧光分析理论的进步,促进了诸如同步荧光测定、导数荧光测定、时间分辨荧光测定、相分辨荧光测定、荧光偏振测定、荧光免疫测定、低温荧光测定、固体表面荧光测定、荧光反应速率法、三维荧光光谱技术和荧光光纤化学传感器等荧光分析方面的发展,加速了各种新型荧光分析仪器的问世,进一步提高了分析方法的灵敏度、准确度和选择性,解决了生产和科研中的不少难题。

目前,分子发光分析法在生物化学、分子生物学、免疫学、环境科学以及农牧产品分析,卫生检验、工农业生产和科学研究等领域得到了广泛的应用。

7.2　分子荧光分析法的基本原理

7.2.1　荧光(磷光)光谱的产生

物质受光照射时,光子的能量在一定条件下被物质的基态分子所吸收,分子中的价电子发生能级跃迁而处于电子激发态,在光致激发和去激发光过程中,分子中的价电子可以处于不同的自旋状态,通常用电子自旋状态的多重性来描述。一个所有电子自旋都配对的分子的电子态,称为单重态,用"S"表示;分子中的电子对的电子自旋平行的电子态,称为三重态,用"T"表示。

电子自旋状态的多重态用 $2S+1$ 表示,S 是分子中电子自旋量子数的代数和,其数值为 0 或 1。如果分子中全部轨道中的电子都是自旋配对时,即 $S=0$,多重态 $2S+1=1$,该分子体系便处于单重态。大多数有机物分子的基态是处于单重态的,该状态用"S_0"表示。倘若分子吸收能量后,电子在跃迁过程中不发生自旋方向的变化,这时分子处于激发单重态;如果电子在跃迁过程中伴随着自旋方向的改变,这时分子便具有两个自旋平行(不配对)的电子,即 $S=1$,多重态 $2S+1=3$,该分子体系便处于激发三重态。S_0,S_1,S_2 分别表示基态单重态,第一和第二电子激发单重态;T_1 和 T_2 则分别表示第一和第二电子激发三重态。

处于激发态的分子是不稳定的,它可能通过辐射跃迁和无辐射跃迁等分子内的去活化过程丧失多余的能量而返回基态。辐射跃迁的去活化过程,发生光子的发射,伴随着荧光或磷光现象;无辐射跃迁的去活化过程是以热的形式辐射其多余的能量,包括内转化(ic)、系间跨越(isc)、振动弛豫(V_R)及外转移(ec)等,各种跃迁方式发生的可能性及程度,与荧光物质本身的结构及激发时的物理和化学环境等因素有关。

假设处于基态单重态中的电子吸收波长为 λ_1 和 λ_2 的辐射光之后,分别激发至第二激发单重态 S_2 及第一激发单重态 S_1。图 7.1 是分子内所发生的各种光物理过程。

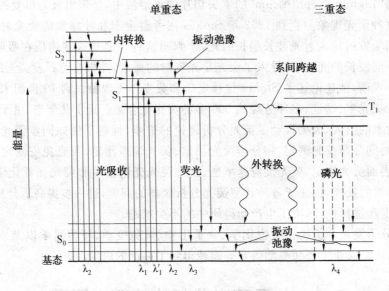

图 7.1 分子内各种光物理过程

振动弛豫是指在同一电子能级中,电子由高振动能级转至低振动能级,而将多余的能量以热的形式放出。发生振动弛豫的时间为 10^{-12} s 数量级。图 7.1 中各振动能级间的小箭头表示振动弛豫的情况。

内转移是指当两个电子能级非常靠近以致其振动能级有重叠时,常发生电子由高能级以无辐射跃迁方式转移到低能级。如图 7.1 所示,处于高激发单重态的电子,通过内转移及振动弛豫,均跃回到第一激发单重态的最低振动能级。

荧光发射是指处于第一激发单重态最低振动能级的电子跃回至基态各振动能级时,

所产生的光辐射称为荧光发射，将得到最大波长为 λ_3 的荧光。注意基态中也有振动弛豫跃迁。很明显，λ_3 的波长较激发波长 λ_1 或 λ_2 都长，而且不论电子开始被激发至什么高能级，最终将只发射出波长 λ_3 的荧光。荧光的产生在 $10^{-6} \sim 10^{-9}$ s 内完成。

系间跨越是指不同多重态间的无辐射跃迁，如 $S_1 \rightarrow T_1$。通常，发生系间窜跃时，电子由 S_1 的较低振动能级转移到 T_1 的较高振动能级处。有时，通过热激发，有可能发生 $T_1 \rightarrow S_1$，然后由 S_1 发生荧光，即产生延迟荧光。

电子由基态单重态激发至第一激发三重态的概率很小，因为这是禁阻跃迁。但是，由第一激发单重态的最低振动能级，有可能以系间窜跃方式转至第一激发三重态，再经过振动弛豫转至其最低振动能级，由此激发态跃回至基态时，便发射磷光。这个跃迁过程 $(T_1 \rightarrow S_0)$ 也是自旋禁阻的，其发光速率较慢，为 $10^{-4} \sim 10$ s。因此，这种跃迁所发射的光，在光照停止后，仍可持续一段时间。

外部转移是指激发态分子与溶剂分子或其他溶质分子的相互作用及能量转移，使荧光或磷光强度减弱甚至消失，这一现象称为"熄灭"或"猝灭"。

7.2.2 激发光谱曲线和荧光光谱曲线

任何荧光化合物，都具有两种特征的光谱，即激发光谱和发射光谱。

荧光激发光谱（或称激发光谱），就是通过测量荧光体的发光强度随激发光波长的变化而获得的光谱，它反映了不同波长激发光引起荧光的相对效率。激发光谱的具体测绘办法是，通过扫描激发单色器以使不同波长的入射光激发荧光体，然后让所产生的荧光通过固定波长的发射单色器而照射到检测器上，由检测器检测相应的荧光强度，最后通过记录仪记录荧光光强对激发光波长的关系曲线，即为激发光谱。

从理论上说，同一物质的最大激发波长应与最大吸收波长一致，这是因为物质吸收具有特定能量的光而激发，吸收强度高的波长正是激发作用强的波长。因此，荧光的强弱与吸收光的强弱相对应，激发光谱与吸收光谱的形状应相同，但由于荧光测量仪器的特性，例如光源的能量分布、单色器的透射和检测器的响应等特性都随波长而改变，使实际测量的荧光激发光谱与吸收光谱不完全一致。只有对上述仪器因素进行校正之后而获得的激发光谱，即通常所说的"校正的激发光谱"（或"真实的激发光谱"）才与吸收光谱非常近似。

如使激发光的波长和强度保持不变，而让荧光物质所产生的荧光通过发射单色器后照射于检测器上，扫描发射单色器并检测各种波长下相应的荧光强度，然后通过记录仪记录荧光强度对发射波长的关系曲线，所得到的谱图称为荧光发射光谱（简称荧光光谱）。荧光光谱表示在所发射的荧光中各种波长组分的相对强度。荧光光谱可供鉴别荧光物质，并作为在荧光测定时选择适当的测定波长或滤光片的根据。

和激发光谱的情况类似，在一般的荧光测定仪器上所测绘的荧光光谱，属"表现"的荧光光谱，只有对光源、单色器和检测器等元件的光谱特性加以校正以后，才能获得"校正"（或"真实"）的荧光光谱。

溶液荧光光谱通常具有如下特征：

1. 斯托克斯位移

斯托克斯在 1852 年首次观察到荧光波长总是大于激发光波长，这种波长移动的现象称为斯托克斯位移。

2. 荧光发射光谱的形状与激发光波长无关

分子的电子吸收光谱可能含有几个吸收带,而其荧光光谱却只含一个发射带。激发光波长改变,可能将分子激发到高于 S_1 的电子能级,但很快经过内转移和振动弛豫跃迁到 S_1 态的最低振动能级,然后产生荧光。由于荧光发射发生于第一电子激发态的最低振动能级,而与荧光体被激发到哪一个电子态无关,所以荧光光谱的形状通常与激发光波长无关。

3. 荧光光谱与吸收光谱的镜像关系

基态分子通常处于最低振动能,受激时可以跃迁到不同的电子激发态,会产生多个吸收带。其中第一吸收带的形成是由于基态分子被激发到第一电子激发单重态的各不同振动能级所引起的,因而第一吸收带的形状与第一电子激发单重态中振动能级的分布情况有关。荧光光谱的形成是激发分子从第一电子激发单重态的最低振动能级辐射跃迁至基态的各个不同振动能级所引起的,所以荧光光谱的形状与基态中振动能级的分布情况(即能量间隔情况)有关。一般情况下,基态和第一电子激发单重态中振动能级的分布情况是相似的,且荧光带的强弱与吸收带强弱相对应,因此,荧光光谱和吸收光谱的形状相似。

另外,在第一吸收带中 S_1 态的振动能级越高,与 S_0 态间的能量差越大,吸收峰的波长越短;相反,荧光光谱中 S_0 态的振动能级越高,与 S_1 态间的能量差越小,发射荧光的波长越长。所以,荧光光谱和吸收光谱的形状虽相似,却呈镜像对称关系。图 7.2 是蒽在乙醇溶液中的吸收光谱和荧光光谱。

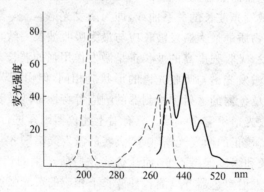

图 7.2 蒽在乙醇溶液中的吸收光谱和荧光光谱

不同的荧光物质结构不同,S_0 与 S_1 态间的能量差不一样,基态中各振动能级的分布情况也不一样,所以有不同形状的荧光光谱,据此可以进行定性分析。

7.2.3 荧光的影响因素

1. 量子产率

荧光量子产率(φ),定义为荧光物质吸光后所发射的荧光的光子数与所吸收的激发光的光子数之比值,即

$$\varphi = \frac{\text{发射的光子数}}{\text{吸收的光子数}} \tag{7.1}$$

或

$$\varphi = \frac{\text{发射荧光的分子数}}{\text{激发分子总数}}$$

荧光量子产率有时也称为荧光效率，φ 反映了荧光物质发射荧光的能力，其值越大，物质的荧光越强。

前面已经提到，在产生荧光过程中涉及辐射和无辐射跃迁过程，如荧光发射、内转移、系间跨越和外转移等。很明显，荧光的量子产率将与上述每个过程的速率常数有关。若用数学式来表达这些关系，得到

$$\varphi = \frac{k_f}{k_f + \sum K_i} \tag{7.2}$$

式中，k_f 为荧光发射过程的速度常数；$\sum K_i$ 为其他有关过程的速率常数的总和。显然，凡是能使 k_f 值升高而使其他 k_i 值降低的因素，都可增强荧光。假如非辐射跃迁的速度远小于辐射跃迁的速度，即 $\sum K_i \ll k_f$，荧光量子产率的数值便接近于1。在通常情况下，φ 的数值总是小于1。不发荧光的物质，其荧光量子产率的数值为零或非常接近于零。一般说来，k_f 主要取决于化学结构，而 $\sum K_i$ 则主要取决于化学环境，同时也与化学结构有关。

2. 荧光与化合物结构的关系

了解荧光与分子结构的关系，可以预示分子能否发光，在什么条件下发光，以及发射的荧光将具有什么特征，以便更好地运用荧光分析技术，把非荧光体变为荧光体，把弱荧光体变为强荧光体。但由于至今对激发态分子的性质了解不深，还无法对荧光与分子结构之间的关系进行定量描述。

(1)有机物的荧光

①共轭效应。具有共轭双键体系的芳环或杂环化合物，其电子共轭程度越大，越容易产生荧光；环越多，发光峰红移程度越大，发光也往往越强。同一共轭环数的芳族化合物，线性环结构的荧光波长比非线性者要长。

②刚性结构和共平面效应。一般说来，荧光物质的刚性和共平面性增强，可使分子与溶剂或其他溶质分子的相互作用减小，即使外转移能量损失减小，从而有利于荧光的发射。例如芴与联二苯的荧光效率分别约为 1.0 和 0.2，这主要是由于亚甲基使芴的刚性和共平面性增大的缘故。

如果分子内取代基之间形成氢键，加强了分子的刚性结构，其荧光强度将增强。例如

水杨酸 的水溶液，由于分子内氢键的生成，其荧光强度比对(或间)羟基苯甲酸大。

某些荧光体的立体异构现象对它的荧光强度也有显著影响，例如 1,2－二苯乙烯，其

分子结构为反式者,分子空间处于同一平面,顺式者则不处于同一平面,因而反式者呈强荧光,顺式者不发荧光。

③取代基的类型和位置。取代基对荧光体的影响分为加强荧光的、减弱荧光的和影响不明显的 3 种类型。

加强荧光的取代基有—OH,—OR,—NH$_2$,—CN,—NHR,—NR$_2$,—OCH$_3$,—OC$_2$H$_5$ 等给电子取代基,由于它们 n 电子的电子云几乎与芳环上的 π 轨道平行,因而共享了共轭 π 电子结构,同时扩大了共轭双键体系。这类荧光体的跃迁特性接近于 π→π* 跃迁,而不同于一般的 n→π* 跃迁。

减弱荧光的有 $\diagdown C=O$,—COOH, $-C\diagup^{O}_{OR}$, $-C\diagup^{O}_{R}$,—NO$_2$,—NO,—SH 等

得电子取代基,它们 n 电子的电子云并不与芳环上 π 电子共平面。另外,减弱荧光的还有卤素取代,芳烃被 F,Cl,Br 和 I 原子取代之后,使系间窜越加强,其荧光强度随卤素原子量的增加而减弱,磷光相应加强,这种效应称为重原子效应。双取代和多取代基的影响较难预测,取代基之间如果能形成氢键增加分子的平面性,则荧光增强。

影响不明显的取代基有—NH$_3^+$,—R,—SO$_3$H 等。

除—CN 外,取代基的位置对芳烃荧光的影响通常为:邻、对位取代增强荧光,间位取代减弱荧光,且随着共轭体系的增大,影响相应减小。—CN 取代的芳烃一般都有荧光。

④电子跃迁类型。含有氮、氧、硫杂原子的有机物,如喹啉和芳酮类物质都含有未键合的 n 电子,电子跃迁多为 n→π* 型,系间跨越强烈,荧光很弱或不发荧光,易与溶剂生成氢键或质子化,从而强烈地影响它们的发光特征。

不含氮、氧、硫杂原子的有机荧光体多发生 π→π* 类型的跃迁,这是电子自旋允许的跃迁,摩尔吸收系数大(约为 10^4),荧光辐射强。

(2)金属螯合物的荧光

除过渡元素的顺磁性原子会发生线状荧光光谱外,大多数无机盐类金属离子,在溶液中只能发生无辐射跃迁,因而不能产生荧光。但是,在某些情况下,金属螯合物却能产生很强的荧光,并可用于痕量金属离子的测定。

①螯合物中配位体的发光。不少有机化合物虽然具有共轭双键,但由于不是刚性结构,分子不处于同一平面,因而不发生荧光。若这些化合物和金属离子形成螯合物,随着分子的刚性增强,平面结构增大,常会发出荧光。例如 2,2′—二羟基偶氮苯本身不发生荧光,但与 Al^{3+} 形成反磁性的螯合物后,便能发出荧光。反应式如下:

2,2′—二羟基偶氮苯　　　　　　　　螯合物

又如 8—羟基喹啉本身有很弱的荧光,但其金属螯合物具有很强的荧光,这也是由于刚性和其共平面性增加所致。

一般说来，能产生这类荧光的金属具有硬酸型结构，如 Be，Mg，Al，Zr，Th 等。

②螯合物中金属离子的特征荧光。这类发光过程通常是螯合物首先通过配位体的 $\pi \rightarrow \pi^*$ 跃迁而被激发，接着配位体把能量转移给金属离子，导致 $d \rightarrow d^*$ 或 $f \rightarrow f^*$ 跃迁，最终发射的是 $d^* \rightarrow d$ 跃迁或 $f^* \rightarrow f$ 跃迁光谱。例如三价铬具有 d^3 结构，它与乙二胺等形成螯合物后，将最终产生 $d^* \rightarrow d$ 跃迁发光。二价锰具有 d^5 结构，它与 8－羟基喹啉－5－磺酸形成螯合物后，也将产生 $d^* \rightarrow d$ 跃迁发光。

3. 溶剂的影响

同一种荧光体在不同的溶剂中，其荧光光谱的位置和强度都可能会有显著的差别。溶剂对荧光强度的影响比较复杂，一般来说，增大溶剂的极性，将使 $n \rightarrow \pi^*$ 跃迁的能量增大，$\pi \rightarrow \pi^*$ 跃迁的能量降低，从而导致荧光增强。

在含有重原子溶剂如碘乙烷和四溴化碳中，也是由于重原子效应，增加系间跨越速度，使荧光减弱。

4. 荧光的熄灭

荧光熄灭（或称荧光猝灭），广义地说，指任何可使某种荧光物质的荧光强度下降的作用或任何可使荧光量子产率降低的作用。狭义地说，荧光熄灭指荧光物质分子与溶剂分子或其他溶质分子的相互作用引起荧光强度降低的现象。这些引起荧光强度降低的物质称为熄灭剂。

下面介绍导致荧光熄灭作用的几种主要类型：

①碰撞熄灭。碰撞熄灭是荧光熄灭的主要原因。它是指处于激发单重态的荧光分子 M^* 与熄灭剂 Q 发生碰撞后，使激发态分子以无辐射跃迁方式回到基态，因而产生熄灭作用。

碰撞熄灭与溶液的黏度有关，在黏度大的溶剂中，熄灭作用较小。另外，碰撞熄灭随温度升高而增加。

②能量转移。这种熄灭作用产生于熄灭剂与处于激发单重态的荧光分子作用后，发生能量转移，使熄灭剂得到激发。其反应式如下：

$$M^* + Q \longrightarrow M + Q^*（激发）$$

如果溶液中熄灭剂浓度足够大，可能引起荧光物质的荧光光谱发生畸变和造成荧光强度测定的误差。

③电荷转移。这种熄灭作用产生于熄灭剂与处于激发态分子间发生电荷转移而引起的。由于激发态分子往往比基态分子具有更强的氧化还原能力，因此，荧光物质的激发态分子比其基态分子更容易与其他物质的分子发生电荷转移作用。如甲基蓝分子（以 M 表示）可被 Fe^{2+} 离子熄灭：

$$M^* + Fe^{2+} \longrightarrow M^- + Fe^{3+}$$

所生成的 M^- 离子进一步发生下列反应而成为无色染料：

$$M^- + H^+ \longrightarrow MH（半醌）$$

$$2MH \longrightarrow M + MH_2（无色染料）$$

④转入三重态熄灭。由于内部能量转移，发生由激发单重态到三重态的系间跨越，多

余的振动能在碰撞中损失掉而使荧光熄灭。如二苯甲酮,其最低激发单重态是(n,π*)态,由于 n→π* 跃迁是部分禁阻的,因而 π*→n 跃迁也是部分禁阻的,处于(n,π*)态的最低激发单重态的寿命要比处于(π,π*)态的长,从而转化为三重态的概率也就比较大。此外,(n,π*)态的 S_1 和 T_1 之间的能量间隙通常比较小,有利于加速 $S_1 \to T_1$ 系间窜跃过程的速度。

⑤光化学反应熄灭。由光致激发态分子所发生的化学反应称为光化学反应,它可以是单分子反应也可以是双分子反应。荧光分析中因发生光化学反应导致熄灭现象经常遇到,其中,影响较大的是光解反应和光氧化还原反应。某些光敏物质在紫外或可见光照射下很容易发生预离解跃迁(分子在接受能量跃迁过程中,使某些键能低于电子激发能的化学键发生断裂的这种跃迁),表现在荧光测定过程中荧光强度随光照时间而减弱。

⑥自熄灭和自吸收。当荧光物质浓度较大时,常会发生自熄灭现象,使荧光强度降低。这可能是由于激发态分子之间的碰撞引起能量损失。当荧光物质的荧光光谱曲线与吸收光谱曲线重叠时,荧光被溶液中处于基态的分子吸收,称为自吸收。

7.2.4 荧光强度与荧光物质浓度的关系

假如以每秒每平方厘米的光强度为 I_0 的入射光,照射到一个吸光截面积为 A 的盛有荧光物质的液池,荧光强度为 F。

设在 dx 薄层所吸收的光能量为 dI,发射的荧光强度为 dF,则

$$dF = K'dI \tag{7.3}$$

被 dx 薄层所吸收的能量为 dI,则

$$dI = I_0 - I = AI_0 e^{-acx} - AI_0 e^{-ac(x+dx)} = AI_0 e^{-acx}(1 - e^{-dx \cdot ac}) \tag{7.4}$$

因为 dx, ac 数值很小,所以

$$dI = AI_0 ace^{-acx} dx \tag{7.5}$$

将式(7.5)代入式(7.3),得

$$dF = K'AI_0 ace^{-acx} dx \tag{7.6}$$

求液池中溶液的荧光强度时,应对整个液池长度 b 进行积分,即

$$F = AK'I_0 ac \int_0^b e^{-acx} dx = AK'I_0(I - e^{-abc}) =$$

$$AK'I_0 \left[abc - \frac{(abc)^2}{2!} + \frac{(abc)^3}{3!} - \cdots \right] =$$

$$AK'I_0 abc \left[1 - \frac{abc}{2} + \frac{(abc)^2}{6} - \cdots \right] \tag{7.7}$$

若 $abc \ll 0.05$,即对很稀的溶液,每平方厘米截面积上的荧光强度为

$$F = K''I_0 abc \tag{7.8}$$

以摩尔吸收系数 K_0 代替吸收系数 α,$\log 10$ 代表 $\log e$ 标度,采用荧光量子产率 φ 代替荧光比率 K'',上式可改写为

$$F = 2.3\varphi I_0 K_0 bc \tag{7.9}$$

当 I_0 一定时,有

$$F = KC \tag{7.10}$$

由此可见,在低浓度时,荧光强度与物质的浓度呈线性关系。

当溶液浓度升高时,由于自熄灭和自吸收等原因,使荧光强度与分子浓度不呈线性关系。

7.3 荧光分析仪器

荧光分析使用的仪器可分为荧光计和荧光分光光度计两种类型。荧光分光光度计通常由光源、单色器(滤光片或光栅)、样品池、狭缝及检测器等组成,如图 7.3 所示。

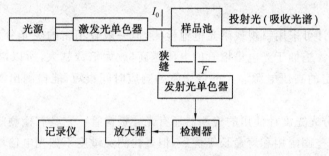

图 7.3 荧光分光光度计示意图

由光源发出的激发光,经过第一单色器(激发光单色器),选择最佳波长的光 I_0 去激发样品池内的荧光物质。荧光物质被激发后,将向四面八方发射荧光 F。但为了消除激发光及散射光的影响,荧光的测量不能直接对着激发光源,所以,荧光检测器通常放在与激发光成直角的方向上,否则,强烈的激发余光会透过样品池干扰荧光的测定,甚至会损坏检测器。第二单色器(发射光单色器)的作用是消除荧光液池的反射光、瑞利散射光、拉曼散射光以及其他物质所产生的荧光的干扰,以便使待测物质的特征性荧光照射到检测器上进行光电信号转换,所得到的电信号经放大后由记录仪记录下来。

1. 光源

光源应具有强度大、适应波长范围宽两个特点。常用光源有高压汞灯和氙弧灯。

高压汞灯的平均寿命为 1 500~3 000 h,荧光分析中常用的是 365 nm,405 nm,436 nm 3 条谱线。

氙弧灯(氙灯)是连续光源,发射光束强度大,可用于 200~700 nm 波长范围。在 300~400 nm 波段内,光谱强度几乎相等。

此外,高功率连续可调染料激光光源是一种新型荧光激发光源。激发光源的单色性好,强度大。脉冲激光的光照时间短,并可避免感光物质的分解。

2. 单色器

简易的荧光计一般采用滤光片作单色器,由第一滤光片分离出所需要的激发光,用第二滤光片滤去杂散光和杂质所发射的荧光。但这种仪器只能用于荧光强度的定量测定,不能给出荧光的激发与发射光谱。荧光分光光度计最常用的单色器是光栅单色器,它具有较高的分辨率,能扫描光谱。其缺点是杂散光较大,有不同的次级谱线干扰,但可用合适的前置滤光片加以消除。

3. 样品池

样品池通常是石英材料的方形池,4 个面都透光。放入池架中时,要用手拿着棱并规定一个插放方向,免得各透光面被指痕污染或被固定簧片擦坏。

4. 狭缝

狭缝越小,单色性越好,但光强度和灵敏度下降。当入射狭缝和出射狭缝的宽度相等时,单色器射出的单色光有 75% 的能量是辐射在有效的带宽内。此时,既有好的分辨率,又保证了光通量。

5. 检测器

简易的荧光计可采用目视或硒光电池检测,但一般较精密的荧光分光光度计均采用光电倍增管检测。施加于光电倍增管的电压越高,放大倍数越大,所以,要获得良好的线性响应,要有稳定的高压电源。光电倍增管的响应时间很短,能检测出 10^{-8} 和 10^{-9} s 的脉冲光。

另外,荧光分光光度计使用的检测器还有光导摄像管。它具有检测效率高、动态范围宽、线性响应好、坚固耐用和寿命长等优点,但其检测灵敏度不如光电倍增管。

6. 读出装置

荧光仪器的读出装置有数字电压表、记录仪和阴极示波器等几种。数字电压表用于例行定量分析,既准确、方便又便宜。记录仪多用于扫描激发光谱和发射光谱。阴极示波器显示的速度比记录仪快得多,但其价格比记录仪高得多。

7.4 荧光分析方法及其应用

7.4.1 荧光定量分析方法

1. 工作曲线法

工作曲线法是常用的定量分析方法,即将已知量的标准物质经过与试样的相同处理后,配成一系列标准溶液并测定它们的相对荧光强度,以相对荧光强度对标准溶液的浓度绘制工作曲线,由试液的相对荧光强度对照工作曲线求出试样中荧光物质的含量。

2. 比较法

如果试样数量不多,可用比较法进行测定。取已知量的纯荧光物质配制和试液浓度 C_X 相近的标准溶液 C_S,并在相同的条件下测得它们的荧光强度 F_X 和 F_S,若有试剂 F_0 空白须扣除,然后按下式计算试液的浓度 C_X:

$$C_X = \frac{F_X - F_0}{F_S - F_0} \cdot C_S \tag{7.11}$$

3. 荧光猝灭法

荧光猝灭剂的浓度 C_Q 与荧光强度的关系可用 Stern-Volmer 方程表示:

$$\frac{F_0}{F} = 1 + KC_Q \tag{7.12}$$

式中,F_0 与 F 分别为猝灭剂加入前与加入后试液的荧光强度。由式(7.12)可见,F_0/F 与猝灭剂浓度之间有线性关系。与工作曲线法相似,对一定浓度的荧光物质体系,分别加入一系列不同量的猝灭剂 Q,配成一个荧光物质对不同量猝灭剂系列,然后在相同条件下测定它们的荧光强度。以 F_0 与 F 的比值对 C_Q 绘制工作曲线即可方便地进行测定。该法具有较高的灵敏度和选择性。

4. 多组分混合物的荧光分析

如果混合物中各组分的荧光峰相互不干扰,可分别在不同波长处测定,直接求出它们的浓度。如果荧光峰互相干扰,但激发光谱有显著差别,其中一个组分在某一激发光下不会产生荧光,因而可选择不同的激发光进行测定。例如 Al^{3+} 和 Ga^{3+} 的 8-羟基喹啉配合物的氯仿萃取液,荧光峰均在 520 nm,但激发峰分别为 365 nm 和 435.8 nm,因此,可分别用 365 nm 及 435.8 nm 激发,在 520 nm 测定。

如果在同一激发光波长下荧光光谱互相严重干扰,可以利用荧光强度的加合性,在适宜的荧光波长处测定,用列联立方程式的方法求结果。例如,硫胺素和吡啶硫胺素在碱性介质中经 $K_3(Fe(CN)_6)$ 氧化为硫胺荧和吡啶硫胺荧之后,它们的异戊醇萃取液在紫外光照射下会发生荧光。硫胺荧的激发峰在 385 nm,荧光峰在 435 nm,吡啶硫胺荧的激发峰在 410 nm,荧光峰在 480 nm。用上述激发光激发,测定混合物试液在 435 nm 和 480 nm 的荧光强度 $F_{\lambda em/\lambda ex}$,并测定它们的纯物质分别在上述激发波长和荧光波长处的相对摩尔荧光强度,然后列出两组联立方程式:

$$\begin{cases} F_{435/385} = 26\ 339 \times 10^4 C_T + 210 \times 10^4 C_P \\ F_{480/385} = 9\ 685 \times 10^4 C_T + 1022 \times 10^4 C_P \end{cases}$$

或

$$\begin{cases} F_{435/410} = 6\ 419 \times 10^4 C_T + 252 \times 10^4 C_P \\ F_{480/410} = 2\ 816 \times 10^4 C_T + 1\ 709 \times 10^4 C_P \end{cases}$$

式中,C_T,C_P 分别是硫胺素和吡啶硫胺素的浓度。解上述任一方程组即可求得混合物试液中的 C_T 和 C_P。借助于微机处理技术,可方便地对更多组分的复杂混合物进行分析。

7.4.2 荧光分析法的灵敏度

荧光分析法的灵敏度通常用两种方法表示。

1. 绝对灵敏度 S_a

绝对灵敏度是用荧光物质的荧光量子产率 φ_F 和摩尔吸收系数 K 的乘积表示的灵敏度:

$$S_a = \varphi_F K \tag{7.13}$$

S_a 值越大,表示荧光物质越易发射荧光,灵敏度越高。

2. 以硫酸奎宁的检出限表示仪器的灵敏度

由于实际测定时,激发光源的强度和光电倍增管的光谱特性随波长而改变,灵敏度受仪器的质量(如光源的强度及其稳定性、单色器杂散光水平,光电倍增管的特性及放大器的质量等)和工作条件等诸多因素的影响,因此,同一物质在不同的条件和仪器上测定的灵敏度不同。所以常以在特定条件下能检出硫酸奎宁($0.05\ mol \cdot L^{-1}\ H_2SO_4$ 水溶液)的最低浓度(即检出限)来表示荧光仪器的灵敏度,其值多在 $10^{-10} \sim 10^{-12}\ g \cdot mL^{-1}$ 之间。

3. 用纯水拉曼峰信噪比表示仪器的灵敏度

当激发光照射荧光体溶液时,其能量一般不足以使溶剂或其他杂质分子中的电子跃迁到电子激发态,但可能将电子激发到基态中其他较高的振动能级。倘若电子受激后能量没有损失并且在瞬间(约 10^{-12} s)又返回到原来的振动能级,便会在各个不同的方向发射和激发光相同波长的辐射,这种辐射称为瑞利散射光,其强度与光波长的 4 次方成反比。溶剂和其他杂质的瑞利散射光会干扰荧光的测定,一般由第二单色器滤去散射光以消除其影响,所以,单色器的分辨率越高,荧光的斯托克斯位移越大,散射光的影响越小。

除瑞利散射光外,被激发到基态中其他较高振动能级的电子,也可能返回到比原来的能级稍高或稍低的振动能级,便会产生波长略长或略短于激发光波长的散射光,称为拉曼光。拉曼光的波长随激发光的波长改变而改变,但与激发光之间存在一定的频率差值。一般情况下,拉曼光的强度比瑞利散射光和荧光体的荧光要弱得多。

近来仪器的灵敏度趋向于用纯水的拉曼峰的信噪比(S/N)表示,以纯水的拉曼峰高为信号值(S),并固定发射波长,用记录仪器进行时间扫描,以求出仪器的噪声大小(N),用 S/N 值作为衡量仪器灵敏度的指标,其值大多为 $20 \sim 200$。水的拉曼峰越高,仪器的噪声越小,S/N 值就越大,仪器对荧光信号的检测就越灵敏。因此,这种方法不但简单易行,而且比较符合实际情况,被人们广泛采用。

7.4.3　荧光分析法的应用

荧光分析法具有灵敏度高、取样量少等优点,现已广泛应用于有机和无机物质的分析。

1. 无机化合物的分析

无机化合物直接能产生荧光并用于测定的为数不多,一般是与有机试剂形成发荧光的配合物后进行荧光分析,现在可以采用有机试剂以进行荧光分析的元素已近 70 种。其中铍、铝、硼、镓、硒、镁、锌、镉及稀土元素常采用荧光法进行分析。

采用荧光熄灭法进行间接荧光法测定的元素有氧、硫、铁、银、钴、镍、铜、钼、钨等。

可采用催化荧光法进行测定的物质有铜、铍、铁、钴、银、金、锌、铝、钛、钒、锰、铒、过氧化氢和 CN^- 等。

可在液氮温度下($-196\ ℃$),用低温荧光法进行分析的元素有铬、铌、铀、碲和铅等。

此外,还可用固体荧光法测定铀、铈、钐、锑、钒、铅、铋、铌和锰等元素。

2. 有机化合物的分析

脂肪族有机化合物的分子结构较为简单,产生荧光的物质不多。但也有许多脂肪族有机化合物与某些有机试剂反应后生成的产物在紫外光照射下会发生荧光,可用荧光法来测定。例如,丙三醇与苯胺在浓硫酸介质中发生反应而生成了喹啉。喹啉在浓硫酸介质中在紫外光照射下会发生蓝色荧光,由喹啉的荧光强度可以间接测定丙三醇含量;丙酮在紫外光照射下所生成的自由基与荧光素钠结合形成无色衍生物,从而导致荧光素钠的荧光强度下降,以此可以测定丙酮的含量;草酸被还原为乙醛酸后可以与间苯二酚耦合形成一种有色的荧光配合物,可用来间接测定草酸含量。

芳香族有机化合物因具有共轭的不饱和体系,易于吸光,其中分子庞大而结构复杂者在紫外光照射下多能发生荧光。例如蒽、菲、芘在紫外光照射时均可发生荧光,可用荧光分析法直接测定。有时为了提高测定方法的灵敏度和选择性,常使弱荧光性的芳香族化合物经与某种有机试剂作用而获得强荧光性的产物,然后进行测定。例如降肾上腺素经与甲醛缩合而得到一种强荧光性产物,然后采用荧光显微镜法可以检测出组织切片中含量低到 10^{-7}g 的降肾上腺素。

在生命科学研究中,荧光分析是测定蛋白质、核酸等生物大分子重要的方法之一。酪氨酸、色氨酸能吸收 $270\sim300$ nm 的紫外光,并分别发射 303 nm,348 nm 的荧光,含有这两种氨基酸的蛋白质可以直接用荧光法测定,如用于牛乳中蛋白质的测定。某些荧光染料在与蛋白质作用之后,荧光强度显著强大,而且荧光强度的增大与溶液中蛋白质的浓度呈线性关系,可用于蛋白质的测定。如 8-苯胺基-1-萘磺酸作荧光染料可以测定 $1\sim300$ μg·$(3$ mL$)^{-1}$的蛋白质。在核酸的分析中,最重要的荧光试剂是溴乙啶,它能够嵌入到 DNA 双螺旋结构中的碱基对之间,而使其荧光大大增强,它不仅能检测低至 0.1 μg·mL^{-1}DNA 含量,而且可用于探测 DNA 的双螺旋结构,被广泛用于核酸的变性与复性以及 DNA 分子杂交的研究中。

荧光分析法,特别是新近发展起来的同步荧光法、时间分辨荧光法、相分辨荧光法、偏振荧光法等新的测定技术,都具有灵敏度高、选择性好、取样量少、简便快速等优点,已成为各领域中痕量及超痕量分析的重要工具。

思 考 题

1. 对待测溶液进行预扫描有何作用?
2. 一般无机化合物不发荧光,可以通过哪两种途径用荧光分析法测定无机物?
3. 做荧光强度测量时,标准荧光物质的作用是什么? 如何进行测量的?
4. 试述荧光强度与溶液浓度成正比的条件,为什么?
5. 试述何谓荧光物质的激发光谱和荧光光谱?
6. 试述荧光是如何产生的?
7. 绘制荧光测定装置方框图,并说明某主要部件和作用。
8. 在荧光分光光度计中,第一单色器与第二单色器的位置及其作用是怎样的。
9. 荧光定量分析为什么要在很稀的溶液中测定?
10. 与紫外可见分光光度法相比,荧光分光光度法具有较高的灵敏度,为什么?
11. 影响荧光测定的因素有哪些?
12. 通过两种氨基酸的化学结构(图 7.4),是否可以不经试验判断其荧光强度的大小次序。

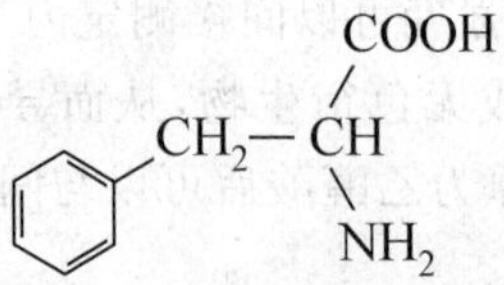

（a）苯丙氨酸 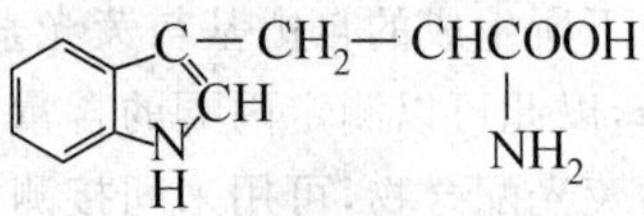　　　　　　　　　　（b）色氨酸

图 7.4　苯丙氨酸和色氨酸

13.比较紫外分光光度法和荧光分析法的区别和各自的优缺点。

14.用荧光法测定复方炔诺酮片中炔雌醇的含量时,取本品 10 片(每片含炔雌醇 $31.5\sim38.5$ μg),研细溶于无水乙醇中,稀释至 100 mL,过滤,取滤液 5.0 mL 稀释至 10.0 mL,在 307 nm 处测定荧光读数。与炔雌醇对照的乙醇溶液(1.75 $\mu g/mL$)在同样测定条件下荧光读数为 65,则复方炔诺酮片的荧光读数应在什么范围之间?

15.取 5.00 mL 含氨基乙酸的溶液置于一个 500 mL 容量瓶中,并以蒸馏水稀释至刻度,用移液管取 5.00 mL 稀释于一个 10 mL 容量瓶中,并以 pH=8.7 的硼酸盐缓冲液稀释至刻度,当它与 1.00 mL 由 25 mg 荧胺溶于 100 mL 丙酮所配成的溶液反应后,测量该溶液的荧光(荧胺与氨基乙酸反应可生成荧光产物)。从工作曲线上读得最后溶液中含 1.14 mg/L 的氨基乙酸,计算在最初的 5 mL 溶液中氨基乙酸的浓度。

16.10 mL 样品含还原型 NADH(烟酰胺腺嘌呤二核苷酸的还原型)相对于空白溶液的荧光强度为 26.0。当 10 μmol NADH 加入此样品液(无体积变化)中,相对荧光强度增加到 78.3,计算样品中 NADH 的含量($\mu mol/mL$)。

17.用荧光分析法测定食品中维生素 B_2 的含量:称取 2.0 g 食品,先溶解后用 10 mL 氯仿萃取(萃取率 100%),取上清液 2.0 mL,再用氯仿稀释为 10 mL。维生素 B_2 氯仿标准液浓度为 0.10 $\mu g/mL$。测得平行样数据为 $F_0=1.5,F_S=69.5,F_X=61.5$,求该食品中维生素 B_2 含量($\mu g/g$)。

18.用荧光分析的比较法测定 $VitB_1$ 含量,其标准液浓度为 8.0 mg/L 时,测得荧光强度为 0.24,取样品 2 g,溶于 100 mL 盐酸中,测定其荧光强度为 0.20,空白液荧光强度为 0.004。求样品中 $VitB_1$ 的含量。

第8章 X射线衍射

X射线是伦琴(Roentgen)在1895年研究阴极射线时发现的一种短波长的电磁波,或称为高能光子。1912年,劳埃(Laue)又发展了X射线的衍射理论,它开创了人类认识物质微观结构的新纪元。20世纪来X射线让人类认识了大量物质微观世界的秘密,发展了许多新兴的相关学科,如X射线衍射学、X射线光谱学、结晶化学、固体物理、结构生物学等。尽管近几十年来出现了许多微观结构测试的方法和仪器,但X射线衍射仍是测定物质几何结构的最权威方法之一。据不完全统计,围绕X射线发现、发展和应用而进行科研工作的科学家获诺贝尔奖的就有近30多人。因此,可以说X射线的发现和广泛应用是20世纪科学发展中最伟大成就之一。

本章主要介绍X射线衍射法以及它们在物质的结构测定和成分分析中的应用。

8.1 X射线的产生、性质及特点

8.1.1 X射线的产生及性质

X射线是一种波长在$(1 \sim 10^4) \times 10^{-12}$的电磁波,用于结构测定的X射线波长通常为$(5 \sim 25) \times 10^{-11}$ m。为了获得这种X射线,在真空度为10^{-4} Pa的X光管中(图8.1),将阴极钨丝通以几十毫安电流i,加热发射出电子e,这种电子在高压电场V的加速下,冲击阳极金属靶,这时从阳极上就能发射出X射线。典型的X射线波长分布如图8.2所示,明显分成两种类型,一种为波长连续的X射线,另一种是波长特定的特征X射线(如图中K_α和K_β峰所示)。

1. 连续X射线

连续X射线波长是连续的,也称为白色X射线。它是由于高速电子在金属靶中受阻急剧减速而发射的电磁波,由于电子受阻程序不同,发射电磁波长也不同,从而形成波长连续变化的"白色射线"。根据经典理论,质量为m的电子在电场中加速后的最大能量为

$$E = \frac{1}{2}mv^2 = eV \qquad (8.1)$$

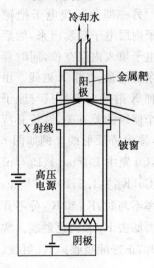

图 8.1 X光管示意图

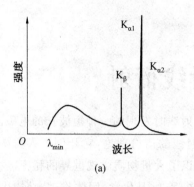
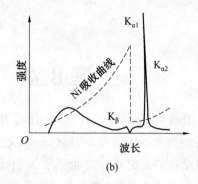

(a)

(b)

图 8.2　Cu 靶产生的 X 射线谱

而它最大限度转化为 X 射线的能量关系是 $E=h\nu=hc/\lambda_{\min}$，于是这种连续 X 射线的最小波长为

$$\lambda_{\min}=\frac{hc}{E}=\frac{hc}{eV} \tag{8.2}$$

实际上由于电子在达到靶子前被 X 光管中少量气体分子碰撞而消耗了部分能量，加上在靶中受阻时，大部分电子动能转化为热能，所以白色 X 射线的波长绝大部分都分布在大于 $\lambda_{\min}$ 区域（图 8.2）。此外为避免靶子受热熔化而损坏，还需要用高压循环冷却水冷却金属靶子。由于这种连续 X 射线积分强度 I 与管电流 i 和高压 V 及金属靶材料的原子序数 Z 有关，即

$$I=KiZV^2$$

式中，K 为比例常数。所以当需要连续 X 射线时，常用 Z 较大的金属钨作为靶材料。

2. 特征 X 射线

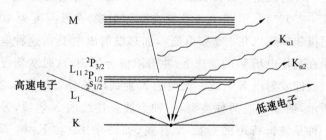

另一部分高速电子把靶的原子内层电子激发出来，然后外层电子填入内层空位，同时释放多余的能量，产生 X 射线。由于这种 X 射线的能量只与原子中两个能级的差有关，波长有特定值，称为特征射线。例如图 8.3

图 8.3　产生特征 X 射线的原理图

中，Cu 靶中 $L_{I}(^2p_{3/2})$、$L_{II}(^2p_{1/2})$ 和 M 层电子填补到 $K(^2s_{1/2})$ 层产生的 X 射线的波长分别是 $Cu(K_{\alpha 1})$：1.541×10^{-10} m；$Cu(K_{\alpha 2})$：1.544×10^{-10} m；$Cu(K_{\beta})$：1.392×10^{-10} m。当分辨率不高时，$K_{\alpha 1}$ 和 $K_{\alpha 2}$ 分不开，就取平均值 1.542×10^{-10} m。为了获得单色 X 射线 K_{α}，需要滤去 K_{β} 和白色射线。常用方法是选用原子序数比 Cu 小 1 的金属 Ni 的薄片作为滤波片，正好能吸收掉 K_{β} 射线（图 8.2 中虚线是 Ni 的吸收曲线）。

8.1.2　X 射线与物质的相互作用

X 射线由于波长短，穿透能力强，所以照到物质上时大部分是透射，极少部分被反射，而一部分被吸收和散射。

X射线与物质的相互作用主要是吸收。物质对X射线的吸收满足比尔－朗伯定律，即

$$I = I_0 e^{-uL}$$

式中，I_0和I分别是入射和出射强度；L是物体厚度；u为物质的线性吸收系数，$u \propto Z^4 \lambda^n$（指数$n = 2.5 \sim 3$）。

因此X射线的吸收是随着波长的减少而减少的，如图8.2(b)虚线所示Ni的吸收曲线，但当λ小到一定值，即X射线能量大到足以将Ni原子的K层电子击出时，吸收突然增大，这个波长称为K临界吸收波长，对Ni原子是148.8×10^{-12} m，所以它可以作为Cu的K_β的滤色片。表8.1是常用X光管的靶子材料的特征波长和相应滤色片的选用。

表8.1 X光管的靶子材料的特征波长和相应滤色片的选用

靶子（原子序数）	K_α波长 /10^{-12} m	滤色材料（原子序数）	K临界吸收波长 /10^{-12} m	滤色片厚度要求/μm
铬 Cr(24)	229.09	钒 V(23)	209.6	15.3
铁 Fe(26)	193.73	锰 Mn(25)	189.6	15.1
镍 Ni(28)	165.91	钴 Co(27)	158.4	12.0
铜 Cu(29)	154.18	镍 Ni(28)	148.8	15.8
钼 Mo(42)	71.07	锆 Zr(40)	68.9	3.0
银 Ag(47)	56.09	钯 Pd(46)	50.9	41.0

由表8.1可知，按K_α和K临界吸收波长的规律，一般总是选择比靶子元素低$1 \sim 2$个原子序数的元素作为滤色片材料。

吸收的X射线与物质的粒子作用又有两种效应，即非散射效应和散射效应。

这里主要介绍与本章内容有关的相干次生X射线产生的机理。相干次生X射线的产生，起源于物质中电子在入射X射线的电磁场作用下吸收其能量做受迫振动，其振动频率和位相与入射X射线相同，因此，每个电子（由于核的质量远大于电子的，所以振幅很小，这种散射可忽略，故主要讨论电子）都是这种相干次生X射线的波源。它们可以发射出具有和入射X射线相同位相和频率的相干次生X射线，而且是以电子为中心的球面波。这种相干散射过程也可看作是入射X光子和电子做弹性碰撞的过程，次生X射线是碰撞后的X光子。由于是弹性碰撞，没有能量交换，所以散射X光子能量不变（即具有和入射线相同频率和位相），只改变方向（可能有多种方向，即球面波）。

这种发源于以各个电子为中心的相干次生X射线（球面波）会产生干涉现象，这就是产生X射线衍射的基础。这种干涉现象对固体的结构分析，特别是对具有周期性和对称性的晶体结构测定是非常有用的。

8.2 晶体结构的周期性与对称性

任何固体按其内部结构排列的有序程度可以分成两大类:晶体和无定型。前者是长程有序的,后者则不是。所谓长程有序是指固体中原子(或分子)在空间按一定方式周期性地重复排列。这里从这种有序排列的周期性和对称性出发,介绍晶体内部空间几何结构的规律。

8.2.1 结构周期性和点阵单位

1. 周期性和点阵

长程有序的晶体是由一些具有相同结构的单元在空间周期性重复排列而成的。一个具有周期性的结构总是包括两个基本要素:①重复排列周期的大小和方向;②周期性重复的内容,即结构单元,又称为结构基元。图 8.4 是一组等径圆球的密置列和伸展的聚乙烯直链分子。前者重复周期大小是球的直径 a,方向是沿着密置列,即图中向量 a,结构基元是一个小球;后者重复周期是连续间隔两个碳原子的向量 b,结构基元是 C_2H_4,而不是通常化学简式 $(CH_2)_n$ 中的重复单位 CH_2。如果把周期性结构中的每个结构基元所在位置用一个抽象的几何点表示,例如等径圆球的球心,C_2H_4 中的一个碳原子,但不是必须在球心和碳原子位置,可取在结构基元中任何一个相同位置,这样一组周期性间隔的点列称为点阵。点阵的严格定义是:按连接点阵中任意两点的向量平移后能复原的一组点列称为点阵。因此点阵应该包含无限多个点阵点,并且每个点阵点都有相同的环境,这样才能保证它们通过平移后复原。

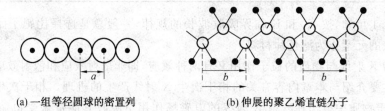

(a) 一组等径圆球的密置列　　　　　(b) 伸展的聚乙烯直链分子

图 8.4　一组等径圆球的密置列和伸展的聚乙烯直链分子

具有周期性结构的晶体,按上面方法可以抽提出点阵。这样的点阵应该是空间三维的,点阵所具有的平移后复原的特征反映了晶体周期性结构的重复周期的大小和方向,而每个点阵点代表周期性重复的内容即结构基元,因此晶体结构可简单表示为

$$晶体结构＝点阵＋结构单元$$

2. 点阵单位和晶胞

可以在晶体结构的三维空间点阵中选择 3 组互不平行的直线点阵(方向分别为 a,b 和 c),将空间点阵划分成相同形状和大小的空间格子,其中每个格子都是以向量 a,b 和 c 为边的平行六面体单位,这个单位称为点阵单位。向量长度 a,b,c 和夹角 α,β,γ 称为点阵参数(图 8.5)。同样该空间格子也将晶体结构截成一个个包含等同内容的基本单位,

这个基本单位就是晶胞。因此晶胞也和点阵单位一样是一个以素向量 a,b,c 为边的平行六面体。晶胞包括两个基本要素：①晶胞大小和形状，这和与它对应的点阵单位一样是由 3 个素向量长度 a,b,c 和它们的夹角 α,β,γ 所决定，也称为晶胞参数；②晶胞的内容，即晶胞中的原子种类、数目及它们的空间位置。整个晶体可由晶胞在 a,b,c 3 个方向平移而得到，因此掌握了晶胞，也就能了解整个晶体结构。

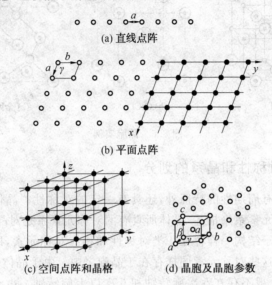

(a) 直线点阵

(b) 平面点阵

(c) 空间点阵和晶格　　　　(d) 晶胞及晶胞参数

图 8.5　点阵的划分和晶格

由于在三维空间中选择 3 组互不平行的直线点阵的取法有许多种，这样点阵单位形状就是很任意的。为了研究方便，约定这种 a,b,c 3 个方向直线点阵取法要能使得到的点阵单位既有较高对称性，又是最简单的。选取原则和次序是：对称性尽量高；相互夹角尽量为直角；点阵单位中点阵点尽量少。选取后的点阵单位内只含一个点阵点的称为素单位，对应晶胞为素晶胞；反之，超过一个点阵点（往往出现在体心或面心位置）称为复单位，对应为复晶胞。

决定晶胞形状的 3 个基本向量 a,b,c 很自然地构成了晶体三维空间的一套坐标系，这些坐标方向也称为晶轴。晶胞中的原子的位置可以用它在 3 个晶轴上的投影 (x,y,z) 的值表示，其值均小于 1，故称为分数坐标。例如平行六面体中心有一个原子，其分数坐标则为 $(1/2,1/2,1/2)$，若在 ab 面上的面心有一个原子，其分数坐标则为 $(1/2,1/2,0)$。

图 8.6 是晶胞实例。$a=b=c,\alpha=\beta=\gamma=90°$，称为立方格子，格子内只有一个点阵点，是素单位，对应是素晶胞。CsCl 是立方格子，结构基元就是 CsCl，Cl^- 和 Cs^+ 的分数坐标分别为 $Cl^-(0,0,0)$，$Cs^+(1/2,1/2,1/2)$。NaCl 也是立方格子，但格子内有 4 个点阵点（8 个顶点算一个点阵点 $8\times1/8=1$，6 个面心点算 3 个点阵点 $6\times1/2=3$），是立方面心结构，所以是复单位，对应是复晶胞，每个晶胞含 4 个结构基元，每个结构基元含一个 Na^+ 和一个 Cl^-，它们的分数坐标分别是 Cl^-：$(0,0,0)$，$(1/2,1/2,0)$，$(1/2,0,1/2)$，$(0,1/2,1/2)$；Na^+：$(1/2,0,0)$，$(0,1/2,0)$，$(0,0,1/2)$，$(1/2,1/2,1/2)$。同样金刚石也是立方晶胞，每个晶胞含 4 个点阵点，也是立方面心结构，晶胞内有 8 个碳原子，其中 4 个在点

阵点位置,另外 4 个不在点阵点上,并与相邻点阵点相距 $\frac{1}{4}(a+b+c)$,分数坐标分别是
$(0,0,0),(0,1/2,1/2),(1/2,0,1/2),(1/2,1/2,0)$ 和 $(1/4,1/4,1/4),(1/4,3/4,3/4),(3/4,1/4,3/4),(3/4,3/4,1/4)$。

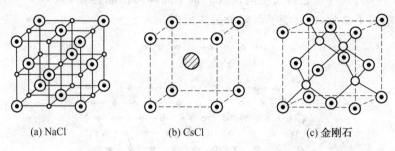

(a) NaCl   (b) CsCl   (c) 金刚石

图 8.6 晶胞实例

8.2.2 结构对称性和晶系的划分

晶体结构除了具有周期性的特征外,还具有一定的对称性。晶体的对称性可用一组对称元素组成的对称元素系来描述,晶体所具有的对称元素系是对晶体进行分类的基础。

晶体结构也和分子结构一样存在 4 类对称性和相应对称元素,即旋转轴、反映面、旋转反轴和对称中心。这些对称元素同样存在于晶胞之中。由于晶体具有空间排列的周期性,所以晶体结构中一般不存在 5 次旋转轴和 6 次以上旋转轴。由于晶体结构还存在平移对称性(即周期性结构),平移对称操作和前面 4 类操作(又称为点操作,即操作时图形中总有一点保持位置不变)相结合产生两类新的空间对称操作即螺旋旋转和滑移反映,对应对称元素为螺旋轴和滑移面。由于前面 4 类对称性会影响晶胞的形状和晶体生成的外形,一般称为宏观对称性;后面的平移、螺旋旋转和滑移反映是反映晶体结构内部排列的,故常称为微观对称性。

1. 晶系划分和空间点阵形式

晶体结构可按它们所具有旋转对称元素的多少和轴次的高低分成 7 类,称为 7 大晶系,每个晶系有它自己的特征对称元素。所谓特征对称元素是晶体归入该晶系至少要具有的对称元素,表 8.2 按对称性由低到高列出了 7 个晶系的名称、特征和相应的特征对称元素。

根据对称性高低,7 个晶系又分成 3 个晶族,其中立方晶系对称性最高,它有多个高次轴(大于 2 次的轴),属于高级晶族;六方、四方和三方晶系次之,它们只有一个高次轴,属于中级晶族;正交、单斜和三斜又次之,没有高次轴,属于低级晶族。由于晶胞是晶体结构中具有同等内容的基本单位,晶胞的外形也反映了晶体结构所具有的最基本的特征对称性,因此晶系的划分也可认为是根据晶胞的形状不同进行的分类。表 8.2 就反映了 7 个晶系和 7 种晶胞外形的一一对应关系。

属于每一晶系的点阵,根据单位是素单位和复单位的不同,又可分为一种或几种形式,称为空间点阵形式。例如,立方晶系的点阵是具有立方体的点阵单位,但每种单位在不降低其对称性的前提下可能是素单位,或体心,或面心的复单位,因为体心和面心单位

也完全满足立方晶系有 4 个 3 次轴的特征对称元素的要求,因此立方晶系有 3 种点阵形式:简单立方(P)、体心立方(I)和面心立方(F)。点阵单位形式常以 $P(Primitiv)$ 表示简单的,$F(Flachenzentriert)$ 表示面心,$I(Innerzentriert)$ 表示体心,以及以 A,B,C 分别表示在 a,b,c 方向的侧心和底心。同理四方晶系只有简单立方和体心立方两种点阵形式,因为四方面心可以由更小的四方体心代替;正交晶系最丰富,有 4 种点阵形式 P,I,F,C(或称 A,B);单斜晶系只有 P 和 C 两种;而六方、三方和三斜晶系都只有素单位,习惯上它们的点阵形式分别记为 H,R,P。于是 7 个晶系共有 14 种空间点阵形式。由于这些点阵形式是由布拉维在 1866 年推得的,所以常称为"布拉维点阵"。图 8.7 是 14 种空间点阵的具体形式。

表 8.2 7 个晶系的划分和 32 晶体学点群

对称性	晶系	特征对称元素	晶胞类型	点阵形式	点群
低	三斜	无	$a\neq b\neq c,\alpha\neq\beta\neq\gamma\neq 90°$	P	$C_1(1),C_i(2)$
	单斜	$\underline{2}$ 或 m	$a\neq b\neq c,\alpha=\gamma=90°\neq\beta$	P,C	$C_2(3),C_a(4),C_{2h}(5)$
	正交	两个互相垂直的 m 或 3 个互相垂直的 $\underline{2}$	$a\neq b\neq c,\alpha=\beta=\gamma=90°$	P,I,F,C	$D_2(6),C_{2v},D_{2h}(8)$
中	四方	$\underline{4}$	$a=b\neq c,\alpha=\beta=\gamma=90°$	P,I	$C_4(9),S_4(10),$ $C_{4h}(11),D_4(12),$ $C_{4v}(13),D_{24}(14),$ $D_{4h}(15)$
	三方	$\underline{3}$	菱面体晶胞 $a=b=c,$ $\alpha=\beta=\gamma<120°\neq 90°$ 六方晶胞 $a=b\neq c$ $\alpha=\beta=90°,\gamma=120°$	R	$C_3(16),C_{31}(17),$ $D_3(18),C_{3v}(19),$ $D_{3d}(20)$
	六方	$\underline{6}$	$a=b\neq c,\alpha=\beta=90°,$ $\gamma=120°$	H	$C_6(21),C_{3h}(22),$ $C_{6h}(23),D_6(24),$ $C_{6v}(25),D_{3b}(26),$ $D_{4h}(27)$
高	立方	4 条 3 在立方体的体对角线方向	$a=b=c,\alpha=\beta=\gamma=90°$	P,F,I	$T(28),T_h(29),$ $O(30),T_d(31),$ $O_b(32)$

2. 对称性组合和 32 点群

晶体的理想外形及其宏观观察中所表现的对称性称为宏观对称性。晶体的宏观对称性是以其微观对称性为基础的,所以晶体宏观对称性中的对称元素一定和结构中微观对称元素方向一致,即平行。包含平移动作的螺旋轴、滑移面等在宏观对称性中表现为旋转轴和镜面。于是在晶体外形和宏观观察中表现出的对称元素只有旋转轴 C_n 和镜面 σ 两类,其中旋转轴的轴次由于周期性限制只有 1 次、2 次、3 次、4 次和 6 次轴,即 $C_1,C_2,C_3,$ C_4 和 C_6。旋转操作和镜面操作的组合也只有 $C_2\sigma_h=S_2=I$ 和 $C_4\sigma_h=S_4$ 是独立的。因

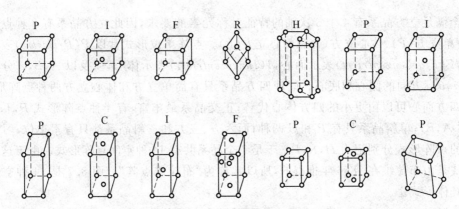

图 8.7　14 种空间点阵的具体形式

此,晶体中独立的宏观对称元素共计 8 种 C_1,C_2,C_3,C_4,C_6,σ,I 和 S_4。这些对称操作都是点操作,所以当晶体具有一个以上宏观对称元素时,这些对称元素一定通过一个公共点。这 8 种对称元素通过公共点的组合共有 32 种方式,称为晶体学中的 32 点群。表 8.3 是 8 种对称元素组合出 32 个点群的具体关系,其中第一列为只有旋转轴的组合方式共 11 种,其他都是它们再和 σ,I 或 S_4 进一步组合的方式,括号中表示重复出现的组合方式,表中不重复的组合方式共 32 种,即 32 点群。

表 8.3　晶体中的 32 点群

C_n	I	σ_h	σ_v	σ_d	S_4
C_1	$S_2 = C_1$	$C_{1h} = C_s$	$(C_{1v} = C_3)$		
C_2	C_{2h}	(C_{2h})	C_{2v}		
C_3	$S_6 = C_{3i}$	C_{3h}	C_{3v}		
C_4	C_{4h}	(C_{4h})	C_{4v}		
C_6	C_{6h}	(C_{6h})	C_{6v}		
D_2	D_{2h}	(D_{2h})	(D_{2h})	D_{2d}	
D_3	D_{3d}	D_{3h}	(D_{3h})	(D_{3d})	
D_4	D_{4h}	(D_{4h})	(D_{4h})		
D_6	D_{6h}	(D_{6h})	(D_{6h})		
T	T_h	(T_h)	(T_h)	T_d	(T_d)
O	O_h	(O_h)	(O_h)	(O_h)	

晶体的宏观对称类型 32 点群就晶体对称性而言(即包含特征对称元素的多少)分属 7 个晶系。因此某些属于不同点群的晶体都含有相同的特征对称元素,仍属同一晶系。例如 O_h,O,T_d,T_h 和 T 5 个点群都有 4 个 3 次轴,故同属立方晶系。

8.2.3　晶面的表示方法

晶体的空间点阵可划分为一簇平行而等间距的平面点阵,这种平面点阵又有许多种划分方法，而晶体外形中的每个晶面必然和其中一簇平面点阵平行。这种点阵平面之间的距离又是晶体结构中的重要结构参数，由它们同样可得到晶体三维结构信息。因此如何标记这种点阵平面及测量和求算点阵平面间距，就显得相当重要。

1. 晶面指标

为了描述和标记晶面和点阵平面，一般采用密勒（Miller）提出的方法。即采用晶面（或点阵平面）在 3 个晶轴上的倒易截数的互质整数之比(h^*,k^*,l^*)来标记该晶面，其中h^*,k^*,l^*称为晶面指标或密勒指数（Miller Index）。

例如，某点阵平面与a,b,c轴相交于N_1,N_2,N_3三点，其截距长分别为ra,sb,tc，所以截数是r,s,t，此截数之比也能反映该平面的方向。但当该平面和晶轴（a或b或c）平行时，截数就会出现无穷大。为了避免在晶面标记中出现无穷大的记号∞，故采用截数的因数之比，即$\frac{1}{r}:\frac{1}{s}:\frac{1}{t}$（称为倒易截数之比）作为晶面的指标。由于点阵的特征，截数r,s,t都是整数，所以其倒易截数之比一定可以化为互质的整数之比，即$\frac{1}{r}:\frac{1}{s}:\frac{1}{t}=h^*:k^*:l^*$。

晶面指标中一个非常有用的特性应该记住，就是指数绝对值越小，晶面越接近于平行对应的轴。例如h越小越接近平行于a轴，当$h^*=0$时就平行于a轴，同样$(h^*,0,l^*)$面平行于b轴，$(h^*,k^*,0)$面平行于c轴。

2. 晶面距离

平面点阵簇中，相邻两个平面的间距常用d表示，称为晶面间距。密勒指数对表示晶面间距是非常有用的。已知点阵参数a,b,c和α,β,γ以及晶面指标(h^*,k^*,l^*)，利用解析几何知识可以严格计算晶面间距。例如，图 8.8 所示正方格子中$(h^*,k^*,0)$与晶面间距$d_{h^*k^*0}$有以下关系：

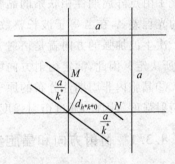

图 8.8 晶面间距计算公式示意图

$$d_{h^*k^*0}MN=\frac{a}{h^*}\cdot\frac{a}{k^*}$$

利用关系

$$MN=\left[\left(\frac{a}{h^*}\right)^2+\left(\frac{a}{k^*}\right)^2\right]^{\frac{1}{2}}$$

得

$$\frac{1}{d_{h^*k^*0}}=\frac{h^*k^*}{a^2}\left[\left(\frac{a}{h^2}\right)^2+\left(\frac{a}{k^*}\right)^2\right]^{\frac{1}{2}}=\left(\frac{h^{*2}+k^{*2}}{a^2}\right)^{\frac{1}{2}}$$

即

$$d_{h^*k^*0}=\frac{a}{(h^{*2}+k^{*2})^{1/2}} \qquad (8.3)$$

推广到三维立方点阵，则晶面间距计算公式为

$$\frac{1}{d^2_{h^*k^*l^*}}=\frac{h^{*2}+k^{*2}+l^{*2}}{a^2}$$

即

$$d_{h^* k^* l^*} = \frac{a}{(h^{*2} + k^{*2})^{1/2}} \tag{8.4}$$

再推广到一般正交点阵，$a \neq b \neq c$，$\alpha = \beta = \gamma = 90°$，则有

$$\frac{1}{d^2_{h^* k^* l^*}} = \frac{h^{*2}}{a^2} + \frac{k^{*2}}{b^2} + \frac{l^{*2}}{c^2}$$

即

$$d_{h^* k^* l^*} = \frac{1}{\left(\dfrac{h^{*2}}{a^2} + \dfrac{k^{*2}}{b^2} + \dfrac{l^{*2}}{c^2}\right)^{\frac{1}{2}}} \tag{8.5}$$

由上面公式可见，晶面指标的绝对值越大的晶面其间距越小，从而点阵平面上的点阵点密度也越小。在晶体实际生长过程中，这种平面长得很快，所以很容易消失。

8.3　X 射线单晶衍射法

晶体具有周期性的点阵结构，而且其点阵常数和 X 射线的波长在同一个数量级范围（10^{-10} m），这样各原子或电子间产生的次级 X 射线就会相互干涉，可将这种干涉分成以下两大类：

① 由点阵周期性相联系的晶胞或结构基元产生的次生 X 射线在空间给定的方向明确的光程差 Δ，在 Δ 等于波长整数倍的方向，各次生波之间有最大加强，这种现象称为衍射。次生波加强的方向就是衍射方向。而衍射方向是由结构周期性（即晶胞的形状和大小）所决定。因此，测定衍射方向可以决定晶胞的形状和大小。

② 晶胞内非周期性分布的原子和电子的次生 X 射线也会产生干涉，这种干涉作用决定衍射强度。因此，通过衍射强度的测定可确定晶胞内原子的分布。

8.3.1　衍射方向和晶胞参数

决定衍射方向和晶胞参数（晶胞形状和大小）之间关系的方程有两个：劳埃方程和布拉格（Bragg）方程。两个方程讨论的出发点不同（前者是从组成晶体点阵结构的直线点阵出发考虑，后者是从平面点阵考虑），但最后效果是一致的。

1. 劳埃方程

设有一周期为 a 的直线点阵，如图 8.9(a) 所示。X 射线入射方向 $\mathbf{S}_0$ 与直线点阵交角为 α_0，若在与直线点阵夹角为 α 的 $\mathbf{S}$ 方向发生衍射，则两相邻点阵点散射的次生波的光程差 Δ 必定是波长的整数倍，即

$$\Delta = OA - PB = a\cos\alpha - a\cos\alpha_0 = a(\cos\alpha - \cos\alpha_0) = a\lambda \tag{8.6}$$

设 $\mathbf{S}_0$ 和 $\mathbf{S}$ 分别是入射和衍射方向单位向量，上式可表示为

$$\Delta = \mathbf{a} \cdot \mathbf{S} - \mathbf{a} \cdot \mathbf{S}_0 = h\lambda \tag{8.7}$$

式中，h 是整数。

此方程规定了衍射方向 $\mathbf{S}$ 与入射方向 $\mathbf{S}_0$ 及点阵周期 a 的关系，即衍射条件。由于次

生 X 射线是球面波,因此满足衍射条件的衍射方向不是一条直线,而是一个以 **a** 为轴、以 α 为交角的圆锥面。不同整数 h,对应不同 α 值,就得到不同锥面。图 8.9(b)是 $h=0$、 ± 1、± 2 几个表示衍射方向的圆锥面。

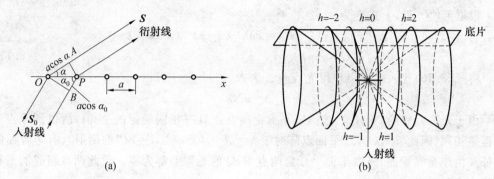

图 8.9　一维劳埃方程的推导

将式(8.6)和式(8.7)推广到三维空间点阵,取空间 3 组互不平行的直线点阵方向分别平行于晶胞单位矢量 **a**,**b**,**c**,入射方向 S_0 和衍射方向 S 与 **a**,**b**,**c** 的夹角分别为 α_0,β_0,γ_0 和 α,β,γ。于是得到衍射方向 S 同时满足 **a**,**b**,**c** 3 组直线点阵的衍射条件是

$$\begin{array}{ll}
\boldsymbol{a} \cdot (\boldsymbol{S}-\boldsymbol{S}_0)=h\lambda & a(\cos\alpha-\cos\alpha_0)=h\lambda \\
\boldsymbol{b} \cdot (\boldsymbol{S}-\boldsymbol{S}_0)=k\lambda \quad \text{或} & b(\cos\beta-\cos\beta_0)=k\lambda \\
\boldsymbol{c} \cdot (\boldsymbol{S}-\boldsymbol{S}_0)=l\lambda & c(\cos\gamma-\cos\gamma_0)=l\lambda
\end{array} \tag{8.8}$$

这个方程组称为劳埃方程,其中 h,k,l 为整数。这组整数 h,k,l 的值决定了晶体的衍射方向 S,所以称为衍射指标。称此衍射为 h,k,l 衍射。衍射指标 h,k,l 的整数性决定了衍射方向的分立性,即只有在空间某些方向才会出现衍射。这些方向就是围绕 **a**,**b**,**c** 3 轴并且满足一维衍射条件的圆锥面的交线方向。

虽然劳埃方程是从 3 组互不平行的直线点阵组出发得到的衍射条件,但它适用于整个三维空间点阵。就是说只要满足劳埃方程,三维点阵中任意两点的次生波在 S 方向上的光程差 Δ 必是波长整数倍(即产生衍射)。这一结果可简证如下:因为联系任意两点阵点的向量属于平移群 $\boldsymbol{T}_{m,n,p}=m\boldsymbol{a}+n\boldsymbol{b}+p\boldsymbol{c}$,此两点的光程差是

$$\begin{aligned}
\Delta &= \boldsymbol{T}_{m,n,p} \cdot (\boldsymbol{S}-\boldsymbol{S}_0)=m\boldsymbol{a}(\boldsymbol{S}-\boldsymbol{S}_0)+n\boldsymbol{b} \cdot (\boldsymbol{S}-\boldsymbol{S}_0)+p\boldsymbol{c} \cdot (\boldsymbol{S}-\boldsymbol{S}_0)= \\
& mh\lambda+nk\lambda+pl\lambda = (mh+nk+pl)\lambda
\end{aligned} \tag{8.9}$$

由于 m,n,p 和 h,k,l 都是整数,故光程差 Δ 必是波长的整数倍。因此劳埃方程是决定晶体衍射方向的基本方程。同样,可利用劳埃方程,通过实验得到的晶体衍射方向求得晶体的参数 a,b,c。

2. 布拉格方程

对于 3 个素向量为 **a**,**b**,**c** 的空间点阵,根据晶面指标定义和解析几何知识可知晶面指标为 h^*,k^*,l^* 的平面点阵组满足下列方程:

$$h^* x+k^* y+l^* z=N \tag{8.10}$$

式中,x,y,z 为点阵点在 **a**,**b**,**c** 方向的坐标,N 为整数。通过坐标原点 $O(0,0,0)$ 的平面对应 $N=0$,相邻的面 N 值相差 $\pm l$。对于 $h,k,l(h=nh^*,k=nk^*,l=nl^*)$ 衍射,具有确

定 N 值的平面上任何一点 $P(x,y,z)$ 与原点 O 的光程差是

$$\Delta = \boldsymbol{OP} \cdot (\boldsymbol{S}-\boldsymbol{S}_0) = (x\boldsymbol{a}+y\boldsymbol{b}+z\boldsymbol{c}) \cdot (\boldsymbol{S}-\boldsymbol{S}_0) =$$
$$x\boldsymbol{a}(\boldsymbol{S}-\boldsymbol{S}_0) + y\boldsymbol{b}(\boldsymbol{S}-\boldsymbol{S}_0) + z\boldsymbol{c}(\boldsymbol{S}-\boldsymbol{S}_0)$$

根据劳埃方程,上式变为

$$\Delta = xh\lambda + yk\lambda + zl\lambda = xnh^*\lambda + ynk^*\lambda + znl^*\lambda =$$
$$n\lambda(h^*x + k^*y + l^*z) \qquad (8.11)$$

将式(8.10)代入式(8.11)得光程差 Δ 为

$$\Delta = nN\lambda$$

由于光程差仅与 N 有关,该点阵平面上所有点具有相同确定的 N 值,所以到原点 O 光程差相同,因此 h^*,k^*,l^* 平面点阵对于 $h=nh^*,k=nk^*,l=nl^*$ 的衍射具有等程面的特征。由于是等程面,所以平面上任意两点 P,Q 的光程差都为零。设此两点组成的平移向量为 $\boldsymbol{PQ}$,即有

$$\Delta = \boldsymbol{PQ} \cdot (\boldsymbol{S}-\boldsymbol{S}_0) = 0 \qquad (8.12)$$

此式说明了向量 $(\boldsymbol{S}-\boldsymbol{S}_0)$ 和 $\boldsymbol{PQ}$ 互相垂直。由于 $(\boldsymbol{S}-\boldsymbol{S}_0)$ 垂直于平面上的任意向量 $\boldsymbol{PQ}$,所以它必垂直此平面。由图 8.10 可见,由于 $(\boldsymbol{S}-\boldsymbol{S}_0)$ 垂直点阵平面,且 $(\boldsymbol{S}-\boldsymbol{S}_0)$ 与 $\boldsymbol{S}$ 和 $\boldsymbol{S}_0$ 共面,又因 $\boldsymbol{S}$ 和 $\boldsymbol{S}_0$ 是单位向量,所以 $(\boldsymbol{S}-\boldsymbol{S}_0)$ 与 $\boldsymbol{S}$ 和 $\boldsymbol{S}_0$ 夹角相等。这样 $\boldsymbol{S}$ 和 $\boldsymbol{S}_0$ 与 h^*,k^*,l^* 平面的夹角 θ 也相等。因此,对于 hkl 衍射,$h^*k^*l^*$ 面相当于反射面。

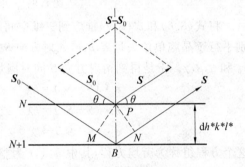

图 8.10　布拉格方程示意图

根据上面结论,可以得到对于 hkl 衍射,相邻的 $h^*k^*l^*$ 平面的光程差 Δ,由图 8.10 可见

$$\Delta = MB + BM = 2d_{h^*k^*l^*}\sin\theta_{hkl} = 2d_{h^*k^*l^*}\sin\theta_{nh^*nk^*nl^*} \qquad (8.13)$$

由式(8.12)可知,第 N 个点阵面与原点光程差是 $nN\lambda$,相邻的第 $N+1$ 平面则是 $n(N+1)\lambda$,因而它们之间的光程差 Δ 是

$$\Delta = n(N+1)\lambda - nN\lambda = n\lambda \qquad (8.14)$$

联合式(8.13)和式(8.14)得

$$2d_{h^*k^*l^*}\sin\theta_{nh^*nk^*nl^*} = n\lambda \qquad (8.15)$$

这就是布拉格方程,常简写成

$$2d\sin\theta = n\lambda \qquad (8.16)$$

类似简单的反射公式。

此时使用布拉格方程特别要注意把衍射看成反射的条件。布拉格方程(8.15)的下标给出了方程明确的物理意义,即对于 nh^*,nk^*,nl^*(即 h,k,l)衍射,只有 h^*,k^*,l^* 晶面才类似于反射面和等程面,而相邻面的光程差是 $n\lambda$,$d_{h^*k^*l^*}$ 是晶面距离,n 取整数,又可称为衍射级数。例如(110)晶面,可对(110),(220),(330)衍射作出反射,其衍射级数分别是 $1,2,3$。由于 $\sin\theta \leqslant 1$,而 λ 和 β 有近似的数量级,所以 $n = \dfrac{2d\sin\theta}{\lambda} \leqslant \dfrac{2d}{\lambda}$,一般只有有限

几个值,对 d 越小的晶面,n 可取值也较少,有的甚至没有。布拉格方程联系着衍射方向和晶面间距 d 的关系。由晶体结构可知,晶面间距 d 和晶胞参数 $a,b,c,\alpha,\beta,\gamma$ 有关。例如对 α,β,γ 都为 90° 的正交晶系,根据几何关系可知:

$$d_{h^*k^*l^*} = \frac{1}{\sqrt{\left(\frac{h^*}{a}\right)^2 + \left(\frac{k^*}{b}\right)^2 + \left(\frac{l^*}{c}\right)^2}} \tag{8.17}$$

若是立方晶系 $a=b=c$,则

$$d_{h^*k^*l^*} = \frac{a}{\sqrt{h^{*2}+k^{*2}+l^{*2}}} \tag{8.18}$$

所以布拉格方程和劳埃方程一样能决定衍射方向与晶胞大小和形状的关系。

8.3.2 衍射强度和晶胞内原子分布

1. 原子散射强度

当强度为 I_0 的入射 X 射线贯穿物质时,它的电磁波产生的电磁场使物质原子中的原子核和电子都处于被迫振动的状态,由于核的质量比电子的质量大得多,所以可以忽略核的振动。振动着的电子能向外发射与入射 X 射线具有相同频率和位相的电磁波,其距离电子为 r 处的强度由汤姆逊(Thomson)公式表示为

$$I_e = \frac{I_0 e^4}{r^2 m^2 c^4}\left(\frac{1+\cos^2 2\theta}{2}\right) \tag{8.19}$$

式中,2θ 是散射线和入射线的夹角。对元素序数为 Z 的原子,若 Z 个电子集中在一点产生散射,则原子强度为

$$I_a = \frac{I_0 (Ze)^4}{r^2 (Zm)^2 c^4}\left(\frac{1+\cos^2 2\theta}{2}\right) = I_e Z^2 \tag{8.20}$$

但实际上,Z 个电子并不处于一点,所以会产生一定位相差。这样相互干涉结果,使得强度有所减少,实际可表示为

$$I_a = I_e f^2 \tag{8.21}$$

式中,f 称为原子散射因子,$0<f<Z$,其数值是 $\frac{\sin\theta}{\lambda}$ 的函数,即 $f = f\left(\frac{\sin\theta}{\lambda}\right)$,且随着 $\frac{\sin\theta}{\lambda}$ 的增加而减小。

电子散射的振幅 E_e 与强度 I_e 的关系为

$$E_e \propto I_e^{1/2}$$

所以原子的散射幅度为

$$E_a = E_e f \tag{8.22}$$

2. 晶胞衍射强度

对于一个含 N 个原子的晶胞,由于各个原子散射的位相不一致,所以晶胞在 hkl 衍射方向上所产生的衍射强度 $I(hkl)$ 也不是原子散射强度简单加和。若单位向量为 $\boldsymbol{a},\boldsymbol{b},\boldsymbol{c}$ 的晶胞中有 N 个原子,其原子坐标和相应散射因子分别为 X_j,Y_j,Z_j 和 $f_j(j=1,2,\cdots,N)$,对于 hkl 衍射,第 j 个原子和晶胞原点之间光程差为

$$\Delta_j = r_j(S_0 - S) = (x_j a + y_j b + z_j c)(S - S_0) \tag{8.23}$$

式中，r_j 是第 j 个原子对于晶胞原点的坐标向量，利用劳埃方程，上式即是

$$\Delta_j = (hx_j + ky_j + lz_j)\lambda \tag{8.24}$$

则对应的位相差 ϕ_j 为

$$\phi_j = (2\pi\Delta_j/\lambda) = 2\pi(hx_j + ky_j + lz_j) \tag{8.25}$$

于是整个晶胞散射波振幅 E_c 为

$$E_c \exp(i\phi) = \sum_{j=1}^{N} E_{aj} \exp(i\phi) \tag{8.26}$$

利用原子散射因子 $f_i = E_{aj}/E_e$，并定义 $|F_{hkl}| = E_c/E_e$，上式两边同除 E_e 即成为

$$F_{hkl} = |F_{hkl}| \exp(i\phi) = \sum_{j=1}^{N} f_i \exp[2\pi i(hx_j + ky_j + lz_j)] \tag{8.27}$$

式中，F_{hkl} 称为结构因子；$|F_{hkl}|$ 称为结构振幅；ϕ 是位相角。衍射强度与振幅平方成正比，即

$$I_{hkl} = K|F_{hkl}|^2 \tag{8.28}$$

式中，比例常数 K 与晶体大小、入射光强弱、温度高低等因素有关。用复数的向量加法，利用式(8.27)可将式(8.28)展开成

$$I_{hkl} = KFF^* = K\{[\sum_j f_j \cos 2\pi(hx_j + ky_j + lz_j)]^2 + [\sum_j f_j \sin 2\pi(hx_j + ky_j + lz_j)]^2\}$$

$$\tag{8.29}$$

于是通过结构因子 F_{hkl} 把衍射强度 I_{hkl} 与晶胞内原子种类和分布 $f_j, x_j, y_j, z_j (j=1, 2, \cdots, N)$ 联系起来，通过实验得到一系列 (h, k, l) 衍射点的强度来测定晶体结构。

3. 系统消光

晶体结构如果是带心点阵形式，或存在滑移面和螺旋轴时，往往按衍射方程应该产生的一部分衍射会成群地消失，这种现象称为系统消光。例如金属 Li 是立方体心结构，在 $(0,0,0)$ 和 $\left(\frac{1}{2}, \frac{1}{2}, \frac{1}{2}\right)$ 分别有两个相同原子，代入式(8.29)得

$$I_{hkl} = K\{[f\cos 2\pi(0\times h + 0\times k + 0\times l) + f\cos 2\pi(h/2 + k/2 + l/2)]^2 = Kf^2[1 + \cos\pi(h+k+l)]$$

当 $\cos\pi(h+k+l) = -1$，即 $h+k+l$ 等于奇数时，$I_{hkl} \approx 0$，产生系统消光。用同样方法可推得其他类型结构的系统消光条件是：

体心点阵 I：$h+k+l=$ 奇数，不出现；

A 面带心点阵(A)：$k+l=$ 奇数，不出现；

B 面带心点阵(B)：$h=l=$ 奇数，不出现；

C 面带心点阵(C)：$h+k=$ 奇数，不出现；

面心点阵(F)：h, k, l 奇偶混杂者，不出现。

由上可见，当晶体存在带心结构时，在 hkl 型衍射中可能产生消光。而当存在滑移面时，只有在从 $hk0, h0l, 0kl$ 等类型衍射中才能产生消光，而消光条件则取决于滑移面取向及滑移量；当存在螺旋轴时，一般只有在 $h00, 0k0, 00l$ 等类型衍射中才能出现消光，消光条件取决于螺旋轴种类。各种类型滑移面系统消光的条件见表 8.4。

表 8.4　各种类型滑移面系统消光的条件

类型	方向	滑移面	$0kl$	$h0l$	$hk0$	不出现
a	$\perp b$	$a/2$		$k=$奇		不出现
a	$\perp c$	$a/2$			$h=$奇	不出现
b	$\perp a$	$b/2$	$k=$奇			不出现
b	$\perp c$	$b/2$			$k=$奇	不出现
c	$\perp a$	$c/2$	$l=$奇			不出现
c	$\perp b$	$c/2$		$l=$奇		不出现
n	$\perp a$	$(b+c)/2$	$k+l=$奇			不出现
n	$\perp b$	$(a+c)/2$		$h+l=$奇		不出现
n	$\perp c$	$(a+b)/2$			$h+k=$奇	不出现
d	$\perp a$	$(b+c)/4$	$k+l\neq 4n$			不出现
d	$\perp b$	$(a+c)/4$		$h+l\neq 4n$		不出现
d	$\perp c$	$(a+b)/4$			$h+k\neq 4n$	不出现

根据以上规律可知带心点阵消光范围最大,滑移面其次。因此,可以根据系统消光现象确定晶体结构的点阵形式和相应的空间群。

8.3.3　单晶衍射实验方法简介

X射线单晶结构分析,即利用 X 射线作用于单晶产生衍射现象,测定晶胞的大小形状(晶胞参数)以及确定其晶胞物理内容(晶胞中各原子的种类和分布情况)。X 射线衍射方法测定晶体结构实验方法的基本过程就是利用照相法或衍射仪,通过实验得到衍射方向和强度数据,并依据前面介绍的劳埃方程和布拉格方程以及强度分布的结构因子等,解出晶胞的参数和晶胞内原子种类位置,从而确定晶体结构。由劳埃方程式可知,空间衍射方向是分别满足 3 个一维方程的 3 个三角锥面的共同交线,实际上这种交线不一定总能找到,因为交线 S 在 3 个坐标轴上的余弦 $\cos\alpha$,$\cos\beta$ 和 $\cos\gamma$ 之间存在一定的函数关系 $f(\cos\alpha,\cos\beta,\cos\gamma)=0$,如在直角坐标中的关系为

$$\cos^2\alpha+\cos^2\beta+\cos^2\gamma=1 \qquad (8.30)$$

于是 α,β,γ 3 个变数必须满足 2 个方程即式(8.8)和式(8.30)。一般条件下这一要求不一定能得到满足。为了得到衍射图,必须增加一个变数,具体方法有两个:①晶体不动(固定 $\alpha_0,\beta_0,\gamma_0$)而改变波长,即用白色 X 射线;②波长不变,用单色 X 射线,但让晶体转动,即改变 $\alpha_0,\beta_0,\gamma_0$,从而在某些方向得到衍射。

1.劳埃法

劳埃法是用连续 X 射线射入不动的单晶样品上的一种实验方法,所得衍射照片称为劳埃图。图 8.11 是劳埃法示意图和 Ni 的劳埃图。劳埃图主要用于测定晶体的对称性,如图 8.11 所示劳埃图反映了单晶在垂直纸面方向有一个 4 次轴。另外劳埃图也可用来

测定晶体的取向,可用于单晶样品的定向切割和安放等。

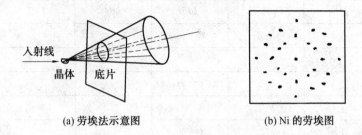

(a) 劳埃法示意图　　　　　　　　(b) Ni 的劳埃图

图 8.11　劳埃法示意图及 Ni 的劳埃图

2. 回旋晶体法

回旋晶体法采用单晶和单色 X 射线,将单晶放置在照相箱中心,让晶轴 c(也可以是 a 或 b)平行旋转轴,入射线垂直旋转轴,使用圆筒照相底片得到层线状衍射图。图 8.12 是回旋晶体法原理示意图和所得的回转图。回旋晶体法主要用于测定晶胞参数 a,b,c,如图 8.12 所(a)示,入射线 S_0 垂直 c 轴,即 $\gamma_0 = 90°$,根据劳埃方程式,有

$$c(\cos \gamma - \cos \gamma_0) = l\lambda$$

因为

$$\cos \gamma_0 = \cos 90° = 0$$

所以得

$$c\cos \gamma_l = l\lambda, l = 0, \pm 1, \pm 2, \cdots \tag{8.31}$$

这里 γ 角与 l 有关,记为 γ_l。l 相同,γ_l 也相同,处于同一层位置,由图 8.12(a)所示关系有

$$\cos \gamma_l = \frac{H_l}{\sqrt{R^2 + H_l^2}} \tag{8.32}$$

式中,R 为相机半径;H_l 为中央层线至第 l 层线的距离,代入式(8.31)得

$$c = \frac{l\lambda}{\cos \gamma_l} = l\lambda \sqrt{\left(\frac{R}{H_l}\right)^2 + 1} \tag{8.33}$$

用同样方法,分别绕 a 轴与 b 轴旋转可求得另两个晶胞参数 a 和 b。

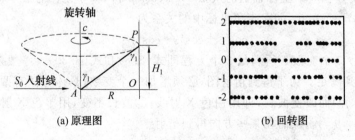

(a) 原理图　　　　　　　　　(b) 回转图

图 8.12　回旋晶体法原理图和所得的回转图

3. 移动底片法

由衍射强度公式(8.29)可知,要实现完整的单晶结构分析,必须有每个衍射点的强度

I_{hkl} 所对应的具体衍射指标 h,k,l 才能通过公式求得原子的坐标 (X_j,Y_j,Z_j)。但在上面介绍的回旋晶体法中的每一层衍射线中包括许多衍射点。各层的衍射指标应分别为 $hk2,hk1,hk0$ 等,这里许多点挤在一起无法区别它们的 h,k 值,所以给进一步指标化带来了困难,为此要应用更有效的方法来克服这一困难。常用的方法有移动底片法(又称魏森堡法)、旋进照相法、四圆衍射仪等。

在魏森堡法中,和回旋晶体法一样使用单色 X 射线和单晶样品,不同之处是每次只摄取某一层衍射点,即 l 为定值。这就是在类似回旋晶体法的仪器中(图 8.13)把圆筒底片遮住,在某一个 H_l 处开一条狭峰,而在旋转晶体的同时,用步进电机同步带动照相底片移动。这样将不同 h 和 k 的衍射点在底片的二维空间排列开来,这就是典型的魏森堡图。图 8.14 是具有 NaCl 构型晶体的 $hk0$ 层魏森堡图。其中弧形虚线是便于指标化的辅助线,在同一层线上分别连接相同 h 或相同 k 的衍射点,不同 h 值或 k 值的点依次分别出现在相邻的交点上,这样就很容易实现指标化。测出强度 I_{hkl},并将各套 I_{hkl} 和 hkl 代入结构因子方程,应用傅里叶变换方法求出各原子对应的 f_j 和 X_j,Y_j,Z_j,从而确定晶胞结构。这是在先进的四圆衍射仪投入应用前测定单晶结构的主要方法。

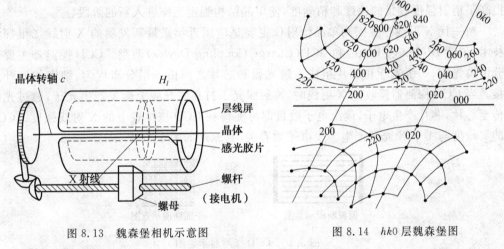

图 8.13　魏森堡相机示意图　　　　图 8.14　$hk0$ 层魏森堡图

4.单晶衍射仪法

衍射仪法是用光子计数器在各个衍射方向上逐点收集衍射光束的光子数来确定其衍射强度。它的优点是可以自动调节衍射角度和自动记录衍射光子数,其测得的衍射强度要比照相法根据感光底片黑度来确定的衍射强度精确很多,所以近代 X 射线衍射实验都采用衍射仪法。这种仪器除了和照相法采用相同的计算原理以及同样需要单色 X 射线源发生器和单晶样品外,还要有测角仪和记录柜,以精确测量某衍射方向的衍射角和所产生衍射的光子数目。衍射仪中测定单晶结构最有效的仪器就是目前通用的四圆衍射仪和新一代 X 射线二维探测单晶衍射仪。

四圆衍射仪的结构原理图如图 8.15 所示,4 个圆分别为:ϕ 圆是指围绕晶体的轴旋转的圆,即测角头绕晶体自转的圆;χ 圆是指与安装测角头垂直轴转动的圆,测角头可在此圆上运动;ω 圆是指使垂直圆绕垂直轴转动的圆,即晶体绕垂直轴转动的圆;2θ 圆是指和

ω 圆共轴、并且载着计数器转动的圆。φ 圆
和 χ 圆的作用是共同调节晶体取向，把晶体
中某一组点阵面带到适当的位置，让其衍射
线处在水平面上；ω 圆和 2θ 圆的作用是使晶
体旋转到能使点阵面能产生衍射的位置，并
让衍射线进入计数器，这 4 个圆共有 3 个轴，
这 3 个轴和入射 X 射线在空间交于一点，这
一点是晶体样品所处的机械中心的位置。每
个圆都在独立的电机带动下，通过计算机控
制操作，使晶体各个 hkl 都有机会产生衍射，
从而获得结构分析所需要的全部 I_{hkl} 数据。

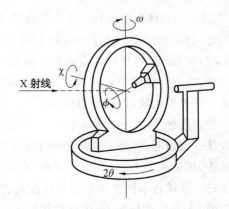

图 8.15　四圆衍射仪的结构原理图

经计算和处理后得到电子密度线图，从电子密度上区分各种原子和它们在晶体中的坐标
参数，从而测定出晶体结构。由于它是根据电子密度定出原子位置，所以对重原子准确度
高，而对 H 原子就不能用此法测定其精确的位置。

　　四圆衍射仪将电子计算机和衍射仪法结合，通过程序控制，自动收集衍射数据，大大
提高了衍射强度收集的速度和精确度，使单晶结构测定工作进入新的阶段。

　　新一代 X 射线二维探测单晶衍射仪主要是应用近年来最新发展的 X 射线二维探测
技术，包括 IP(Image Plate)和 CCD(Charge Coupling Device)两类。CCD 探测器主要部
分由磷光膜、一组光纤和芯片组成。磷光膜和芯片之间由一组分布均匀、细密的光纤连
接。当 CCD 探测器接收到 X 射线时，X 射线光子打在磷光膜上激发产生光子，通过光纤
传至芯片，芯片产生电子，读出电子数目即可测得在 CCD 该位置上的 X 射线强度。CCD
的灵敏度与 1 个 X 光子产生多少电子数有关(其原理如图 8.16 所示)。

俯视断面示意图　　　　　　　正面断面示意图

图 8.16　CCD 探测器示意图

　　CCD 单晶衍射仪的基本配置与传统的四圆衍射仪相近，可采用四圆测角仪(2θ,ω,φ,
k)，如 Nouris 公司的 CCD 的衍射仪，或使用三圆测角仪(2θ,ω,φ,k＝54.74)，如 Bruker
公司的 CCD 单晶衍射仪。其主要区别在于用二维探测器 CCD 代替点记录闪烁计数器，
大幅度提高测试速度。IP 和 CCD 单晶衍射仪大大地缩短了单晶结构分析测试的时间，
四圆衍射仪平均需 5～6 天的时间收录一个晶体数据而 IP 和 CCD 只需几个小时即可完
成，使复杂的 X 射线单晶结构分析成为常规分析手段。

　　CCD-X 射线单晶衍射仪是由德国 Bruker 公司于 1994 年率先推出，而后荷兰的
Nouris 和日本的 Regaku 公司也相继推出相应的 CCD-X 射线单晶衍射仪。Bruker 公
司的 CCD 现已发展至第三代，其最新产品是 APEX 系统。

8.4　X射线多晶衍射法

　　在许多很难得到足够大小单晶样品，或实验只需要了解混合物的组成及其物相时，衍射实验采用多晶样品或粉末样品（即含许多不同取向的微晶组成）和单色的 X 射线进行，这就是多晶衍射。如上节单晶衍射中所述，使用单色 X 射线源时为了保证能产生衍射，要转动单晶，采用多晶样品就能达到类似转动单晶的目的。在多晶衍射中为了保证有足够多晶体产生衍射，常常采用晶体粉末样品，所以也称为 X 射线衍射粉末法，得到的衍射图称为粉末图。

8.4.1　特点和原理

　　粉末（X 多晶）样品中会有无数个小晶粒杂乱无章地堆积在一起，各种晶体随机地分布。当一束单色 X 射线照到多晶样品上时，产生的多晶衍射图样和单晶不同。单晶中若有一簇平面点阵和入射 X 射线成 θ 角，而此 θ 角又满足布拉格方程：

$$2d_{h^*k^*j^*} \sin\theta_{nh^*nk^*nl^*} = n\lambda, \quad n=1,2,3,\cdots \tag{8.34}$$

则在和入射线处成 2θ 处产生一个 hkl 衍射点，如图 8.17(a) 所示。如果用粉末样品，在样品中同样一簇平面点阵具有和入射线成 θ 角的就有许多，它们都可以在与入射线成 2θ 角方向上产生衍射，这样的衍射线就可形成与入射线成 2θ 角的圆锥面。晶体样品中有许多平面点阵簇可满足布拉格方程，相应形成许多夹角不同的衍射圆锥面。它们共同以入射线为中心轴，其圆锥的顶角为 2θ（图 8.17(b)）。根据布拉格方程，由入射线波长 λ 和实验测得的衍射角 θ 就可得到晶体结构中的晶面间距 d。通过指标化求出相应的 $h,k,$ l，并应用面间距 d 和晶胞参数 $a,b,c,\alpha,\beta,\gamma$ 几何关系式，就可确定晶胞的参数。同样根据各圆锥方向衍射线强度 $I_{hkl}(2\theta)$ 分布特征可进行物相分析。

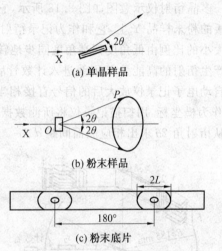

(a) 单晶样品

(b) 粉末样品

(c) 粉末底片

图 8.17　满足布拉格方程衍射示意图

8.4.2　粉末衍射图的获得

　　收集 X 射线粉末图的常用方法有两种：照相法和衍射仪法。

1. 照相法

　　常用的照相法称为德拜－谢乐（Debye－Scherrer）法，相机为金属圆筒，直径（内径）为 57.3 mm，紧贴内壁放置胶片，在圆筒中心轴有样品夹，可绕中心轴旋转，样品位置和中心轴一致。样品先粉碎到大小为 200 目左右，并装入直径约为 0.5 mm 的玻璃毛细管中，固定在样品夹上。用波长为 λ 的单色 X 射线照射转动的粉末样品，让底片曝光数小时,将底片进行显影,显影处理后就可得图 8.17(c)所示粉末图底片。

在照相法中,衍射角 θ 与底片上对应的一对弧线的间距 $2L$ 的关系是(图 8.17(c)):

$$4R\theta = 2L$$

即

$$\theta = \frac{L}{2R}(弧度) = \frac{180L}{2\pi R}(度) \tag{8.35}$$

式中,R 为相机半径,如常用照相机内径数据 $2R = 57.3$ nm,代入式(8.35)变成

$$\theta = L \tag{8.36}$$

式中,L 单位为 m,θ 单位为度。这样由实验测得的 L 值可计算出 θ 值,再代入布拉格方程(8.34)就可求出晶面间距 d,即

$$d = \frac{n\lambda}{2\sin\theta} \tag{8.37}$$

照相法的优点在于所需样品少,甚至有 0.1 mg 样品就可进行测试,并收集到完全衍射数据,仪器设备和操作都比较简单。

2. 衍射仪法

多晶衍射仪示意图如图 8.18 所示,它是将 X 射线源发出的单色 X 射线照射在压成平板的粉末样品 Y 上,它和作为记录衍射强度 $I(2\theta)$ 的计数器由电机 M 带动,按 θ 和 2θ 角大小的比例由低角度到高角度同步地转动,以保证可能的衍射线进入计数器。由 2θ 方向产生衍射的高能量 X 射线进入计数管后可使其中的气体电离,游离物质所产生的电流经自动电子记录仪放大后的信号直接相当于该衍射的 X 射线强度 I。将 I 作为纵坐标,2θ 作为横坐标,用扫描记录仪将所测数据作图就得典型的粉末衍射图谱(图 8.19)。同样可从衍射角 2θ 求出相应晶面间距 d。

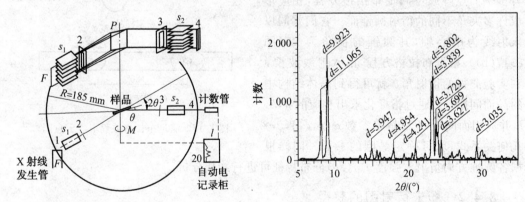

图 8.18　多晶衍射仪示意图　　　　图 8.19　Y 分子粉末衍射图

衍射仪法和照相法比较,其优点是准确度高、速度快、便于操作,近年来发展的原位 X 射线衍射法(in-situXRD)可以了解物质在反应进程中的相变过程,对研究催化反应特别有用。

8.4.3　粉末衍射的应用

粉末衍射主要应用在 3 个方面,即物相分析、衍射圆的指标化和晶粒大小的测定。下

面对这 3 个方面作简要介绍。

1. 物相分析

（1）定性分析

每种晶体的原子都按照各自的特定方式进行排布，所以都有它们特定的晶面间距 d。这就反映在粉末衍射图中，各种晶体的谱线有自己特定的位置、数目和强度。其中更有若干条较强的线可作为某种物质晶相的特征衍射线，因此只要将未知样品衍射图中各谱线测定的衍射角 θ 和强度 $I(2\theta)$ 与已知样品所得谱线进行比较可达到分析的目的。

通常在缺乏对照样品情况下可采用查阅 JCPDS（Joint Committee on Powder Diffraction Standards）（也称为 PDF 卡，Powder Diffraction File）的办法。具体做法是，先由 θ 值根据下面公式求出各谱线的 d/n 值，即

$$\frac{d}{n} = \frac{\lambda}{2\sin\theta} \tag{8.38}$$

并选出其中 3 条最强的粉末线的 d/n 值和相对强度值，和 PDF 卡左上角的数值对照，进行比较。倘若全部 d 值在误差范围内，而强度次序基本相当，就可认为性质一致，从而根据标准卡片得到被测物质的物相。

目前 PDF 卡已收集了几万种化合物的晶体物相数据。由化合物英文名排列，可查出已知化合物的物相数据。对未知化合物要通过一定的索引方法检索。常用哈那瓦特（Harowalt）索引的编排方式是从每个化合物的实验数据中选出 8 条最强谱线的 d 值并估计其相对强度。谱线强度按十级制（例如 100，90，80，…）写在 d 值下面，再在其中 2θ 小于 90°的谱线中选出最强的 3 条，设其强度降低次序为 d_A, d_B, d_C，其他 5 条的相对强度降低次序为 d_D, d_E, d_F, d_G, d_H。则索引中将分别包含下列 3 种排列项：

$$d_A, d_B, d_C, d_D, d_E, d_F, d_G, d_H$$
$$d_B, d_C, d_A, d_D, d_E, d_F, d_G, d_H$$
$$d_C, d_A, d_B, d_D, d_E, d_F, d_G, d_H$$

即前 3 条作循环转换，后 5 条 d 值顺序不变。若所选线中有两条强度相等，则优先 d 值大的线条排列在前面。若所选的线条不足 8 条，则以 0.00 补上代替空缺。然后将这些数据和该化合物的化学式及卡片编号对应按一定规则编成索引。哈那瓦特索引的规则是将 d 值大小按适当间距分成 5l 组。第一个 d 值大小决定放在索引中哪一组，在该组中前后次序决定于第二个 d 值大小，若相等再参考第一个 d 值，若二者都相同则参考第 3 个 d 值。知道分组排列原则，就很容易由未知样品的一套 d 值和强度数据，找到对应的卡片而完成物相分析。

如果被测物质为两个或更多物相的混合物，过程就比较复杂，最好配合化学元素分析或其他检测方法逐一确定。如果各物相衍射峰完全不重叠，逐一检出也不会很困难，但混合物相经常出现峰重叠而使相对强度变大，这就需要结合其他手段，细心分辨，有时也可加入适当的标样来帮助判定。

目前随着计算机技术的发展，许多先进衍射仪都带有自动检索软件，它已将所有 PDF 卡的数据储存在计算机中，可以通过元素成分、卡片索引等多种途径对 XRD 图谱进行自动检索，迅速便捷地得出可能的单种物相和多种物相，供分析结果参考。

（2）定量分析

物相的定量分析是依据 XRD 图谱的衍射强度。对于一个含有多种物相的样品，若它的某一组成物相 i 的质量分数为 w_i，某一 hkl 衍射强度为 I_i，纯 i 相 hkl 衍射的强度为 I_i^0，考虑样品的吸收，可得

$$I_i = I_i^0 w_i(\mu_i / \bar{u}) \tag{8.39}$$

式中，μ_i 为物相 i 的质量吸收系数；$\bar{\mu}$ 为样品的平均质量吸收系数（$\bar{\mu} = \sum_j w_j \mu_j$）。通过已知配比成分的工作曲线求出 $\dfrac{\mu_i}{\mu}$，即可根据某一衍射的 I_i^0 和 I_i 值，由式（8.39）求得 i 相的质量分数为 w_i。

2. 衍射图的指标化

利用粉末样品衍射图确定相应晶面的晶面指数的 hkl 值（又称为密勒指数），就称为指标化。指标化结果可以用于识别晶体所属晶系和晶胞点阵形式。例如立方晶系：

$$a = b = c = a_0$$
$$\alpha = \beta = \gamma = 90°$$

根据几何关系可知其晶面间距 d 与边长 a_0 的关系为

$$d = \frac{a_0}{\sqrt{h^2 + k^2 + l^2}} \tag{8.40}$$

带入布拉格方程得

$$\sin^2\theta = \frac{\lambda^2}{4a_0^2}(h^2 + k^2 + l^2) \tag{8.41}$$

由一个物相产生的同一张粉末衍射图上 $\dfrac{\lambda^2}{4a_0^2}$ 是一个常数，$\sin^2\theta$ 和 $(h^2 + k^2 + l^2)$ 成正比。将 $\sin^2\theta$ 值化为简单整数比，这一套整数即是可能的平方和 $(h^2 + k^2 + l^2)$，有了平方和就容易得到衍射指标了。

但对于各种点阵形式的晶体，由于结构因素的作用，引起系统消光，所以能够产生的衍射指数就会不同。根据系统消光的条件，立方晶系的 3 种（简单点阵 P、体心点阵 I 和面心点阵 F）可能产生的衍射指数平方和 $(h^2 + k^2 + l^2)$ 的关系见表 8.5。

表 8.5 立方晶系 $(h^2 + k^2 + l^2)$ 的可能值

P 1,2,3,4,5,6,8,9,10,11,12,13,14,16,17,18,19,20,21,22,24,25,…（缺 7,15,23 等）
I 1,2,4,6,8,10,12,14,16,18,20,22,24,26,28,30,…=1,2,3,4,5,6,7,8,9,10,11,12,13,14,15,…（不缺）
F 3,4,8,11,12,16,19,20,24,…（出现二密一稀的规律）

于是可以根据衍射分布的规律，得到系统消光的信息，从而推得点阵形式，并估计可能的空间群。

非立方晶系有两个或两个以上不同的晶胞参数，这就使指标化工作变得复杂。

3. 晶粒大小的测定

如果晶体样品是无限大的单晶，则根据衍射公式得到的衍射线是一条很细的谱线。

但实际多晶样品是由一些非常细小的单晶聚集而成的。平均粒度是指内部为有序排列的小单晶在某一晶面法线方向的平均厚度,用它来表征晶粒的大小。由于实际产生衍射的小单晶厚度是有限的,所以它就使实际衍射线变宽。它们之间满足谢乐公式:

$$D_{hkl} = \frac{kl}{\beta_{hkl} \cos \theta} \tag{8.42}$$

式中,D_{hkl} 是垂直于晶面 hkl 方向的平均厚度;k 为与晶体形状有关的常数,通常取值为 0.89;β_{hkl} 是衍射峰的半高宽,即衍射峰强度极大值一半处衍射峰的宽度。实际测得的半高宽 β_{hkl} 除了与晶粒度大小有关外,还受到仪器精度水平影响(波长分布、X 射线发散度和光栅高度)以及 X 射线中 $K_{\alpha 1}$ 和 $K_{\alpha 2}$ 双线的影响。所以对 β_{hkl} 必须进行双线校正和仪器因子校正。最简单的办法是令

$$\beta_{hkl} = B - b \tag{8.43}$$

式中,B 为实验测得的样品衍射峰半高宽;b 是仪器致宽度,一般选用高度结晶的物质,其衍射在实样衍射峰附近的衍射峰宽度。

如同物相定性分析的计算机检索一样,许多先进的 X 射线衍射仪也配有进行衍射图的指标化、晶胞参数测定及晶粒大小及其分布测定的计算机软件,大大简化了这些工作。

值得一提的是,20 世纪 90 年代发展起来的 X 射线全谱图拟合的瑞特威尔得(Rietveld)方法,已成为材料科学研究,特别是无机材料研究的有效方法。该方法的基本原理是将计算的多晶衍射强度数据以一定的峰形函数与实验强度数据拟合,拟合过程中不断调整峰形参数和结构参数,直到计算强度和实验强度的差别最小。该方法区别于其他全图谱拟合方法的要点在于它采用了结构依赖的衍射强度计算方法,有可能在结构模型的基础上同时得到各个相的衍射强度及比例关系。对一些影响强度的因素,如择优取向、微吸收等,以一定的模型进行各相的独立校正,所得的结果更具有物理意义。使用瑞特威尔得方法可比较深入地研究多晶材料的晶体结构,尤其在有初始晶体结构模型的条件下,可以有效地确定结构的变化,如不同的工艺、温度、压力、取代以及掺杂元素和浓度对晶体结构的影响。例如,古尔洛卡(Gierlotka)等人研究了 B 对 SiC 晶格的作用,当 B 的取代原子分数达到 3% 时,晶格膨胀;当 B 饱和时,为 6H 相,否则为 3C 相。利用瑞特威尔得方法还可以进行晶体结构缺陷的分析,如点缺陷、堆垛层错和非晶态等。此外,该方法还可以确定相变过程中原子位置的迁移、基团的旋转等结构参数,对揭示相变机理非常有用。

8.5 电子衍射法简介

由于电子、质子和中子等微观粒子都有波性,它们的射线也会产生衍射现象,所以常用来作为测定微观结构的工具。特别是电子衍射应用更为广泛,本节从电子衍射与 X 射线比较入手,介绍电子衍射的特点和在测定分子结构及固体表面结构方面的应用。

8.5.1 电子衍射法与 X 射线衍射法比较

一般总认为只有光和电磁波能产生衍射现象,实验证明具有波性的微观粒子同样能

产生衍射现象。例如电子,它的波长与电子束速度 v 有关,根据德布罗意(de Broglie)关系式:

$$\lambda = \frac{h}{p} = \frac{h}{\sqrt{2mE}} = \frac{h}{\sqrt{2m\left(\frac{mv^2}{2}\right)}} = \frac{h}{\sqrt{2meV}} \tag{8.44}$$

式中,h 是普朗克常量;m 是电子质量;e 是电子电量,都是常数;V 为电场电势。

10 000 V 的电场得到的电子射线的波长为 $\lambda = 12.3 \times 10^{-12}$ m,用它做衍射实验可以得到与同样波长 X 射线相当的衍射图。

但是,电子射线与 X 射线也有显著区别,首先电子射线的穿透能力要比 X 射线小很多,即原子散射电子的能力比散射 X 射线大得多,对于固体,电子射线穿透力小于 10^{-4} mm,而衍射实验用的 X 射线可达 1 mm 以上。因此,X 射线可研究晶体内部结构,而电子衍射只适宜研究气体、薄膜和固体表面结构。其次电子衍射受原子核和电子的散射,而 X 射线主要受电子的散射。由于原子核对电子散射的散射能力比电子强得多,所以电子衍射能给出原子核的位置,而 X 射线则给出高电子密度的位置,因而这两种方法定出的原子位置的数据会有一定差异。因此,在使用实验数据时,一定要注意所用的实验方法。由于轻元素的原子对 X 射线散射能力很弱,当重、轻元素共存时,轻元素的位置就较难确定。而电子射线受各种元素的散射能力差别不大,一般轻元素比重元素还大,所以特别适合确定轻元素原子的位置,例如 H 原子。此外,像中子射线只受原子核散射,H 核的中子散射能力与其他核差不多,而且中子穿透能力大,所以用中子衍射法确定晶体中 H 原子位置就更有效。

鉴于电子衍射的以上特点,电子衍射法主要用于测定气体分子结构。由于原子对电子和 X 射线散射能力的差异,用 X 射线需要几十小时才能得到的衍射图,电子衍射法只需不到一秒钟。此外,还可用低能电子射线来研究晶体的表面吸附,称为低能电子衍射,常表示为 LEED(Low Energy Electron Diffraction)。

8.5.2 电子衍射法测定气体分子的几何结构

虽然气体分子是随机取向,不像晶体那样具有周期性结构,但给定的分子内原子之间的距离和相对取向是固定的。原子之间散射的次生波的干涉同样会产生衍射。由于分子的不规则运动和远距离间隔,不同分子的散射波之间是不相干的,所以实验中观察到的强度是对一个分子的所有可能取向的平均值乘以样品中分子总数 N。

维尔(Wierl)最早研究气体分子的电子衍射(图 8.20),他给出相应的衍射强度公式为

$$I_\alpha = \sum_{j=1}^{n} A_j^2 + 2 \sum_{j=1}^{n} \sum_{k>1}^{n} A_j A_k (\sin R_{jk} S)/R_{jk}$$

$$S = \frac{4\pi}{\lambda} \sin \frac{\alpha}{2} \tag{8.45}$$

式中,α 是衍射角;I_α 是 α 方向衍射的电子衍射强度;R_{jk} 是原子 j 和 k 间的距离;n 是分子内原子的

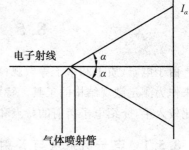

图 8.20 气体分子的电子衍射示意图

数目;λ 是电子射线波长;A_j 和 A_k 分别是原子 j 和 k 对电子射线的散射因子,它们取决于原子的核电荷和核外电子云的分布。

由于分子中电场集中分布在原子核附近(远离原子核处核的电场与电子的电场相互抵消了大部分),所以电子入射到离原子核较远处,受到电场作用很小,散射角 α 也很小,而入射到原子核附近的电子受到电场作用较大,因而散射角 α 也较大。此时电子主要是受到原子核的作用,故 A_j 近似等于原子 j 的原子序数 Z_j。于是在 α 不是很小时,式(8.45)可写成

$$I_\alpha = \sum_{j=1}^{n} Z_j^2 + 2\sum_{j=1}^{n} Z_j Z_k \frac{(\sin R_{jk}S)}{R_{jk}S} \tag{8.46}$$

此公式提供了电子衍射蜂的强度 I_α 和蜂的位置 S 与分子中所有原子的相对距离 R_{jk} 的关系式。因此,可通过实验测得各个衍射峰的 S 和对应 I_α 值,利用式(8.46)求得分子中所有原子的相对距离 R_{jk},从而推得分子的几何结构。

例如,用 40 000 V 的电子射线得到 CS_2 蒸气的衍射图,其中强度最大的衍射角 α 分别是 $2.63°$、$4.86°$、$7.08°$。已知 CS_2 是对称的直线分子,求 C—S 键长。

根据德布罗意关系式(8.44),计算得 40 000 V 电场下的电子波长为

$$\lambda = \frac{h}{\sqrt{2meV}} = \frac{1\,226}{200} \times 10^{-12}\ \text{m} = 6.13 \times 10^{-12}\ \text{m}$$

从实验得到的 α 代入公式 $S = \frac{4\pi}{\lambda}\sin\frac{\alpha}{2}$ 得到相应 S 值为

$$S_1 = 0.047\,13 \times 10^{-12}\ \text{m}^{-1}, S_2 = 0.086\,98 \times 10^{-12}\ \text{m}^{-1}, S_3 = 0.126\,5 \times 10^{-12}\ \text{m}^{-1}$$

再根据式(8.46)得到 CS_2 的衍射强度公式,即

$$I_\alpha = Z_C^2 + 2Z_S^2 + \frac{4Z_C Z_S \sin(RS)}{RS} + \frac{2Z_S^2 \sin(R'S)}{R'S}$$

式中,R 和 R' 分别是 C—S 和 S—S 距离,由题意得 $R' = 2R$,且 $Z_C = 6, Z_S = 16$,代入得

$$I_\alpha = 6^2 + 2 \times 16^2 + \frac{4 \times 6 \times 16\sin(RS)}{RS} + \frac{2 \times 16^2 \sin(RS)}{2RS}$$

或表示为

$$I_\alpha' = \frac{I_\alpha - 6^2 - 2 \times 16^2}{16} \times 8 = \frac{2\sin(RS) + 3\sin(RS)}{RS}$$

取不同的 RS 值求出相应的 I_α',并以对 I_α' 对 RS 作图,从图中找出 I_α' 最大处(即 I_α 也最大的)的 RS 值是 $(RS)_1 = 7.1$,$(RS)_2 = 13.5$,$(RS)_3 = 19.7$。根据理论值 RS 和实验值 S 计算 R 值,得

$$R_1 = \frac{(RS)_1}{S_1} = \frac{7.2}{0.047\,13} \times 10^{-12}\ \text{m} = 153 \times 10^{-12}\ \text{m}$$

$$R_2 = \frac{(RS)_2}{S_2} = \frac{13.5}{0.086\,98} \times 10^{-12}\ \text{m} = 155 \times 10^{-12}\ \text{m}$$

$$R_3 = \frac{(RS)_3}{S_3} = \frac{19.8}{0.126\,5} \times 10\ \text{m}^{-1} = 157 \times 10^{-12}\ \text{m}^{-1} = 153 \times 10^{-12}\ \text{m}$$

得 C—S 键长平均值是 $R = (155 \pm 1) \times 10^{-12}\ \text{m}$。

8.5.3 低能电子衍射法在表面分析中的应用

根据式(8.44)可知,能量为 $10\sim1\,000$ eV 的低能电子射线对应的波长为 $400\sim40\times10^{-12}$ m,大致相当于或小于晶体中原子间距,晶体可以对它产生衍射。但由于电子穿透能力较差,所以这个能量范围内弹性散射(即能产生衍射部分的散射)电子只来自晶体内 $5\sim10\times10^{-10}$ m 的深度(相当于表面几层原子)。因此,低能电子衍射 LEED(Low Energy Electron Diffraction)是用来作为表面分析的重要手段。实际上 1927 年戴维逊(Davission C)和革末(Germer L H)发现电子有波性的实验就是低能电子射线在单晶 Ni 表面的衍射现象,但由于高真空和精密测量条件的限制,一直到 20 世纪 60 年代以后随着超高真空和计算机技术的发展才使 LEED 发展成为研究表面结构的成熟手段。

为了了解电子衍射强度与晶体内部结构关系,对于单位向量为 a,b,c 的点阵空间可以定义一个倒易点阵空间,倒易点阵空间的单位向量 a^*,b^* 和 c^* 的定义是:

$$a^* = 2\pi(b\times c)/[a\cdot(b\times c)]$$
$$b^* = 2\pi(c\times a)/[b\cdot(c\times a)] \qquad (8.47)$$
$$c^* = 2\pi(a\times b)/[c\cdot(a\times b)]$$

式中,符号"$\times$"表示矢量积,符号"$\cdot$"表示标量积。在倒易点阵空间的格点(点阵点)都可由向量 G_{hkl} 表示,其定义为

$$G_{hkl} = ha^* + kb^* + lc^*; \quad |G_{hkl}| = \frac{2\pi}{d_{hkl}} \qquad (8.48)$$

设电子束入射和散射的平面波分别表示为

$$A_\lambda = A_0 e^{ik_0\cdot r_0}, \quad A_{散} = Ae^{ik\cdot r} \qquad (8.49)$$

式中,A_0 和 A 为振幅;r 是相对某原点的位置向量;k_0 和 k 分别是入射波和散射波的波矢,其方向是电子散射方向,数值为 $|k|=|k_0|=2\pi/\lambda$。

经过一定的推导可发现,只有满足下列条件的倒易格点 G_{hkl} 才能出现衍射的极大值,即

$$s = k - k_0 = G_{hkl} \qquad (8.50)$$

式中,s 称为散射动能转换。此式也称为劳埃方程,不难发现只要等式两边分别同乘(即求标量积)$a\lambda/2\pi$,$b\lambda/2\pi$ 或 $c\lambda/2\pi$,又利用 $k=\left(\frac{2}{\pi\lambda}\right)S$ 的关系和 G_{hkl},a^*,b^*,c^* 的定义,由式(8.50)就变换到 X 射线衍射中的劳埃方程式的形式,所以和前面给出的劳埃方程等价。

由上述可见,低能电子衍射中的极大值(即衍射斑点)是晶体中倒易点阵格点的反映,所以可通过对衍射图的分析得到倒易点阵信息,从而推测晶体的表面结构。此外还发现衍强度 $I(S)$ 正比于晶体中原子沿 a,b,c 方向的数目 N_1,N_2,N_3 乘积的平方,即

$$I(S) \propto (N_1 N_2 N_3)^2 \qquad (8.51)$$

衍射斑点强度分布的半宽度(相当于斑点大小)正比于 $1/(N_1 N_2 N_3)$。

由于 LEED 的以上特性,它适用于研究表面的二维结构、重构、吸附、缺陷、相变、晶格振动和扩散等现象。例如,清洁平整的 Ni(100)晶面可得到清晰的 LEED 图像

（图 8.21(a)），由 LEED 图像能直接推断表面二维结构。由图可得倒易基向量 a_1^*，a_2^* 和相应的长度 a，由定义式(8.47)可知对于正交点阵（即 a,b,c 相互垂直）存在关系 $|a|=2\pi/|a^*|$，$|b|=2\pi/|b^*|$，于是可求得 Ni 表面的点阵结构（图 8.21(b)）。这个二维点阵反映了晶体表面的周期性结构，其重复周期为 $2\pi/a^*$。当表面被气体分子吸附时，吸附分子也形成二维点阵结构，这种吸附层的结构也可用 LEED 测定。经 LEED 测定，C 在 Pt 表面的吸附具有和石墨一样的六边环状的二维结构。由于 LEED 峰的强度和峰的形状（半宽度）与晶体在晶格方向上的原子数目 N_1，N_2，N_3 有关，所以可利用 LEED 斑点的强度和分布了解表面的有序程度、镶嵌结构以及表面缺陷分布等情况，例如台阶的形状和大小、弯折、平台空位的位置和分布等。总之，LEED 目前已成为测定晶体表面结构的最有效的方法。

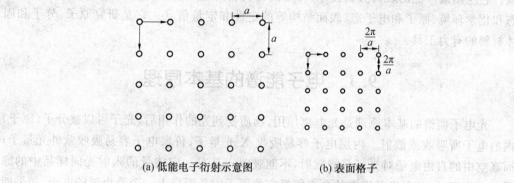

(a) 低能电子衍射示意图　　　　(b) 表面格子

图 8.21　Ni(100)晶体表面

思 考 题

1.简述 X 射线的波粒二象性及其表现形式。

2.简述特征 X 射线的产生物理机制。

3.简述 X 射线与物质的相互作用。

4.给出简单立方、面心立方和体心立方晶体结构的原子坐标。

5.简述 X 射线衍射的原理。

6.结合图形推导一维劳埃方程，并给出其三维矢量形式。

7.结合图形推导布拉格方程并结合图形证明劳埃方程和布拉格方程是等价的。

8.什么是系统消光？简述其分类及其分类依据。

9.依据布拉格方程，简述获得晶体衍射的几种实验方法及其应用。

10.依据布拉格方程，并结合消光规律写出简单立方、面心立方和体心立方结构能发生衍射的晶面（以 θ 角从小到大，列 10 个晶面）。

11.已 知 Ni 对 Cu 靶 K_α 和 K_β 特征辐射的线吸收系数分别为 407 cm^{-1} 和 2 448 cm^{-1}，为使 Cu 靶的 K_β 线透射系数是 K_α 线的 1/6，求 Ni 滤波片的厚度。

12.CuK$_\alpha$ 射线（$\lambda k_\alpha=0.154$ nm）照射 Cu 样品，已知 Cu 的点阵常数 $a=0.361$ nm，试用布拉格方程求其(200)反射的 θ 角。

第9章 电子能谱学

电子能谱学(Electron Spectroscopy)是最近40年来发展起来的一门多种技术集合的综合性学科。这些彼此独立但又相互依赖的各种技术组成并开辟了一个以测量电子能量分布来研究表面的新领域。现代电子能谱学已经发展为一门独立的、完整的学科,它与多种学科相互交叉,融合了物理学、化学、材料学、真空电子学以及计算机技术等多学科领域。它应用最广泛的表面分析技术,可给出材料表面的元素组成及其空间分布、元素化学态和化学环境、原子和电子态、表面结构等的定性和定量信息。它是研究原子、分子和固体材料的有力工具。

9.1 电子能谱的基本原理

光电子能谱的基本原理是光电离作用,物质受到光的作用后,光子可以被分子(原子)内的电子所吸收或散射。内层电子容易吸收 X 光量子;价层电子容易吸收紫外光量子;而真空中的自由电子对光子只能散射,不能吸收。具有一定能量的入射光同样品中的原子相互作用时,单个光子把它的全部能量交给原子中某壳层上一个受束缚的电子,如果能量足以克服原子其余部分对此电子的作用,电子具有一定的动能发射出去,这种电子为光电子,这种现象称为光电离作用或光致发射。而原子本身变成一个激发态的离子。

$$A + h\nu \longrightarrow A^{+*} + e \tag{9.1}$$

式中,A 为原子;$h\nu$ 为入射光子能量;A^{+*} 为激发态离子;e 为具有一定动能的电子。

此外,光电子离开原子时会使原子产生一个后退的反冲运动,而动量必须守恒,因此光电子还要有一部分能量传送给原子,这部分能量称为反冲动能。因此,当入射光的能量一定时,根据 Einstein 关系式,对于自由原子有如下关系:

$$h\nu = E_b + E_k + E_r \tag{9.2}$$

式中,E_b 是原子能级中电子的电离能或结合能,其值等于把电子从所在的能级转移到真空能级时所需的能量;E_k 是出射光电子的动能;E_r 是发射光电子的反冲动能。反冲动能 E_r 与激发光源的能量和原子的质量有关,即

$$E_r \approx \frac{m}{M} h\nu \tag{9.3}$$

式中,M 和 m 分别代表反冲原子和光电子的质量。反冲动能一般很小,在计算电子结合能时可以忽略不计,因此有

$$h\nu = E_b + E_k$$
$$E_b = h\nu - E_k \tag{9.4}$$

因此,当测得 E_k 后,按照式(9.4)即可求 E_b 的值。光电离作用要求一个确定的最小的光子能量,称为临阈光子能量 $h\nu_0$。对气体样品,这个值就是分子电离势或第一电离

能。研究固体样品时,通常还需进行功函数校准。一束高能量的光子,若它的 $h\nu$ 明显超过临阈能量 $h\nu_0$,它具有电离不同 E_b 值的各种电子的能力。一个光子可能激发出一个束缚得很松的电子,并传递给它高动能;而另一个同样能量的光子,也许电离一个束缚得较紧的并具有较低动能的光电子。因此光电离作用即使使用固定能量的激发源,也会产生多色的光致发射。单色激发的 X 射线光电子能谱可产生一系列的峰,每个峰对应着一个原子能(s,p,d,f 等),这实际上反映了样品元素的壳层电子结构。

9.2 电子能谱分类

根据激发源的不同,电子能谱可分为 X 射线光电子能谱(X－Ray Photoelectron Spectroscopy,XPS)、俄歇电子能谱(Auger Electron Spectroscopy,AES)、真空紫外光电子能谱(Ultraviolet Photoelectron Spectroscopy,UPS)和电子能量损失谱(Electron Energy Loss Spectroscopy,EELS)。

1. X 射线光电子能谱(XPS)

X 射线光电子能谱所用激发源(探针)是单色 X 射线,探测从表面出射的光电子的能量分布,如图 9.1 所示。由于 X 射线的能量较高,所以得到的主要是原子内壳层轨道上电离出来的电子。XPS 的物理基础是光电效应。它是瑞典 Uppsala 大学物理研究所 Kai Siegbahn 教授及其小组在 20 世纪 50 和 60 年代对 XPS 的实验设备进行了几项重要的改进并逐步发展完善了这种实验技术,首先

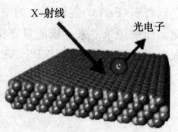

图 9.1 X 射线光电子能谱原理

发现内壳层电子结合能位移现象,并将它成功应用于化学问题的研究中。X 射线光电子能谱不仅能测定表面的元素组成,而且还能给出各元素的化学状态和电子态信息。Kai Siegbahn 因为在高分辨光电子能谱方面的开创性工作和杰出贡献荣获了 1981 年的诺贝尔物理奖。

2. 俄歇电子能谱(AES)

1923 年,法国科学家 Pierre Auger 发现并给出了俄歇电子能谱正确的解释:当 X 射线或者高能电子打到物质上以后,能以一种特殊的物理过程(俄歇过程)释放出二次电子——俄歇电子,其能量只决定于原子中的相关电子能级而与激发源无关,因而它具有"指纹"特征,可用来鉴定元素种类。20 世纪 60 年代末,L. A. Harris 采用微分法放大器技术将它发展成为一种实用的分析仪器。筒镜能量分析器的应用,提高了灵敏度和分析速度,使俄歇电子能谱被广泛应用。到了 20 世纪 70 年代,出现了扫描俄歇,性能不断改善。俄歇电子能谱以其优异的空间分辨能力,成为微区分析的有力工具,主要用于对金属、合金和半导体等材料表面进行分析。尽管从理论上仍然有许多工作要做,然而俄歇电子能谱现已被证明在许多领域是非常富有成果的,如基础物理(原子、分子、碰撞过程的研究)或基础和应用表面科学。

3. 真空紫外光电子能谱(UPS)

真空紫外光电子能谱以真空紫外光($h\nu < 45$ eV)作为电离源,发射的光电子来自原子的价壳层。英国伦敦帝国学院 David Turner 于 20 世纪 60 年代末首先提出真空紫外光电子能谱并成功应用于气体分子的价电子结构的研究中。真空紫外光电子能谱为研究者们提供了简单直观和广泛地表征分子和固体电子结构的方法,它比以前由光学光谱所建立的分子轨道理论的实验基础深刻得多,主要用于研究固体和气体分子的价电子和能带结构以及表面态情况。角分辨 UPS 配以同步辐射光源,可实验直接测定能带结构,由于光源能量较低,线宽较窄(约为 0.01 eV),只能使原子的外层价电子、价带电子电离,并可分辨出分子的振动能级,因此被广泛地用来研究气体样品的价电子和精细结构以及固体样品表面的原子、电子结构。

4. 电子能量损失谱(EELS)

一束能量为 E_p 的电子在与样品碰撞中将部分能量传递给样品原子或分子,使之激发到费密(Fermi)能级以上的空轨道 E_f,而自身损失了 E_1 能量的电子以 E_p 动能进入检测器而被记录下来。依能量守恒原理:$E_1 = E_p - E_{p'}$,由能量损失谱可以得到有关费密能级以上密度的信息,而 XPS,AES 等给出的则是费密能级以下的填充态密度的信息。

9.3 电子能谱的特性

XPS 采用能量为 1 200～1 500 eV 的射线源,能激发内层电子。各种元素内层电子的结合能是有特征性的,因此可以用来鉴别化学元素种类及其化学态。UPS 采用 He I(21.2 eV)或 He II(40.8 eV)作激发源,与 X 射线相比,能量较低,只能使原子的价电子电离,用于研究价电子和能带结构的特征。AES 大都用电子作激发源,因为电子激发得到的俄歇电子谱强度较大,并具有优异的空间分辨率,主要用于材料元素组成以及微区元素成分分析。光电子或俄歇电子,在逸出的路径上自由程很短,实际能探测的信息深度只有表面几个至十几个原子层,电子能谱通常为表面分析的方法。

在 XPS 和 AES 中,除氢和氦以外元素周期表中所有元素都有分立特征谱峰,近邻元素的谱线分隔较远,无系统干扰。如 C,N 和 Si 的 1s 电子结合能:C 为 285 eV,N 为 400 eV,Si 为 1 840 eV。C,N 和 Si 的 KLL 俄歇谱峰:C 为 264 eV,N 为 380 eV,Si 为 1 617 eV。

XPS 和 AES 可观测的化学位移与氧化态和分子结构、原子电荷及有机分子中的官能团有关。该方法可定量测定元素的相对浓度,测定同一元素不同氧化态的相对浓度,并且表面技术灵敏。测样时,采样深度为 1～10 nm,信号主要来自最表面的十多个原子单层。此方法分析速度快,可同时测定多元素,测样中固体样品用量小,不需要进行样品前处理。

9.4 X 射线光电子能谱分析

X 射线光电子能谱(XPS)也被称为化学分析用电子能谱(ESCA),该方法是在 20 世纪 60 年代由瑞典科学家 Kai Siegbahn 教授发展起来的。近年来,X 射线光电子能谱无论在理论上和实验技术上都已获得了长足的发展。XPS 已从刚开始主要用来对化学元素的定性分析,已发展为表面元素定性、半定量分析及元素化学价态分析的重要手段。XPS 的研究领域也不再局限于传统的化学分析,而扩展到现代迅猛发展的材料学科。目前该分析方法在日常表面分析工作中的份额约为 50%,是一种最主要的表面分析工具。XPS 谱仪在技术发展方面也取得了巨大的进展,在 X 射线源上,已从原来的激发能固定的射线源发展到利用同步辐射获得 X 射线能量单色化并连续可调的激发源;传统的固定式 X 射线源也发展到电子束扫描金属靶所产生的可扫描式 X 射线源;X 射线的束斑直径也实现了微型化,最小的束斑直径已能达到 6 μm 大小,使得 XPS 在微区分析上的应用得到了大幅度的加强。图像 XPS 技术的发展,大大促进了 XPS 在新材料研究上的应用。在谱仪的能量分析检测器方面,也从传统的单通道电子倍增器检测器发展到位置灵敏检测器和多通道检测器,使得检测灵敏度获得了大幅度的提高。计算机系统的广泛采用,使得采样速度和谱图的解析能力也有了很大的提高。由于 XPS 具有很高的表面灵敏度,适合于有关涉及表面元素定性和定量分析方面的应用,同样也可以应用于元素化学价态的研究。此外,配合离子束剥离技术和变角 XPS 技术,还可以进行薄膜材料的深度分析和界面分析。因此,XPS 方法可广泛应用于化学化工、材料、机械、电子材料等领域。

9.4.1 方法原理

X 射线光电子能谱基于光电离作用,当一束光子辐照到样品表面时,光子可以被样品中某一元素的原子轨道上的电子所吸收,使得该电子脱离原子核的束缚,以一定的动能从原子内部发射出来,变成自由的光电子,而原子本身则变成一个激发态的离子。在光电离过程中,固体物质的结合能可以表示为

$$E_k = h\nu - E_b - \phi_s \tag{9.5}$$

式中,E_k 为出射的光电子的动能,eV;$h\nu$ 为 X 射线源光子的能量,eV;E_b 为特定原子轨道上的结合能,eV;ϕ_s 为谱仪的功函,eV。

谱仪的功函主要由谱仪材料和状态决定,对同一台谱仪基本是一个常数,与样品无关,其平均值为 3~4 eV。

在 XPS 分析中,由于采用的 X 射线激发源的能量较高,不仅可以激发出原子价轨道中的价电子,还可以激发出芯能级上的内层轨道电子,其出射光电子的能量仅与入射光子的能量及原子轨道结合能有关。因此,对于特定的单色激发源和特定的原子轨道,其光电子的能量是特定的。当固定激发源能量时,其光电子的能量仅与元素的种类和所电离激发的原子轨道有关。因此,可以根据光电子的结合能定性分析物质的元素种类。

在普通的 XPS 谱仪中,一般采用 Mg K_α 和 Al K_α X 射线作为激发源,光子的能量足够促使除氢、氦以外的所有元素发生光电离作用,产生特征光电子。由此可见,XPS 技术是一种可以对所有元素进行一次全分析的方法,这对于未知物的定性分析是非常有效的。

经 X 射线辐照后,从样品表面出射的光电子的强度与样品中该原子的浓度有线性关系,可以利用它进行元素的半定量分析。鉴于光电子的强度不仅与原子的浓度有关,还与光电子的平均自由程、样品的表面光洁度、元素所处的化学状态、X 射线源强度以及仪器

的状态有关。因此,XPS 技术一般不能给出所分析元素的绝对含量,仅能提供各元素的相对含量。由于元素的灵敏度因子不仅与元素种类有关,还与元素在物质中的存在状态、仪器的状态有一定的关系,因此不经校准测得的相对含量也会存在很大的误差。还须指出的是,XPS 是一种表面灵敏的分析方法,具有很高的表面检测灵敏度,可以达到 10^{-3} 原子单层,但对于体相检测灵敏度仅为 0.1% 左右。XPS 是一种表面灵敏的分析技术,其表面采样深度为 $2.0\sim5.0$ nm,它提供的仅是表面上的元素含量,与体相成分会有很大的差别。而它的采样深度与材料性质、光电子的能量有关,也同样品与表面和分析器的角度有关。

一般,元素获得额外电子时,化学价态为负,该元素的结合能降低;反之,当该元素失去电子时,化学价为正,XPS 的结合能增加。利用这种化学位移可以分析元素在该物种中的化学价态和存在形式。元素的化学价态分析是 XPS 分析的最重要的应用之一。

9.4.2 仪器结构和工作原理

1. XPS 谱仪的基本结构

虽然 XPS 方法的原理比较简单,但其仪器结构却非常复杂。图 9.2 是 X 射线光电子能谱仪结构图。从图 9.2 可见,X 射线光电子能谱仪由进样室、超高真空系统、X 射线激发源、离子源、能量分析系统及计算机数据采集和处理系统等组成。下面对主要部件进行简单的介绍,具体的操作方法详见仪器操作使用说明书。

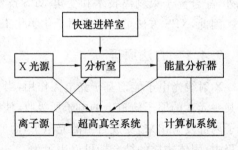

图 9.2 X 射线光电子能谱仪结构图

2. 超高真空系统

在 X 射线光电子能谱仪中必须采用超高真空系统,主要考虑两方面的原因。首先,XPS 是一种表面分析技术,如果分析室的真空度很差,在很短的时间内试样的清洁表面就可以被真空中的残余气体分子所覆盖。其次,由于光电子的信号和能量都非常弱,如果真空度较差,光电子很容易与真空中的残余气体分子发生碰撞作用而损失能量,最后不能到达检测器。在 X 射线光电子能谱仪中,为了使分析室的真空度能达到 3×10^{-8} Pa,一般采用三级真空泵系统。机械泵一般采用旋转机械泵或分子筛吸附泵,极限真空度能达到 10^{-2} Pa;采用油扩散泵或分子泵,可获得高真空,极限真空度能达到 10^{-8} Pa;而采用溅射离子泵和钛升华泵,可获得超高真空,极限真空度能达到 10^{-9} Pa。这几种真空泵的性能各有优缺点,可以根据各自的需要进行组合。现在的新型 X 射线光电子能谱仪,普遍采用机械泵—分子泵—溅射离子泵—钛升华泵系列,这样可以防止扩散泵油污染清洁的超高真空分析室。

3. 快速进样室

X 射线光电子能谱仪多配备有快速进样室,其目的是在不破坏分析室超高真空的情况下能进行快速进样。快速进样室的体积很小,以便能在 $5\sim10$ min 内能达到 10^{-3} Pa

的高真空。有一些谱仪,把快速进样室设计成样品预处理室,可以对样品进行加热和刻蚀等操作。

4. X射线激发源

在普通的 XPS 谱仪中,一般采用双阳极靶激发源。常用的激发源有 Mg K_{α} X 射线,光子能量为 1 253.6 eV,及 Al K_{α} X 射线,光子能量为 1 486.6 eV。没经单色化的 X 射线的线宽可达到 0.8 eV,而经单色化处理以后,线宽可降低到 0.2 eV,并可以消除 X 射线中的杂线。但经单色化处理后,X 射线的强度大幅度下降。

5. 离子源

在 XPS 中配备离子源的目的是对样品表面进行清洁或对样品表面进行定量剥离。在 XPS 谱仪中,常采用 Ar 离子源。Ar 离子源又可分为固定式和扫描式两种。固定式 Ar 离子源由于不能进行扫描剥离,对样品表面刻蚀的均匀性较差,仅用作表面清洁。对于进行深度分析用的离子源,应采用扫描式 Ar 离子源。

6. 能量分析器

X 射线光电子的能量分析器有两种类型,即半球型能量分析器和筒镜型能量分析器。半球型能量分析器由于对光电子的传输效率高和能量分辨率好等特点,多用在 XPS 谱仪上。而筒镜型能量分析器由于对俄歇电子的传输效率高,主要用在俄歇电子能谱仪上。以 XPS 为主的采用半球型能量分析器,而以俄歇为主的则采用筒镜型能量分析器。

7. 计算机系统

由于 X 射线电子能谱仪的数据采集和控制十分复杂,商用谱仪均采用计算机系统来控制谱仪和采集数据。由于 XPS 数据的复杂性,谱图的计算机处理也是一个重要的部分,如元素的自动标识、半定量计算、谱峰的拟合和去卷积等。

9.4.3 实验技术

1. 样品的制备技术

X 射线能谱仪对分析的样品有特殊的要求,在通常情况下只能对固体样品进行分析。由于涉及样品在真空中的传递和放置,待分析的样品一般都需要经过一定的预处理。

(1)样品的大小

由于在实验过程中样品必须通过传递杆,穿过超高真空隔离阀,送进样品分析室。因此,样品的尺寸必须符合一定的大小规范,以利于真空进样。对于块状样品和薄膜样品,其长、宽最好小于 10 mm,高度小于 5 mm。对于体积较大的样品,则必须通过适当方法制备成合适大小的样品。在制备过程中,必须考虑处理过程可能对表面成分和状态的影响。

(2)粉体样品

对于粉体样品有两种常用的制样方法,一种是用双面胶带直接把粉体固定在样品台上;另一种是把粉体样品压成薄片,然后再固定在样品台上。前者的优点是制样方便,样品用量少,预抽到高真空的时间较短,缺点是可能会引进胶带成分。后者的优点是可以在真空中对样品进行处理,如加热、表面反应等,其信号强度也要比胶带法高得多,缺点是样品用量太大,抽到超高真空的时间太长。在普通的实验过程中,一般采用胶带法制样。

(3)含有有挥发性物质的样品

对于含有挥发性物质的样品,在样品进入真空系统前必须清除掉挥发性物质。一般可以通过对样品加热或用溶剂清洗等方法。

(4)表面有污染的样品

对于表面有油等有机物污染的样品,在进入真空系统前必须用油溶性溶剂如环己烷、丙酮等清洗掉样品表面的油污。最后再用乙醇清洗掉有机溶剂,为了保证样品表面不被氧化,一般采用自然干燥。

(5)带有微弱磁性的样品

由于光电子带有负电荷,在微弱的磁场作用下,也可以发生偏转。当样品具有磁性时,由样品表面出射的光电子就会在磁场的作用下偏离接收角,最后不能到达分析器,因此,得不到正确的XPS谱。此外,当样品的磁性很强时,还有可能使分析器头及样品架磁化,因此,绝对禁止带有磁性的样品进入分析室。一般对于具有弱磁性的样品,可以通过退磁的方法去掉样品的微弱磁性,然后就可以像正常样品一样分析。

2. 离子束溅射技术

在X射线光电子能谱分析中,为了清洁被污染的固体表面,常常利用离子枪发出的离子束对样品表面进行溅射剥离,清洁表面。然而,离子束更重要的应用则是样品表面组分的深度分析。利用离子束可定量地剥离一定厚度的表面层,然后再用XPS分析表面成分,这样就可以获得元素成分沿深度方向的分布图。作为深度分析的离子枪,一般采用0.5~5 keV的Ar离子源。扫描离子束的束斑直径一般为1~10 mm,溅射速率为0.1~50 nm/min。为了提高深度分辨率,一般应采用间断溅射的方式。为了减少离子束的坑边效应,应增加离子束的直径。为了降低离子束的择优溅射效应及基底效应,应提高溅射速率和降低每次溅射的时间。在XPS分析中,离子束的溅射还原作用可以改变元素的存在状态,许多氧化物可以被还原成较低价态的氧化物,如Ti,Mo,Ta等。在研究溅射过的样品表面元素的化学价态时,应注意这种溅射还原效应的影响。此外,离子束的溅射速率不仅与离子束的能量和束流密度有关,还与溅射材料的性质有关。一般的深度分析所给出的深度值均是相对于某种标准物质的相对溅射速率。

3. 样品荷电的校准

对于绝缘体样品或导电性能不好的样品,经X射线辐照后,其表面会产生一定的电荷积累,主要是荷正电荷。样品表面荷电相当于给从表面出射的自由的光电子增加了一定的额外电压,使得测得的结合能比正常的要高。样品荷电问题非常复杂,一般难以用某一种方法彻底消除。在实际的XPS分析中,一般采用内标法进行校准。最常用的方法是用真空系统中最常见的有机污染碳的C1s的结合能为284.6 eV,进行校准。

4. XPS的采样深度

X射线光电子能谱的采样深度与光电子的能量和材料的性质有关。一般定义X射线光电子能谱的采样深度为光电子平均自由程的3倍。根据平均自由程的数据可以大致估计各种材料的采样深度,一般对于金属样品为 0.5~2 nm,对于无机化合物为 1~3 nm,而对于有机物则为 3~10 nm。

5. XPS 谱图分析技术

(1)表面元素定性分析

表面元素定性分析是一种常规分析方法。为了提高定性分析的灵敏度,一般应加大分析器的通能,提高信噪比。图 9.3 是典型的 XPS 定性分析图。通常 XPS 谱图的横坐标为结合能,纵坐标为光电子的计数率。在分析谱图时,首先必须考虑的是消除荷电位移。对于金属和半导体样品,由于不会荷电,因此不用校准。但对于绝缘样品,则必须进行校准。因为,当荷电较大时,会导致结合能位置有较大的偏移,导致错误判断。使用计算机自动标峰时,同样会产生这种情况。一般来说,只要该元素存在,其所有的强峰都应存在,否则应考虑是否为其他元素的干扰峰。激发出来的光电子依据激发轨道的名称进行标记。如从 C 原子的 1s 轨道激发出来的光电子用 C1s 标记。由于 X 射线激发源的光子能量较高,可以同时激发出多个原子轨道的光电子,因此在 XPS 谱图上会出现多组谱峰。大部分元素都可以激发出多组光电子峰,可以利用这些峰排除能量相近峰的干扰,以利于元素的定性标定。由于相近原子序数的元素激发出的光电子的结合能有较大的差异,因此相邻元素间的干扰作用很小。由于光电子激发过程的复杂性,在 XPS 谱图上不仅存在各原子轨道的光电子峰,同时还存在部分轨道的自旋裂分峰,在定性分析时必须予以注意。现在,定性标记的工作可由计算机进行,但经常会发生标记错误,应加以注意。对于不导电样品,由于荷电效应,经常会使结合能发生变化,导致定性分析得出不正确的结果。

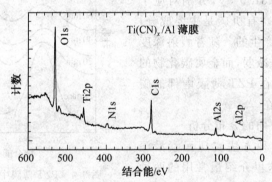

图 9.3 高纯 Al 基片上沉积的 Ti(CN)$_x$ 薄膜的 XPS 谱图(激发源为 Mg K$_\alpha$)

从图 9.3 可见,在薄膜表面主要有 Ti,N,C,O 和 Al 元素存在。Ti,N 的信号较弱,而 O 的信号很强。此结果表明,形成的薄膜主要是氧化物,氧的存在会影响 Ti(CN)$_x$ 薄膜的形成。

(2)表面元素半定量分析

首先应当明确的是 XPS 并不是一种很好的定量分析方法,它给出的仅是一种半定量的分析结果,即相对含量而不是绝对含量。由 XPS 提供的定量数据是以原子百分比含量表示的,而不是平常所使用的质量百分比。这种比例关系可以通过下列公式换算:

$$C_i = \frac{c_i \times A_i}{\sum_{i=1}^{i=n} c_i \times A_i} \tag{9.6}$$

式中，C_i 为第 i 种元素的质量分数；c_i 为第 i 种元素的 XPS 摩尔分数；A_i 为第 i 种元素的相对原子质量。

在定量分析中必须注意的是，XPS 给出的相对含量也与谱仪的状况有关，因为不仅各元素的灵敏度因子是不同的，XPS 谱仪对不同能量的光电子的传输效率也是不同的，并随谱仪受污染程度而改变。XPS 仅提供表面 3～5 nm 厚的表面信息，其组成不能反映体相成分。样品表面的 C,O 污染以及吸附物的存在也会大大影响其定量分析的可靠性。

（3）表面元素的化学价态分析

表面元素化学价态分析是 XPS 的最重要的一种分析功能，也是 XPS 谱图解析最难，比较容易发生错误的部分。在进行元素化学价态分析前，首先必须对结合能进行正确的校准。因为结合能随化学环境的变化较小，而当荷电校准误差较大时，很容易标错元素的化学价态。此外，有一些化合物的标准数据依据不同的作者和仪器状态存在很大的差异，在这种情况下这些标准数据仅能作为参考，最好是自己制备标准样，这样才能获得正确的结果。有一些化合物的元素不存在标准数据，要判断其价态，必须用自制的标样进行对比。还有一些元素的化学位移很小，用 XPS 的结合能不能有效地进行化学价态分析，在这种情况下，可以从线形及伴峰结构进行分析，同样也可以获得化学价态的信息。

图 9.4 是 PZT 薄膜中碳的化学价态谱。从图 9.4 可见，在 PZT 薄膜表面，C1s 的结合能为 285.0 eV 和 281.5 eV，分别对应于有机碳和金属碳化物。有机碳是主要成分，可能是由表面污染所产生的。随着溅射深度的增加，有机碳的信号减弱，而金属碳化物的峰增强。此结果说明在 PZT 薄膜内部的碳主要以金属碳化物存在。

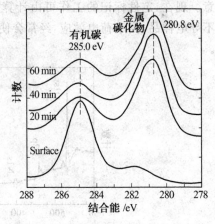

图 9.4 PZT 薄膜中碳的化学价态谱

（4）元素沿深度方向的分布分析

XPS 可以通过多种方法实现元素沿深度方向分布的分析，这里介绍最常用的两种方法，即 Ar 离子剥离深度分析和变角 XPS 深度分析。

Ar 离子剥离深度分析方法是一种使用最广泛的深度剖析的方法，是一种破坏性分析方法，会引起样品表面晶格的损伤、择优溅射和表面原子混合等现象。其优点是可以分析表面层较厚的体系，深度分析的速度较快。其分析原理是先把表面一定厚度的元素溅射掉，然后再用 XPS 分析剥离后的表面元素含量，这样就可以获得元素沿样品深度方向的分布。由于普通的 X 光枪的束斑面积较大，离子束的束斑面积也相应较大，因此，其剥离速度很慢，深度分辨率也不是很好，其深度分析功能一般很少使用。此外，由于离子束剥离作用时间较长，样品元素的离子束溅射还原会相当严重。为了避免离子束的溅射坑效应,离子束的面积应比 X 光枪束斑面积大 4 倍以上。对于新一代的 XPS 谱仪,由于采用了小束斑 X 光源(微米量级),XPS 深度分析变得较为现实和常用。

变角 XPS 深度分析是一种非破坏性的深度分析技术,但只能适用于表面层非常薄(1～5 nm)的体系。其原理是利用 XPS 的采样深度与样品表面出射的光电子的接收角的正弦关系,可以获得元素浓度与深度的关系。图 9.5 是变角 XPS 分析示意图。在图9.5 中,α 为掠射角,定义为进入分析器方向的电子与样品表面间的夹角。取样深度(d)与掠射角($α$)的关系如下:

$$d = 3\lambda \sin \alpha$$

当 α 为 90° 时,XPS 的采样深度最深,减小 α 可以获得更多的表面层信息;当 α 为 5°时,可以使表面灵敏度提高 10 倍。在运用变角深度分析技术时,必须注意两个因素的影响:表面粗糙度的影响;表面层厚度应小于 10 nm。

图 9.6 是 Si_3N_4 样品表面 SiO_2 污染层的变角 XPS 分析。从图 9.6 可见,在掠射角为 5°时,XPS 的采样深度较浅,主要收集的是最表面的成分,由此可见,在 Si_3N_4 样品表面的硅主要以 SiO_2 物种存在;在掠射角为 90°时,XPS 的采样深度较深,主要收集的是次表面的成分,此时,Si_3N_4 的峰较强,是样品的主要成分。从 XPS 变角分析的结果可以认为表面的 Si_3N_4 样品已被自然氧化成 SiO_2 物种。

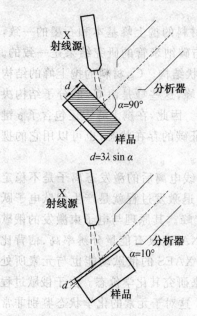

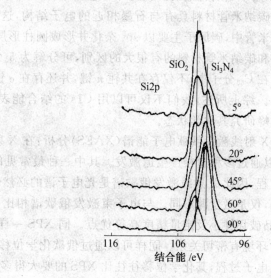

图 9.5 变角 XPS 分析示意图   图 9.6 Si_3N_4 样品表面 SiO_2 污染层的变角 XPS 谱

(5)XPS 伴峰分析技术

在 XPS 谱中最常见的伴峰包括携上峰、X 射线激发俄歇峰(XAES)以及 XPS 价带峰。这些伴峰一般不太常用,但在不少体系中可以用来鉴定化学价态,研究成键形式和电子结构,是 XPS 常规分析的一种重要补充。

①XPS 的携上峰分析:在光电离后,由于内层电子的发射引起价电子从已占有轨道向较高的未占轨道的跃迁,这个跃迁过程就称为携上过程。在 XPS 主峰的高结合能端出

现的能量损失峰即为携上峰。携上峰是一种比较普遍的现象,特别是对于共轭体系会产生较多的携上峰。在有机体系中,携上峰一般由 $\pi \rightarrow \pi^{*}$ 跃迁所产生,也即由价电子从最高占有轨道(HOMO)向最低未占轨道(LUMO)的跃迁所产生。某些过渡金属和稀土金属,由于在 3d 轨道或 4f 轨道中有未成对电子,也常常表现出很强的携上效应。

图 9.7 是几种碳纳米材料的 C1s 携上峰谱图。从图 9.7 可见,C1s 的结合能在不同的碳物种中有一定的差别,在石墨和碳纳米管材料中,其结合能均为 284.6 eV;而在 C_{60} 材料中,其结合能为 284.75 eV。由于 C1s 峰的结合能变化很小,难以从 C1s 峰的结合能来鉴别这些纳米碳材料。但从图 9.7 可见,其携上峰的结构有很大的差别,因此也可以从 C1s 的携上伴峰的特征结构进行物种鉴别。在石墨中,由于 C 原子以 sp^{2} 杂化存在,并在平面方向形成共轭 π 键。这些共轭 π 键的存在可以在 C1s 峰的高能端产生携上伴峰。这个峰是石墨的共轭 π 键的指纹特征

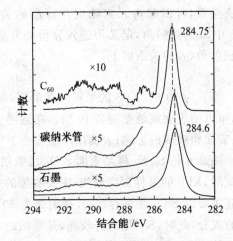

图 9.7　几种碳纳米材料的 C1s 携上峰谱图

峰,可以用来鉴别石墨碳。从图 9.7 还可见,碳纳米管材料的携上峰基本和石墨的一致,这说明碳纳米管材料具有与石墨相近的电子结构,这与碳纳米管的研究结果是一致的。在碳纳米管中,碳原子主要以 sp^{2} 杂化并形成圆柱形层状结构。C_{60} 材料的携上峰的结构与石墨和碳纳米管材料的有很大的区别,可分解为 5 个峰,这些峰是由 C_{60} 的分子结构决定的。在 C_{60} 分子中,不仅存在共轭 π 键,并还存在 σ 键。因此,在携上峰中还包含了 σ 键的信息。综上所述,我们不仅可以用 C1s 的结合能表征碳的存在状态,也可以用它的携上指纹峰研究其化学状态。

②X 射线激发俄歇电子能谱(XAES)分析:在 X 射线电离后的激发态离子是不稳定的,可以通过多种途径产生退激发。其中一种最常见的退激发过程就是产生俄歇电子跃迁的过程,因此 X 射线激发俄歇谱是光电子谱的必然伴峰。其原理与电子束激发的俄歇谱相同,仅是激发源不同。与电子束激发俄歇谱相比,XAES 具有能量分辨率高、信背比高、样品破坏性小及定量精度高等优点。同 XPS 一样,XAES 的俄歇动能也与元素所处的化学环境有密切关系。同样可以通过俄歇化学位移来研究其化学价态。由于俄歇过程涉及三电子过程,其化学位移往往比 XPS 的要大得多。这对于元素的化学状态鉴别非常有效。对于有些元素,XPS 的化学位移非常小,不能用来研究化学状态的变化。不仅可以用俄歇化学位移来研究元素的化学状态,其线形也可以用来进行化学状态的鉴别。

图 9.8 是几种纳米碳材料的 XAES 谱。从图 9.8 可见,俄歇动能不同,其线形有较大的差别。天然金刚石的 C KLL 俄歇动能是 263.4 eV,石墨的是 267.0 eV,碳纳米管的是 268.5 eV,而 C_{60} 的则为 266.8 eV。这些俄歇动能与碳原子在这些材料中的电子结构和杂化成键有关。天然金刚石是以 sp^{3} 杂化成键的,石墨则是以 sp^{2} 杂化轨道形成离域的平面 π 键,碳纳米管主要也是以 sp^{2} 杂化轨道形成离域的圆柱形 π 键,而在 C_{60} 分子中,

主要以 sp^2 杂化轨道形成离域的球形 π 键,并有 σ 键存在。因此,在金刚石的 C KLL 谱上存在 240.0 eV 和 245.8 eV 的两个伴峰,这两个伴峰是金刚石 sp^3 杂化轨道的特征峰。在石墨、碳纳米管及 C_{60} 的 C KLL 谱上仅有一个伴峰,动能为 242.2 eV,这是 sp^2 杂化轨道的特征峰。因此,可以用这些伴峰结构判断碳材料中的成键情况。

(6)XPS 价带谱分析

XPS 价带谱反应了固体价带结构的信息,由于 XPS 价带谱与固体的能带结构有关,因此可以提供固体材料的电子结构信息。由于 XPS 价带谱不能直接反映能带结构,还必须经过复杂的理论处理和计算。因此,在 XPS 价带谱的研究中,一般采用 XPS 价带谱结构的比较进行研究,而理论分析相应较少。

图 9.9 是几种碳纳米材料的 XPS 价带谱。从图 9.9 可见,在石墨、碳纳米管和 C_{60} 分子的价带谱上都有 3 个基本峰。这 3 个峰均是由共轭 π 键所产生的。在 C_{60} 分子中,由于 π 键的共轭度较小,其 3 个分裂峰的强度较强。而在碳纳米管和石墨中由于共轭度较大,特征结构不明显。从图 9.9 还可见,在 C_{60} 分子的价带谱上还存在其他 3 个分裂峰,这些是由 C_{60} 分子中的 σ 键所形成的。由此可见,从价带谱上也可以获得材料电子结构的信息。

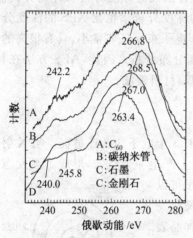

图 9.8 几种纳米碳材料的 XAES 谱

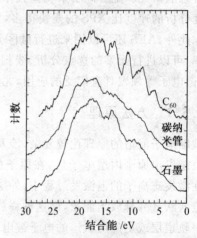

图 9.9 几种纳米碳材料的 XPS 价带谱

9.5 俄歇电子能谱分析

俄歇电子的发现可以追溯到 1925 年,1953 年开始研究俄歇电子能谱,直到 1967 采用了微分方式,才开始出现商业化的俄歇电子能谱仪,并发展成为一种研究固体表面成分的分析技术。由于俄歇电子的信号非常弱,二次电子的背景又很高,再加上积分谱的俄歇峰又比较宽,其信号基本被二次电子的背底所掩盖,因此,刚开始商业化的俄歇电子能谱仪均采用锁相放大器记录微分信号。该技术可以大大提高俄歇电子能谱的信背比。随着电子技术和计算机技术的发展,现在的俄歇电子能谱已不再采用锁相模拟微分技术,直接采用计算机采集积分谱,然后再通过扣背底或数字微分的方法提高俄歇电子能谱的信背比。扫描俄歇电子微探针谱仪也发展到可以进行样品表面扫描分析,大大增加了微区分析能力。

与 X 射线光电子能谱(XPS)一样,俄歇电子能谱(AES)也可以分析除氢、氦以外的所有元素。现已发展成为表面元素定性和半定量分析、元素深度分布分析和微区分析的重要手段。30 多年来,俄歇电子能谱无论在理论上和实验技术上都已获得了长足的发展。俄歇电子能谱的应用领域已不再局限于传统的金属和合金,而扩展到现代迅猛发展的纳米薄膜技术和微电子技术,并大力推动了这些新兴学科的发展。目前 AES 分析技术已发展成为一种最主要的表面分析工具。在俄歇电子能谱仪的技术方面也取得了巨大的进展。在真空系统方面已淘汰了会产生油污染的油扩散泵系统,而采用基本无有机物污染的分子泵和离子泵系统,分析室的极限真空也从 10^{-8} Pa 提高到 10^{-9} Pa 量级。在电子束激发源方面,已完全淘汰了钨灯丝,发展到使用六硼化镧灯丝和肖特基场发射电子源,使得电子束的亮度、能量分辨率和空间分辨率都有了大幅度的提高。现在电子束的最小束斑直径可以达到 20 nm,使得 AES 的微区分析能力和图像分辨率都得到了很大的提高。

AES 具有很高的表面灵敏度,其检测极限约为 10^{-3} 原子单层,其采样深度为 $1\sim$ 2 nm,比 XPS 还要浅,更适合于表面元素定性和定量分析,同样也可以应用于表面元素化学价态的研究。配合离子束剥离技术,AES 还具有很强的深度分析和界面分析能力。其深度分析的速度比 XPS 的要快得多,深度分析的深度分辨率也比 XPS 的深度分析高得多。此外,AES 还可以用来进行微区分析,且由于电子束束斑非常小,具有很高的空间分辨率,可以进行元素的选点分析、线扫描分析和面分布分析。因此,AES 方法在材料、机械、微电子等领域具有广泛的应用,尤其在纳米薄膜材料领域。

9.5.1 方法原理

俄歇电子能谱的原理比较复杂,涉及原子轨道上 3 个电子的跃迁过程。当 X 射线或电子束激发出原子内层电子后,在原子的内层轨道上产生一个空穴,形成了激发态正离子。在激发态离子的退激发过程中,外层轨道的电子可以向该空穴跃迁并释放出能量,而这种释放出的能量又激发了同一轨道层或更外层轨道的电子被电离,并逃离样品表面,这种出射电子就是俄歇电子。俄歇电子的跃迁过程如图 9.10 所示。

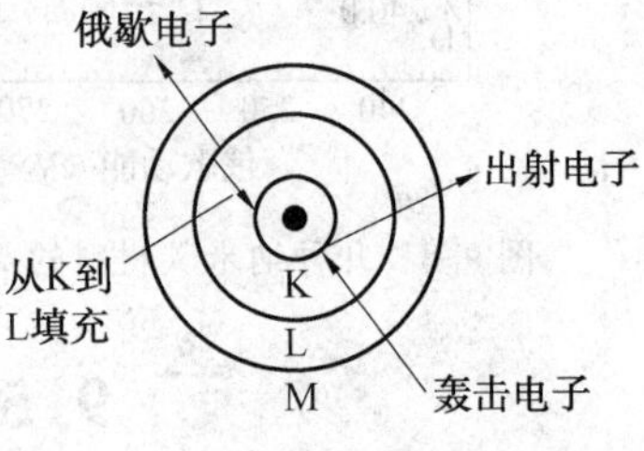

图 9.10　俄歇电子的跃迁过程

俄歇过程产生的俄歇电子峰可以用它激发过程中涉及的 3 个电子轨道符号来标记,如图 9.10 中俄歇过程激发的俄歇峰可被标记为 KLL 跃迁。从俄歇电子能谱的理论可知,俄歇电子的动能只与元素激发过程中涉及的原子轨道的能量及谱仪的功函有关,而与激发源的种类和能量无关。KLL 俄歇过程所产生的俄歇电子能量可以表示为

$$E_{KLL}(Z) = E_K(Z) - E_{L1}(Z) - E_{L2}(Z+\Delta) - \phi_s \tag{9.7}$$

式中,$E_{KLL}(Z)$ 为原子序数为 Z 的原子的 KLL 跃迁过程的俄歇电子的动能,eV;$E_K(Z)$ 为内层 K 轨道能级的电离能,eV;$E_{L1}(Z)$ 为外层 L1 轨道能级的电离能,eV;$E_{L2}(Z+\Delta)$ 为双重电离态的 L2 轨道能级的电离能,eV;ϕ_s 为谱仪的功函,eV。

在俄歇激发过程中,一般采用较高能量的电子束作为激发源。在常规分析时,为了减

少电子束对样品的损伤,电子束的加速电压一般采用 3 kV 或 5 kV,在进行高空间分辨率微区分析时,也常用 10 kV 以上的加速电压。原则上,电子束的加速电压越低,俄歇电子能谱的能量分辨率越好;反之,电子束的加速电压越高,俄歇电子能谱的空间分辨率越好。由于一次电子束的能量远高于原子内层轨道的能量,一束电子束可以激发出原子芯能级上的多个内层轨道电子,再加上退激发过程中还涉及两个次外层轨道。因此,会产生多种俄歇跃迁过程,并在俄歇电子能谱图上产生多组俄歇峰,尤其是对原子序数较高的元素,俄歇峰的数目更多,使得定性分析变得非常复杂。由于俄歇电子的能量仅与原子本身的轨道能级有关,与入射电子的能量无关,也就是说与激发源无关。对于特定的元素及特定的俄歇跃迁过程,其俄歇电子的能量是特征的,由此,可以根据俄歇电子的动能来定性分析样品表面物质的元素种类。该定性分析方法可以适用于除氢、氦以外的所有元素,且由于每个元素会有多个俄歇峰,定性分析的准确度很高。因此,AES 技术是适用于对所有元素进行一次全分析的有效定性分析方法,这对于未知样品的定性鉴定是非常有效的。

从样品表面出射的俄歇电子的强度与样品中该原子的浓度有线性关系,因此可以利用这一特征进行元素的半定量分析。因为俄歇电子的强度不仅与原子的数目有关,还与俄歇电子的深度、样品的表面光洁度、元素存在的化学状态以及仪器的状态有关,因此,AES 技术一般不能给出所分析元素的绝对含量,仅能提供元素的相对含量。且因为元素的灵敏度因子不仅与元素种类有关还与元素在样品中的存在状态及仪器的状态有关,即使是相对含量不经校准也存在很大的误差。此外,还必须注意的是,虽然 AES 的绝对检测灵敏度很高,可以达到 10^{-3} 原子单层,但它是一种表面灵敏的分析方法,对于体相检测,灵敏度仅为 0.1% 左右。AES 是一种表面灵敏的分析技术,其表面采样深度为 1.0~3.0 nm,提供的是表面上的元素含量,与体相成分会有很大的差别。最后,还应注意 AES 的采样深度与材料性质和光电子的能量有关,也与样品表面与分析器的角度有关。事实上,在俄歇电子能谱分析中几乎不存在绝对含量这一概念。

虽然俄歇电子的动能主要由元素的种类和跃迁轨道所决定,但由于原子内部外层电子的屏蔽效应,芯能级轨道和次外层轨道上的电子的结合能在不同的化学环境中是不一样的,有一些微小的差异。这种轨道结合能上的微小差异可以导致俄歇电子能量的变化,这种变化就称为元素的俄歇化学位移,它取决于元素在样品中所处的化学环境。一般来说,由于俄歇电子涉及 3 个原子轨道能级,其化学位移要比 XPS 的化学位移大得多。利用这种俄歇化学位移可以分析元素在该物种中的化学价态和存在形式。由于俄歇电子能谱的分辨率低以及化学位移的理论分析的困难,俄歇化学效应在化学价态研究上的应用未能得到足够的重视。随着技术和理论的发展,俄歇化学效应的应用也受到了重视,甚至可以利用这种效应对样品表面进行元素的化学成像分析。

9.5.2 仪器结构

1. AES 谱仪的基本结构

与 X 射线光电子能谱仪一样,俄歇电子能谱仪的仪器结构也非常复杂。图 9.11 是俄歇电子能谱仪的结构图。从图 9.11 可见,俄歇电子能谱仪主要由快速进样系统、超高真空系统、电子枪、离子枪和能量分析系统及计算机数据采集和处理系统等组成。由于俄歇电子能谱仪的许多部件与 XPS 的相同,下面仅对电子枪进行简单的介绍,其余部件请参见前面章节,具体的操作方法详见仪器操作使用说明书。

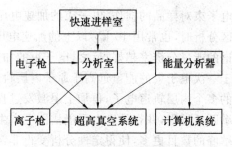

图 9.11　俄歇电子能谱仪的结构图

2. 电子枪

电子枪又可分为固定式电子枪和扫描式电子枪两种。扫描式电子枪适合于俄歇电子能谱的微区分析。现在新一代谱仪较多采用场发射电子枪,其优点是空间分辨率高,束流密度大,缺点是价格贵,维护复杂。

9.5.3　实验技术

1. 样品的制备技术

俄歇电子能谱仪对分析样品有特定的要求,在通常情况下只能分析固体样品,并且不应是绝缘体样品。原则上粉体样品不能进行俄歇电子能谱分析。由于涉及样品在真空中的传递和放置,待分析的样品一般都需要经过一定的预处理,主要包括样品大小、挥发性样品的处理、表面污染样品及带有微弱磁性的样品等的处理。

2. 离子束溅射技术

在俄歇电子能谱分析中,为了清洁被污染的固体表面和进行离子束剥离深度分析,常常利用离子束对样品表面进行溅射剥离。利用离子束可定量地控制剥离一定厚度的表面层,然后再用俄歇电子谱分析表面成分,这样就可以获得元素成分沿深度方向的分布图。作为深度分析用的离子枪,一般使用 0.5~5 keV 的 Ar 离子源,离子束的束斑直径为 1~10 mm,并可扫描。依据不同的溅射条件,溅射速率可从 0.1~50 nm/min 变化。为了提高分析过程的深度分辨率,一般应采用间断溅射方式。为了减少离子束的坑边效应,应增加离子束/电子束的直径比。为了降低离子束的择优溅射效应及基底效应,应提高溅射速率和降低每次溅射间隔的时间。离子束的溅射速率不仅与离子束的能量和束流密度有关,还与溅射材料的性质有关,所以给出的溅射速率是相对于某种标准物质的相对溅射速率,而不是绝对溅射速率。俄歇深度分析表示的深度也是相对深度,而不是绝对深度。

3. 样品的荷电问题

对于导电性能不好的样品如半导体材料、绝缘体薄膜,在电子束的作用下,其表面会产生一定的负电荷积累,这就是俄歇电子能谱中的荷电效应。样品表面荷电相当于给表面自由的俄歇电子增加了一定的额外电压,使得测得的俄歇动能比正常的要高。在俄歇电子能谱中,由于电子束的束流密度很高,样品荷电是一个很严重的问题。有些导电性不好的样品,经常因为荷电严重而不能获得俄歇谱。但由于高能电子的穿透能力以及样品表面二次电子的发射作用,对于一般在 100 nm 厚度以下的绝缘体薄膜,如果基体材料能导电的话,其荷电效应几乎可以自身消除。因此,对于一般的薄膜样品,一般不用考虑其荷电效应。

4. 俄歇电子能谱的采样深度

俄歇电子能谱的采样深度与出射的俄歇电子的能量及材料的性质有关。一般定义俄歇电子能谱的采样深度为俄歇电子平均自由程的 3 倍。根据俄歇电子的平均自由程的数据可以估计出各种材料的采样深度,一般对于金属为 0.5~2 nm,对于无机物为 1~3 nm,对于有机物为 1~3 nm。从总体上来看,俄歇电子能谱的采样深度比 XPS 的要浅,更具有表面灵敏性。

9.5.4 俄歇电子能谱图的分析技术

1. 表面元素定性鉴定

表面元素定性鉴定是一种最常规的分析方法,也是俄歇电子能谱最早的应用之一。一般利用 AES 谱仪的宽扫描程序,收集从 20~1 700 eV 动能区域的俄歇谱。为了增加谱图的信背比,通常采用微分谱来进行定性鉴定。对于大部分元素,其俄歇峰主要集中在 20~1 200 eV 的范围内,对于有些元素则需利用高能端的俄歇峰来辅助进行定性分析。此外,为了提高高能端俄歇峰的信号强度,可以通过提高激发电子能量的方法来获得。通常采取俄歇谱的微分谱的负峰能量作为俄歇动能,进行元素的定性标定。在分析俄歇能谱图时,必须考虑荷电位移问题。一般来说,金属和半导体样品几乎不用校准。但对于绝缘体薄膜样品,有时必须进行校准,以 C KLL 峰的俄歇动能为 278.0 eV 作为基准。在判断元素是否存在时,应用其所有的次强峰进行佐证,否则应考虑是否为其他元素的干扰峰。

图 9.12 是金刚石表面的 Ti 薄膜的俄歇定性分析谱,电子枪的加速电压为 3 kV。从图 9.12 可见,AES 谱图的横坐标为俄歇电子动能,纵坐标为俄歇电子计数的一次微分。激发出来的俄歇电子由其俄歇过程所涉及的轨道的名称标记。如图 9.12 中的 C KLL 表示碳原子的 K 层轨道的一个电子被激发,在退激发过程中,L 层轨道的一个电子填充到 K 轨道,同时激发出 L 层上的另一个电子,这个电子就是被标记为 C KLL 的俄歇电子。由于俄歇跃迁过程涉及多个能级,可以同时激发出多种俄歇电子,因此在 AES 谱图上可以发现 Ti LMM 俄歇跃迁有两个峰。由于大部分元素都可以激发出多组光电子峰,因此非常有利于元素的定性标定,排除能量相近峰的干扰。如 N KLL 俄歇峰的动能为

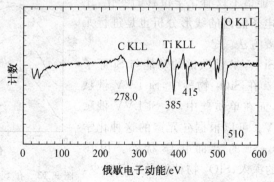

图 9.12 金刚石表面的 Ti 薄膜的俄歇定性分析谱

379 eV,与 Ti LMM 俄歇峰的动能很接近,但 N KLL 仅有一个峰,而 Ti LMM 有两个峰,因此俄歇电子能谱可以很容易地区分 N 元素和 Ti 元素。由于相近原子序数元素激发出的俄歇电子的动能有较大的差异,因此相邻元素间的干扰作用很小。

2. 表面元素的半定量分析

首先应当明确的是 AES 不是一种很好的定量分析方法,它给出的仅是一种半定量的分析结果,即相对含量而不是绝对含量。由 AES 提供的定量数据是以原子数分数表示的,而不是平常所使用的质量分数。这种比例关系可以通过下列公式换算:

$$C_i = \frac{c_i \times A_i}{\sum_{i=1}^{i=n} c_i \times A_i} \tag{9.8}$$

式中,C_i 为第 i 种元素的质量分数;c_i 为第 i 种元素的 AES 摩尔分数;A_i 为第 i 种元素的相对原子质量。

在定量分析中必须注意的是 AES 给出的相对含量也与谱仪的状况有关,因为不仅各元素的灵敏度因子是不同的,AES 谱仪对不同能量的俄歇电子的传输效率也是不同的,并会随谱仪污染程度而改变。当谱仪的分析器受到严重污染时,低能端俄歇峰的强度可以大幅度下降。AES 仅提供表面 1~3 nm 厚的表面层信息,其表示的组成不能反映体相成分。样品表面的 C,O 污染以及吸附物的存在也会严重影响其定量分析的结果。还必须注意的是,由于俄歇能谱的各元素的灵敏度因子与一次电子束的激发能量有关,因此,俄歇电子能谱的激发源的能量也会影响定量结果。

3. 表面元素的化学价态分析

表面元素的化学价态分析是 AES 分析的一种重要功能,但由于谱图解析的困难和能量分辨率低的缘故,一直未能获得广泛的应用。最近随着计算机技术的发展,采用积分谱和扣背底处理,谱图的解析变得容易得多。再加上俄歇化学位移比 XPS 的化学位移大得多,且结合深度分析可以研究界面上的化学状态。因此,俄歇电子能谱的化学位移分析在薄膜材料的研究上获得了重要的应用,取得了很好的效果。但是,由于很难找到俄歇化学位移的标准数据,要判断其价态,必须用自制的标样进行对比,这是利用俄歇电子能谱研究化学价态的不利之处。此外,俄歇电子能谱不仅有化学位移的变化,还有线形的变化。俄歇电子能谱的线形分析也是进行元素化学价态分析的重要方法。

从图 9.13 可见,Si LVV 俄歇谱的动能与 Si 原子所处的化学环境有关。在 SiO₂ 物种中,Si LVV 俄歇谱的动能为 72.5 eV,而在单质硅中,其 Si LVV 俄歇谱的动能则为 88.5 eV。可以根据硅元素的这种化学位移效应研究 SiO₂/Si 的界面化学状态。由图 9.13 可见,随着界面的深入,SiO₂ 物种的量不断减少,单质硅的量则不断地增加。

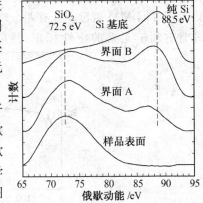

图 9.13 在 SiO₂/Si 界面不同深度处的 Si LVV 俄歇谱

4. 元素沿深度方向的分布分析

AES 的深度分析功能是俄歇电子能谱最有用的分析功能。一般采用 Ar 离子剥离样品表面的深度分析的方法。该方法是一种破坏性分析方法，会引起表面晶格的损伤、择优溅射和表面原子混合等现象。但当其剥离速度很快和剥离时间较短时，以上效应就不太明显，一般可以不用考虑。其分析原理是先用 Ar 离子把表面一定厚度的表面层溅射掉，然后再用 AES 分析剥离后的表面元素含量，这样就可以获得元素在样品中沿深度方向的分布。由于俄歇电子能谱的采样深度较浅，因此俄歇电子能谱的深度分析比 XPS 的深度分析具有更好的深度分辨率。当离子束与样品表面的作用时间较长时，样品表面会产生各种效应。为了获得较好的深度分析结果，应当选用交替式溅射方式，并尽可能地降低每次溅射间隔的时间。离子束/电子枪束的直径比应大于 10 倍以上，以避免离子束的溅射坑效应。

图 9.14 是 PZT/Si 薄膜界面反应后的典型的俄歇深度分析谱，横坐标为溅射时间，与溅射深度有对应关系，纵坐标为元素的原子摩尔百分数。从图 9.14 可以清晰地看到各元素在薄膜中的分布情况。在经过界面反应后，在 PZT 薄膜与硅基底间形成了稳定的 SiO$_2$ 界面层。此界面层是通过从样品表面扩散进的氧与从基底上扩散出的硅反应而形成的。

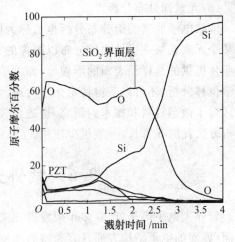

图 9.14 PZT/Si 薄膜界面反应后的俄歇深度分析谱

5. 微区分析

微区分析也是俄歇电子能谱分析的一个重要功能，可以分为选点分析、线扫描分析和面扫描分析 3 个方面。这种功能是俄歇电子能谱在微电子器件研究中最常用的方法，也是纳米材料研究的主要手段。

（1）选点分析

俄歇电子能谱由于采用电子束作为激发源，其束斑面积可以聚焦到非常小。从理论上说，俄歇电子能谱选点分析的空间分辨率可以达到束斑面积大小。因此，利用俄歇电子能谱可以在很微小的区域内进行选点分析，当然也可以在一个大面积的宏观空间范围内进行选点分析。微区范围内的选点分析可以通过计算机控制电子束的扫描，在样品表面的吸收电流像或二次电流像图上锁定待分析点。对于在大范围内的选点分析，一般采取移动样品的方法，使待分析区和电子束重叠。这种方法的优点是可以在很大的空间范围内对样品点进行分析，选点范围取决于样品架的可移动程度。利用计算机软件选点，可以同时对多点进行表面定性分析、表面成分分析、化学价态分析和深度分析。

（2）线扫描分析

在研究工作中，不仅需要了解元素在不同位置的存在状况，有时还需要了解一些元素沿某一方向的分布情况，俄歇线扫描分析能很好地解决的这一问题，利用线扫描分析可以在微观和宏观的范围内进行（1～6 000 μm）。俄歇电子能谱的线扫描分析常应用于表面扩散研究、界面分析研究等方面。

Ag—Au 合金超薄膜在 Si(111) 面单晶硅上的电迁移后的样品表面的 Ag 和 Au 元素的线扫描分布如图 9.15 所示,横坐标为线扫描宽度,纵坐标为元素的信号强度。从图 9.15 可见,虽然 Ag 和 Au 元素的分布结构大致相同,但可见 Au 已向左端进行了较大规模的扩散,这表明 Ag 和 Au 在电场作用下的扩散过程是不一样的。此外,其扩散是单向性,取决于电场的方向。

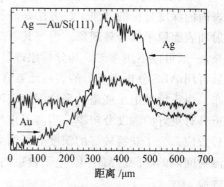

图 9.15 Ag 和 Au 元素的线扫描分布

（3）元素面分布分析

俄歇电子能谱的面分布分析也可称为俄歇电子能谱的元素分布的图像分析,它可以把某个元素在某一区域内的分布以图像的方式表示出来,就像电镜照片一样。只不过电镜照片提供的是样品表面的形貌像,而俄歇电子能谱提供的是元素的分布像。结合俄歇化学位移分析,还可以获得特定化学价态元素的化学分布像。俄歇电子能谱的面分布分析适合于微型材料和技术的研究,也适合表面扩散等领域的研究。在常规分析中,由于该分析方法耗时非常长,一般很少使用。

9.6 紫外光电子能谱法

紫外光电子谱是近 20 多年来发展起来的一门新技术,它在研究原子、分子、固体以及表面/界面的电子结构方面具有独特的功能。由紫外光电子谱测定的实验数据,经过谱图的理论分析,可以直接和分子轨道的能级、类型以及态密度等对照,因此,在量子力学、固体物理、表面科学与材料科学等领域有广泛的应用。由于紫外线的能量比较低,因此它只能研究原子和分子的价电子及固体的价带,不能深入原子的内层区域。但是紫外线的单色性比 X 射线好得多,因此紫外光电子能谱的分辨率比 X 射线光电子能谱要高得多。紫外光电子能谱目前主要应用于催化、金属腐蚀、黏合、电极过程和半导体材料与器件等这样一些极有应用价值的领域,探索固体表面的组成、形貌、结构、化学状态、电子结构和表面键合等信息。随着时间的推移,紫外光电子能谱的应用范围和程度将会越来越广泛,越来越深入。

9.6.1 紫外光电子能谱法原理

紫外光电子能谱和 X 射线光电子能谱的原理基本相同,只是采用真空紫外线作为激发源,通常使用稀有气体的共振线如 He I(21.2 eV)和 He II(40.8 ev)。紫外线的单色性比 X 射线好得多,因此紫外光电子能谱的分辨率比 X 射线光电子能谱要高得多。两者获得的信息既有类似的方面,又有不同之处,因此可以互相补充。价电子的结合能习惯上称为电离能。由于紫外线的能量比 X 射线低,只能激发样品的原子成分中的价电子,因此，它所测定的是电离能。当能量为 $h\nu$ 的光子作用于气体样品的原子或分子上，可将第 n 个分子轨道中的某个电离能为 I 的价电子激发出来，使其成为拥有动能 E_k 的电子。这个分子离子可以处于振动、转动或其他激发状态。因此，入射紫外光的能量（$h\nu$）将用于以下几个方面：电子的电离能 I、光电子的动能 E_k、分子离子的振动能 E_v 和转动能 E_r，它们之间的关系为

$$h\nu = E_k + E_v + E_r + I \tag{9.9}$$

9.6.2 谱图特征

紫外光电子谱图的形状取决于电离后离子的状态和入射光子的能量以及具体的实验条件，通常能观测到尖锐峰、一组大约等间距分布的峰线、比较圆滑的"馒头峰"等。

图 9.16 为苯分子吸附 Ni(111) 面上的 UPS 谱图。对气相分子，由于气体放电共振线给出的紫外光其自然线宽较窄的缘故，因此在 UPS 谱中能观测到振动精细结构，如图 9.16(d) 所示。比较图 9.16(c) 和 9.16(d)，可以看到凝聚的苯分子的谱带明显增宽，并失去精细结构。但苯分子化学吸附以后，图谱发生了较大变化，如图 9.16(a) 和图 9.16(b) 所示，π 带发生了位移。分子吸附与凝聚过程各峰值的相关图（图 9.16）清楚地表明，处于较深能级的 σ 轨道与气相比较变化不大，说明没有参与表面的成键。能标零点的位移可归结为弛豫过程的影响，对于凝聚相，此值 $\Delta E \approx$ 1.4～1.7 ev，而由化学吸附产生时，此值可达 3.2 ev，这可解释为附加的金属屏蔽作用。

UPS 谱图中横坐标为分子的电离能（在 UPS 中，习惯上以电离能代替价电子结合能）或等价为光电子动能。当分子吸收一个光子发射出一个光电子时，价电子的电离能 I_n 与入射光子能量 $h\nu$ 和光电子动能 E_n 关系为

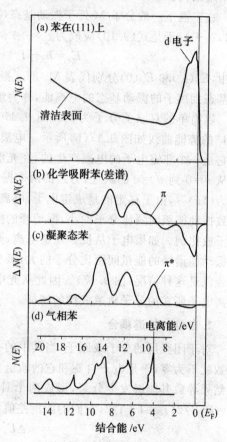

图 9.16 苯分子吸附 Ni(111) 面上的 UPS 谱

$$\Delta E \approx h\nu - I_n \tag{9.10}$$

由于分子在通常条件下处于基态，具有固定的能量，按库泊曼（Koopmans）定理，从分子轨道中电离一个电子所需的能量近似等于该分子轨道的哈特利—福克（Hartree—Fock）的轨道能，因此光电子能谱提供了分子轨道的直接测定和分子中电子结构的知识，为分子轨道理论提供了强有力的实验基础。

按式(9.10)，原则上样品分子中的一个占据分子轨道能级上电子的电离对应于光电子能谱图中的一个谱峰。但由于分子内部各种复杂的相互作用，实际谱峰要复杂得多，主要原因有以下几个方面。

1. 振动精细结构

对于同一电子能级，分子还可能有许多不同的振动能级，而同一振动能级还可能有许多不同的转动能级。由于电子能级间隔远大于振动能级间隔，而振动能级又远大于转动能级，因此当入射紫外光子与分子发生相互作用导致电子能级变化时，必然也引起振动和转动能级的变化。此外分子的平均动能也将发生改变。由于分子的平动和转动能量级差很小，UPS实验几乎分辨不出，因此实际测得的紫外光电子能谱图既有结合能峰，又有振动精细结构。

在室温下一般分子 M 处于振动基态($v=0$)，而离子 M^+ 可处于各种振动激发态($v'=0,1,2,\cdots$)，于是式(9.10)应改为

$$E_k = h\nu - I_n^{(a)} - (E'_v(v') - E'_v(0)) \tag{9.11}$$

式中，$E'_v(v')$ 和 $E'_v(0)$ 分别代表 M^+ 的 v' 振动态和振动基态的能量；$I_n^{(a)}$ 为由分子 M 的振动基态到离子的振动基态的电离能，称为绝热电离能。

以简单的双原子分子为例。图 9.17(a)所示为 CO 光电子能谱，其对应的 CO 和 CO^+ 的势能曲线如图 9.17(b)所示。电离后离子基态(X)的位能曲线最低点不改变，因此它是一个非键电子的电离产生的，在光电子谱图上表现出一个很强的振动跃迁线，对应于从 $v=0$ 到 $v'=0$ 的跃迁，旁边的两个振动峰则对应于较小概率的相互作用。第二条谱带为 $(1\pi)^{-1}$，由于移走的是成键电子，电离后离子的位能曲线向核间距变大的方向移动，导致振动能级间隔比分子的小，振动峰的能量间距变小，各振动峰的强度与富兰克—康顿因子成比例。如果电子从反键轨道电离，则离子的位能曲线向核间距变小的方向移动，导致振动能谱峰的能量间距比分子的大，氧分子的光电子能谱中电离能在 $12\sim13$ eV 处的谱带就是这种情况(图 9.17)。因此从光电子能谱的振动精细结构和峰的间距可判断被电离电子所在的分子轨道成键的特征。

2. 自旋—轨道耦合

对于闭壳层的分子或原子，当其中的一个电子被激出形成离子态后，它的总的自旋量子数就不为零，于是电子自旋和它的轨道角动量之间存在磁相互作用，即自旋—轨道耦合的结果导致其能级发生分裂，形成两个具有不同能量的态。例如，轨道量子数为 l 即得 $j_1 = l - 1/2, j_2 = 1 + 1/2$，它们的能量差值为

$$\Delta E_j = E_{j1} - E_{j2} \tag{9.12}$$

ΔE_j 称为自旋—轨道耦合常数。在高分辨的光电子能谱仪中能观测到这种分裂导致的两个峰，并测出耦合常数。

3. 自旋—自旋耦合

对于开壳层分子，当其他成对电子中一个被激发发射出来后，留下一个未配对电子，与原来未配对电子的自旋相互作用可出现平行和反平行两种情况，从而使 M^+ 有两种不同能量状态，并使光电子能量也不同，引起谱线的分裂。例如开壳层分子 O_2，图 9.18 和图 9.19 分别给出了 O_2 和 O_2^+ 的分子轨道示意图及 O_2 的 He(I)光电子能谱图。

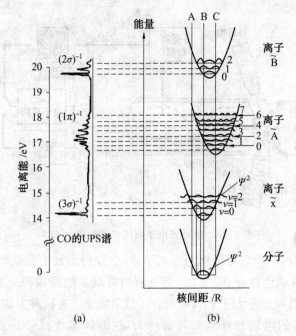

图 9.17 CO 的光电子能谱及其相关能级图

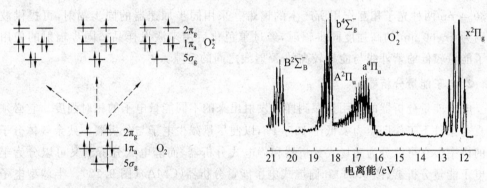

图 9.18 O_2 和 O_2^+ 的分子轨道示意图　　图 9.19 O_2 的 He(I)光电子能谱图

由上所述,UPS 的谱带结构和特征直接与分子轨道能级次序、成键性质有关,因此 UPS 对分析分子的电子结构是非常有用的一种技术。

9.6.3 紫外光电子能谱分析仪的结构

紫外光电子能谱仪(图 9.20)包括以下几个主要部分:单色紫外光源、电子能量分析器、真空系统、溅射离子枪源或电子源、样品室、信息放大、记录和数据处理系统。

1. 激发光源

紫外光电子能谱的激发源常用稀有气体的共振线如 He I 和 He II。激发源是用惰性气体放电灯,这种灯产生的辐射线几乎是单色的,不需再经单色化就可用于光电子谱仪,最常用的是氦共振灯,它的单色性好、分辨率高,可用于分析样品外壳层轨道结构、能带结构、空态分布和表面态以及离子的振动结构、自旋分裂等方面的信息。用针阀调节氦

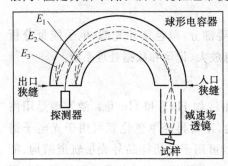

图 9.20 紫外光电子能谱仪示意图

共振灯内纯氦压力,灯内产生带特征性的等离子体,它发射出氦Ⅰ共振线,该线光子能量为21.22 eV。氦Ⅰ线的单色性好、强度高,是目前用得最多的激发源。氦Ⅰ线有很多优点,但能量较低,不能激发能量大于 21 eV 的分子轨道电子。有一种方法可改变氦灯的放电条件,例如采用较高的电压和降低氦气的压力,这时除氦Ⅰ线外还产生氦Ⅱ共振线(40.8 eV)。如果用这种光源激发样品,记录到的光电子谱图中就有样品分子与 58.4 nm及30.4 nm两种光子相互作用所产生的谱带。采用同步加速器的同步辐射,可提供波长范围为 4~60 nm 的高强度同步辐射,经过单色化后用来激发样品。同步辐射的使用填补了能量较低的紫外线与能量较高的 X 射线之间的空隙。

2. 电子能量分析器

电子能量分析器的作用是探测样品发射出来的不同能量电子的相对强度。它必须在高真空条件下工作即压力要低于 10^{-3} Pa,以便尽量减少电子与分析器中残余气体分子碰撞的概率。它可以分为磁场式分析器和静电式分析器,而静电式分析器又可以分为半球型电子能量分析器(图 9.21)和筒镜式电子能量分析器(CMA)(图 9.22)。半球型电子能量分析器主要是通过改变两球面间的电位差,使不同能量的电子依次通过分析器,它的分辨率很高,可以较精确地测量电子的能量。筒镜式电子能量分析器是同轴圆筒,外筒接负电压,内筒接地,两筒之间形成静电场,以使不同能量的电子依次通过分析器,它的灵敏度很高,但是分辨率低。所以现在经常使用的是半球型电子能量分析器。

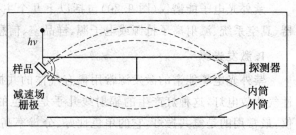

图 9.21 半球型电子能量分析器　　　　图 9.22 筒镜式电子能量分析器(CMA)

由于被激发的电子产生的光电流十分小,一般情况下为 $10^{-4} \sim 10^{-10}$ nm,这样微弱的信号很难检测,因此采用电子倍增器作为检测器。另外,光电子能谱要研究的是微观的内容,任何微小的东西都会对它产生很大影响,因此光源、样品室、电子能量分析器、检测器都必须在高真空条件下工作,且真空度应在 10^{-3} Pa 以下。电子能谱仪的真空系统有两个基本功能,其一,使样品室和分析器保持一定的真空度,以便使样品发射出来的电子的平均自由程相对于谱仪的内部尺寸足够大,减少电子在运动过程中同残留气体分子发生碰撞而损失信号强度;其二,降低活性残余气体的分压。因在记录谱图所必需的时间内,残留气体会吸附到样品表面上,甚至有可能和样品发生化学反应,从而影响电子从样品表面上发射并产生外来干扰谱线。

9.6.4 紫外光电子能谱分析技术

1. 测量电离电位

用紫外光电子能谱可测量低于激发光子能量的电离电位,和其他方法比较,其测量结果是比较精确的。紫外光子的能量减去光电子的动能便得到被测物质的电离电位。对于气态样品来说,测得的电离电位相应于分子轨道的能量。分子轨道的能量的大小和顺序对于解释分子结构、研究化学反应是重要的。在量子化学方面,紫外光电子能谱对于分子轨道能量的测量已经成为各种分子轨道理论计算的有力的验证依据。

图 9.23 是 H_2 分子的 He Ⅰ 紫外光电子谱图。从图 9.23 可以看出,H_2 分子仅有两个电子,占据在 σ 分子轨道上,因此只产生一条谱带,而谱带中的一系列尖锐的峰是由电离时激发到 H_2^+ 的不同振动状态产生的。图 9.24 是 N_2 分子的 He Ⅰ 紫外光电子谱图。N_2 分子从外壳层到内壳层,可电离的占据分子轨道能级的次序为 σ_g,π_u 和 σ_u 等。从这些轨道上发生电子电离,则得到的离子的电子状态分别对应于图 9.24 中的 3 条谱带。

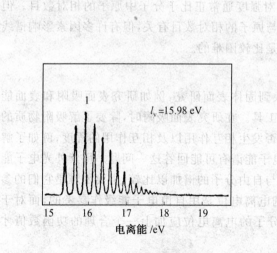

图 9.23 H_2 分子的 He Ⅰ 紫外光电子谱图

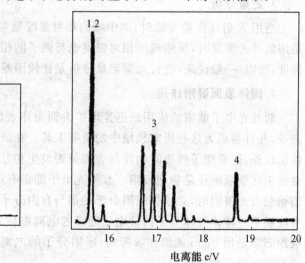

图 9.24 N_2 分子的 He Ⅰ 紫外光电子谱图

图 9.25 是 $(CH_3)_3N$ 的 He Ⅰ 光电子能谱图。$(CH_3)_3N$ 是一个多原子分子,除在 8.4 eV 附近有一条明显的谱带对应于 N 原子的弧对非键电子的电离外,其余的谱带因相

互重叠而无法清楚地分辨,至于振动峰线结构更加难以区分。

2. 研究化学键

紫外光电子能谱可以研究谱图中各种谱带的形状,可以得到有关分子轨道成键性质的某些信息。例如前面已提到,出现尖锐的电子峰能表明有非键电子存在,带有振动精细结构的比较宽的峰可能表明有 π 键存在。CO 分子中有 10 个价电子,和氮分子有等电子结构,因此它的紫外光电子谱和氮分子的很相似。谱图中的第一谱带很尖锐,说明 σ_g(2p)轨道比氮有更少的成键性质,而 σ_u(2s)轨道虽然理论上是非成键的,它却稍微呈现某种成键性质。π2p 轨道成强键,它的谱带清楚地显示出振动精细结构。CO 分子的 3 个谱带的电离电位分别是 14.01 eV,16.53 eV 和 19.68 eV(图 9.26)。

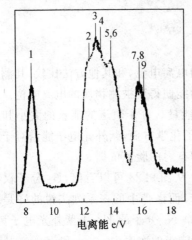

图 9.25 $(CH_3)_3N$ 的 He I 光电子能谱图

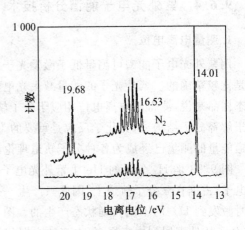

图 9.26 紫外光电子能谱

3. 定量分析

当用 X 射线作激发源时,谱中峰的相对强度通常正比于分子中原子的相对数目。但是用紫外光激发时,虽然峰的相对强度也与原子的相对数目有关,但有许多因素影响谱线强度,所以,一般说来,进行元素定量分析是比较困难的。

4. 固体表面吸附作用

紫外光电子能谱的应用已迅速地扩大到固体表面研究,例如研究表面吸附和表面能态等,并日益成为这些研究领域中的重要工具。在研究表面吸附时,除要了解吸附物质的性质以外,还希望了解吸附物质与表面是否发生相互作用以及相互作用的程度,例如了解是属于化学吸附还是物理吸附。紫外光电子能谱有可能回答这一问题。用紫外光电子能谱研究表面吸附时,必须把吸附分子的谱与自由分子的谱加以比较,主要困难是它们的参考能级不一样。气体分子的价电子能级的电离电位是用自由电子能级作参考的,而对于吸附态则是用 Femi 能级作参考的,吸附分子的电离电位应加上一个合理的功函数值才可与自由分子相比较。

图 9.27 是 He I 和 He II 线激发的清洁的铂片和吸附有 CO 的铂片的紫外光电子能谱。在 9.1 eV 处宽的不对称的峰包含两个 CO 分子轨道能级,由于它们与表面相互作用,故这两个能级都被加宽了,8.8 eV 处的能级对应于 CO 的 σ2p 轨道,9.1 eV 处的能级

对应于 π2p 轨道,11.7 eV 处的峰对应于 σ2s 轨道。以自由电子能级作参考,还需要加上功函数的值,则对应于这 3 个轨道的能量分别是 13.6 eV,14.2 eV 和 17.3 eV。自由分子中 CO 的这 3 个分子轨道的能量为 14.0 eV,16.9 eV 和 19.7 eV。因此,吸附态的 CO 分子的 π2p 和 σ2s 能级分别位移了 2.2 eV 和 2.4 eV,而 σ2p 能级的位移较小。可说明 CO 在铂表面属于化学吸附,吸附分子与表面原子发生了某种程度的成键作用,即生成了化学吸附键。

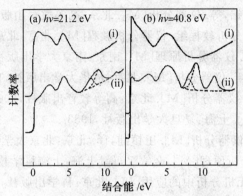

图 9.27 铂表面的紫外光电子能谱
(a)氦 I 线激发:(i)洁净铂片;(ii)吸附有 0.4 个单层 CO 的铂片
(b)氦 II 线激发:(i)洁净铂片;(ii)吸附有 0.4 个单层 CO 的铂片

思 考 题

1.最常用的表面分析技术有哪些?它们各自可测的元素有哪些?它们可获得哪些表面信息?它们各有何优点?

2.用电子能谱进行表面分析对样品有何一般要求?有哪些清洁表面的常用制备方法?

3.什么是化学位移和终态效应?它们有何实际应用?

4.在 XPS 谱图中可观察到几种类型的峰?从 XPS 谱图中可得到哪些与表面有关的物理和化学信息?

5.用 X 射线光电子能谱进行元素鉴别时,一般分析步骤有哪些?

6.俄歇电子能谱的基本原理是什么?俄歇电子的能量主要与哪些因素有关?

7.俄歇电子能谱有何突出优点?它可给出哪些表面的物理和化学信息?

8.对于一个不导电的有机样品,是否可以直接用结合能的数据进行化学价态的鉴别?应如何处理才能保证价态分析的正确性?

9.俄歇电子能谱的面分布像与扫描电镜及透射电镜的照片是否相同,为什么?

10.用 AES 分析 304 不锈钢表面,测得 Fe,Cr 和 Ni 的 LMM 俄歇峰的相对强度分别为 10.1,4.7 和 1.5,已知其相应的相对灵敏度因子分别为 0.2,0.29 和 0.27。试求其表面上 Fe,Cr 和 Ni 的质量分数。

参考文献

[1] 赵藻藩,周性尧,张悟铭,等.仪器分析[M].北京:高等教育出版社,1990.

[2] 北京大学化学系仪器分析教程组.仪器分析教程[M].北京:北京大学出版社,1997.

[3] 方惠群,于俊生,史坚.仪器分析原理[M].南京:南京大学出版社,1994.

[4] 邓勃,宁永成,刘密新.仪器分析[M].北京:清华大学出版社,1991.

[5] 赵文宽,贺飞,方程.仪器分析[M].北京:高等教育出版社,2001.

[6] 朱世盛.仪器分析[M].上海:复旦大学出版社,1983.

[7] CHRISTIOM D A.仪器分析[M].王镇浦,译.北京:北京大学出版社,1991.

[8] SKOOG D A.仪器分析原理[M].金钦汉,译.上海:上海科学技术出版社,1988.

[9] 周华.质谱学及其在无机分析中的应用[M].北京:科学出版社,1986.

[10] 唐恢同.有机化合物的光谱鉴定[M].北京:北京大学出版社,1992.

[11] 常建华,董绮功.波谱原理及解析[M].北京:科学出版社,2012.

[12] 范康年.谱学导论[M].北京:高等教育出版社,2001.

[13] 陆维敏,陈芳.谱学基础与结构分析[M].北京:高等教育出版社,2005.

[14] 朱明华,胡坪.仪器分析[M].北京:高等教育出版社,2008.

[15] 赵瑶兴,孙祥玉.有机分子结构光谱鉴定[M].北京:科学出版社,2004.

[16] 宁永成.有机化合物结构鉴定与有机波谱学[M].北京:科学出版社,2000.

[17] 游效曾.结构分析导论[M].北京:科学出版社,1982.

[18] 严宝珍.图解核磁共振技术与实例[M].北京:科学出版社,2010.

[19] 杨立.二维核磁共振简明原理及图谱解析[M].兰州:兰州大学出版社,1996.

[20] 梁晓天.核磁共振—高分辨氢谱的解析和应用[M].北京:科学出版社,1982.

[21] 付洪兰.实用电子显微镜技术[M].北京:高等教育出版社,2004.

[22] 章晓中.电子显微分析[M].北京:清华大学出版社,2006.

[23] 姜传海.X射线衍射技术及其应用[M].上海:华东理工大学出版社,2010.

[24] 徐勇.X射线衍射测试分析基础教程[M].北京:化学工业出版社,2014.

[25] 许金钧.荧光分析法[M].北京:科学出版社,2006.

[26] 马礼敦.高等结构分析[M].上海:复旦大学出版社,2002.

[27] 孟令芝,龚淑玲,何永炳.有机波谱分析[M].武汉:武汉大学出版社,1997.